# Vergleichende Statistik

der

# Eisen-Industrie

aller Länder

und

Erörterung ihrer ökonomischen Lage

im Zollverein.

Von

Wilhelm Oechelhäuser.

Berlin.
Verlag von Veit und Comp.
1852.

# Vorwort.

Der Zweck nachfolgender Schrift ist ein doppelter. Der erste Theil verfolgt mit Hülfe der Statistik die Entwicklung der Eisenindustrie aller Staaten, namentlich aber des Zollvereins und seiner Konkurrenzländer Großbritannien und Belgien. Dabei umfaßt die Statistik nicht blos die eigentliche Produktion und Weiterverarbeitung, sondern auch die Ein- und Ausfuhr, sowie die Consumtion des Eisens. Die Zahlenangaben sind überall bis auf die neueste Zeit fortgeführt. Der Verfasser hatte dabei ganz besonders im Auge, zum ersten Mal eine genauere Statistik der Eisenindustrie aller Zollvereinsstaaten aufzustellen, indem über die meisten derselben, namentlich über die kleineren Länder, bisher gar keine oder doch nur ungenaue, auf bloßen Schätzungen beruhende Angaben vorhanden waren. Das Material hierzu ist von dem Verfasser theils in seiner früheren Stellung als Beamter des vormaligen Reichshandelsministeriums und der interimistischen Bundes-Central-Commission zu Frankfurt a. M. (1848 bis Ende

möge, eine genauere Kenntniß aller Verhältnisse unserer Eisenindustrie in weiteren Kreisen zu verbreiten, auf eine milde und gerechte Beurtheilung ihrer Lage hinzuwirken und die Mittel zu ihrer Hebung, sowie die Nothwendigkeit der Durchführung dieser Mittel klar erkennen zu lassen. Möchten sich insbesondere die Staatsmänner, Abgeordneten und Beamten unserer Vereinsstaaten bewogen fühlen, dem Inhalt dieser Schrift ihre Beachtung zuzuwenden.

Berlin, im März 1852.

**Wilh. Oechelhäuser.**

# Inhalt.

## Zweite Abtheilung. Die ökonomische Lage der vereinsländischen Eisenindustrie. (§§. 41—61.)

# Einleitung.

## Kurzer Abriß der Eisenhüttentechnik.

§. 1. Die innigen Beziehungen, welche zwischen der technischen Gestaltung eines Industriezweiges und seiner ökonomischen Lage obwalten, lassen es räthlich erscheinen, der gegenwärtigen Abhandlung einen kurzen Abriß der Eisenhüttentechnik vorauszuschicken. Der Fachmann wird darin wohl nichts Neues finden. Allein der Antheil an den Verhältnissen der Eisenindustrie, — vorzüglich angeregt durch den Streit über die Eisenzölle, — geht heut zu Tage so weit über den Kreis der Gewerbsgenossen hinaus, daß jeder wissenschaftlich Gebildete und vornehmlich jeder höhere Beamte und Staatsmann bemüht ist, sich ein eigenes Urtheil in dieser hochwichtigen Frage zu bilden. Ohne die technischen Grundzüge eines Gewerbes zu kennen, wird aber Niemand zu einer klaren Anschauung der volkswirthschaftlichen Verhältnisse desselben gelangen.

Den Rohstoff für die Eisenerzeugung bilden die Eisenerze. Von den verschiedenartigen Verbindungen abgesehen, welche das Eisen mit Schwefel, Phosphor, Chrom, Arsenik, Chlor u. s. w. eingeht, und die theils nur allgemein wissenschaftliches Interesse darbieten, theils aber anderweitigen technischen Zwecken dienen (wie dies z. B. mit dem Eisenvitriol, Chromeisenstein, Arsenikkies u. s. w. der Fall ist), bieten nur folgende Gattungen von Erzen, in denen das Eisen mit Sauerstoff, bei den beiden letzten auch mit Kohlensäure verbunden, auftritt, ein praktisches Interesse für die Eisenindustrie dar.

1. Der Magneteisenstein, eine chemische Verbindung von Eisenoxyd und Eisenoxydul. In Deutschland, Frankreich und England ziemlich selten, kommt er hauptsächlich in Schweden und Norwegen vor, deren berühmtes Eisen aus diesem Material dargestellt wird.

2. Der Eisenglanz, rothes Eisenoxyd. Er kommt am schönsten auf der Insel Elba vor, wo unerschöpfliche Lager davon vorhanden sind, die leider zu wenig ausgebeutet werden. In Deutschland finden wir ihn in Sachsen, im Siegnischen, Oberhessen, Nassau u. s. w., jedoch nicht in allzu großen Mengen.

3. Der Rotheisenstein unterscheidet sich nur von dem vorigen durch eine mehr erdige Beschaffenheit. In Deutschland findet er sich ziemlich häufig; namentlich haben Nassau und der Kreis Wetzlar unerschöpfliche Ablagerungen dieses vorzüglichen Materials. Er kommt auch in einem sehr innigen mechanischen Gemenge mit Thon vor, als sogenannter rother Thoneisenstein.

4. Der Brauneisenstein, ein Eisenoxydhydrat, von dem vorigen also durch eine chemische Verbindung mit Wasser unterschieden. Er kommt überall in den verschiedensten Gemengen und Mischungen vor, und liefert namentlich in Deutschland wie in Frankreich den größten Theil des Rohstoffs für die Eisenindustrie. Mit Thon gemengt bildet er den braunen Thoneisenstein und das sogenannte Bohnerz. Auch gehört zu den Brauneisensteinen das sogenannte Rasen- oder Wiesenerz, welches sehr häufig und in geringer Tiefe unter der Erdoberfläche vorkommt; sein Gehalt an Phosphorsäure macht es indeß zur Verwendung für Stabeisen, der Kaltbrüchigkeit wegen, wenig geeignet; zu Gußeisen ist es dagegen sehr brauchbar.

5. Spatheisenstein, eine Verbindung von Eisenoxydul mit Kohlensäure. Er kommt im Siegnischen (dem berühmten Müsener Stahlberg), Steiermark, Tyrol, Thüringen, Sachsen, Savoyen, Pyrenäen, dann in Spanien, Schweden u. s. vor, und bildet insbesondere die Grundlage zur Erzeugung des vortrefflichen Rohstahleisens, woraus der Schmelzstahl oder natürliche

Stahl dargestellt wird. Er trägt deshalb auch den Namen Stahlstein.

6. Der Sphärosiderit ist gleichfalls ein kohlensaures Eisenoxydul, das chemisch mit dem Spatheisenstein übereinkommt. In reinem Zustand äußerst selten, sehen wir ihn meistens in einem innigen Gemenge mit Thon auftreten. Dieser thonige Sphärosiderit kommt hauptsächlich in den Kohlengebirgen vor (Kohleneisenstein), theils in dem Thonschiefer, der das Hängende und Liegende der Kohlenflötze bildet, theils in Lagern zwischen den Kohlen selbst; er bildet das Hauptmaterial für die englische Eisenproduktion. Gewöhnlich ist derselbe, wie er dort vorkommt, schon so weit zersetzt, daß er wenig oder gar keine Kohlensäure mehr enthält und ein Eisenoxydhydrat bildet, das mit dem vorerwähnten braunen Thoneisenstein mehr oder weniger übereinkommt.

Die Erze, worin das Eisen mit Sauerstoff oder Wasser verbunden vorkommt, werden meistens verschmolzen wie sie aus den Gruben kommen. Die kohlensauren Verbindungen (Spatheisenstein und Sphärosiderite), zuweilen auch die Eisenoxydhydrate, unterwirft man jedoch vorher einem einfachen Röstungs- oder Calcinationsprozeß, der Kohlensäure, Wasser und sonstige flüchtige Stoffe entfernt.

§. 2. Die Verwandlung der Erze in Roh- oder Gußeisen geschieht im Hochofen, der von oben mit abwechselnden Schichten von Kohlen und Erzen gefüllt wird, während in dem untern Raume, unter Zuführung der Gebläseluft, der Schmelzprozeß stattfindet. Das Produkt des Hochofenprozesses ist das Roh- oder Gußeisen, eine chemische Verbindung des Eisens mit Kohlenstoff, von dem es im Augenblick des Schmelzens einen Theil aufnimmt. In früheren Zeiten stellte man das reine (kohlenstofffreie) Eisen direkt aus den Erzen dar, und noch jetzt ist diese Methode in den sogenannten Luppenfeuern oder Catalanischen Oefen in den Pyrenäen, auf Corsika, in Ostindien u. s. w. beibehalten. Den Uebergang auf die Hochöfen bildeten die sogenannten Blauöfen, welche zuerst ein kohlenstoffhaltiges Eisen darstellten und damit die Möglichkeit gewährten, Gußwaaren zu erzeugen, während man früher bloß das Schmiedeeisen kannte.

Als Brennmaterial wurden früher ausschließlich, und jetzt noch größtentheils, die Holzkohlen benutzt. Mitunter wird auch bei trockenem oder gedörrtem Holz gehüttet, oder den Kohlen solches zugesetzt (z. B. in Frankreich, Luxemburg u. s. w.). In England begann man, da die Holzkohlen immer theurer und seltner wurden, gegen Mitte des vorigen Jahrhunderts, die Coaks (entschwefelte Steinkohle) hierzu zu verwenden, und bereits gegen das Jahr 1800 war dort die Holzkohleneisenerzeugung so vollständig verdrängt, daß es als Merkwürdigkeit angeführt zu werden verdient, wenn heut zu Tage noch ein Holzkohlenhochofen in Großbritannien, nämlich in Lancashire, existirt. Andere Länder eigneten sich diesen Fortschritt früher oder später an, je nach dem Verhältniß ihrer Holzkohlen- zu den Steinkohlenpreisen. In Preußen ward der erste Coakshochofen 1796 angeblasen, in Frankreich um's Jahr 1815, in Belgien 1821. Jedoch wird gegenwärtig noch die bei weitem größte Menge Roheisen bei Holzkohlen erblasen. Die Länder, worin bis jetzt die Coakseisenerzeugung vorgeschritten ist, sind zuerst Großbritannien, hierauf Belgien, dann Frankreich und Nordamerika, und endlich der Zollverein (Preußen); alle übrigen eisenerzeugenden Länder hütten noch ausschließlich mit Holzkohlen.

Gemische von Holzkohlen mit Coaks oder rohen Steinkohlen werden ebenfalls zur Hochofenfeuerung benutzt (namentlich in Schlesien, an der Ruhr und Saar, in Frankreich u. s. w.).

Uebrigens sind die Coaks in Großbritannien in dem letzten Jahrzehnt, seit Anwendung der heißen Gebläseluft, vielfach verdrängt worden, und zwar durch den Gebrauch der rohen Steinkohle. Fast das gesammte schottische Roheisen und ein großer Theil des englischen, werden gegenwärtig bei Steinkohlen erblasen. In Wales findet auch die Anthracitkohle eine ausgedehnte Anwendung, desgleichen in den Vereinigten Staaten von Nord-Amerika, insbesondere in Pensylvanien. In Frankreich haben die damit angestellten Versuche keinen rechten Fortgang nehmen wollen. Bei der gänzlichen Abwesenheit von Schwefel wird das bei Anthracit erblasene Roheisen von besserer Qualität, als bei der Verwendung von Coaks, während diese wieder ein besseres Eisen liefern als die rohe Steinkohle. Die Holzkohle steht dagegen immer noch weit über dem Anthracit und allen sonstigen Brennstoffen in Erzielung eines reinen, von allen schädlichen Beimischungen möglichst freien Eisens. So sind die Uebergänge von Holzkohlen auf gemischte Feuerung, auf Anthracit, auf Coaks und endlich auf rohe Steinkohlen, allerdings auf Kosten der Qualität des unmittelbaren Hochofenproduktes vorgenommen worden, die sich indeß durch nachträgliche Verfeinerungsprozesse wieder verbessern läßt, wo es Zweck hat. Immer steht aber so viel fest, daß der reelle Vortheil des Uebergangs von Holzkohlen auf Coaks oder Steinkohlen nicht so groß ist, als die nominelle Differenz der beiderseitigen Produktionskosten ausdrückt; der Qualitätsunterschied nimmt einen nicht unbedeutenden Theil dieses Vortheils weg. Ja für viele Verwendungszwecke muß man bis jetzt die Beibehaltung der Holzkohlenhütterei und selbst der Holzkohlenfrischerei als nothwendige Bedingung anerkennen, so daß ein völliges Verdrängen derselben noch keineswegs in Aussicht steht.

Die wichtigsten Fortschritte bei der Roheisenerzeugung, die seit dem Uebergang auf Coaks gemacht wurden, sind die Einführung der Cylindergebläse statt der früheren Blasbälge und dann die Anwendung erhitzter Gebläseluft für die Hochöfen. Die Cylindergebläse begann man in England gegen das Jahr 1780 einzuführen; 1807 wurde das erste in Deutschland gebaut, jedoch erst in den dreißiger Jahren fanden sie allgemeinen Eingang. Die allmälige Vergrößerung der Dimensionen (bis zu 60 Fuß Höhe und 18 Fuß Weite im Kohlensack) wie der Produktionsfähigkeit der Hochöfen ward zunächst durch die kräftigen Cylindergebläse ermöglicht. — Die erhitzte Gebläseluft, 1827 zuerst von J. B. Neilson auf den Clyde iron works bei Glasgow in Anwendung gebracht, hat sich jetzt fast allgemein Bahn gebrochen; ein bedeutend verminderter Kohlenverbrauch und eine entsprechende Vergrößerung der Produktion waren die Resultate.

Das Erhitzen der Gebläseluft geschieht meistens mittelst der dem Hochofen entweichenden brennbaren Gase. Vielfach benutzt man dieselben auch, um die Kessel der Gebläsedampfmaschinen zu heizen; neuerdings legt man dieselben noch häufiger über die Oefen, worin die Steinkohlen verkoakst werden. Auch hat man diese Gase (und zwar zuerst in Wasseralfingen in Würtemberg) zum

Puddeln, wie zum Raffiniren des Roheisens zu verwenden gesucht.

In Bezug auf die erhitzte Gebläseluft ist nachträglich zu bemerken, daß sie in manchen Gegenden, insbesondere in Belgien und Frankreich, für die Erzeugung von grauem Roheisen zum Vergießen in ziemlichem Umfang wieder außer Anwendung gekommen ist, da die Qualität des Eisens vielfach darunter litt. Auch in Wales wird ein Theil des Roheisens bei kaltem Wind erzeugt und in den Preiscourants nicht unbedeutend höher notirt. Für Eisen zum Verfrischen wendet man dagegen fast überall die heiße Luft an.

Die ökonomischen Wirkungen der erhitzten Gebläseluft sind übrigens außerordentlich verschieden, je nach der Qualität des Brennmaterials und der Streng- oder Leichtflüssigkeit der Erze. In Großbritannien, insbesondere aber in Schottland, das viele schwerflüssige Erze hat, (z. B. den sogenannten Blackband), mußten diese Erfolge die in Belgien, Frankreich und Deutschland erzielten weit übertreffen.

Der Verbrauch der Hochöfen an Brennmaterial ist sehr verschieden, je nach der Beschaffenheit der Erze und Kohlen. Bei Holzkohlen variirt er von 1 bis zu $1\frac{1}{3}$ Centner und bei Coaks von $1\frac{1}{4}$ bis $2\frac{1}{2}$ Centner, oder für Steinkohlen von $2\frac{1}{4}$ bis 4 Centner auf den Centner Roheisen. Beziehungsweise $1\frac{1}{8}$ Centner Holzkohlen, $1\frac{3}{4}$ Centner Coaks und $2\frac{3}{4}$ Centner Steinkohlen wird man als Durchschnittszahlen festhalten können.

§. 3. Das Roheisen hat zwei Hauptverwendungszwecke: zum *Vergießen* und zum *Verfrischen*; ersteres nimmt ungefähr $\frac{1}{4}$, letzteres $\frac{3}{4}$ der Erzeugung in Anspruch. In der Auswahl der Erze, wie in der Führung des Ofens, muß ganz besondere Rücksicht auf diese Verwendungszwecke genommen werden, und zerfällt danach das Roheisen in zwei Hauptklassen: das *graue* zum Vergießen (fonte de moulage) und das *weiße* zum Verfrischen bestimmte (fonte d'affinage). Jenes wird durch weit größeren Kohlenverbrauch und geringere Production des Ofens nicht unbeträchtlich vertheuert.

Das Gießen geschieht entweder *unmittelbar aus dem Hochofen* (Gußwaaren aus Erzen) oder durch *Umschmelzen des Roheisens* in besonders dazu eingerichteten Oefen. Dies sind entweder Cupol- oder Flammöfen. Die ersteren verbrauchen meistens Coaks, mitunter auch Holzkohlen, die letzteren rohe Steinkohle, seltener Holz oder sonstiges Brennmaterial. Bei den ersteren ist das Roheisen in unmittelbarer Berührung mit dem Brennmaterial und wird unter Hinzutritt von Gebläseluft, ähnlich wie die Erze im Hochofen, eingeschmolzen. Bei den Flammöfen dagegen schmilzt es durch die Hitze einer darüber hinstreichenden Flamme von Steinkohlen, die auf einem zur Seite des Schmelzraums liegenden Roste verbrennen. Die Cupolofengießerei ist die meist übliche; den Flammofen benutzt man hauptsächlich nur, wo es bei den Gußstücken auf besondere Reinheit und Festigkeit des Eisens ankommt. Für Kunstguß endlich findet das Umschmelzen in Tiegeln, in den sogenannten Tiegelöfen statt.

Beim Umschmelzen wird dem Roheisen der Kohlenstoffgehalt nicht entzogen, dessen Anwesenheit vielmehr das Roh- und Gußeisen charakterisirt.

Das Gießen unmittelbar aus dem Hochofen war stets in Deutschland verhältnißmäßig stärker entwickelt, als in irgend einem andern Lande; in England insbesondere gießt man sehr wenig aus dem Hochofen. Indeß auch in Deutschland hat allmählig das Umschmelzen des Roheisens bei weitem die Ueberhand bekommen, da der Kohlenverbrauch der Cupol- oder Flammöfen gering ist und deren Anlage leicht überall erfolgen und dem Umfange des vorhandenen Bedürfnisses angepaßt werden kann. Das Gießen geschieht entweder in Formen von feuchtem Sand oder von getrocknetem oder gebranntem Lehm.

§. 4. Die Hauptverwendung des Roheisens findet für Stabeisen (Schmiede-Eisen, überhaupt schweiß- und hämmerbares Eisen) statt. Dasselbe wird dargestellt durch den Prozeß des Frischens, d. h. Entziehung des Kohlenstoffgehaltes und Darstellung des reinen Eisens. Wie oben erwähnt, geschah dies in früheren Zeiten direkt aus den Erzen, indem man das zuerst entstehende und sich unten im Ofen ansammelnde Gußeisen durch Einwirkung der Gebläseluft von Kohlenstoff befreite. Dies geschah in den sogenannten Luppenfeuern, in Deutschland noch häufiger in Stücköfen. Es hat sich jedoch als weit ökonomischer erwiesen, den chemischen Umweg zu machen, aus den Eisenoxyden (Eisenerzen) erst eine Verbindung des Eisens mit Kohlenstoff (Roheisen) herzustellen und diesen erst durch einen zweiten Prozeß wieder daraus zu entfernen und das Eisen rein darzustellen.

Beim Frischen muß nun, ähnlich wie bei der Roheisenerzeugung, die Holzkohle allmählig der Steinkohle weichen; jedoch hat hier der Uebergang auf ein anderes Brennmaterial zugleich zu einer ganz verschiedenen Frischmethode geführt. Obgleich die Anwendung der einen wie der anderen Methode nicht nothwendig von der Anwendung dieses oder jenes Brennmaterials bedingt ist, so wird doch jene vorzugsweise die Holzkohlenfrischerei, diese die Steinkohlenfrischerei genannt. Letztere wird in England fast ausschließlich angewandt und in Belgien, Frankreich und den Vereinigten Staaten, desgleichen auch in Preußen, ist sie bereits weit überwiegend. Im übrigen Deutschland dagegen behauptet noch die Holzkohlenfrischerei das Uebergewicht und in allen anderen Ländern haben die Steinkohlen noch kaum begonnen den Holzkohlen den Rang streitig zu machen.

Die Holzkohlenfrischerei (auch Heerdfrischerei) geht im sogenannten Frischfeuer vor sich, einem offenen Heerdfeuer, dem durch Blasbälge oder Cylindergebläse der nöthige Wind zugeführt wird. Das Roheisen, von den Holzkohlen umgeben, wird hierbei vor dem Winde eingeschmolzen und zwar ganz allmählig, so daß die Gebläseluft auf jeden Tropfen des schmelzenden Eisens einwirken und ihm den Kohlenstoffgehalt entziehen kann. Die unten im Heerd sich bildenden Eisenklumpen — Luppen — werden noch mehrfach der Einwirkung der Gebläseluft ausgesetzt, hierauf unter den Hammer gebracht, dann abermals erhitzt und zuletzt zu Stäben ausgereckt. Das unter dem Hammer dargestellte Stabeisen heißt vorzugsweise Schmiede-Eisen, zum Unterschied von dem Walzeisen.

Die Construktion der Heerde, die Behandlung des Eisens im Feuer, die Größe der gebildeten Luppen u. s. w. differiren vielfach. In Frankreich insbesondere unterscheidet man die méthode comtoise, allemande, champénoise*) und bourguignonne.

*) Auch in der Steinkohlenfrischerei giebt es eine methode champenoise, die hiervon übrigens vollständig abweicht.

In Deutschland hat sich namentlich eine von der gewöhnlichen Frischerei abweichende Methode, die Osemundfrischerei, selbst bis in die neueste Zeit, jedoch in geringem Umfange, erhalten. Das Osemundeisen (hauptsächlich in Altena, Hagen u. s. w. aus Siegnischem Roheisen dargestellt), hatte großen Ruf, insbesondere für die Fabrikation von Draht, Sägen und anderen Eisenwaaren. Uebrigens ist in allen diesen Fällen das Princip, wonach die Entziehung des Kohlenstoffes stattfindet, dasselbe.

Der Holzkohlenverbrauch beim Frischfeuer beträgt 1 bis $1\frac{1}{3}$ Centner auf den Centner Stabeisen. Hierdurch, wie durch die geringe Production eines Frischfeuers und die verhältnißmäßig starke Arbeiterzahl kommen die Kosten der Verwandlung des Roheisens in Stabeisen allerdings hoch. Wo es sich jedoch um das beste, zäheste und reinste Eisen handelt, wird noch immer der Mehrpreis gegen das bei Steinkohlen gefrischte und gewalzte Stabeisen gezahlt.

Die Steinkohlenfrischerei wird in Flammöfen ähnlicher Construction vorgenommen, wie sie zum Umschmelzen des Roheisens dienen. Man nennt diese Methode daher auch Flammofen-Frischerei, noch häufiger aber Puddling-Frischerei. Sie wurde von den Engländern Cort und Parnell im Jahre 1787 erfunden. Das zu verfrischende Roheisen wird bei dieser Methode nur der darüber hinstreichenden Flamme brennender Steinkohlen ausgesetzt, während es im Frischfeuer in unmittelbarer Berührung mit den als Brennmaterial dienenden Holzkohlen ist. Die Anwendung von Gebläsen ist beim Puddlingofen, wie überhaupt bei allen Flammöfen, ausgeschlossen. Das Entziehen des Kohlenstoffes geschieht vielmehr durch fortwährendes Durcharbeiten und Umwenden des halbflüssigen Roheisens, wodurch möglichst große Flächen der Luft ausgesetzt und so unter Entwicklung von Kohlenoxydgas vom Kohlenstoff befreit werden. Von dieser Arbeit wird die Methode Puddlingfrischerei (puddler, rühren) genannt. Ist der Kohlenstoff entfernt, so wird das Eisen zu kleinen Luppen geballt und vorerst unter einem Hammer zusammengedrückt, (mitunter auch auf sogenannten Luppenmühlen gequetscht oder zwischen den Zängewalzen gewalzt), um es zu verdichten und die noch gebliebene Schlacke auszupressen.

Zugleich mit der Puddlingfrischerei und ebenfalls durch Cort erfunden, hat nun die Einführung der Walzwerke an der Stelle der Hämmer stattgefunden. Gewöhnlich wird hierbei das unter dem Puddelhammer verdichtete Eisen behufs der mechanischen Weiterverarbeitung zu Stabeisen, Schienen, Kleineisen u. s. w. zunächst zwischen die sogenannten Präparirwalzen gebracht, die es zu starken Platinen auswalzen. Diese Platinen werden durch eine Scheere in Stücke zerschnitten, zu Packeten zusammengelegt, diese dann in einem zweiten Flammofen, dem sogenannten Schweißofen, bis zur Weißglühhitze erwärmt, und alsdann zwischen den Reck- oder Feinwalzen zu den gewünschten Formen ausgewalzt. Das Eisen kommt nun so als Stabeisen, Schienen und dergleichen in den Handel, oder es wird zu Blech, Draht u. s. w. weiter verarbeitet.

Bei der Puddlingfrischerei wird ungefähr 1 Centner Steinkohlen auf 1 Centner Stabeisen verbraucht, also selbst dem Gewicht nach weniger wie das Frischfeuer von den häufig 3 bis 4fach theureren Holzkohlen erfordert. Die außerordentliche Ersparniß leuchtet hiernach ein; auch ist die Production eines Puddlingofens ungefähr 3 bis 4mal größer als die eines Frischfeuers. — 125 bis 140 Pfd. Roheisen geben 100 Pfd. Stabeisen.

Ein großer Theil des Coaksroheisens wird nicht in dem Zustande, wie es den Hochofen verlassen, in den Puddlingofen gebracht, sondern vorher in einem besonderen Ofen, dem Affinirfeuer umgeschmolzen, wodurch die das graue Roheisen charakterisirende Graphitbildung zerstört und überdies jede fremdartige Beimischung entfernt wird. Das Product dieses Prozesses ist das raffinirte Roheisen oder Feinmetall (fin-metal, fonte mazée). Das Affiniren (Feinen, Weißen) geschieht meistens bei Coaks, ausnahmsweise auch wohl bei Holzkohlen, ja selbst bei Hochofengasen. Holzkohlenroheisen wird nur in Ausnahmefällen diesem Vorbereitungsprozeß unterworfen.

Gewöhnlich werden im Puddlingofen verschiedene Sorten Roheisen unter einander gemischt, theils der zu erzielenden Qualität halber, theils um es besser verarbeiten zu können.

Wie schon erwähnt, ist die Puddlingfrischerei keineswegs an die Anwendung der Steinkohle gebunden. Man frischt, wenn auch nirgends in sehr bedeutendem Umfange, bei gedörrtem Holz

(z. B. in Süddeutschland, Oesterreich), bei Torf (Schweiz, Würtemberg, Oesterreich, Harz), ja selbst bei Gasen. Letzteres ward zuerst in Wasseralfingen (Würtemberg) bei den dem Hochofen entweichenden Gasen durch Faber du Faur zu praktischer Anwendbarkeit gebracht, wenn es auch bereits 1812 durch Aubertot versucht worden war. Häufiger hat man jedoch in letzteren Jahren die aus Steinkohlen, Torf, Holz, Braunkohlen u. s. w. in besonderen Generatoren erzeugten Gase benutzt; namentlich ist man in Deutschland mit diesen Versuchen vorangeschritten, deren vollständiges Gelingen für die Eisenindustrie vieler Gegenden die entschiedenste Wichtigkeit haben und sie zur Concurrenz mit dem Steinkohlenbetrieb in Stand setzen wird.

So wenig als die Steinkohlenfeuerung, so wenig haben auch die Walzwerke einen nothwendigen Zusammenhang mit der Puddlingfrischerei. So sehen wir einerseits (namentlich in Frankreich, Süddeutschland, Oesterreich, der Schweiz u. s. w.) Walzwerke mit Holzkohlenfrischerei verbunden, anderseits aber in noch weit größerem Umfange die Steinkohlenfrischerei ohne Walzwerke auftreten. Unter der Benennung méthode champenoise wird namentlich in Frankreich und in Deutschland (im Siegnischen, Luxemburg u. s. w.) die Puddlingfrischerei in ziemlich großem Umfange in Verbindung mit Kleinfeuern (statt Schweißöfen) und Hammerwerken (statt der Walzwerke) betrieben, deren Erzeugniß dem Walzeisen etwas vorgezogen und insbesondere zu Blech, Draht und Eisenwaaren verwandt wird. Ueberdieß mußten allerorts die Hämmer zur Darstellung solcher façonirter Gegenstände beibehalten werden, deren Form sich nicht durch das Walzen erreichen läßt. Die von Nasmyth erfundenen Dampfhämmer haben diesem Theil der Eisenindustrie eine sehr wesentliche Verbesserung zugeführt; man wendet dieselben auch häufig als Luppenhämmer an.

§. 5. Die eigentliche Eisenindustrie im engeren Sinne schließt mit der Erzeugung von Roh-, Guß- und Stabeisen ab. Wir müssen jedoch schließlich noch der Stahlfabrikation erwähnen. Der Stahl ist seiner chemischen Beschaffenheit nach ein Eisen mit einem Kohlenstoffgehalt, der zwischen dem des Gußeisens und des gefrischten Eisens (das eigentlich ganz kohlenstofffrei sein soll, aber selten ist) in der Mitte steht. Eine genaue Grenze zwischen diesen drei Haupteisensorten läßt sich nicht ziehen und laufen sowohl Frischeisen und Stahl, als Stahl und Gußeisen in einander über. Durch den richtigen Kohlenstoffgehalt, durch die Reinigung von fremden Beimischungen und die chemischen Bestandtheile des verwandten Eisens wird die Güte des Stahls bedingt; jedenfalls gehören Stahlbereitung und Verarbeitung zu den schwierigsten Zweigen des gesammten Gewerbewesens.

Der Stahl wird auf zwei ganz entgegengesetzten Wegen erzeugt; entweder aus Roheisen, indem man demselben einen Theil Kohlenstoff entzieht, oder aus gefrischtem Eisen, indem man demselben Kohlenstoff zuführt. Ersterer wird Roh- oder Schmelzstahl, letzterer Cementstahl genannt.

Der Schmelzstahl wurde (von der alten Stahlbereitung durch die direkte Methode unmittelbar aus Erzen abgesehen) bis vor Kurzem ausschließlich in Holzkohlenfrischfeuern (Stahlfeuern) dargestellt, ganz in ähnlicher Weise wie das Schmiede-Eisen, jedoch mit dem Unterschied, daß der Frischprozeß unterbrochen ward, wenn erst ein Theil des im Roheisen enthaltenen Kohlenstoffs ausgeschieden war Die Qualität des verwandten Roheisens bedingt wesentlich die Güte des Rohstahls. Am besten eignet sich hierzu das aus Spatheisensteinen erblasene weiße Roheisen, Rohstahleisen genannt, welches häufig beim Bruch glänzende, spiegelnde Flächen zeigt, und dann den Namen Spiegeleisen (fonte miroitante) führt. In größeren Mengen und in vorzüglicher Qualität wird der Schmelzstahl in Steiermark, Kärnthen, Tyrol, dem Siegnischen, Schweden, Dauphiné u. s. w. erzeugt. Zu den Schmelzstahlsorten gehört auch der berühmte Wooz aus Ostindien.

In den letzten Jahren ist indeß auch die Anwendung der Puddlingfrischerei bei Steinkohlen für die Erzeugung von Stahl durchgesetzt worden. Der Puddlingstahl wird analog dem Puddlingeisen erzeugt, nur daß man ebenfalls den Frischprozeß früher unterbricht, ehe die Entkohlung des Roheisens völlig vor sich gegangen ist. Versuche, den Stahl auf solche Weise zu frischen, sind schon längst und an vielen Orten unternommen, aber stets wieder aufgegeben worden, weil die Sicherheit fehlte und das Produkt höchst ungleichartig wurde. Allein die rastlosen Anstrengungen, namentlich mehrerer westphälischen Puddlingwerkbesitzer, haben alle diese Schwierigkeiten besiegt, und wenn sich auch noch nicht völlig absehen läßt, wie weit der gepuddelte den gefrischten Schmelzstahl oder den Cementstahl verdrängen wird, so ist ihm doch bereits in gewöhnlichen Qualitäten ein bedeutender Absatz sicher und steht mit Bestimmtheit zu erwarten, daß allmählig jeder Preisunterschied zwischen gutem Schmiedeeisen und gewöhnlichem Stahl verschwinden wird.

Die dem Frischen gegenüberstehende Methode ist die Cementstahlfabrikation. Hierbei werden Stäbe von Schmiedeeisen, mit Lagen von pulverisirter Holzkohle abwechselnd, in einem verschlossenen Ofen aufgeschichtet und längere Zeit der Rothglühhitze ausgesetzt, bis sich das Eisen durch Aufnahme einer genügenden Menge Kohlenstoff in Stahl verwandelt hat.

In dem Zustande, wie der Roh- oder Cementstahl auftreten, werden sie nur in geringeren Mengen verbraucht; eine weitere Verfeinerung ist schon deshalb nothwendig, weil das Mischungsverhältniß des Eisens und Kohlenstoffs in allen Theilen der Roh- oder Cementstahlstäbe sehr verschieden ist. Diese Verfeinerung geschieht nach zwei Systemen, dem Raffiniren oder Gerben und dem Umschmelzen.

Bei ersterer Methode, die den Raffinir- oder Gerbstahl liefert, wird der Rohstahl bei Holzkohlenfeuerung in Paqueten zusammengeschweißt und unter dem Hammer ausgestreckt; je nach dem zu erreichenden Grade der Feinheit wiederholt man diese Operation zwei-, drei-, selbst viermal.

Für den Cementstahl wendet man den Gerbprozeß seltner an, da derselbe einen zu großen Theil seines Kohlenstoffgehaltes dabei einbüßt. Der Raffinirstahl gehörte also in der Regel zur Gattung des Schmelzstahls.

Die andere Methode, welche den Gußstahl liefert, verdrängt die Gerbmethode immer mehr. Sie ward 1740 von Handsworth in Sheffield erfunden und wird jetzt in steigender Ausdehnung hauptsächlich in England, demnächst aber auch in Frankreich und Preußen angewandt. Hierbei wird der Cement- oder Rohstahl in Tiegeln in kleinen Quantitäten (bis 30 Pfund) bei einem heftigen Steinkohlenfeuer umgeschmolzen und darauf unter dem Hammer oder der Walze weiter verarbeitet. Die Güte des Gußstahls hängt in erster Ordnung von dem verwandten Rohmaterial ab. Die berühmte Sheffielder Gußstahlfabrikation gründet sich auf die Verarbeitung cementirten schwedischen Eisens, wovon sich die Fabrikanten die besten Marken, namentlich Ⓛ (L in a hole), durch Pachtverträge gesichert haben. Demnächst wird das norwegische und russische Eisen vorgezogen, von letzterem insbesondere die Marke C C N D aus Nijni Taguilsk. Auch Frankreich bezieht zur Gußstahlfabrikation meistens schwedisches Eisen. Im Zollverein und in Oesterreich wird davon fast nichts verbraucht; wohl aber hat man mit großem Glück begonnen, neben der Verwendung inländischen Cementstahls den Gußstahl auch aus Rohstahl darzustellen. In einzelnen Richtungen, insbesondere auch in der so schwierigen Darstellung schwerer Stücke*), Hartwalzen u. s. w. haben wir sogar in letzter Zeit die Engländer selbst übertroffen.

Von den sonstigen Methoden den Stahl darzustellen, z. B. direkt aus den Erzen, wie noch in den Pyrenäen, Indien u. s. w. in Gebrauch, ferner durch Adouciren von Rohstahleisen, durch Zusammenschmelzen von Roh- und Stabeisen, oder von Stabeisen und pulverisirter Kohle (Combinatstahl) u. s. w. können wir hier absehen.

Schon aus dieser kurzen Darstellung wird man ersehen, wie unendlich verschieden die ökonomischen Grundlagen der Eisenindustrie in den einzelnen Gegenden sein müssen und in wie hohem Grade ihre wirthschaftliche Lage und damit das Concurrenzverhältniß der verschiedenen eisenerzeugenden Länder durch technische Umgestaltungen im Laufe der Zeit verändert worden ist. Der Hinzutritt der Frachtfrage bei einem Gewerbe, wo die Rohmaterialien das vier- bis siebenfache Gewicht des Produkts haben und wo überhaupt die Werthe so gering sind im Verhältniß zu den Gewichten, steigert, wie wir sehen werden, die Verwicklungen noch, welchen sich die Eisenindustrie einer Gegend ausgesetzt sehen kann, nachdem dieser oder jener Fortschritt die Bedingungen ihrer bisherigen Existenz verrückt hat.

---

*) Der von Krupp in Essen zur Londoner Industrieausstellung gelieferte Gußstahlblock wog nicht weniger als 4,300 Pfund.

# Erste Abtheilung.

## Statistik der Eisenerzeugung.

### A. Der Zollverein.

§. 6. Die Eisenerzeugung ist eines der ältesten Gewerbe Deutschlands. Schon Tacitus erwähnte ihrer im jetzigen Oberhessen, und mag überhaupt diese Gegend, nebst dem angrenzenden Nassauischen und Siegnischen als der älteste Sitz der deutschen Eisenindustrie zu betrachten sein; demnächst wohl Steiermark, Kärnthen, Sachsen und der Harz.

Jahrhunderte lang fand die Darstellung des Eisens in unveränderter Weise in offenen Heerdfeuern — Luppenfeuern — direkt aus den Erzen statt, und erst gegen Ende vorigen Jahrhunderts sind dieselben in Deutschland vollständig verschwunden. Die Stücköfen kamen gegen Ende des 13. Jahrhunderts aus Böhmen nach Sachsen, und die Blauöfen (kleine Hochöfen ohne Gestell und mit geschlossener Brust) finden wir zuerst zwei Jahrhunderte später am Rhein. Noch jetzt existiren derselben ziemlich viele in Thüringen und Baiern. Im 16. Jahrhundert bestanden bereits in verschiedenen Theilen Deutschlands Blauöfen für Eisengießerei und Anfang des 17. Jahrhunderts wurden in Sachsen und im Harz die ersten Hochöfen gebaut. 1794 erfolgte die erste Anlage eines Coakshochofens zu Gleiwitz in Schlesien. Die

Einführung der Cylindergebläse, der Puddlingfrischerei, der Walzwerke und der erhitzten Luft fällt in dieses Jahrhundert; in größerem Umfange namentlich von 1830 an.

Aehnlich wie in Frankreich ist auch die Eisenindustrie des Zollvereins über dessen ganzes Gebiet verbreitet. Nur in einigen der kleinsten Staaten fehlt dieser Erwerbszweig. Bei den schlechten Kommunikationsmitteln der früheren Zeit, bei dem außerordentlichen Mehrgewicht der Rohstoffe (Erze, Kohlen, Zuschläge u. s. w.) über das daraus hergestellte Produkt und bei dem geringen Preise des Eisens im Verhältniß zu seinem Gewicht, war eine solche Zersplitterung sehr natürlich. Denn in gewissen Entfernungen glichen sich die höheren Produktionskosten eines Distriktes gegen die Frachten des in andern Gegenden billiger oder besser produzirten Eisens aus. So hatte jeder Eisendistrikt sein bestimmtes Absatzgebiet und gewöhnlich fand nur an den Grenzen dieser Gebiete eine ernstliche Conkurrenz der einzelnen Eisendistrikte untereinander oder mit dem Auslande statt.

Wir kommen später darauf zurück, wie die Verbesserung der Transportmittel, der Uebergang vom Holzkohlen- zum Steinkohlenbetrieb und das Entstehen der Eisenbahnen die ehemaligen Grundlagen der örtlichen, technischen und ökonomischen Verhältnisse unserer Eisenindustrie umgestaltet haben, so daß sie jetzt im Begriff ist, dieser neuen Basis gemäß eine wesentlich veränderte Gestalt anzunehmen. Das Resultat dieser Entwicklung wird, außer einer bedeutenden Ausdehnung, eine stärkere Concentrirung der Eisenerzeugung auf bestimmte Punkte, namentlich auf die Steinkohlenreviere sein; einzelne Sitze der bisherigen Holzkohleneisenproduktion werden dieselbe fortsetzen können, andere durch neue Kommunikationsmittel zum Uebergang auf Steinkohlenverwendung in den Stand gesetzt werden, während den ungünstiger gelegenen Werken ein Fortbetrieb auf die Dauer nicht zu garantiren ist.

In der folgenden Erörterung werden Umfang und Lage jedes einzelnen vereinsländischen Eisendistrikts ausführlicher zur Sprache kommen, woraus die allgemeine ökonomische Lage unsrer Eisenindustrie am deutlichsten erhellt.

## 1. Preussen.

§. 7. Ueber die preußische Eisenindustrie, bei weitem die bedeutendste und wichtigste des Zollvereins, sind bereits seit langer Zeit offizielle Nachweisungen vorhanden. Bis zum Jahr 1837 waren dieselben jedoch mangelhaft, theils weil die Produktion der schlesischen Privatwerke nicht kontrolirt, und theils weil zwischen den einzelnen Kategorien (z. B. Gußwaaren aus Erzen und aus Roheisen) nicht überall genau unterschieden wurde. Wir gehen also mit den detaillirten Nachweisungen nicht weiter als bis 1837 zurück, fügen jedoch die Gesammtproduktion früherer Jahrgänge bei.

Das gesammte Berg- und Hüttenwesen, namentlich das erstere, unterliegt in Preußen einer genauen Beaufsichtigung und Kontrole von Seiten des Staates. Er ist zu dem Ende in fünf Hauptbergdistrikte getheilt, von denen jeder wieder in verschiedene Bergamtsbezirke zerfällt. Jene Distrikte sind der Brandenburgisch-Preußische, der Schlesische, der Sächsisch-Thüringische, der Westphälische und der Rheinische. In jedem derselben finden Eisensteinbergbau und Eisengewinnung statt, jedoch in sehr verschiedenem Umfange. Die beiden Hauptdistrikte für Eisenerzeugung sind der Rheinische und Schlesische, während der Westphälische sich zu gleicher Bedeutung zu entwickeln im Begriff steht. Zu bemerken ist übrigens, daß die Begrenzung der Bergdistrikte keineswegs mit der politischen Eintheilung zusammenfällt; so findet gerade die bedeutendste Eisenproduktion des Rheinischen Bergdistrikts in der Provinz Westphalen (Siegen) und die bedeutendste Produktion des Westphälischen Distrikts in der Rheinprovinz (im Ruhrrevier) statt.

Wir lassen nun die Statistik der Eisenerzeugung in den einzelnen Hauptbergdistrikten folgen, nebst einer kurzen Erörterung ihrer wirthschaftlichen Grundlage.

### a. Hochofenproduktion.

§. 8. 1. Der Brandenburgisch-Preußische Hauptbergdistrikt. Derselbe hat den größten Flächeninhalt aber bei weitem die kleinste Eisenerzeugung unter den fünf Hauptdistrikten. Er umfaßt die Provinzen Brandenburg, Pommern, Posen, Ost-

und Westpreußen. Von den fünf Hochöfen, die sich hier in schwachem Betrieb befinden, fast ausschließlich auf Gußwaaren aus Erzen, liegen drei im Frankfurter, einer im Gumbinner und einer im Stettiner Regierungsbezirk. Das Schmelzmaterial besteht bloß aus Rasenerz, das meistens von den Feldern zusammengesucht wird; als Brennmaterial dienen ausschließlich Holzkohlen. An eine weitere Entwicklung der Eisenerzeugung ist in jenen Provinzen nicht zu denken; im Gegentheil haben die Hochöfen trotz der seit 1844 eingetretenen Besteuerung des ausländischen Roheisens der Konkurrenz der Kupolöfen gegenüber, die schottisches Roheisen bei englischen Steinkohlen vergießen, ihre Produktion immer mehr eingeschränkt. Folgende Tabelle wird dies darthun.

Hochofenproduktion des Brandenburg-Preußischen Hauptbergdistrikts.

| Jahr. | 1. Roheisen. Ctr. | 2. Gußwaaren aus Erzen. Ctr. | 3. Summa der Hochofenproduktion. Ctr. |
|---|---|---|---|
| 1837 | 6,719 | 16,566 | 23,285 |
| 1838 | — | 10,056 | 10,056 |
| 1839 | — | 22,379 | 22,379 |
| 1840 | — | 22,116 | 22,116 |
| 1841 | — | 34,605 | 34,605 |
| 1842 | — | 32,827 | 32,827 |
| 1843 | — | 23,056 | 23,056 |
| 1844 | — | 31,014 | 31,014 |
| 1845 | — | 10,759 | 10,759 |
| 1846 | — | 12,319 | 12,319 |
| 1847 | — | 15,774 | 15,774 |
| 1848 | — | 17,436 | 17,436 |
| 1849 | — | 9,247 | 9,247 |
| 1850 | 1,342 | 8,157 | 9,499 |

Die fünf Hochöfen bestehen schon seit längerer Zeit; gewöhnlich sind nur 3 bis 4 davon im Betrieb. Mit Ausnahme eines Privathochofens im Regierungsbezirk Frankfurt sind sie in landesherrlichem Besitz.

Es betrug die Erzeugung:

| | des Aerars. | der Privatwerke. |
|---|---|---|
| 1837 . . . . | 16,566 Ctr. | 6,719 Ctr. |
| 1842 . . . . | 25,827 „ | 7,000 „ |
| 1850 . . . . | 8,157 „ | 1,342 „ |

2. Der Schlesische Hauptbergdistrikt.*) Dieser Distrikt umfaßt die Provinz Schlesien. Er zerfällt in den niederschlesischen und oberschlesischen Bezirk.

Der erste, die Regierungsbezirke Breslau und Liegnitz umfassend, hat eine nicht sehr bedeutende Eisenerzeugung. Im Regierungsbezirk Breslau ist es bloß die Grafschaft Glatz, die Roheisen aus den dort vorkommenden Magnet- und Brauneisensteinen erzeugt. 1837 waren dort 3, 1850 2 Hochöfen in Betrieb. Im Regierungsbezirk Liegnitz ist dagegen die Zahl größer; sie betrug 1837 gegen 25, wovon 1850 aber nur noch 16 in Betrieb waren; sie liegen über einen großen Theil des Bezirkes zerstreut, hauptsächlich in den Kreisen Sprottau, Rothenburg, Hoyerswerda, Bunzlau und Sagan. Das Schmelzmaterial besteht fast ausschließlich aus Rasenerz und werden daher meistens Gußwaaren erzeugt. Die Werke Niederschlesiens werden bei Holzkohlen betrieben, jedoch hütten gegenwärtig einige der im Regierungsbezirk Liegnitz belegenen Hochöfen bei einer Mischung von Coaks und Holzkohlen. Die Eisenerzeugung ist hier im Rückschritt, wenngleich nicht im Verhältniß der kalt liegenden Hochöfen; die steigenden Holzkohlenpreise und die Entfernung von den Steinkohlenrevieren tragen dazu hauptsächlich bei.

Oberschlesien, den Regierungsbezirk Oppeln umfassend, ist dagegen der Punkt, wo sich bis jetzt im ganzen Zollverein die Eisenerzeugung am stärksten konzentrirt findet und wo namentlich die Coakseisenerzeugung ihren ältesten Sitz hat und quantitativ am weitesten vorgeschritten ist.

*) Ueber die speziellen Verhältnisse der schlesischen Eisenproduktion handeln die ausgezeichneten Schriften des Herrn Wachler, Königl. Hütteninspektor in Malapane: „Die Eisenerzeugung Ober- und Nieder-Schlesiens, Breslau 1848.“

Wir haben in Oberschlesien den Holzkohlen- und Coakseisendistrikt zu unterscheiden. Der erstere umfaßt die waldigen Gegenden im nördlichen Theile des Regierungsbezirks längs der polnischen Gränze. Hier kommen sehr reiche Sphärosideriten (Steinerze, Thoneisensteine) vor, die das hauptsächliche Schmelzmaterial der Holzkohlenhochöfen bilden. Die größte Zahl derselben befindet sich im Kreise Lublinitz. Hier wird auch etwas Rohstahleisen aus Spatheisenstein erzeugt. — Die Coakshütten dagegen finden sich fast sämmtlich in dem oberschlesischen Steinkohlendistrikt zwischen Gleiwitz und der polnischen Grenze, im Kreise Beuthen, konzentrirt. Unter der Zahl derselben ist die berühmte Königshütte bei Gleiwitz, die zu den am billigsten produzirenden Hütten des ganzen Zollvereins gehört; ferner die Alvenslebenhütte, Laurahütte u. s. w. Sie verschmelzen fast ausschließlich die in nicht großer Entfernung vorkommenden Tarnowitz-Beuthener Brauneisensteine. Dieselben sind zwar arm (20—30 Prozent Eisengehalt), allein ihr Vorkommen in großen Lagern, theilweise dicht unter der Oberfläche, macht die Gewinnung sehr wenig kostspielig. Sie bilden überhaupt nach v. Carnall *) gegen ¾ der Beschickung sämmtlicher oberschlesischer Hochöfen, indem auch sehr viele Holzkohlenhochöfen dieselben ausschließlich verhütten oder doch die Steinerze damit gattiren. Im Steinkohlengebirge selbst kommen Sphärosideriten vor, die als Zusatz verhüttet werden; jedoch sind die Ablagerungen nicht von Bedeutung.

Die dem Steinkohlenrevier näher liegenden Holzkohlenhochöfen sind vielfach zur Verwendung gemischten Brennmaterials übergegangen.

Die Erzeugung von Hochofengußwaaren war in Oberschlesien stets sehr unbedeutend.

Daß die schlesische Coakseisenerzeugung unter diesen im Allgemeinen sehr günstigen Verhältnissen sich nicht noch weit stärker entwickelte, muß vornehmlich folgenden Umständen zugeschrieben werden:

---

*) Dem vorzüglichen Werke des Herrn R. v. Carnall: „Die Bergwerke in Preußen und deren Besteuerung. Berlin, 1850" sind überhaupt viele Notizen über die Eisenindustrie Preußens entnommen.

1) Die beträchtliche Eisensteinfracht, die viele Werke bei den schlechten Wegen zu tragen haben, obgleich die Entfernung der Eisenerzlager nicht groß ist. Die Pferdeeisenbahn, zur Verbindung der großen Hüttenwerke im Steinkohlendistrikt mit den Tarnowitz-Beuthener Erzrevieren, welche längst projektirt und nun endlich in der Ausführung begriffen ist, muß demnach bedeutend auf Verminderung der Selbstkosten und Ausdehnung der Produktion Oberschlesiens einwirken;

2) Die eigenthümliche Beschaffenheit der Tarnowitz-Beuthener Brauneisensteine, die meistens aus einer lockeren zerreiblichen Masse bestehen, die sich im Ofen dicht zusammenlegt und den Durchgang des Windes hindert. Hierdurch werden der Anwendung sehr hoher und weiter Oefen, von der Produktionsfähigkeit der belgischen und schottischen, Schwierigkeiten entgegengesetzt.

3) Die Qualität der schlesischen Kohlen; mit Ausnahme der Königin Louisengrube hat nämlich Oberschlesien nur magere Kohlen. Hierdurch und durch den geringen Eisengehalt der Erze wird das bedeutende Quantum von 2½ bis 2¾ Centner Coaks (etwa 1 Tonne Kohlen) zur Erzeugung von 1 Centner Roheisen erforderlich.

4) Der Mangel eines abgerundeten Absatzgebietes, indem nach Süden und Osten die hermetisch verschlossenen Grenzen Rußlands und Oesterreichs bis unmittelbar an das oberschlesische Eisenrevier stoßen.

Alle diese Verhältnisse werden noch mehrfach zur Erörterung gelangen.

Oberschlesien hatte 1837 48, 1850 dagegen 67 Hochöfen in Betrieb; die Zahl nahm also in ähnlichem Verhältniß zu, als in Niederschlesien ab. Unter jenen 48 Hochöfen im Jahr 1837 wurden 8 mit Coaks und ungefähr 3 mit gemischtem Material betrieben; 1850 wird die Zahl derer, die Coaks oder gemischtes Brennmaterial verwandten, auf 21 anzunehmen sein.

Folgende Tabelle enthält die Statistik der gesammten schlesischen Hochofenproduktion.

## Hochofenproduktion des schlesischen Hauptberg-distrikts.

| Jahr. | 1. Roheisen. Ctr. | 2. Rohstahleisen. Ctr. | 3. Gußwaaren aus Erzen. Ctr. | 4. Summa d. Hochofenproduktion. Ctr. |
|---|---|---|---|---|
| 1837 | 625,650 | 1,138 | 67,381 | 694,169 |
| 1838 | 648,523 | 1,965 | 77,804 | 728,292 |
| 1839 | 661,462 | 3,017 | 110,159 | 774,638 |
| 1840 | 774,930 | 2,122 | 107,510 | 884,562 |
| 1841 | 788,338 | 2,811 | 41,752 | 832,901 |
| 1842 | 738,253 | 4,266 | 30,055 | 772,574 |
| 1843 | 732,691 | 1,110 | 32,490 | 766,291 |
| 1844 | 721,715 | 1,925 | 50,343 | 773,983 |
| 1845 | 763,791 | 1,788 | 136,851 | 902,430 |
| 1846 | 988,739 | 2,637 | 26,429 | 1,017,805 |
| 1847 | 866,628 | 3,000 | 141,880 | 1,011,508 |
| 1848 | 917,658 | 661 | 98,686 | 1,017,005 |
| 1849 | 894,643 | 1,233 | 71,061 | 966,937 |
| 1850 | 1,048,095 | 930 | 67,319 | 1,116,344 |

Von dieser Produktion kommen auf:

| | Niederschlesien. | Oberschlesien. |
|---|---|---|
| 1837 . . . . | 91,492 Ctr. | 602,677 Ctr. |
| 1850 . . . . | 84,374 „ | 1,031,970 „ |

In Oberschlesien sind viele der bedeutendsten Hüttenwerke (z. B. Königshütte, Malapane u. s. w.) landesherrlich; die niederschlesischen sind sämmtlich in Privatbesitz. Im ganzen schlesischen Distrikt war das Verhältniß der Erzeugung des Aerars und der Privathütten folgendes:

| | Aerarische Werke. | Privatwerke. |
|---|---|---|
| 1837 . . . | 158,810 Ctr. | 535,359 Ctr. |
| 1842 . . . | 118,692 „ | 653,882 „ |
| 1850 . . . | 105,143 „ | 1,011,201 „ |

Das Aerar hat also seine Eisenerzeugung eingeschränkt. Gegen 85 Prozent derselben besteht aus Coakseisen. Von den Privatwerken ist etwa ⅓ in standesherrlichem Besitz.

Nach dem verwandten Brennmaterial scheidet sich die schlesische Hochofenproduktion folgendermaßen:

| | Bei Holzkohlen. | Bei Coaks und Steinkohlen. | Bei Coaks und Holzkohlen. |
|---|---|---|---|
| 1837 . . . | 509,169 Ctr. | 170,000 Ctr. | 15,000 Ctr.*) |
| 1842 . . . | 461,152 „ | 311,422 „ | 41,017 „ |
| 1850 . . . | 666,706 „ | 349,638 „ | 100,000 „ *) |

Zählt man die Produktion bei gemischtem Brennmaterial dem Coakseisen zu, so stellt sich das Quantum im Jahr 1850 auf etwa 40 Prozent der Gesammterzeugung der schlesischen Hochöfen. Die Coakseisenerzeugung der Privatwerke betrug 1838 erst 53,044 Centner, 1850 dagegen 262,443 Centner.

Im Ganzen waren im schlesischen Distrikt 1837 76 Hochöfen im Betrieb, worunter 8 auf Coaks; 1850 betrug jene Zahl 86, worunter etwa 23 auf Coaks und gemischtes Brennmaterial.

3. Der Sächsisch-Thüringische Hauptbergdistrikt. Die Produktion dieses Distriktes, der die Provinz Sachsen umfaßt, ist nicht von bedeutendem Umfange, obgleich die Eisenindustrie hier seit Jahrhunderten ihren Sitz hat. Im Harz gehen 3 Hochöfen, welche die dortigen Roth-, Magnet- und Brauneisensteine verhütten und insbesondere vorzügliche Hochofengußwaaren liefern, worin sich vor Allem die Gräfl. Stollbergische Hütte zu Ilsenburg auszeichnet. Im Regierungsbezirk Merseburg liegen noch einige Hochöfen zerstreut, die meist Raseneisensteine verschmelzen. Darunter ist das Gräflich Einsiedelnsche Werk Lauchhammer gleichfalls durch seine Gußwaarenproduktion ausgezeichnet. Im Thüringer Wald, in den preußischen Enklaven Schleusingen und Ziegenrück, kommen vorzügliche Braun- und Spatheisensteine vor, die aber meistens noch auf ganz veraltete Weise in den sogenannten Blauöfen verhüttet werden, deren jährliche Produktion hier gewöhnlich auf 500 bis 1000 Centner pro Ofen zu veranschlagen ist. Die hohen Preise der Holzkohlen, an manchen Punkten auch die bedeutenden Förderkosten der Erze scheinen eine quantitative Entwicklung der dortigen

---

*) Beruht auf Schätzung, da die bergamtlichen Nachweisungen dies Quantum nicht in allen Jahrgängen getrennt aufgeführt haben.

Eisenindustrie, selbst bei rationellerem Betrieb, nicht mehr zu gestatten, indem die innere Concurrenz von Seiten des schlesischen, westphälischen und rheinischen Eisens bereits zu beträchtlich geworden ist. Nur in so ungewöhnlich günstigen Perioden in Bezug auf Preis und Absatz, wie die von 1845 und 1846, war eine beträchtlichere Steigerung der Produktion möglich, während seitdem eine stärkere Abnahme stattfand, als vielleicht in irgend einem andern deutschen Eisendistrikt.

Sämmtliche Hüttenwerke des Sächsisch-Thüringischen Distrikts sind auf den alleinigen Verbrauch von Holzkohlen angewiesen.

Etwa 5000 bis 6000 Centner des im Thüringer Wald aus Spatheisensteinen erblasenen Roheisens werden zur Schmelzstahlfabrikation verwandt, das übrige zu Stabeisen. Am Harz und im Regierungsbezirk Merseburg besteht ein großer Theil der Hochofenproduktion aus Gußwaaren.

### Hochofenproduktion des Sächsisch-Thüringschen Hauptbergdistrikts

| Jahr. | 1. Roheisen. Ctr. | 2. Gußwaaren aus Erzen. Ctr. | 3. Summa der Hochofenproduktion. Ctr. |
|---|---|---|---|
| 1837 | 32,738 | 2,892 | 35,630 |
| 1838 | 24,988 | 6,032 | 31,020 |
| 1839 | 42,614 | 25,250 | 67,864 |
| 1840 | 40,729 | 36,154 | 76,883 |
| 1841 | 40,979 | 35,536 | 76,515 |
| 1842 | 41,725 | 39,892 | 81,617 |
| 1843 | 33,848 | 38,245 | 72,093 |
| 1844 | 48,544 | 43,557 | 92,101 |
| 1845 | 49,392 | 59,837 | 109,229 |
| 1846 | 40,840 | 62,821 | 103,661 |
| 1847 | 83,222 | 10,406 | 93,628 |
| 1848 | 41,847 | 15,855 | 57,702 |
| 1849 | 41,572 | 11,988 | 53,560 |
| 1850 | 30,304 | 19,184 | 49,488 |

Von der Eisenerzeugung des Jahres 1837 kamen 5670 Centner auf ein ärarisches Hüttenwerk im Regierungsbezirk Erfurt; seit 1842 wird dasselbe jedoch nicht mehr vom Staate betrieben. Dagegen ist jetzt etwa die Hälfte der Werke in standesherrlichem Besitz.

Die Zahl der in Betrieb befindlichen Hochöfen betrug 1837 sechs und 1850 sieben; von Blauöfen sind funfzehn vorhanden, davon gewöhnlich aber nur acht bis höchstens zehn gleichzeitig in Betrieb.

4. Der Westphälische Hauptbergdistrikt. Er umfaßt von der Provinz Westphalen die Regierungsbezirke Münster, Minden und den nordwestlichen Theil von Arnsberg, und von der Rheinprovinz den Regierungsbezirk Düsseldorf. Auch hier ist die Eisenerzeugung noch zu keinem großen Umfang gelangt; sie geht jedoch einer ganz bedeutenden Entwicklung entgegen.

Man hat in diesem Distrikt zwischen den Werken zu unterscheiden, die vereinzelt in der Provinz Westphalen zerstreut liegen und Rasenerz bei Holzkohlen verschmelzen, und zwischen den Hütten im Regierungsbezirk Düsseldorf im Steinkohlenrevier der Ruhr. Bis vor wenigen Jahren war hier die Roheisenerzeugung noch sehr unbedeutend und man verschmolz ebenfalls nur Rasenerze bei Holzkohlen, denen man allmählig die in der Nähe erschürften Braun- und Thoneisensteine, sowie Rotheisensteine von der Lahn, in immer größeren Mengen zuzusetzen begann. Gleichzeitig fing man an die Holzkohlen mit Coaks zu vermischen und 1850 wurde zuerst auf einer, 1851 auf drei Hütten mit bloßen Coaks gehüttet. 1837 hatte der Regierungsbezirk Düsseldorf nur zwei kleine Holzkohlenhochöfen, von denen gewöhnlich nur einer in Betrieb war, 1850 sechs Hochöfen, wovon einer auf Coaks, vier auf gemischtes Brennmaterial, und 1851 bereits acht Hochöfen, worunter drei auf Coaks und alle übrigen auf gemischtes Brennmaterial. Immer sind aber sowohl dies Wachsthum als der erreichte Umfang der Produktion noch ganz unbedeutend, wenn man die Grundlagen betrachtet, die hier zur Entfaltung einer großartigen Eisenindustrie gegeben sind.

In dem Bassin der Ruhr finden sich vorerst die zur Verhüttung am besten geeigneten Steinkohlen des ganzen Vereinsgebietes, deren Förderungskosten verhältnißmäßig sehr niedrig kommen. Außerdem sind nicht blos in den letzten Jahren reiche Lager von Thon- und Brauneisensteinen an der südlichen und westlichen Gränze der Kohlenfelder (bei Mülheim am Rhein, an der bergisch-märkischen und Steele-Vohwinkler Bahn) aufgeschlossen worden, sondern man hat auch zwischen den Kohlenflötzen selbst (bei Dortmund, Sprokhoevel u. s. w.) Ablagerungen von Kohleneisensteinen entdeckt, ganz ähnlich dem Vorkommen, worauf sich die Größe der schottischen Eisenindustrie basirt. Ueberdies eignet sich das Ruhrkohlenrevier am besten die reichen und äußerst billig zu fördernden Rotheisensteine der Lahn zu verhütten, indem die Fracht sehr gering ist (von Lahnstein bis Ruhrort etwa 10 Pf. pro Centner) und bei vollständiger Regulirung der Lahnschifffahrt oder nach Ausführung einer Lahneisenbahn noch so viel niedriger kommen muß, daß es voraussichtlich eben so vortheilhaft sein wird, in Duisburg, Mülheim an der Ruhr oder Ruhrort die Lahneisensteine zu verhütten, als die Kohleneisensteine des Steinkohlenreviers selbst. Auf die Verhüttung der Brauneisensteine sind 1851 bereits 2 Hochöfen in Betrieb gekommen und einer zu Borbeck an der Köln-Mindener Bahn auf Rotheisensteine der Lahn, während 4 andere Hochöfen ihre Erze damit gattiren. Der Borbecker Hochofen ist bis jetzt der einzige in Deutschland, welcher die höchste Produktion belgischer und schottischer Oefen, 50—60,000 Pfund in 24 Stunden, erreicht hat; der zweite Hochofen kam Anfang 1852 dort in Betrieb. Zur Verhüttung der Kohleneisensteine werden im Laufe des Jahres 1852 die ersten Hochöfen errichtet; die Schmelzversuche damit sind bereits in großem Maaßstab auf der Königl. Sayner Hütte vorgenommen worden. Und was schließlich das Ruhrkohlenrevier so geeignet macht zur Entfaltung einer großartigen Eisenindustrie, dies ist seine geographische Lage und die Vollkommenheit der Communicationsmittel, wodurch es mit dem ganzen Vereinsgebiet in Verbindung steht und selbst nach den entferntesten Provinzen, Ost- und Westpreußen (per Rhein und Sund) billiger versenden kann, als alle näher gelegenen Eisendistrikte.

Daß unter diesen Umständen das Wachsthum der dortigen Eisenindustrie noch ein so geringes war, hat vornehmlich zwei Ursachen. Erstens sind alle die großartigen Aufschlüsse von Erzen

— Brauneisensteine, Kohleneisensteine wie nassauische Rotheisensteine — fast ausschließlich neueren Datums und bedurften genauer Untersuchungen, ehe so bedeutende und kostspielige Anlagen darauf gegründet werden konnten. Selbst die große Bedeutung und Ausdehnung des Ruhrkohlenflötzes nach Westen und Norden hin kennt man erst seit wenigen Jahren. Und zweitens traten die Ereignisse von 1848 mit der darauf folgenden und selbst jetzt noch nicht gehobenen Geschäftsunsicherheit auf's störendste dazwischen. Im Jahre 1847 war die Gründung einer großen Zahl von Hochofenetablissements im Ruhrrevier theils fest beschlossen, theils bereits in der Ausführung; alles dies gerieth 1848 in's Stocken und erst 1850 und 1851 ist ein verhältnißmäßig kleiner Theil der Unternehmungen wieder aufgenommen worden. Für 1851 wird man deshalb auch das Quantum des bei Coaks oder gemischtem Brennmaterial erzeugten Roheisens bereits auf 200, bis 250,000 Ctr. anschlagen können und hoffentlich beginnt von jetzt an eine umfassendere Ausbeutung der dort gegebenen Grundlagen.

Ein sehr großer und das Verhältniß in den übrigen Eisenrevieren des Zollvereins weit übersteigender Theil der bisherigen Eisenerzeigung des Distrikts besteht aus Hochofengußwaaren, während die neuen Coakshüttenanlagen auf Roheisen gehen. Die Produktion seit 1837 enthält nachstehende Tabelle:

Hochofenproduktion des Westphälischen Hauptbergdistrikts.

| Jahr. | 1. Roheisen. Ctr. | 2. Rohstahleisen. Ctr. | 3. Gußwaaren aus Erzen. Ctr. | 4. Summa d. Hochofenproduktion. Ctr. |
|---|---|---|---|---|
| 1837 | 7,153 | — | 98,040 | 105,193 |
| 1838 | 10,212 | — | 116,657 | 126,869 |
| 1839 | 12,157 | — | 121,162 | 133,319 |
| 1840 | 4,310 | — | 133,790 | 138,100 |
| 1841 | 13,016 | — | 147,188 | 160,204 |
| 1842 | 16,762 | — | 116,971 | 133,733 |
| 1843 | 25,815 | — | 83,792 | 109,607 |

| Jahr. | 1. Roheisen. Ctr. | 2. Rohstahleisen. Ctr. | 3. Gußwaaren aus Erzen. Ctr. | 4. Summa d. Hochofenproduktion. Ctr. |
|---|---|---|---|---|
| 1844 | 26,892 | — | 150,647 | 177,539 |
| 1845 | 37,509 | — | 152,026 | 189,535 |
| 1846 | 40,368 | — | 156,142 | 196,510 |
| 1847 | 42,530 | — | 140,262 | 182,792 |
| 1848 | 72,534 | 836 | 113,273 | 186,643 |
| 1849 | 63,522 | 700 | 84,601 | 148,823 |
| 1850 | 69,435 | 735 | 153,364 | 223,534 |

Sämmtliche Werke sind in Privatbesitz. — Nach dem verwandten Brennmaterial scheidet sich die Produktion folgendermaßen:

| | Bei Holzkohlen. | Bei Coaks. | Bei Coaks und Holzkohlen. |
|---|---|---|---|
| 1837 . . . | 105,193 Ctr. | — Ctr. | — Ctr. |
| 1842 . . . | 133,733 „ | — „ | — „ |
| 1850 . . . | 141,618 „ | 21,500 „ | 60,416 „ |

Zusammengenommen wurden also im Jahre 1850 bei Coaks und gemischtem Brennmaterial 81,916 Centner oder 36 Prozent der Gesammtproduktion erblasen.

Die Zahl der in Betrieb befindlichen Hochöfen betrug im ganzen westphälischen Distrikte 1837 6 Holzkohlenhochöfen und 1850 14 Hochöfen, wovon 9 auf Holzkohlen und 5 auf Coaks oder gemischtes Brennmaterial.

5. Der Rheinische Hauptbergdistrikt. Er umfaßt die Rheinprovinz mit Ausnahme des Regierungsbezirks Düsseldorf und von der Provinz Westphalen den größten Theil des Regierungsbezirks Arnsberg.

Dieser Distrikt hat drei Haupteisenreviere, nämlich den Bergamtsbezirk Siegen auf dem rechten Rheinufer, und auf dem linken die Bezirke Saarbrücken und Düren.

Der siegensche Bergamtsbezirk ist der bedeutendste von diesen dreien und innerhalb desselben hat wieder der Kreis

Siegen *) die ausgedehnteste Eisenerzeugung. Es ist dies einer der ältesten und berühmtesten Sitze deutscher Eisenindustrie, der sich insbesondere durch seine reichhaltigen und gutartigen Spath-, Braun- und Rotheisensteine auszeichnet. Aus den besten Spatheisensteinen wird Rohstahleisen (Spiegeleisen) erblasen; der berühmte Müsener Stahlberg liefert insbesondere ganz unerschöpfliche Mengen dieses vorzüglichen Materials. Der Kreis Siegen erzeugt gegen ⅔ und der ganze Bergamtsbezirk über ⅚ der gesammten Rohstahleisenproduktion der preußischen Monarchie. Ebenso genießen die aus dem siegenschen Roheisen dargestellten Gußwaaren (namentlich Oefen, Retorten, Walzen) ihrer Festigkeit und Feuerbeständigkeit, und die verschiedenen Stabeisensorten ihrer Härte und Zähigkeit halber, großen Ruf.

Das Brennmaterial besteht im Siegenschen bis jetzt ausschließlich aus Holzkohlen, welche von den nach einer eigenthümlichen Methode bewirthschafteten Haubergen geliefert werden. Im Jahre 1847 wurde bei Siegen ein Coakshochofen angeblasen, konnte aber, obgleich sich der Coaksverbrauch etwa nur auf 120 Pfund pro Centner Roheisen stellte, bei so großer Entfernung von dem Steinkohlenrevier der Ruhr den Betrieb nicht fortsetzen. Der Holzkohlenverbrauch ist übrigens bei den reichhaltigen und leicht schmelzbaren Erzen auf ein Minimum herabgebracht worden, das vielleicht noch nirgends erreicht ist; einzelne Hütten verbrauchen zu 1000 Pfund Roheisen nur 900 bis 925 Pfund Kohlen und erblasen in kleinen Hochöfen bei äußerst schwachen Gebläsen von nur 6—8 Pferdekraft bis zu 18,000 Pfd. Roheisen in 24 Stunden.

Uebrigens ist im Siegenschen die Zahl der Hochöfen im Verhältniß zu dem Produktionsquantum sehr groß, indem die Hütten von Alters her in einem Verband stehen, der, mit Rücksicht auf die disponiblen Holzkohlen, ihre Betriebszeit auf sehr kurze Campagnen beschränkt.

---

*) Ueber die speziellen Verhältnisse der Eisenindustrie im Bergamtsbezirk Siegen und insbesondere in den drei Kreisen Siegen, Olpe und Altenkirchen, siehe die lehrreiche Schrift von Klein und Börner: „Denkschrift über die künftige Handelspolitik und Zollverfassung Deutschlands. Abth. III. Siegen, 1849."

In den 3 Kreisen Siegen, Olpe und Altenkirchen hütteten 1840 die 34 vorhandenen Hochöfen durchschnittlich nur 59 Tage im Jahr; das allmählige Eingehen des Frischfeuerbetriebes und neue Wegeanlagen haben indeß das den Hochöfen zur Verfügung stehende Holzkohlenquantum so erhöht, daß im Jahre 1847 die Campagnen doch mindestens 125 Tage dauerten und 1850 etwa 140 bis 150 Tage. Die genannte Zahl der im Betrieb befindlichen Hochöfen ist seit 1837 ziemlich dieselbe geblieben; davon hat der Kreis Siegen 18, Altenkirchen 10 und Olpe 6. Auf Rohstahleisen gehen gewöhnlich 7 Hochöfen.

Die Zukunft der Eisenindustrie in den 3 Kreisen und den angrenzenden Distrikten wird durch die Erbauung einer Eisenbahn nach dem Steinkohlenrevier der Ruhr bedingt. Sie allein wird die Einführung des Hüttenbetriebs bei Coaks möglich machen, während immer ein Theil der Holzkohlenhochöfen fortbestehen kann, indem sich durch verstärkten Betrieb die Selbstkosten bedeutend ermäßigen. Auch der Eisensteinbergbau würde großen Aufschwung nehmen; die vorzüglichen Braun- und Spatheisensteine dürften ohne Zweifel in großen Mengen nach der Ruhr verführt und dort zur Gattirung der Kohlen- und Brauneisensteine benutzt werden. Im Verhältniß zu den vorhandenen mineralischen Schätzen ist die bisherige Ausdehnung des siegenschen Bergbaus eine sehr geringfügige zu nennen.

Von den übrigen Theilen des Bergamtsbezirks Siegen ist vorerst der Norden des Regierungsbezirks Arnsberg zu erwähnen, wo 10 Holzkohlenhochöfen, meistens auf Gußwaaren, betrieben werden. In der neuesten Zeit sind im Herzogthum Westphalen bedeutende Erzlagerstätten, außer den früher schon bekannten, aufgeschlossen worden.

Das Letztere gilt auch von der Enklave Wetzlar, wo zwei Hochöfen betrieben werden. Hier und im Braunfels'schen hat man die großartigsten Ablagerungen von Rotheisensteinen bis zu 50 Prozent Eisengehalt, wie sie an der ganzen mittleren Lahn vorkommen und einen der reichsten Fundorte von Eisenerzen bilden, die überhaupt in Deutschland existiren. Bei Besprechung der nassauischen Eisenindustrie kommen wir hierauf zurück.

Außerdem hat der Bergamtsbezirk Siegen noch verschiedene Hochöfen am rechten Rheinufer. Darunter befindet sich auch die

Königliche Saynerhütte, der einzige Hochofen, der in diesem Bezirk bis jetzt mit Coaks oder gemischtem Brennmaterial hüttet. Die Coaks bezieht er von der Saar. Der Verbrauch betrug 1847 208 Pfund auf 1 Centner Roheisen; seitdem soll er etwas geringer geworden sein. 1850 betrug die Produktion 41,905 Ctr. — Zwei Hochöfen am Rhein gehen auf Rohstahleisen.

Im Ganzen hatte der Bergamtsbezirk Siegen 1837 gegen 50 und 1850 57 Hochöfen, darunter 2 landesherrliche, in Betrieb; 9 gingen auf Rohstahleisen. Die Zahl der überhaupt vorhandenen Hochöfen beträgt 63.

Auf dem linken Rheinufer wird die Eisenindustrie in zwei Bezirken betrieben, dem Dürener und Saarbrücker. In dem Dürener Distrikt hat die Eisenerzeugung ihren Sitz fast ausschließlich im Schleidener Thal. Von 36 Hochöfen waren 1850 dort 25 in Betrieb und zwar nur bei Holzkohlen. Es wird sehr wenig Gußeisen, meistens vielmehr Roheisen zum Verfrischen erzeugt, das man theilweise im Hochofen auf ähnliche Weise hierzu vorbereitet, wie dies sonst beim Coakseisen in den Affinirfeuern geschieht. Die Lage dieses Distriktes ist der von Siegen ganz ähnlich; nur eine Verbindung des Schleidener Eisenreviers mit dem Steinkohlenrevier der Inde vermag den dortigen Gruben- und Hüttenbetrieb auf die Dauer aufrecht zu erhalten. In diesem Steinkohlenrevier selbst, in der Nähe von Stollberg, sind auch in neuerer Zeit Brauneisensteinlager entdeckt worden und man muß es überhaupt als eine spezielle Wirkung des belgischen Vertrags betrachten, daß hier noch gar keine Coakshochofenanlagen entstanden, wozu doch die geeigneten Grundlagen offenbar vorhanden sind.

Im Saarbrücker Distrikt kommen, außer Brauneisensteinen, hauptsächlich Thoneisensteine vor und zwar zum Theil in nicht bedeutender Entfernung von dem Steinkohlenbezirk der Saar. Früher hütteten alle Hochöfen, die namentlich im Hundsrück und in der Eifel zerstreut lagen, mit Holzkohlen; seit 6 Jahren hat indeß die Coakseisenerzeugung festen Fuß gefaßt und sind namentlich mehrere großartige Werke an der Saar und Mosel entstanden, z. B. Quint, Alf, Mariahütte, Neunkirchen, Dillingen. Auch die Holzkohlenhochöfen haben allmählig Coaks zugesetzt; den im Hundsrück belegenen hat namentlich die Rheinpfälzische

Eisenbahn die Zufuhr der Steinkohlen erleichtert. 1850 hütteten im Distrikt von 14 Hochöfen nur 3 mit reinen Holzkohlen, 4 mit Coaks und 7 mit gemischtem Brennmaterial. Die Listen für 1850 gaben nur 54,265 Centner Roheisen bei Coaks und 48,842 Centner bei gemischtem Brennmaterial erblasen an; von den Hochofengußwaaren fehlt die Angabe. Man wird im Ganzen 60,000 Centner bei Coaks und 90,000 Centner bei gemischtem Brennmaterial annehmen können, was zusammen 70 Prozent der Gesammtproduktion des Saarbrücker Distrikts ausmacht. Die Saarkohle ist nicht so gut als die Ruhrkohle, jedoch besser als die schlesische zum Verhütten geeignet. Der Hüttenbetrieb ist hier jedenfalls noch großer Ausdehnung fähig. Der Umstand, daß alle Kohlengruben des Saarbrücker Reviers in Händen des Staates sind, welcher die Preise weit höher hält als sie bei concurrirenden Privatwerken stehen könnten, hemmt diese Entwickelung bedeutend.

Auf dem linken Rheinufer sind alle Hüttenwerke in Privatbesitz.

Die Produktion des gesammten Rheinischen Hauptbergdistrikts seit 1837 enthält folgende Tabelle:

### Hochofenproduktion des Rheinischen Hauptbergdistrikts.

| Jahr. | 1. Roheisen. Ctr. | 2. Rohstahleisen. Ctr. | 3. Gußwaaren aus Erzen. Ctr. | 4. Summa d. Hochofenproduktion. Ctr. |
|---|---|---|---|---|
| 1837 | 774,112 | 149,003 | 152,590 | 1,075,705 |
| 1838 | 655,979 | 120,585 | 144,143 | 920,707 |
| 1839 | 758,620 | 152,179 | 158,060 | 1,068,859 |
| 1840 | 727,281 | 152,293 | 168,051 | 1,047,625 |
| 1841 | 735,241 | 121,073 | 148,226 | 1,004,540 |
| 1842 | 706,605 | 102,401 | 132,355 | 941,361 |
| 1843 | 732,109 | 124,791 | 136,536 | 993,436 |
| 1844 | 595,826 | 138,685 | 114,405 | 848,916 |
| 1845 | 694,333 | 107,303 | 115,769 | 917,405 |
| 1846 | 725,385 | 82,877 | 136,649 | 944,911 |
| 1847 | 1,072,736 | 133,981 | 169,899 | 1,376,616 |
| 1848 | 952,788 | 125,712 | 129,217 | 1,207,717 |
| 1849 | 886,958 | 117,898 | 92,522 | 1,097,378 |
| 1850 | 1,021,823 | 105,207 | 97,988 | 1,225,018 |

Nach den drei Haupteisenrevieren im Rheinischen Distrikt scheidet sich die Eisenerzeugung folgendermaßen:

| | Siegen. | Düren. | Saarbrücken. |
|---|---|---|---|
| 1838 . . . | 619,965 Ctr. | 176,358 Ctr. | 124,384 Ctr. |
| 1850 . . . | 853,238 „ | 180,929 „ | 190,851 „ |

Die sämmtliche Rohstahleisenerzeugung entfällt auf dem Siegenschen Distrikt.

Auf landesherrlichen Werken, sämmtlich im Bergamtsbezirk Siegen gelegen, wurden erzeugt:

| | |
|---|---|
| 1837 . . . | 39,487 Ctr. |
| 1842 . . . | 34,701 „ |
| 1850 . . . | 49,413 „ |

Es fand also auch hier keine wesentliche Steigerung der ärarischen Produktion Statt und ist überhaupt ihr Umfang unbedeutend. Von den 49,413 Centnern im Jahre 1850 wurden 41,905 Centner bei Coaks erzeugt.

Nach dem verwandten Brennmaterial scheidet sich die Hochofenproduktion folgendermaßen, wenn man dabei von den oben festgehaltenen Annahmen ausgeht:

| | Bei Holzkohlen. | Bei Coaks. | Bei gemischtem Brennmaterial. |
|---|---|---|---|
| 1837 . . . | 1,075,705 Ctr. | — Ctr. | — Ctr. |
| 1842 . . . | 941,311 „ | — „ | — „ |
| 1850 . . . | 1,033,113 „ | 101,905 „ | 90,000 „ |

In Summa wurden also 1850 bei Coaks und gemischtem Brennmaterial erblasen: 191,905 Centner oder 15 Prozent der Gesammtproduktion des Rheinlandes.

Die Zahl der im Jahre 1850 in Betrieb befindlichen Hochöfen betrug 96, worunter 12 mit Coaks oder gemischtem Brennmaterial. Im Jahre 1837 mag sie 90 gewesen sein.

§. 9. Faßt man vorstehende Angaben über die Eisenerzeugung der einzelnen Hauptbergdistrikte zusammen, so ergeben sich für die ganze preußische Monarchie die in nachfolgender Tabelle angegebenen Produktionsquanta. Es sind dabei auch die Angaben aus einigen früheren Jahrgängen*) nach Karsten

*) 1798, wo der größte Theil des Rheinischen Bergdistrikts noch nicht zu Preußen gehörte, ward die Eisenproduktion der Monarchie auf 368,010 Ctr. angegeben.

und Anderen aufgenommen, die indeß nur annähernd richtig sein können, indem vor 1837 die Produktion der schlesischen Privathütten nicht controllirt ward, auch in den amtlichen Berichten aus den andern Distrikten die Scheidung zwischen Gußwaaren aus Erzen und aus Roheisen nicht immer genau festgehalten worden ist. Die Wahrscheinlichkeit spricht dafür, daß die Schätzungen etwas zu niedrig gehalten sind; insbesondere dürfte dies bei dem angegebenen Produktions-Quantum für 1826 der Fall sein.

Hochofenproduktion der Preußischen Monarchie.

| Jahr. | 1. Roheisen. Ctr. | 2. Rohstahleisen. Ctr. | 3. Gußwaaren aus Erzen. Ctr. | 4. Summa d. Hochofenproduktion. Ctr. |
|---|---|---|---|---|
| 1826 | — | — | — | 845,345 |
| 1831 | — | — | — | 1,241,665 |
| 1834 | — | — | — | 1,507,000 |
| 1835 | — | — | — | 1,589,000 |
| 1836 | — | — | — | 1,778,000 |
| 1837 | 1,446,372 | 150,141 | 337,469 | 1,933,982 |
| 1838 | 1,339,702 | 122,550 | 354,692 | 1,816,944 |
| 1839 | 1,474,853 | 155,196 | 437,010 | 2,067,059 |
| 1840 | 1,547,250 | 152,415 | 467,621 | 2,167,286 |
| 1841 | 1,577,574 | 123,884 | 407,307 | 2,108,765 |
| 1842 | 1,503,345 | 106,667 | 352,100 | 1,962,112 |
| 1843 | 1,524,463 | 125,901 | 314,119 | 1,964,483 |
| 1844 | 1,392,977 | 140,610 | 389,966 | 1,923,553 |
| 1845 | 1,545,025 | 109,091 | 475,242 | 2,129,358 |
| 1846 | 1,795,332 | 85,514 | 394,360 | 2,275,206 |
| 1847 | 2,065,116 | 136,981 | 478,221 | 2,680,318 |
| 1848 | 1,984,827 | 127,209 | 374,497 | 2,486,533 |
| 1849 | 1,886,695 | 119,831 | 269,419 | 2,275,945 |
| 1850 | 2,170,999 | 106,872 | 346,012 | 2,623,883 |

Von der Gesammtproduktion kamen auf die landesherrlichen Hüttenwerke:

| | | | | |
|---|---|---|---|---|
| 1837 . . . | 220,533 | oder | 11 | pCt. |
| 1842 . . . | 179,220 | „ | 9 | „ |
| 1849 . . . | 169,357 | „ | 7 | „ |
| 1850 . . . | 162,713 | „ | 6 | „ |

Die Eisenerzeugung des Aerars ist also immer mehr eingeschränkt worden.

Nach dem verwandten Brennmaterial scheidet sich die Produktion folgendermaßen:

| | Bei Holzkohlen. | Bei Coaks. | Bei Coaks und Holzkohlen. |
|---|---|---|---|
| 1837 . . . | 1,748,982 Ctr. | 170,000 Ctr. | 15,000 Ctr. |
| 1842 . . . | 1,609,673 „ | 311,422 „ | 41,017 „ |
| 1849 . . . | 1,669,332 „ | 387,740 „ | 218,873 „ |
| 1850 . . . | 1,900,424 „ | 473,043 „ | 250,416 „ |

Bei Coaks und gemischtem Brennmaterial zusammengenommen wurden demnach erblasen:

| | | | | | | |
|---|---|---|---|---|---|---|
| 1837 . . | 185,000 Ctr. | oder | 9½ | pCt. | der | Gesammtproduktion. |
| 1842 . . | 352,439 „ | „ | 18 | „ | „ | „ |
| 1849 . . | 606,613 „ | „ | 26 | „ | „ | „ |
| 1850 . . | 723,459 „ | „ | 28 | „ | „ | „ |

Bei der Produktion der landesherrlichen Hütten geht übrigens der Antheil des Coakseisens weit über diese Durchschnitte hinaus. Von den 162,713 Centnern im Jahr 1850 waren vielmehr 127,281 Centner oder 78 Prozent bei Coaks erblasen, und wie überhaupt die ersten Coakshochöfen in Deutschland von der preußischen Regierung gegründet worden sind, so ist sie hierin stets mit gutem Beispiel vorangeschritten, ohne dabei der eignen Produktion einen Umfang zu geben, wodurch der Privathüttenbetrieb wesentlich beeinträchtigt wird.

Die Anzahl der in Betrieb befindlichen Hochöfen betrug 220 im Jahr 1850, worunter 14 Blauöfen. Da vor 1847 nicht die Zahl der Hochöfen, sondern bloß die der Hüttenwerke mitgetheilt ward, so läßt sich keine genaue Vergleichung anstellen. Man kann sie aber für 1837 bis 1844 auf 200 bis 210 annehmen, von wo sie bis 1847 auf etwas über 220 stieg. Die Zahl der überhaupt vorhandenen betrug nach den Gewerbetabellen von 1846 239 Hoch- und Blauöfen; 1850 mag sie auf 245 anzunehmen sein. Es lägen demnach durchschnittlich 25

Hochöfen kalt. Wahrscheinlich ist indeß diese Zahl zu gering, und dürfte immer noch ein Theil von den in den amtlichen Nachweisen aufgeführten Hochöfen außer Betrieb gewesen sein.

Von den 220 Hochöfen im Jahr 1850 wurden gegen 39 mit Coaks oder gemischtem Brennmaterial betrieben.

Die Zahl der neuerbauten Hochöfen ist natürlich weit größer wie die Differenz der 1837 und 1850 in Betrieb befindlichen. Die Hochöfen, welche kalt liegen, sind meistens älterer Construction und von kleinen Dimensionen, von denen ein Theil als gänzlich aufgegeben zu betrachten ist.

Die Steigerung der Produktion kommt demnach weniger auf Vermehrung der Hochofenzahl, als Verstärkung des Betriebs der einzelnen Werke. Bringen wir für die Produktion der 14 Blauöfen durchschnittlich 8000 Centner in Abzug, so sind von den einzelnen Hochöfen jährlich erzeugt worden:

| | Bei Holzkohlen. | Bei Coaks und gemischtem Material. |
|---|---|---|
| 1837 . . . | 9,410 Ctr. | 16,820 Ctr. |
| 1842 . . . | 9,100 „ | 17,620 „ |
| 1850 . . . | 11,330 „ | 18,550 „ |

Mit Berücksichtigung, daß die Zahl der in Betrieb befindlichen Holzkohlenhochöfen zu hoch gegriffen sein mag, darf man indeß wohl 12 bis 13,000 Centner für 1850 rechnen.

Die außerordentlich geringe Produktion der Holzkohlenhochöfen entfällt hauptsächlich auf Rechnung der kurzen Campagnen, welche die meisten von ihnen machen, indem die tägliche Produktion verhältnißmäßig weit größer ist, ja bei einzelnen bis 18,000 Pfund im Tage steigt, was bei einer 300tägigen Campagne gegen 50,000 Centner im Jahre machen würde. Nicht blos die frühere glänzende Lage des Geschäfts, sondern weit mehr noch die Rücksicht auf die disponibeln Holzkohlen, auf die Erz- und Kohlenfrachten und auf den mehrmonatlichen Wassermangel der kleinen Gebirgswässer haben die verhältnißmäßig große Zahl von Holzkohlenhochöfen und überhaupt die große Zersplitterung des Eisenhüttenbetriebs hervorgerufen. Die ökonomischere Benutzung von Brennmaterial, die Einführung der heißen Gebläseluft, das durch die eingehenden Frischfeuer vermehrte Holzquantum und die Anlage von Gebläsemaschinen, deren Kessel durch die Gichtgase geheizt werden, haben indeß seit 6—8 Jahren die Ausdehnung des Betriebs der einzelnen Holzkohlenhochöfen und somit die Erzielung besserer Resultate möglich gemacht, so daß 162 Holzkohlenhochöfen im Jahr 1850 gegen 300,000 Centner mehr produzirten, als 176 im Jahre 1842. Die fortschreitende Beschränkung des Frischfeuerbetriebs, sowie namentlich auch das weitere Eingehen von Holzkohlenhochöfen oder deren Uebergang auf Coaks werden es vielen der übrigbleibenden gestatten, in der Betriebserweiterung noch viel weiter, ja bis aufs dreifache, fortzuschreiten und somit ihre ökonomische Lage wesentlich zu verbessern und die Produktionskosten zu ermäßigen.

Die verhältnißmäßig geringe Leistung der Coakshochöfen rührt daher, daß in dieser Rechnung viele Holzkohlenhochöfen von geringer Produktionsfähigkeit einbegriffen sind, die auf eine Mischung mit Coaks übergingen, ohne die bisherigen Dimensionen ihrer Oefen oder die Kraft ihrer Gebläsemaschinen zu vergrößern. Die wirklichen Coakshochöfen erzeugen weit mehr als diesen Durchschnitt und kann man sie von 30 — 60,000 Centnern im Jahr annehmen. Die längsten Campagnen kommen in Schlesien vor; dort hüttet z. B. der Redenofen auf Königshütte bereits im 11. Jahr. Dagegen ist oben bemerkt, aus welchen Gründen die Produktionsfähigkeit der schlesischen Oefen keine sehr große ist. Das höchste Quantum, welches die besten belgischen und schottischen Hochöfen darstellen, dürfte in ganz Deutschland zum ersten Mal im Jahr 1851 von dem Borbecker Hochofen im Regierungsbezirk Düsseldorf erreicht worden sein.

Von den Umständen, die in den verschiedenen Perioden auf die Entwickelung wie auf den Rückgang der preußischen und überhaupt der vereinsländischen Eisenindustrie eingewirkt haben, wird in der zweiten Abtheilung dieser Schrift noch mehrfach die Rede sein.

Wir verlassen demnach hiermit die eigentliche Eisengewinnung, welche das unmittelbar aus den Erzen dargestellte Produkt umfaßt, und wenden uns zu den Hauptzweigen der Weiterverarbeitung des Eisens.

### b. Gußwaaren aus Roheisen.

§. 10. Da, wie wir gesehen, die Gußwaarenerzeugung aus Erzen sich seit Jahren nicht mehr ausgedehnt, sondern eher verringert hat, so ist die Befriedigung des bedeutend gesteigerten Consum's in diesen Waaren, den namentlich die Maschinenfabrikation, die Eisenbahnen u. s. w. veranlaßt haben, lediglich den Cupolo- und Flammofengießereien anheimgefallen, welche bei Coaks oder Steinkohlen, mitunter auch bei Holzkohlen oder Holz, das von den Hochöfen gelieferte graue Roheisen umschmelzen. Die Leichtigkeit mit welcher derartige Anlagen zu errichten und dem größeren oder geringeren Bedarfe und allen Schwankungen desselben anzupassen sind, so wie der verhältnißmäßig geringe Kohlenverbrauch und Verlust beim Umgießen, mußten das Emporkommen dieser Gießereien, insbesondere in den von den Eisendistrikten entfernteren Gegenden, erleichtern. Der größte Theil dieser Gußwaaren wird zur Zeit aus ausländischem, hauptsächlich grauem schottischen Steinkohlen-Roheisen (Nr. 1.) dargestellt, dem man aber gewöhnlich inländisches Eisen von besserer Qualität zusetzt.

Wir geben im Folgenden die Produktion der einzelnen Hauptbergdistrikte an, und fügen der Uebersicht halber nochmals die im vorigen Abschnitt bereits aufgeführten Hochofen-Gußwaaren bei. Es leuchtet dabei ein, wie verschieden die ökonomischen Grundlagen dieser beiden Zweige der Eisengießerei sein müssen, da den Hochofengußwaaren der Eisenstein, den Cupol- und Flammofengußwaaren dagegen das Roheisen als Rohmaterial dient; vom kaufmännischen Standpunkt aus gehören dagegen die Erzeugnisse beider Branchen in dieselbe Kategorie.

1. Der Brandenburgisch-Preußische Hauptbergdistrikt. Hier hat sich, zuerst angeregt durch die im Jahr 1814 durch den Grafen Reden errichtete Königliche Eisengießerei und fortgebildet durch die seit zehn Jahren mächtig aufblühende Maschinenfabrikation von Berlin, die Gießerei in verhältnißmäßig kurzer Zeit zu einem größeren Umfange entwickelt, als in einem der eigentlichen Eisendistrikte. Der Polizeibezirk Berlin allein zählte 1850 17 Cupol-, 15 Flamm- und 21 Tiegelöfen (letztere für Kunstguß). Die übrigen Gießereien, fast ausschließlich Cu-

polöfen, sind in den Hauptstädten der Provinzen Preußen, Pommern, Posen und Brandenburg zerstreut. Das verwandte Roheisen ist etwa zu ¾ schottisches. Als Zusatz wird neben altem Brucheisen vornehmlich schlesisches und auch etwas schwedisches Holzkohlenroheisen benutzt.

Gußwaarenerzeugung im Brandenburg-Preußischen Hauptbergdistrikt.

| Jahr. | 1. Aus Roheisen. Ctr. | 2. Aus Erzen. (s. Tab. §. 8.) Ctr. | 3. Summa der Gußwaaren. Ctr. |
|---|---|---|---|
| 1837 | 42,195 | 16,566 | 58,761 |
| 1838 | 44,314 | 10,056 | 54,370 |
| 1839 | 62,408 | 22,379 | 84,787 |
| 1840 | 131,162 | 22,116 | 153,278 |
| 1841 | 90,720 | 34,605 | 125,325 |
| 1842 | 111,903 | 32,827 | 144,730 |
| 1843 | 121,690 | 23,056 | 144 746 |
| 1844 | 158,581 | 31,014 | 189,595 |
| 1845 | 332,118 | 10,759 | 342,877 |
| 1846 | 303,584 | 12,319 | 315,903 |
| 1847 | 261,970 | 15,774 | 277,744 |
| 1848 | 172,758 | 17,436 | 190,194 |
| 1849 | 170,219 | 9,247 | 179,466 |
| 1850 | 189,649 | 8,157 | 197,806 |

1850 betrug die Zahl der Cupolöfen 55 und der Flammöfen 17; daneben 35 Tiegelöfen. Die außerordentliche Abnahme der Erzeugung seit 1848 läßt darauf schließen, wie stark die Maschinenfabrikation unter den politischen Unruhen gelitten hat.

2. Der Schlesische Hauptbergdistrikt. Hier ist die Gießerei zu keiner Ausdehnung gelangt, die dem Umfange der eigentlichen Eisengewinnung entsprechend wäre. Es wird fast ausschließlich schlesisches und nur sehr wenig ausländisches Roheisen vergossen.

Gußwaarenerzeugung des Schlesischen Hauptbergdistrikts.

| Jahr. | 1. Aus Roheisen. Ctr. | 2. Aus Erzen. (s. Tab. §. 8.) Ctr. | 3. Summa der Gußwaaren. Ctr. |
|---|---|---|---|
| 1837 | 32,257 | 67,381 | 99,638 |
| 1838 | 38,269 | 77,804 | 115,073 |
| 1839 | 47,752 | 110,159 | 157,911 |
| 1840 | 57,831 | 107,510 | 165,341 |
| 1841 | 127,718 | 41,752 | 169,470 |
| 1842 | 153,244 | 30,055 | 183,299 |
| 1843 | 148,424 | 32,490 | 180,914 |
| 1844 | 101,704 | 50,343 | 152,047 |
| 1845 | 174,689 | 136,851 | 311,540 |
| 1846 | 164,173 | 26,429 | 190,602 |
| 1847 | 116,931 *) | 141,880 | 257,811 |
| 1848 | 89,914 | 98,686 | 188,600 |
| 1849 | 86,317 | 71,061 | 157,378 |
| 1850 | 86,436 | 67,319 | 153,755 |

1850 betrug die Zahl der in Betrieb befindlichen Cupolöfen 17 und der Flammöfen 10; außerdem 2 Tiegelöfen.

3. Der Sächsisch-Thüringische Hauptbergdistrikt. In den Jahren 1839 bis 1846 fand hier eine verhältnißmäßig geringe Gußwaarenerzeugung bei Roheisen und eine stärkere aus Erzen statt; von 1847 an ist jedoch erstere wieder gestiegen und letztere gefallen. Etwa ⅓ der Erzeugung kommt auf ausländisches Roheisen.

*) Hierbei sind 50,322 Gußstücke von Privatwerken auf 40,000 Ctr. geschätzt, da die Gewichtsangabe fehlte.

Gußwaarenerzeugung des Sächsisch-Thüringischen Hauptbergdistriktes.

| Jahr. | 1. Aus Roheisen. Ctr. | 2. Aus Erzen. (s. Tab. §. 8.) Ctr. | 3. Summa der Gußwaaren. Ctr. |
|---|---|---|---|
| 1837 | 31,464 | 2,892 | 34,356 |
| 1838 | 32,865 | 6,032 | 38,897 |
| 1839 | 11,653 | 25,250 | 36,903 |
| 1840 | 3,280 | 36,154 | 39,434 |
| 1841 | 5,722 | 35,536 | 41,258 |
| 1842 | 5,362 | 39,892 | 45,254 |
| 1843 | 4,850 | 38,245 | 43,095 |
| 1844 | 6,519 | 43,557 | 49,076 |
| 1845 | 7,325 | 59,837 | 67,152 |
| 1846 | 9,490 | 62,821 | 72,311 |
| 1847 | 34,275 | 10,406 | 44,681 |
| 1848 | 37,525 | 15,855 | 53,380 |
| 1849 | 35,660 | 11,988 | 47,648 |
| 1850 | 46,223 | 19,148 | 65,371 |

Im Jahr 1850 betrug die Zahl der Cupolöfen 11, nebst 1 Tiegelofen.

4. Der Westphälische Hauptbergdistrikt. Die Gießereien dieses Distrikts stehen hauptsächlich mit der Maschinenfabrikation des Regierungsbezirks Düsseldorf in Verbindung und haben sich demgemäß in der neueren Zeit sehr entwickelt, während sie andrerseits auch die Einwirkung der Krisis von 1848 hierdurch um so stärker mitempfanden. Es wird zum größten Theil graues schottisches Roheisen, jedoch unter Zusatz von inländischem, vergossen.

Gußwaarenerzeugung des Westphälischen Hauptbergdistrikts.

| Jahr. | 1. Aus Roheisen. Ctr. | 2. Aus Erzen. (s. Tab. §. 8.) Ctr. | 3. Summa der Gußwaaren. Ctr. |
|---|---|---|---|
| 1837 | 15,491 | 98,040 | 113,531 |
| 1838 | 11,534 | 116,657 | 128,191 |
| 1839 | 27,522 | 121,162 | 148,684 |
| 1840 | 12,055 | 133,790 | 145,845 |
| 1841 | 9,116 | 147,188 | 156,304 |
| 1842 | 11,490 | 116,971 | 128,461 |
| 1843 | 42,417 | 83,792 | 126,209 |
| 1844 | 54,144 | 150,647 | 204,791 |
| 1845 | 73,489 | 152,026 | 225,515 |
| 1846 | 74,739 | 156,142 | 230,881 |
| 1847 | 118,426 | 140,262 | 258,688 |
| 1848 | 43,759 | 113,273 | 157,032 |
| 1849 | 51,559 | 84,601 | 136,160 |
| 1850 | 88,975 | 153,264 | 242,339 |

Die Zahl der 1850 in Betrieb befindlichen Cupolöfen war 49 und der Flammöfen 10, nebst 20 Tiegelöfen.

5. Der Rheinische Hauptbergdistrikt. Auch in diesem Distrikte hat eine Ausdehnung des Gießereibetriebes stattgefunden, namentlich in Cöln und Aachen, wo die Maschinenfabrikation sich immer mehr ausdehnt, demnächst auch an der Mosel, im Siegenschen u. s. w. Beinahe die Hälfte der Gußwaaren wird aus grauem schottischen Roheisen dargestellt; auch von belgischem wird etwas verbraucht.

Gußwaarenerzeugung des Rheinischen Hauptbergdistrikts.

| Jahr. | 1. Aus Roheisen. Ctr. | 2. Aus Erzen. (s. Tab. §. 8.) Ctr. | 3. Summa der Gußwaaren. Ctr. |
|---|---|---|---|
| 1837 | 12,623 | 152,590 | 165,213 |
| 1838 | 29,599 | 144,143 | 173,742 |
| 1839 | 56,931 | 158,060 | 214,991 |
| 1840 | 63,225 | 168,051 | 231,276 |
| 1841 | 82,181 | 148,226 | 230,407 |
| 1842 | 96,737 | 132,355 | 229,092 |
| 1843 | 72,906 | 136,536 | 209,442 |
| 1844 | 80,935 | 114,405 | 195,340 |
| 1845 | 132,345 | 115,769 | 248,114 |
| 1846 | 152,444 | 136,649 | 288,093 |
| 1847 | 135,184 | 169,899 | 305,083 |
| 1848 | 122,588 | 129,217 | 251,805 |
| 1849 | 97,623 | 92,522 | 190,145 |
| 1850 | 170,453 | 97,988 | 268,441 |

Die Zahl der Cupolöfen betrug 1850 68 und der Flammöfen 12, nebst 8 Tiegelöfen.

Die gesammte Gußwaarenerzeugung des Königreichs Preußen ergiebt sich aus folgender Zusammenstellung:

Gußwaarenerzeugung des Königreichs Preußen.

| Jahr. | 1. Aus Roheisen. Ctr. | 2. Aus Erzen. (s. Tab. §. 9.) Ctr. | 3. Summa der Gußwaaren. Ctr. |
|---|---|---|---|
| 1837 | 134,030 | 337,469 | 471,499 |
| 1838 | 156,581 | 354,692 | 511,273 |
| 1839 | 206,266 | 437,010 | 643,276 |
| 1840 | 267,553 | 467,621 | 735,174 |
| 1841 | 315,457 | 407,307 | 722,764 |

| Jahr. | 1. Aus Roheisen. Ctr. | 2. Aus Erzen. (s. Tab. § 9.) Ctr. | 4. Summa der Gußwaaren. Ctr. |
|---|---|---|---|
| 1842 | 378,736 | 352,100 | 730,836 |
| 1843 | 390,287 | 314,119 | 704,406 |
| 1844 | 401,883 | 389,966 | 791,849 |
| 1845 | 719,966 | 475,242 | 1,195,208 |
| 1846 | 704,430 | 394,360 | 1,098,790 |
| 1847 | 666,786 | 478,221 | 1,145,007 |
| 1848 | 466,554 | 374,467 | 841,021 |
| 1849 | 441,378 | 269,419 | 710,797 |
| 1850 | 581,736 | 346,012 | 927,748 |

Der Antheil der Gußwaaren aus Roheisen betrug demnach im Jahr 1837 nur 29 Prozent von der Gesammterzeugung; 1842 war dies Verhältniß bereits auf 52 Prozent und 1850 auf 63 Prozent gestiegen. Während die Erzeugung der Hochofengußwaaren eher ab- als zunimmt, hat sich die Produktion der Cupolo- und Flammofengießereien seit 14 Jahren um das vier- bis fünffache gesteigert. Die bedeutende Abnahme seit 1848 tritt in dieser summarischen Zusammenstellung noch deutlicher hervor; erst 1851 dürfte das Quantum von 1847 wieder erreicht worden sein.

Die Betriebsvorrichtungen der Gießereien betrugen Ende 1846: 168 Cupolöfen und 93 Flammöfen, 1850: 200 Cupolöfen und 49 Flammöfen, nebst 66 Tiegelöfen. Aus älteren Jahrgängen lassen die officiellen Listen nichts Näheres über diese Zahlen ersehen.

### c. Gefrischtes Eisen, auch Blech und Draht.

§. 11. Bis zum Anfang der dreißiger Jahre geschah die Verwandlung des Roheisens in Stabeisen fast ausschließlich in offenen Heerdfeuern bei Holzkohlen. Nach Wachler wurden 1828 in Schlesien die ersten gelungenen Versuche gemacht, Coaksroheisen bei Steinkohlen im Flammofen zu frischen. Von da ab entwickelte sich die Puddlingfrischerei bei Steinkohlen, anfangs allmälig, dann aber, als ihr im Anfange der vierziger Jahre der Bedarf an Eisenbahnschienen einen besonderen Impuls gab, mit solcher Schnelligkeit, daß nicht blos die Holzkohlenfrischerei sehr bald quantitativ überholt wurde, sondern auch die inländische Roheisenerzeugung weit hinter dem Bedarf der Stabeisenfabrikation zurück blieb. Es entstand somit eine bedeutende Branche der Stabeisenindustrie auf den Bezug ausländischen Roheisens gegründet, die sich in den rheinländischen und westphälischen Steinkohlendistrikten festsetzte, während Schlesien, die Saar und Mosel, und neuerdings auch Siegen, die Hauptsitze der Puddlingfrischerei inländischen Roheisens geworden sind.

Die Walzwerke wurden zwar schon vor Einführung der Steinkohlenfrischerei angewandt, 1817 zuerst in Rybnick in Schlesien; sie entwickelten sich übrigens erst in großartigem Maaßstabe mit der steigenden Ausdehnung der Puddlingwerke.

Wir fügen den nachstehenden Angaben über die Produktion des Stabeisens auch die über Blech und Draht hinzu, als den wichtigsten Fabrikaten aus dem Theil des gefrischten Eisens, welcher nicht unmittelbar zum Consum gelangt. Unter der Benennung Stabeisen ist hier alles gehämmerte und gewalzte Eisen, auch Schienen u. s. w., kurz alles durch den Frischprozeß unmittelbar dargestellte Eisen verstanden.

1. Der Brandenburgisch-Preußische Hauptbergdistrikt. In diesem Distrikt sind erst in neuster Zeit einige Puddlingöfen auf Steinkohlenbetrieb errichtet worden und zwar 1847 in Königsberg und 1851 in Berlin. Außerdem findet die Stabeisenerzeugung nur in Holzkohlenfrischfeuern mit Hammerwerken verbunden statt, die in ziemlicher Anzahl über die ganze Fläche dieses großen 4 Provinzen umfassenden Bergdistriktes zerstreut liegen, jedoch sehr schwach betrieben werden. Die meisten befinden sich im Regierungsbezirk Danzig und demnächst in den Bezirken von Köslin und Königsberg. Sie verfrischen theils inländisches, theils ausländisches Roheisen, theils Brucheisen.

Schwarzblechproduktion findet in geringem Umfange in der Provinz Brandenburg statt. Draht wird in diesem Bergdistrikt nicht fabricirt.

Produktion des Brandenburg-Preußischen Hauptbergdistikts an Stabeisen und Blech.

| Jahr. | 1. Stabeisen. Ctr. | 2. Blech. Ctr. |
|---|---|---|
| 1837 | 60,491 | 8,692 |
| 1838 | 66,646 | 9,800 |
| 1839 | 74,387 | 10,985 |
| 1840 | 84,045 | 13,031 |
| 1841 | 96,418 | 12,198 |
| 1842 | 100,465 | 11,019 |
| 1843 | 107,862 | 11,490 |
| 1844 | 118,026 | 14,116 |
| 1845 | 119,336 | 15,668 |
| 1846 | 116,979 | 19,097 |
| 1847 | 176,784 | 18,631 |
| 1848 | 155,042 | 14,745 |
| 1849 | 102,681 | 12,712 |
| 1850 | 96,851 | 14,587 |

Die Zahl der Frischfeuer ist nicht genau ersichtlich, da sie in den Listen mit den Reckfeuern (zur weitern Verfeinerung des Eisens) zugleich aufgeführt werden; die Zahl beider zusammen betrug 132 im Jahr 1850. Das Königsberger Puddlingwerk mit 3 Puddlingöfen war nur 1847 und 1848 in Betrieb und erzeugte 50,000 und 55,000 Centner Stabeisen, wodurch sich die verstärkte Produktion jener Jahrgänge erklärt. Das Eisenblech ward dargestellt auf 5 Walzwerken und 2 Blechhämmern, von denen sich bei Danzig, so wie im Thüringischen, im Hundsrück und in der Eifel noch immer einige halten, da die geschlagenen Bleche, ihrer außerordentlichen Zähigkeit halber, theurer als die gewalzten bezahlt werden.

2. Der Schlesische Hauptbergdistrikt. Nächst dem Rheinischen findet in diesem Distrikt die ausgedehnteste Stabeisenerzeugung statt. Wie schon erwähnt, wurden die Puddlingfri-

schrei und die Walzwerke hier zuerst eingeführt; jedoch sind seit 1844 der rheinische und westphälische Distrikt verhältnißmäßig weit stärker vorgeschritten, insbesondere in der Erzeugung von Eisenbahnschienen, wovon Schlesien noch nicht viel liefert. Der größte Theil des schlesischen Stabeisens wird immer noch bei Holzkohlen dargestellt.

In Schwarz- und Weißblech findet nur eine geringe Erzeugung statt, noch unbedeutender in Draht, und concurrirt Westphalen hierin bis in's Innere des schlesischen Absatzgebietes.

Produktion des Schlesischen Hauptbergdistrikts an Stabeisen, Blech und Draht.

| Jahr. | 1. Stabeisen. Ctr. | 2. Blech. Ctr. | 3. Draht. Ctr. |
|---|---|---|---|
| 1837 | 403,241 | 7,421 | 54 |
| 1838 | 395,525 | 9,978 | 52 |
| 1839 | 496,326 | 17,777 | 394 |
| 1840 | 527,078 | 21,582 | 399 |
| 1841 | 525,282 | 19,513 | 360 |
| 1842 | 524,684 | 19,982 | 375 |
| 1843 | 547,139 | 19,052 | 350 |
| 1844 | 594,500 | 12,618 | 380 |
| 1845 | 786,579 | 18,517 | 350 |
| 1846 | 781,276 | 33,211 | 590 |
| 1847 | 735,190 | 21,167 | 663 |
| 1848 | 601,012 | 29,307 | 480 |
| 1849 | 634,941 | 23,891 | 500 |
| 1850 | 798,190 | 25,012 | 560 |

Die Betriebsvorrichtungen zur Stabeisenfabrikation bestanden 1850 aus 257 Frisch- und Reckfeuern, und 50 Puddelöfen; 1837 betrug die Zahl der letzteren 33; sie ist also nicht sehr bedeutend gestiegen. Fast sämmtliche Puddlingöfen liegen in Oberschlesien; sie sind größtentheils mit Coakshochöfen verbunden.

Ueber das Verhältniß des bei Holzkohlen und bei Steinkohlen gefrischten Stabeisens bringen die amtlichen Listen erst seit 1841 nähere Nachweise. Demnach wurden erzeugt:

| | Bei Holzkohlen. | Bei Steinkohlen. |
|---|---|---|
| 1841 . . . | 403,525 Ctr. | 121,757 Ctr. |
| 1842 . . . | 398,503 „ | 126,181 „ |
| 1843 . . . | 351,889 „ | 195,250 „ |
| 1844 . . . | 382,065 „ | 212,435 „ |
| 1845 . . . | 435,923 „ | 350,656 „ |
| 1846 . . . | 531,271 „ | 250,005 „ |
| 1847 . . . | 359,322 „ | 375,868 „ |
| 1848 . . . | 399,709 „ | 201,303 „ |
| 1849 . . . | 435,407 „ | 199,534 „ |
| 1850 . . . | 523,149 „ | 275,041 „ |

Für 1837 kann man das Quantum des Puddlingeisens auf 100,000 Centner annehmen. Von der Gesammtproduktion betrug es 1841 23 Prozent, und 1850 35 Prozent. Seit 1846 hat auch ein Theil der niederschlesischen Werke die Benutzung von Steinkohlen beim Frischereibetrieb begonnen.

3. Der Sächsisch-Thüringische Hauptbergdistrikt. Hier findet die Stabeisenerzeugung ausschließlich bei Holzkohlen statt. Es ist nur ein Walzwerk vorhanden; selbst das Blech wird meistens noch in Thüringen unter Hämmern dargestellt.

Produktion des Sächsisch-Thüringischen Hauptbergdistrikts an Stabeisen, Blech und Draht.

| Jahr. | 1. Stabeisen. Ctr. | 2. Blech. Ctr. | 3. Draht. Ctr. |
|---|---|---|---|
| 1837 | 44,269 | 6,443 | — |
| 1838 | 57,640 | 7,386 | — |
| 1839 | 54,572 | 8,380 *) | 724 |
| 1840 | 48,155 | 12,911 | 1,215 |
| 1841 | 42,642 | 10,586 | 1,669 |

*) Die amtlichen Listen führen in diesem Jahrgang das Erzeugniß der Thüringischen Blechhämmer unter dem Stabeisen auf; es sind dafür 7000 Ctr. angenommen und beim Stabeisen in Abzug gebracht worden.

| Jahr. | 1. Stabeisen. Ctr. | 2. Blech. Ctr. | 3. Draht. Ctr. |
|---|---|---|---|
| 1842 | 34,275 | 9,778 | 1,251 |
| 1843 | 36,524 | 8,655 | 1,272 |
| 1844 | 35,591 | 7,991 | 1,510 |
| 1845 | 31,079 | 7,882 | 1,826 |
| 1846 | 37,306 | 3,932 | 900 |
| 1847 | 39,051 | 4,921 | 1,190 |
| 1848 | 35,596 | 6,835 | 733 |
| 1849 | 29,785 | 4,527 | 863 |
| 1850 | 26,814 | 4,652 | 850 |

Die Betriebsvorrichtungen bestanden 1850 für Stabeisen in 41 Frischfeuern, für Blech in 9 Hämmern und 1 Walzwerk.

4. Der Westphälische Hauptbergdistrikt. In diesem Distrikt hatte früher die Holzkohlenfrischerei ihren Hauptsitz in dem zum Regierungsbezirk Arnsberg gehörigen Theil. Unterstützt durch die trefflichen Steinkohlen des Ruhrreviers wurden aber schon gegen Anfang der dreißiger Jahre an der Lenne und Ruhr Puddlingwerke errichtet. 1837 waren im Regierungsbezirk Arnsberg bereits 29 Puddling- und Schweißöfen vorhanden. Diese Frischmethode gewann mit der Zeit vollständig die Oberhand, insbesondere seit Entstehung der beiden großen Werke Hermannshütte bei Dortmund und Oberhausen bei Mülheim an der Ruhr, die zu den großartigsten Etablissements des ganzen Continents gehören. Hier wird ein bedeutender Theil des aus Belgien und England eingehenden Roheisens verfrischt, so daß jetzt etwa $\frac{2}{3}$ der gesammten Stabeisenerzeugung dieses Distriktes hieraus dargestellt sind. Die beiden genannten Werke sind insbesondere in großartigem Maaßstab auf das Walzen von Eisenbahnschienen eingerichtet.

Die Produktion von Blechen, insbesondere großen Kesselblechen, findet ebenfalls auf diesen Puddlingwerken in steigender Ausdehnung statt. Auch Weißblech wird an der Lenne fabrizirt, dessen Erzeugung übrigens in den letzten Jahren eingeschränkt werden mußte.

In Draht ist der westphälische Bezirk der bedeutendste in Preußen und Deutschland überhaupt, und zwar konzentrirt sich diese ganze Fabrikation fast ausschließlich auf die Stadt und den Kreis Altena im Regierungsbezirk Arnsberg. Das Material dazu ist zum größten Theil siegenisches Holzkohleneisen. Früher ward dasselbe in der Umgegend von Altena in den sogenannten Osemundfeuern nach einer eigenthümlichen Methode gefrischt; 1843 wurden davon noch auf 67 kleinen Hammerwerken 45,385 Centner dargestellt, während gegenwärtig die Erzeugung ganz unbedeutend ist und zur Drahtfabrikation hauptsächlich das bei Steinkohlen gepuddelte siegenische Holzkohleneisen oder sonstiges Puddlingeisen verwandt wird. — In Altena fabrizirt man auch bis zu 6000 Centner Stahldraht im Jahre, meistens für die Iserlohner Nähnadelfabriken.

Produktion des Westphälischen Hauptbergdistrikts an Stabeisen, Blech und Draht.

| Jahr. | 1. Stabeisen. Ctr. | 2. Blech. Ctr. | 3. Draht. Ctr. |
|---|---|---|---|
| 1837 | 108,645 | 51,075 | 62,780 |
| 1838 | 229,893 | 31,535 | 67,587 |
| 1839 | 166,828 | 27,524 | 69,804 |
| 1840 | 177,508 | 30,774 | 77,420 |
| 1841 | 207,135 | 34,203 | 94,265 |
| 1842 | 209,735 | 37,262 | 94,666 |
| 1843 | 280,815 | 48,650 | 114,950 |
| 1844 | 308,221 | 71,112 | 123,971 |
| 1845 | 380,065 | 84,987 | 161,726 |
| 1846 | 449,235 | 52,550 | 116,273 |
| 1847 | 628,612 | 74,794 | 104,639 |
| 1848 | 555,237 | 39,287 | 60,749 |
| 1849 | 522,226 | 51,394 | 83,729 |
| 1850 | 542,193 | 98,397 | 146,223 |

Die Betriebsvorrichtungen bestanden 1850 für Stabeisen aus 111 Puddelöfen und 104 Frisch- und Reckfeuern, für Blech aus 14 Walzwerken und für Draht aus 11 Walzwerken und 526 Drahtzügen.

Erst seit 1847 führen die amtlichen Listen die Produktion von Puddlingeisen getrennt auf. Darnach wurden erzeugt:

| | Bei Holzkohlen. | Bei Steinkohlen. |
|---|---|---|
| 1847 . . . | 100,944 Ctr. | 527,668 Ctr. |
| 1848 . . . | 48,343 „ | 506,894 „ |
| 1849 . . . | 46,544 „ | 475,682 „ |
| 1850 . . . | 56,758 „ | 485,435 „ |

Für 1842 läßt sich nach einer Schätzung das Puddlingeisen auf 100,000 Centner (1837 etwa 80,000 Centner) annehmen, was 50 Prozent der Gesammterzeugung ausmacht, während 1850 das Verhältniß auf 90 Prozent gestiegen ist. In diesem Distrikt hat sich demnach die Steinkohlenfrischerei verhältnißmäßig am stärksten entwickelt.

Unter den Blechen befand sich an Weißblech:

| | |
|---|---|
| 1843 . . . . . . | 15,135 Ctr. |
| 1844 . . . . . . | 15,135 „ |
| 1845 . . . . . . | 13,500 „ |
| 1846 . . . . . . | 8,026 „ |
| 1847 . . . . . . | 6,300 „ |
| 1848 . . . . . . | 6,148 „ |
| 1849 . . . . . . | 6,148 „ |
| 1850 . . . . . . | 8,970 „ |

5. Der Rheinische Hauptbergdistrikt. Mit dem Siegnischen Bergamtsbezirk und insbesondere mit den Kreisen Siegen, Olpe und Altenkirchen beginnend, so fand dort früher ein bedeutender Frischereibetrieb bei Holzkohlen statt, der aber seit 10 Jahren rasch abnahm, und sich seit einigen Jahren, insbesondere seit der Roheisenhandel nach der Ruhr stockt, durch die Entstehung vieler kleiner Puddlingwerke zu ersetzen beginnt. Bei den meisten derselben sind die Puddlingöfen nicht mit Schweißöfen und Walzwerken, sondern ähnlich der methode champenoise, mit Kleinfeuern und Hämmern verbunden. In den nördlichen Theilen des Regierungsbezirks Arnsberg finden ziemlich gleiche Verhältnisse statt, wiewohl dort die Holzkohlenfrischerei noch in größerer Ausdehnung betrieben wird. Am Rhein existirte die

4*

Puddlingfrischerei schon länger, insbesondere ist Rasselstein bei Neuwied eine der ältesten Anlagen dieser Art im Zollverein. $\frac{4}{5}$ des im Bergamtsbezirk Siegen erzeugten Stabeisens wird gegenwärtig bei Steinkohlen gefrischt; 1837 höchstens $\frac{1}{10}$.

Im Dürener Bezirk hat eine ganz ähnliche Entwicklung stattgefunden wie in dem westphälischen Distrikt. Während ein Theil des Roheisens des Schleidener Thals noch bei Holzkohlen gefrischt wird, sind im Inde-Kohlenrevier die großartigsten Puddlingwerke entstanden, fast ausschließlich auf den Verbrauch belgischen Roheisens berechnet. Insbesondere sind hier die beiden großen Puddlingwerke von Hösch Söhne und von Michiels und Comp., beide bei Eschweiler belegen, welche sich der vorerwähnten Hermannshütte und Oberhausen anschließen. In Lendersdorf bei Düren sind die ersten Schienen in Deutschland gewalzt worden. $\frac{4}{5}$ der Stabeisenerzeugung des Dürener Bezirks werden jetzt bei Steinkohlen dargestellt.

Obgleich unmittelbar im Steinkohlenrevier gelegen, hat man doch hier (insbesondere auf Eschweiler Aue) die Versuche zur Benutzung von Braunkohlengasen in großartigerem Maaßstabe als vielleicht irgendwo auf dem Continent unternommen. Bestimmte Resultate scheinen auch hier noch nicht gewonnen zu sein.

Im Saarbrücker Bezirk bestehen in den Waldungen der Eifel und des Hundsrücks noch ziemlich viele Holzkohlenfrischereien. An der Mosel dagegen hat sich mit Benutzung der Saarkohlen die Puddlingfrischerei ziemlich ausgedehnt, indeß nicht auf ausländisches Roheisen, sondern, den schlesischen Verhältnissen ähnlich, in unmittelbarer Verbindung mit den Hochofenanlagen. Drei der dortigen Puddlingwerke walzen auch Eisenbahnschienen. Das großartigste Werk dieser Art im Saarbrücker Bezirk ist Quint bei Trier.

Blech wird hauptsächlich im Siegnischen und im Saarbrücker Revier erzeugt, darunter der bei weitem größte Theil der Weißblechproduktion des Zollvereins; Draht im Siegnischen (noch zur Altenaer Drahtfabrikation gehörig) und im Dürener Revier (Gemünd und Umgegend).

Produktion des Rheinischen Hauptbergdistrikts an Stabeisen, Blech und Draht.

| Jahr. | 1. Stabeisen. Ctr. | 2. Blech. Ctr. | 3. Draht. Ctr. |
|---|---|---|---|
| 1837 | 524,710 | 59,942 | 2,727 |
| 1838 | 492,720 | 53,053 | 3,182 |
| 1839 | 556,353 | 52,493 | 8,350 |
| 1840 | 628,786 | 54,374 | 13,921 |
| 1841 | 665,977 | 79,825 | 11,135 |
| 1842 | 672,303 | 84,921 | 20,058 |
| 1843 | 739,451 | 102,703 | 25,092 |
| 1844 | 698,958 | 109,071 | 50,658 |
| 1845 | 971,154 | 121,229 | 30,100 |
| 1846 | 1,135,505 | 114,941 | 34,723 |
| 1847 | 1,501,406 | 144,329 | 20,257 |
| 1848 | 901,593 | 63,474 | 33,036 |
| 1849 | 797,700 | 71,261 | 31,267 |
| 1850 | 1,069,970 | 109,648 | 45,115 |

Die Betriebsvorrichtungen bestanden im Jahr 1850 für Stabeisen aus 186 Frisch- und Reckfeuern und 124 Puddlingöfen, für Blech aus 11 Hämmern (Saarbrücker Revier) und 15 Walzwerken, für Draht aus 4 Walzwerken und 232 Drahtzügen.

Den drei Bergamtsbezirken nach schied sich die Stabeisen-Produktion folgendermaßen:

| | Siegen. | Düren. | Saarbrücken. |
|---|---|---|---|
| 1838 . . . | 201,511 Ctr. | 235,053 Ctr. | 56,156 Ctr. |
| 1850 . . . | 397,609 „ | 488,195 „ | 184,166 „ |

Dem verwandten Brennmaterial nach schied sich die Stabeisenfabrikation:

| | Bei Holzkohlen. | Bei Steinkohlen. |
|---|---|---|
| 1837 . . . | 241,424 Ctr. | 183,286 Ctr. |
| 1838 . . . | 284,723 „ | 207,997 „ |
| 1839 . . . | 229,333 „ | 227,020 „ |
| 1840 . . . | 365,699 „ | 263,087 „ |

| | Bei Holzkohlen. | Bei Steinkohlen. |
|---|---|---|
| 1841 . . . | 328,629 Ctr. | 337,348 Ctr. |
| 1842 . . . | 289,044 „ | 383,259 „ |
| 1843 . . . | 315,176 „ | 424,275 „ |
| 1844 . . . | 293,343 „ | 405,615 „ |
| 1845 . . . | 331,139 „ | 640,015 „ |
| 1846 . . . | 244,080 „ | 891,425 „ |
| 1847 . . . | 290,712 „ | 1,210,694 „ |
| 1848 . . . | 180,033 „ | 721,560 „ |
| 1849 . . . | 171,963 „ | 625,737 „ |
| 1850 . . . | 219,318 „ | 850,652 „ |

Während also 1837 der Antheil des gepuddelten Eisens an der Gesammtproduktion nur 35 Prozent betrug, stieg dies Verhältniß 1850 bis auf 80 Prozent.

In den drei Bergamtsbezirken betrug das bei Steinkohlen gefrischte Eisen:

| | | | |
|---|---|---|---|
| Siegen . . . | 1839 . . | 20,592 Ctr. | oder 10 pCt. |
| | 1850 . . | 310,967 „ | „ 79 „ |
| Düren . . . | 1839 . . | 149,332 „ | „ 63 „ |
| | 1850 . . | 439,368 „ | „ 90 „ |
| Saarbrücken | 1839 . . | 57,096 „ | „ 49 „ |
| | 1850 . . | 100,317 „ | „ 59 „ |

Unter dem angeführten Blech befanden sich folgende Quantitäten Weißblech:

| | |
|---|---|
| 1843 . . . . . . | 24,029 Ctr. |
| 1844 . . . . . . | 23,020 „ |
| 1845 . . . . . . | 27,392 „ |
| 1846 . . . . . . | 27,656 „ |
| 1847 . . . . . . | 33,040 „ |
| 1848 . . . . . . | 8,328 „ |
| 1849 . . . . . . | 26,529 „ |
| 1850 . . . . . . | 36,550 „ |

Im ganzen Königreich Preußen ergiebt sich hiernach folgende Produktion an Stabeisen, Blech und Draht.

Produktion des Königreichs Preußen an Stabeisen, Blech und Draht.

| Jahr. | 1. Stabeisen. Ctr. | 2. Blech. Ctr. | 3. Draht. Ctr. |
|---|---|---|---|
| 1837 | 1.141,356 | 113,573 | 65,561 |
| 1838 | 1,242,424 | 111,770 | 70,821 |
| 1839 | 1,348,466 | 117,159 | 79,272 |
| 1840 | 1,465,572 | 132,672 | 92,955 |
| 1841 | 1,537,454 | 156,325 | 107,429 |
| 1842 | 1,541,462 | 162,962 | 116,350 |
| 1843 | 1,711,791 | 190,550 | 141,664 |
| 1844 | 1,755,296 | 214,908 | 176,519 |
| 1845 | 2,288,213 | 248,283 | 194,002 |
| 1846 | 2,520,301 | 223,731 | 152,486 |
| 1847 | 3,081,043 | 263,842 | 126,767 |
| 1848 | 2,248,480 | 153,648 | 94,998 |
| 1849 | 2,087,333 | 163,785 | 116,359 |
| 1850 | 2,534,018 | 252,296 | 192,748 |

Für 1834 lassen sich 950,000 Ctr. Stabeisen annehmen.

Die Betriebsvorrichtungen bestanden im Jahr 1850 für Stabeisen aus 720 Frisch- und Reckfeuern und 285 Puddelöfen (mit 144 Schweißöfen); für Blech aus 22 Hämmern und 46 Walzwerken, und für Draht aus 15 Walzwerken und 775 Drahtrollen. Obgleich seit 1847 die Produktion geringer blieb, hat sich doch die Zahl der Puddlingöfen (insbesondere durch die Anlagen im Siegenschen) vergrößert, da sie in jenem Jahr nur 262 (mit 150 Schweißöfen) betrug. Für 1837 war die Zahl der Puddlingöfen etwa 60, wovon etwas mehr als die Hälfte auf Schlesien, die übrigen auf Rheinland und Westphalen.

Nach dem verwandten Brennmaterial schied sich die Stabeisenproduktion:

| | Bei Holzkohlen. | Bei Steinkohlen. |
|---|---|---|
| 1837 . . . | 778,070 Ctr. | 363,286 Ctr. |
| 1842 . . . | 932,022 „ | 609,440 „ |
| 1847 . . . | 916,813 „ | 2,164,230 „ |
| 1849 . . . | 786,380 „ | 1,300,953 „ |
| 1850 . . . | 922,870 „ | 1,611,148 „ |

Von der Gesammtproduktion an Stabeisen trug somit das Puddlingeisen 1837 32 Prozent und 1850 63 Prozent, 1847 aber, wo die Produktion am höchsten stand 70 Prozent. Das außerordentlich rasche Steigen von 1844 an und das bedeutende Sinken seit 1848 kommt nur auf Rechnung des bei Steinkohlen gefrischten Eisens; die Ursache liegt in dem bis 1847 rasch zunehmenden und von da ab bedeutend verminderten Bedarf an Eisenbahnschienen. Erst 1851 dürfte die Höhe von 1847 wieder erreicht sein.

Von Weißblech betrug die gesammte Erzeugung Preußens, die in obiger Tabelle einbegriffen ist:

| | |
|---|---|
| 1842 . . . . . . | 34,007 Ctr. |
| 1847 . . . . . . | 39,340 „ |
| 1850 . . . . . . | 45,550 „ |

Von der geringen Produktion Schlesiens ist dabei abstrahirt.

## d. Stahl.

§. 12. Zuletzt erwähnen wir des Stahls, der in Preußen nur zum bei weitem kleineren Theil ein Produkt der Weiterverarbeitung des Stabeisens (durch den Cementationsprozeß) ist, vielmehr in überwiegender Menge durch den Frischprozeß aus Rohstahleisen dargestellt wird und also neben dem Stabeisen aufgeführt werden muß.

Die preußische Stahlerzeugung gründet sich zu mehr als ¾ auf das Rohstahleisen des siegnischen Bergreviers, das meist in den Rohstahlfeuern des Regierungsbezirks Arnsberg gefrischt wird. Der bei weitem größte Theil wird raffinirt und zwar an der Vollme (bei Hagen), mittleren Ruhr und Ennepe, sowie in Remscheid und Solingen, wo er der dortigen ausgedehnten Fabrikation von Stahlwaaren als hauptsächlichste Grundlage dient. Ein Theil dieses Stahls wird auch in rohem oder raffinirtem Zustand exportirt, was jedoch bedeutend abgenommen hat, insbesondere seit Erhöhung der französischen Stahlzölle. Der Hauptsitz der Gußstahlfabrikation ist das Kohlenrevier der Ruhr (Essen und Hagen) und demnächst die Saargegend.

Der Brandenburgisch-Preußische Distrikt erzeugte früher etwas Rohstahl; gegenwärtig werden dort 4 Cementiröfen betrieben.

In Schlesien findet eine höchst unbedeutende Rohstahlerzeugung statt; eine etwas größere in Thüringen.

Folgende Tabelle giebt die Stahlproduktion Preußens an; außerdem die Hauptprodukte der Weiterverarbeitung, Raffinir- und Gußstahl, so weit die amtlichen Listen darüber Aufschluß geben, die oft das Rohprodukt und das Fabrikat getrennt, oft zusammen aufführen, auch mitunter statt der Centnerzahl nur den Geldwerth angeben.

Stahlproduktion des Königreichs Preußen.

| Jahr. | 1. Rohstahl. Ctr. | 2. Raffinirter Stahl. Ctr. | 3. Gußstahl. Ctr. |
|---|---|---|---|
| 1837 | 103,938 | 42,472 | 682 |
| 1838 | 101,820 | 60,308 | 818 |
| 1839 | 100,526 | 56,309 | 727 |
| 1840 | 97,930 | 68,602 | 636 |
| 1841 | 100,697 | 69,496 | 909 |
| 1842 | 95,926 | 61,483 | 909 |
| 1843 | 107,730 | 60,794 | 909 |
| 1844 | 100,642 | 68,391 | 1,500 |
| 1845 | 109,427 | 70,480 | 1,750 |
| 1846 | 81,966 | 47,449 | 1,223 |
| 1847 | 112,672 | 54,209 | 4,357 |
| 1848 | 105,276 | 51,644 | 5,069 |
| 1849 | 88,040 | 53,661 | 11,121 |
| 1850 | 107,674 | 68,379 | 17,645 |

Unter dem Rohstahl sind auch kleine Mengen von Cementstahl einbegriffen, die im brandenburgisch-preußischen Distrikt erzeugt wurden; im Uebrigen ist die Cementstahlfabrikation unmittelbar mit der Gußstahlfabrikation verbunden, soweit dazu nicht Rohstahl verwandt wird. Die eigentliche Stahlerzeugung (Col. 1.) müßte somit noch um das Quantum Cementstahl vermehrt werden, welches in dem Gußstahl (Col. 3.) enthalten ist; es mag ein Drittel davon ausmachen.

Die Summe des Raffinirstahls wird durchschnittlich um 4000 Centner erhöht werden können, die preußisch Thüringen und Schlesien darstellen. Die Betriebsvorrichtungen bestanden 1850 für Rohstahl aus 143 Rohstahlfeuern, für Cementstahl aus 7 Cementiröfen: ferner für Raffinirstahl aus etwa 105 Raffinirwerken und für Gußstahl aus 58 Gußstahlöfen.

An der Produktion von 1850 waren betheiligt:

der brandenburgisch-preußische Distrikt mit 3,160 Centnern Cementstahl;

der schlesische mit 1,630 Centnern Rohstahl;

der sächsisch-thüringische mit 4,918 Centnern Rohstahl;

der westphälische mit 41,261 Centnern Rohstahl, ferner 57,220 Centnern Raffinirstahl und 17,336 Centnern Gußstahl;

der rheinische mit 56,705 Ctrn. Rohstahl, ferner 11,159 Ctrn. Raffinirstahl und 309 Centnern Gußstahl.

Von der gesammten Stahlproduktion von 1850 wurden 94,259 Centner oder 87 Prozent aus Rohstahleisen des Bergamtsbezirks Siegen dargestellt.

Wir sehen demnach die Erzeugung von Roh- und Raffinirstahl seit langen Jahren ziemlich dieselbe bleiben, während die Gußstahlfabrikation in bedeutendem Fortschritte begriffen ist. Von 1850 an tritt überdies der Puddlingstahl als ein neuer Faktor auf und somit dürfte die Produktion des Stahls binnen wenigen Jahren eine ganz bedeutende Erweiterung und überhaupt eine Umgestaltung der früheren Verhältnisse zeigen.

## 2. Baiern.

§. 13. Von Preußen wenden wir uns zu den übrigen Vereinsstaaten, wie sie nach Rang und Größe auf einander folgen. Dabei ist im Voraus zu bemerken, daß nur die wenigsten derselben eine genaue offizielle Statistik der Eisenerzeugung aufstellen, so daß der größte Theil der folgenden Notizen, namentlich was die älteren Jahrgänge betrifft, mit vieler Mühe auf den Grund von privativen Erhebungen zusammengestellt worden ist.

Mit Baiern beginnend, so ist in dem Verwaltungsjahr

18$\frac{48}{49}$ zum ersten Mal von Seiten der Königl. Bergwerks- und Salinen-Administration eine genaue Statistik der Eisenerzeugung nach dem Schema der preußischen aufgestellt worden; über die früher stattgefundene Produktion existiren keine vollständig zuverlässigen Mittheilungen.

Sowohl die Erzeugung als Weiterverarbeitung des Eisens finden sich in Baiern fast über das ganze Gebiet zersplittert, nirgendwo aber zu einem bedeutenden Umfang concentrirt. Im eigentlichen Baiern, rechts des Rheins, besteht das Schmelzmaterial hauptsächlich aus braunen und rothen Thoneisensteinen, die in der Regel ziemlich arm sind und 33 Prozent Eisengehalt nicht überschreiten. Ueberhaupt hat Baiern keinen Ueberfluß an Eisenerzen. Die stärkste Produktion findet in den Bergrevieren Bergen in Oberbaiern und Königshütte in der Oberpfalz und demnächst in Steben im Obermainkreis, sowie in Oberfranken Statt, während alle übrigen Bezirke, darunter auch Ober- und Niederbaiern, ebenfalls einige Hüttenanlagen besitzen. In der Oberpfalz, namentlich bei Amberg und am Fichtelgebirge, existiren auch noch viele Blauöfen. Im Allgemeinen haben die meisten Oefen in Baiern rechts des Rheins sehr geringe Dimensionen und werden schwach betrieben. Nur eine verhältnißmäßig kleine Zahl, darunter z. B. das ärarische Werk Bergen und das Herzoglich Leuchtenbergische Werk Eichstädt, sind den technischen Anforderungen der Neuzeit entsprechend eingerichtet.

Im Fichtelgebirge und an der Grenze gegen Thüringen findet auch einige Rohstahleisenerzeugung Statt.

In der baierischen Pfalz, links des Rheins, ist zwar die Zahl der Hochöfen klein, dieselben sind jedoch von weit größerer Produktionsfähigkeit und sehr gut eingerichtet. Hier werden, außer mageren Thoneisensteinen, meistens nassauische Rotheisensteine verhüttet; auch Erze aus dem Großherzogthum Hessen.

Das Brennmaterial bestand bisher in ganz Baiern ausschließlich aus Holzkohlen; jedoch hat es in letzterer Zeit die Ludwigshafen-Saarbrücker Eisenbahn den meisten Hochöfen in der Pfalz möglich gemacht, auf Coaks oder gemischtes Brennmaterial überzugehen.

Die Hochofenproduktion betrug 18$\frac{48}{49}$ *):

| | Rechts des Rheins. | Links des Rheins. | Summa i. Kön.gr. Baiern. |
|---|---|---|---|
| Roheisen . . . . . . . | 222,702 Ctr. | 41,430 Ctr. | 264,132 Ctr. |
| Rohstahleisen . . . . . | 1,517 „ | — „ | 1,517 „ |
| Gußwaaren aus Erzen | 35,755 „ | 16,310 „ | 52,065 „ |
| Summa . . . | 259,974 Ctr. | 57,740 Ctr. | 317,714 Ctr. |

Die Produktion früherer Jahre anlangend, so kann man sie für 1834, beim Zusammentritt des Zollvereins, zu 250,000 Centnern annehmen (Nebenius giebt sie 1832 auf 251,000 Centner, Hasse 1836 zu 250,000 Centnern an). Für 1842 ist sie auf 300,000 Centner zu schätzen. Von da ab überstieg die Produktion das oben angegebene Quantum von 18$\frac{48}{49}$, insbesondere im Jahre 1847, wo die Eisengewinnung der Pfalz doppelt so hoch war; sie betrug nämlich nach zuverlässigen Privatangaben an Roheisen 104,000 Centner und an Hochofengußwaaren 10,500 Centner, also im Ganzen 114,500 Centner. Wenn nun auch in Baiern, rechts des Rheins, die Produktion seit längerer Zeit ziemlich stabil geblieben ist, so muß doch schon mit Rücksicht auf die Pfalz für 1847 ein Quantum von 400,000 Centnern als Erzeugniß sämmtlicher baierischer Hochöfen angenommen werden, wovon es bis 1849 auf das obengenannte Quantum herabsank, während für 1850 etwa 350,000 Centner anzunehmen sein dürften.

Der Antheil des Aerars an der Hochofenproduktion von 18$\frac{48}{49}$ betrug 75,911 Centner oder 24 Prozent der Gesammterzeugung, 1842 etwa 60,000 Centner; die betreffenden Werke liegen sämmtlich rechts des Rheins.

An Betriebsvorrichtungen waren nach der amtlichen Aufnahme Ende 1846 82 Hoch- und Blauöfen vorhanden, wovon 6 auf die Pfalz. Nach den Nachweisungen von 18$\frac{48}{49}$ gab es deren 77, wovon 5 in der Pfalz. Unter den 72 Oefen rechts des Rheins befanden sich 55 Hochöfen und 17 Blauöfen (davon

*) Der baierische Centner ist hierbei im Verhältniß 12 : 11 (eigentlich 119,7 : 110) auf preußisches Gewicht reduzirt; die Differenz des Zollzentners (worin sich die Produktion der Rheinpfalz angegeben findet) ist jedoch unberücksichtigt geblieben, wie dies auch bei Baden, Luxemburg u. s. w. geschehen wird.

10 im Revier Amberg); in Betrieb befindlich waren jedoch nur 48 Hochöfen und 14 Blauöfen. Für die letzteren ein Quantum von 10,000 Centnern in Abzug gebracht, so ist die jährliche Produktion eines baierischen Hochofens rechts des Rheins 5,680 Centner gewesen oder ungefähr die Hälfte eines preußischen Holzkohlenhochofens. Einzelne Werke weichen natürlich weit von diesem Durchschnitte ab; so erzeugte das Königliche Werk Bergen im Jahre $18\frac{48}{49}$ mit 1 Hochofen 27,467 Centner. Links des Rheins betrug dagegen die jährliche Erzeugung eines Hochofens 11,560 Centner, also ungefähr soviel als der Durchschnitt in Preußen; 1847 kamen sogar 114,500 Centner auf 6 Hochöfen, also auf einen 19,080 Centner.

Wie die Gußwaarenerzeugung aus Erzen verhältnißmäßig gering ist, so findet das Gleiche in Bezug auf Gußwaaren aus Roheisen Statt. Sie betrug $18\frac{48}{49}$ rechts des Rheins 14,213 Centner, in der Pfalz 462 Centner, also zusammen 14,675 Centner. Nach den Gewerbetabellen von 1846 waren 19 Cupolöfen und 40 Flammöfen vorhanden, davon aber, nach den Nachweisen von $18\frac{48}{49}$, nur 10 Cupolöfen und 4 Flammöfen in Betrieb; die Produktion wird demnach in günstigeren Jahren viel bedeutender sein. Die Flammöfen werden meist mit Holz, wohl auch mit Torf geheizt; die Cupolöfen meistens mit Holzkohlen. Aus Nassau, Hessen und Rheinpreußen werden übrigens viele Gußwaaren eingeführt.

Die Stabeisenproduktion findet in Baiern, rechts des Rheins, zum größten Theil in Heerdfeuern bei Holzkohlen Statt; jedoch entstehen in den letzten Jahren immer mehr Puddlingöfen, worin die ärarischen Werke voranschreiten. In der Rheinpfalz werden dagegen nur noch wenige Frischfeuer für die ganz feinen Eisensorten, z. B. Gewehreisen, betrieben; im Uebrigen ist die Puddlingfrischerei bei Saarbrücker Steinkohlen eingeführt, meistens in unmittelbarer Verbindung mit den Hochofenanlagen.

Die Stabeisenproduktion betrug laut der amtlichen Listen von $18\frac{48}{49}$ und einer vorläufigen Zusammenstellung des Betriebs von $18\frac{49}{50}$:

| | Rechts des Rheins. | Links des Rheins. | Summa i. Königr. Baiern. |
|---|---|---|---|
| $18\frac{48}{49}$ . . . | 188,175 Ctr. | 69,081 Ctr. | 257,256 Ctr. |
| $18\frac{49}{50}$ . . . | 204,000 „ | 79,636 „ | 283,636 „ |

Auch etwas Blech- und Drahtfabrikation findet Statt, nämlich im Jahre 18$\frac{48}{49}$:

| | Blech. | Draht. |
|---|---|---|
| Rechts des Rheins . . . | 7,182 Ctr. | 3,971 Ctr. |
| Links des Rheins . . . . | 6,230 „ | 2,371 „ |
| Summa . . . | 13,412 Ctr. | 6,342 Ctr. |

Die Stabeisenerzeugung geht hiernach über das eigene Erzeugniß an Roheisen hinaus und wird insbesondere nassauisches und hessisches Roheisen am Main verfrischt.

An Betriebsvorrichtungen zur Stabeisenerzeugung waren Ende 1846 vorhanden: 167 Frischfeuer und 30 Puddlingöfen, wovon 8, beziehungsweise 11 auf die Pfalz. Nach den Listen von 18$\frac{48}{49}$ war das vorbemerkte Quantum dargestellt worden auf 166 Frischfeuern und 37 Puddlingöfen, darunter 9 Frischfeuer und 23 Puddlingöfen auf die Pfalz. Gegenwärtig wird die Anzahl der Puddlingöfen gegen 45 betragen. Die bei Steinkohlen stattfindende Stabeisenerzeugung ist jedoch nur auf 55,000 Centner oder 20 Prozent anzunehmen, indem rechts des Rheins meistens bei Holz oder auch bei Torf gepuddelt wird, namentlich in der Oberpfalz.

Die Rohstahlerzeugung Baierns beträgt gegen 1400 Centner im Jahr. Es waren 1846 2 Rohstahlfeuer und 6 Raffinirfeuer vorhanden, letztere zum Theil für steyrischen und tyroler Rohstahl. Auch 3 Cementiröfen existiren in Oberbaiern, die den Cementstahl für eine Gußstahlfabrik von 3 Oefen liefern.

## 3. Sachsen.

§. 14. In Sachsen findet von Alters her Eisenerzeugung statt, hauptsächlich im oberen Erzgebirge und im Voigtlande. Die zur Verhüttung gelangenden Erze bestehen meistens aus Roth- und Brauneisensteinen, jedoch sind außerdem bedeutende Lager von mulmigen Brauneisensteinen (ähnlich denen von Tarnowitz in Oberschlesien) und von Magneteisensteinen vorhanden, die bisher fast gar nicht ausgebeutet wurden. Vor 1842 fand nur Holzkohleneisenerzeugung statt. Seitdem sind 3 Coakshochöfen errichtet worden, einer im Plauenschen Grunde und zwei in dem Steinkohlenrevier bei Zwickau. Dieselben sind indeß erst in den letzten Jahren zu regelmäßigem Betriebe gelangt und zwar vorzugsweise die beiden letzten. Ohne Zweifel ist die Coakshütterei in Sachsen noch großer Entwickelung fähig, während die Holzkohleneisenindustrie bei theuren Erzen und bei immer steigenden Holzpreisen eher einer Einschränkung als Erweiterung entgegen geht. Eine Eisenbahn aus dem obererzgebirgischen Eisenstein- und Hüttenrevier nach dem Zwickauer Steinkohlendistrikt ist nothwendige Vorbedingung, um die Holzkohleneisenproduktion zu erhalten und die Coakshütterei dem Erz- und Kohlenreichthum entsprechend ausdehnen zu können.

Folgende Tabelle stellt die sächsische Eisenproduktion seit 1836 zusammen. Dieselbe beruht auf genauen Erhebungen, wie sie die Königliche Bergakademie zu Freiberg jährlich anstellen läßt.

Hochofenproduktion des Königreichs Sachsen.

| Jahr. | 1. Roheisen. Ctr. | 2. Gußwaaren aus Erzen. Ctr. | 3. Summa d. Hochofenproduktion. Ctr. |
|---|---|---|---|
| 1836 | 71,963 | 27,464 | 99,427 |
| 1837 | 63,920 | 38,966 | 102,886 |
| 1838 | 59,880 | 40,408 | 100,288 |
| 1839 | 58,290 | 34,536 | 92,826 |
| 1840 | 74,500 | 31,243 | 105,743 |
| 1841 | 70,129 | 37,791 | 107,920 |
| 1842 | 78,942 | 38,411 | 117,353 |
| 1843 | 83,464 | 32,478 | 115,942 |
| 1844 | 79,455 | 35,876 | 115,331 |
| 1845 | 81,954 | 41,205 | 123,159 |
| 1846 | 78,933 | 42,069 | 121,002 |
| 1847 | 81,162 | 49,902 | 131,064 |
| 1848 | 104,720 | 36,452 | 141,172 |
| 1849 | 96,381 | 33,939 | 130,320 |

Für 1834 wird die Produktion auf 80,000 Centner und für 1850 auf 140,000 Centner anzunehmen sein. Seit 1836 bis jetzt haben 19 Hochöfen in Sachsen bestanden, damals sämmtlich auf Holzkohlen gehend, gegenwärtig 3 davon auf Coaks.

Die Zahl der in Betrieb befindlichen hat zwischen 15 und 19 gewechselt. Im Jahre 1849 waren 15 in Betrieb, darunter 2 Coakshochöfen. Die 13 Holzkohlenhochöfen erzeugten 96,825 Ctr., also einer nur 7450 Centner. An Coakseisen wurden 1842 17,000 und 1849 33,495 Centner erzeugt, was 25 Prozent der Gesammterzeugung ausmacht. 1850 betrug die Produktion 36,000 und 1851 40,000 Centner; 1852 sollen die 2 Hochöfen in Zwickau zugleich betrieben werden, während sie bisher im Betrieb abwechselten.

Die Erzeugung von Gußwaaren aus Roheisen ist nicht unbedeutend, insbesondere für Maschinenfabrikation, die in Sachsen ausgedehnt betrieben wird. 1846 waren 21 Cupol- und 25 Flammöfen vorhanden. Davon waren 1849 in unmittelbarer Verbindung mit den Hüttenwerken 16 Cupolöfen in Betrieb, die 23,124 Centner Gußwaaren lieferten. Die Gesammtproduktion im ganzen Königreich mag 45,000 Centner betragen haben.

Für Stabeisenerzeugung wurde 1836 erst 1 Puddlingofen nebst 59 Frischfeuern betrieben; 1849 war letztere Zahl auf 49 gesunken, erstere auf 6 gestiegen. Die Zahl der vorhandenen Betriebsvorrichtungen ist indeß weit größer; Ende 1846 existirten neben 84 Frischfeuern 12 Puddlingöfen und 1851 ist die Zahl der letzteren auf 14 anzunehmen. Dieselben frischen bei Steinkohlen und zwar lediglich sächsisches Roheisen Auf der großartig eingerichteten Königin-Mariahütte bei Zwickau werden gegenwärtig auch Eisenbahnschienen gewalzt.

Die Produktion an Stabeisen, Schienen ꝛc., so wie an Blechen war:

| | Stabeisen. | Blech. |
|---|---|---|
| 1836 . . . | 45,310 Ctr. | 5,721 Ctr. |
| 1837 . . . | 44,070 = | 5,958 = |
| 1838 . . . | 41,328 = | 8,495 = |
| 1839 . . . | 41,891 = | 7,491 = |
| 1840 . . . | 37,684 = | 8,139 = |
| 1841 . . . | 42,447 = | 8,771 = |
| 1842 . . . | 46,042 = | 8,231 = |
| 1843 . . . | 45,939 = | 7,432 = |
| 1844 . . . | 42,087 = | 7,290 = |

| | Stabeisen. | Blech. |
|---|---|---|
| 1845 . . . | 38,993 Ctr. | 9,718 Ctr. |
| 1846 . . . | 44,540 „ | 10,984 „ |
| 1847 . . . | 44,067 „ | 10,945 „ |
| 1848 . . . | 59,007 „ | 7,943 „ |
| 1849 . . . | 77,536 „ | 7,553 „ |

Für 1850 sind 80,000 Centner Stabeisen und 10,000 Centner Blech anzunehmen. Unter dem Blech ist auch etwas Weißblech einbegriffen.

Auf die Erzeugung von Stabeisen bei Steinkohlen kamen 1842 gegen 5000 Centner und 1849 16,256 Centner oder 21 Prozent der Gesammtproduktion.

Die Produktion an Draht betrug:

1845 . . . 100 Centner,
1849 . . . 252 „

Im Ganzen bemerken wir bei der sächsischen Eisenproduktion ein geringes Fortschreiten, sowohl in neuen Anlagen als in Ausdehnung des Betriebs der bestehenden. Bis zur Ausführung der erwähnten Eisenbahnverbindung zwischen den obererzgebirgischen Eisenstein- und den Zwickauer Kohlenrevieren, dürfte die Concurrenz Schlesiens, das unter weit günstigeren Verhältnissen arbeitet, keine Erweiterung zulassen. Die eigenthümlichen Beschränkungen des Betriebs, die bedingten Concessionsertheilungen und die hohe Besteuerung von Seiten des Staates, trugen ebenfalls das Ihrige dazu bei, den Fortschritt der sächsischen Eisengewinnung zu hemmen. Erst seit kurzer Zeit sind Erleichterungen in dieser Beziehung eingetreten.

## 4. Würtemberg.

§. 15. In Würtemberg ist sowohl der Gruben- und Hüttenbetrieb, als auch der größte Theil der Gießereien und Frischereien landesherrlich. Die dortigen Werke haben sich schon von alten Zeiten her durch vorzügliche Einrichtung und tüchtige hüttenmännische Leitung ausgezeichnet, insbesondere Wasseralfingen, wo Faber du Faur zuerst die Benutzung der Hochofengase zum Erhitzen der Gebläseluft wie zum Feinen und Puddeln durchsetzte und überhaupt in allen Richtungen fortschritt. Die

Erze sind meistens Thoneisensteine, nicht reichhaltig, jedoch billig zu gewinnen; demnächst Bohnerze und auch etwas Brauneisenstein. Als Brennmaterial der Hochöfen dienen nur Holzkohlen.

Den direkten Mittheilungen des Königlich Würtembergischen Bergrathes verdanken wir folgende Produktionsnachweise:

### Hochofenproduktion des Königreichs Würtemberg.

| Jahr. | 1. Roheisen. Ctr. | 2. Gußwaaren aus Erzen. Ctr. | 3. Summa d. Hochofenproduktion. Ctr. |
|---|---|---|---|
| $18\frac{34}{35}$ | 63,405 | 46,275 | 109,680 |
| $18\frac{35}{36}$ | 68,778 | 47,719 | 116,497 |
| $18\frac{36}{37}$ | 61,713 | 38,235 | 99,948 |
| $18\frac{37}{38}$ | 77,133 | 58,348 | 135,481 |
| $18\frac{38}{39}$ | 66,181 | 56,934 | 123,115 |
| $18\frac{39}{40}$ | 61,355 | 60,754 | 122,109 |
| $18\frac{40}{41}$ | 85,321 | 54,600 | 139,921 |
| $18\frac{41}{42}$ | 80,261 | 56,015 | 136,276 |
| $18\frac{42}{43}$ | 84,830 | 63,034 | 147,864 |
| $18\frac{43}{44}$ | 103,242 | 67,841 | 171,085 |
| $18\frac{44}{45}$ | 103,961 | 62,745 | 166,706 |
| $18\frac{45}{46}$ | 99,371 | 63,484 | 162,855 |
| $18\frac{46}{47}$ | 87,170 | 66,857 | 154,027 |
| $18\frac{47}{48}$ | 100,751 | 63,267 | 164,018 |
| $18\frac{48}{49}$ | 99,221 | 56,225 | 155,446 |
| $18\frac{49}{50}$ | 106,580 | 46,904 | 158,484 |

Die Zahl der Hochöfen betrug bis 1840 fünf, von da bis 1845 sechs und seitdem sieben, wovon indeß immer nur sechs gleichzeitig in Betrieb. Für $18\frac{49}{50}$ kommt demnach auf einen Hochofen eine jährliche Produktion von 26,420 Centnern, oder mehr als doppelt so viel als die preußischen, mehr als dreimal so viel als die sächsischen und fast fünfmal so viel als die altbaierschen Hochöfen durchschnittlich liefern. Schon im Jahre $18\frac{34}{35}$ erzeugte ein Hochofen 21,940 Centner jährlich.

Unter dem Roheisen befindet sich ein Theil Rohstahleisen,

das zu Schmelz- und Gußstahl weiter verarbeitet wird. Man kann durchschnittlich hierauf 4000 Centner rechnen.

Ueber den Umfang des Gießerei-Betriebes liegen keine genauen Data vor und sind überdies die Gewerbe-Nachweise von 1846 von Würtemberg noch nicht eingeliefert worden. Es sind 10 bis 12 Cupol- und Flammöfen vorhanden. Auf den Königl. Werken wurden an Gußwaaren aus Roheisen erzeugt:

| | | |
|---|---|---|
| $18\frac{36}{37}$ . . . . | 8,576 | Centner. |
| $18\frac{37}{38}$ . . . . | 263 | „ |
| $18\frac{38}{39}$ . . . . | 620 | „ |
| $18\frac{39}{40}$ . . . . | 697 | „ |
| $18\frac{40}{41}$ . . . . | 761 | „ |
| $18\frac{41}{42}$ . . . . | 4,509 | „ |
| $18\frac{42}{43}$ . . . . | 3,664 | „ |
| $18\frac{43}{44}$ . . . . | 789 | „ |
| $18\frac{44}{45}$ . . . . | 383 | „ |
| $18\frac{45}{46}$ . . . . | 10,961 | „ |
| $18\frac{46}{47}$ . . . . | 26,816 | „ |
| $18\frac{47}{48}$ . . . . | 15,563 | „ |
| $18\frac{48}{49}$ . . . . | 15,383 | „ |
| $18\frac{49}{50}$ . . . . | 12,928 | „ |

Die Flammöfen wurden mit Holz und Torf betrieben. Unter den Erzeugnissen der Gießerei sind die Geschütze und Hartwalzen hervorzuheben. Für die Gußwaarenerzeugung der Privatwerke lassen sich in den letzten Jahren 5 — 8000 Ctr. annehmen.

Der Frischereibetrieb findet theils in Heerdfeuern bei Holzkohlen, theils in Puddlingöfen bei Holz, Torf oder Gasen statt. Ueber den Umfang desselben fehlen uns die genaueren Angaben. Man kann jedoch mit ziemlicher Gewißheit annehmen, daß alles im Königreich dargestellte Roheisen, soweit es nicht vergossen wird, für die Stabeisenfabrikation Verwendung findet; das Roheisen, welches hierzu von außen bezogen wird, gleicht sich ungefähr gegen die Quantitäten aus, welche Würtemberg selbst in diesem Zustande versendet. Hiernach ist die Summe des gefrischten Eisens zu veranschlagen auf:

| | | |
|---|---|---|
| 1834 . . . | 50,000 | Centner. |
| 1842 . . . | 60,000 | „ |
| 1850 . . . | 70,000 | „ |

Es sind gegen 40 Frischfeuer und 3 Puddlingöfen vorhanden, wovon mehr als die Hälfte dem Staat gehören.

An Blech werden jährlich gegen 12,000 Centner dargestellt. Auch etwas Drahtfabrikation findet in Würtemberg statt; man kann sie auf 5000 Ctr. jährlich veranschlagen.

Bei 3 Rohstahlfeuern werden gegen 3000 Centner Schmelzstahl im Jahr erzeugt. Auch die Gußstahlfabrikation ist in der Entwicklung begriffen.

## 5. Baden.

§. 16. Das Großherzogthum Baden besitzt ebenfalls eine Eisenindustrie von dem ungefähren Umfang der Sächsischen und Würtembergischen. In erster Ordnung sind es mehr die großen Waldungen des Schwarzwaldes, als Eisensteinreichthum, welche hier — wie auch in vielen Theilen Oberschlesiens — auf die Eisenindustrie hingeleitet haben, indem sich kein anderes Mittel bot das Holz zu verwerthen. Bohnerze und Brauneisensteine bilden das Schmelzmaterial; der Reichthum davon ist nicht allzu groß, und steigern sich durch die Kosten des Waschens, welches in der Regel erforderlich ist, die Erzpreise bedeutend. Baden und Sachsen dürften in Deutschland so ziemlich den theuersten Eisenstein verhütten. Der Hochofen zu Pforzheim bezieht viele Erze von der Lahn.

Die Hochöfen werden sämmtlich mit Holzkohlen betrieben. Es sind deren 9 vorhanden, wovon 5 im Oberrheinkreis, 3 im Seekreis und einer im Mittelrheinkreis. Der letztere, zu Pforzheim gelegen, ist in Privatbesitz; von den übrigen werden 5 vom Aerar und drei von der Fürstlich Fürstenbergischen Standesherrschaft betrieben.

Nach den erhaltenen Mittheilungen*) über den Betrieb der

*) Bei einem Hochofen ist allerdings das Erzeugniß eines zugehörigen Cupolofens einbegriffen, was aber die Summe nur wenig alterirt. Ueber den Privathochofen standen zwar keine genauen Notizen der Produktion jedes Jahres zu Gebote; nach zuverlässigen Mittheilungen hat sie sich von 15 bis auf 25,000 Centner im Jahre 1847 gehoben.

badischen Hochöfen betrug deren gesammtes Produktionsquantum*) an Roheisen und Gußwaaren aus Erzen:

| | | | |
|---|---|---|---|
| 1834 | .... | 79,931 | Centner. |
| 1835 | .... | 112,222 | „ |
| 1836 | .... | 108,068 | „ |
| 1837 | .... | 94,463 | „ |
| 1838 | .... | 94,459 | „ |
| 1839 | .... | 131,190 | „ |
| 1840 | .... | 121,454 | „ |
| 1841 | .... | 83,642 | „ |
| 1842 | .... | 87,352 | „ |
| 1843 | .... | 133,959 | „ |
| 1844 | .... | 149,749 | „ |
| 1845 | .... | 155,386 | „ |
| 1846 | .... | 134,553 | „ |
| 1847 | .... | 134,815 | „ |
| 1848 | .... | 140,527 | „ |
| 1849 | .... | 102,107 | „ |

Im Jahr 1850 dürfte die Produktion wieder etwas gestiegen sein, jedoch unbedeutend, indem der neue schweizerische Grenzzoll seit 1. Febr. 1850 den Absatz dorthin hemmt. Man kann 110,000 Centner annehmen.

Die Menge der von den Hochöfen produzirten Gußwaaren ließ sich aus den Mittheilungen nicht immer genau ersehen. Sie ist jedoch mit ziemlicher Zuverlässigkeit anzunehmen:

| | | | |
|---|---|---|---|
| 1834 | zu | 25,500 | Ctr., |
| 1842 | „ | 31,500 | „ |
| 1849 | „ | 22,300 | „ |

Die bestehenden 9 Hochöfen waren indeß niemals zugleich im Betrieb, z. B. 1841 und 1842 nur fünf, 1849 sechs, im Durchschnitt von 1834 bis 1849 sieben. Die jährliche Produktion eines Ofens war demnach im Jahre 1849 17,020 Centner, oder die Hälfte mehr als die preußischen, dagegen die Hälfte weniger als die würtembergischen Hochöfen liefern. Auf der Fürstlich Fürstenbergischen Amalienhütte erreichte der Hochofen im Jahr 1845

*) Nebenius giebt für $18\frac{47}{48}$: 127,000 Centner, v. Reden für 1843: 140,000 Centner an, was mit unsern Angaben ziemlich übereinstimmt.

die Produktion von 28,002 Centner, worunter fast 10,000 Ctr. Gußwaaren.

Von der Gesammtproduktion entfielen auf den Antheil des Aerars:

| | | | |
|---|---|---|---|
| 1834 . . . | 34,075 Ctr. | oder 42 | pCt. |
| 1842 . . . | 22,292 „ | „ 26 | „ |
| 1849 . . . | 46,743 „ | „ 45 | „ |

Für den Gießereibetrieb existirten 1846 vier Cupol- und fünf Flammöfen. Man wird darauf etwa 8000 Centner jährlich rechnen können, da sie schwach betrieben werden.

Die Zahl der in Betrieb befindlichen Frischfeuer war früher weit beträchtlicher, indem in den waldigen Gegenden des Schwarz- und Odenwaldes nicht blos badisches, sondern auch nassauisches, pfälzisches und hessisches Roheisen verfrischt ward. Dies ist jedoch im Abnehmen begriffen. Die ärarischen und standesherrlichen Werke, theilweise mit Walzwerken versehen, gehören zu den besteingerichteten Holzkohlenfrischereien in Deutschland und erzeugen ganz vorzügliches Stabeisen und Blech, wofür noch immer sehr hohe Preise gezahlt werden, gerade wie für das schweizerische Eisen, dem das badische an Qualität ganz gleichkommt. Neuerdings sind auch einige Puddelöfen bei Holz, zeitweise auch bei Holzgasen, in Betrieb gekommen, insbesondere auf den Fürstlich Fürstenbergischen Werken.

Von den ärarischen und standesherrlichen Werken, die etwa 40 Frischfeuer besitzen, liegen die genauen Produktionsnachweise aus direkten Mittheilungen vor. Obgleich sie nur die Hälfte der überhaupt vorhandenen Frischfeuer umfassen, erzeugen sie doch weit mehr als ⅔ der gesammten Stabeisenproduktion und kann man den Antheil der Privatwerke auf höchstens 25,000 Centner schätzen, von welchem Durchschnitt seit 1834 keine wesentlichen Abweichungen stattgefunden haben werden, indem der stärkere Betrieb einzelner Feuer durch das Eingehen anderer aufgewogen ward. Nach diesen Annahmen stellt sich die Stabeisenproduktion Badens folgendermaßen:

| | | |
|---|---|---|
| 1834 . . . . | 65,902 | Centner. |
| 1835 . . . . | 75,221 | „ |
| 1836 . . . . | 71,349 | „ |
| 1837 . . . . | 76,151 | „ |

| | | | |
|---|---|---|---|
| 1838 | .... | 72,419 | Centner. |
| 1839 | .... | 71,673 | " |
| 1840 | .... | 74,649 | " |
| 1841 | .... | 70,706 | " |
| 1842 | .... | 84,239 | " |
| 1843 | .... | 94,140 | " |
| 1844 | .... | 98,745 | " |
| 1845 | .... | 98,201 | " |
| 1846 | .... | 104,058 | " |
| 1847 | .... | 100,438 | " |
| 1848 | .... | 85,280 | " |
| 1849 | .... | 72,066 | " |

Für 1850 sind 80,000 Centner anzunehmen.

1846 bestanden in Baden 79 Frischfeuer; 1849 sind gegen 50 Frischfeuer und 1 Puddlingofen in Betrieb gewesen.

Seit 1841 findet auch Schwarzblechproduktion statt. Sie betrug:

| | | | |
|---|---|---|---|
| 1841 | .... | 973 | Centner. |
| 1842 | .... | 3,701 | " |
| 1843 | .... | 3,643 | " |
| 1844 | .... | 2,751 | " |
| 1845 | .... | 2,415 | " |
| 1846 | .... | 2,919 | " |
| 1847 | .... | 5,116 | " |
| 1848 | .... | 4,575 | " |
| 1849 | .... | 2,200 | " |

Auch 2 Drahtwerke und 1 Rohstahlfeuer sind vorhanden, über deren Erzeugung jedoch die Nachweise fehlen.

## 6. Churhessen.

§. 17. In Churhessen ist die Eisenindustrie sehr alt, jedoch nicht von bedeutendem Umfang. Seine Hochöfen, die sämmtlich bei Holzkohlen betrieben werden, sind über das ganze Gebiet zerstreut; davon gehören Veckerhagen an der Weser, Holzhausen bei Homburg, Schönstein bei Jesberg und Bieber bei Gelnhausen dem Staate; Neuenschmidten bei Wächtersbach ist in standesherrlichem Besitz und nur die Blauöfen in der Thüringischen Enklave Schmalkalden werden gewerkschaftlich betrieben. Die letzteren haben sehr reiche und gutartige Erze, hauptsächlich

Spath- und Brauneisensteine, wovon jene auch ein zur Stahlbereitung vorzüglich geeignetes Roheisen liefern. Die Holzkohlen beschränken dagegen den Hüttenbetrieb in Schmalkalden, indem sie verhältnißmäßig selten und theuer sind. Andere Werke im eigentlichen Churhessen, z. B. Bieber, in der Nähe der großartigen Waldungen des Spessart gelegen, haben wieder umgekehrt sehr billige Holzkohlen, aber die dort vorkommenden Brauneisensteine sind selten und ziemlich arm. Die übrigen Hütten haben meistens ziemlich theuere Erze (Gelb-, Braun- und Thoneisensteine, auch Rotheisensteine aus dem Wetzlar'schen) und ziemlich theuere Kohlen. Dennoch ist der Betrieb bisher durch die Anstrengungen einer einsichtsvollen Direction im Ganzen mit Gewinn für die Staatskasse betrieben worden.

Im Folgenden geben wir eine genaue Zusammenstellung der Eisenproduktion Churhessens*) aus ganz zuverlässigen privativen Mittheilungen geschöpft.

Hochofenproduktion Churhessens.

| Jahr. | 1. Roheisen. Ctr. | 2. Gußwaaren aus Erzen. Ctr. | 3. Summa der Hochofenproduktion. Ctr. |
|---|---|---|---|
| 1834 | 48,869 | 10,936 | 59,805 |
| 1835 | 52,145 | 7,191 | 59,336 |
| 1836 | 58,385 | 10,297 | 68,682 |
| 1837 | 57,729 | 11,791 | 69,520 |
| 1838 | 63,490 | 11,500 | 74,990 |
| 1839 | 57,878 | 9,459 | 67,337 |
| 1840 | 70,950 | 17,361 | 88,311 |
| 1841 | 62,811 | 16,672 | 79,483 |
| 1842 | 70,349 | 10,125 | 80,474 |
| 1843 | 81,719 | 16,094 | 97,813 |
| 1844 | 75,955 | 8,815 | 66 770 |
| 1845 | 61,857 | 4,650 | 66,507 |
| 1846 | 73,176 | 36,299 | 109,475 |
| 1847 | 81,805 | 9,611 | 91,416 |
| 1848 | 83,556 | 24,460 | 108,016 |
| 1849 | 91,998 | 23,777 | 115,775 |

*) Hasse giebt 1836: 55,000 Ctr., v. Reden 1843: 83,000 Ctr., Müller 1845: 70,000 Ctr. an.

Für 1850 sind gleichfalls 115,000 Centner anzunehmen.

Die Produktion hat sich also seit Anfang des Zollvereins fast verdoppelt, die Zahl der Hochöfen jedoch nicht vermehrt. Insbesondere tritt seit 1846 der Einfluß des Eisenbahnbaus hervor, wozu indeß die Schienen aus Belgien bezogen wurden.

Beim Roheisen sind durchschnittlich etwa 3300 Ctr. Schmalkaldener Rohstahleisen einbegriffen.

Der Antheil des Aerars an der Gesammtproduktion betrug:

| | | | |
|---|---|---|---|
| 1834 . . . | 33,719 Ctr. | oder | 56 pCt. |
| 1842 . . . | 38,510 „ | „ | 48 „ |
| 1849 . . . | 70,110 „ | „ | 60 „ |

Das im Jahr 1849 im eigentlichen Churhessen producirte Quantum ward bei 6 Hochöfen erblasen; 7 sind überhaupt vorhanden.

Nach Abzug des auf Schmalkalden entfallenden Quantums von 43,419 Centner hat also ein Hochofen 12,060 Centner im Jahr erzeugt, etwas mehr als der Durchschnitt in Preußen beträgt. In Schmalkalden existiren 6 große Blauöfen, die von allen Thüringischen am stärksten und besten betrieben werden.

Ueber den Umfang der Gußwaarenerzeugung aus Roheisen fehlen die genauen Angaben. Auf einzelnen ärarischen Werken werden zeitweise statt der Hochöfen nur die Cupolöfen betrieben. 1847 waren im ganzen Churfürstenthum 8 Cupol- und 2 Flammöfen vorhanden. Die durchschnittliche Erzeugung mag zu 12,000 Centner anzunehmen sein.

Die Produktion Churhessens an Stabeisen findet bis jetzt blos bei Holzkohlen und auf Hammerwerken statt. Es sind zwar einige Puddlingöfen auf die Benutzung von Braunkohlengasen angelegt und die Versuche mit großer Ausdauer verfolgt worden, jedoch ist es, wie wir hören, bis jetzt noch nicht gelungen, in größerer Ausdehnung zu regelmäßigem Betrieb zu gelangen. Da Churhessen zu weit von den Westphälischen oder Thüringischen Steinkohlenrevieren liegt, um dieses Material anwenden zu können und seine Holzkohlenfrischerei auf die Länge nicht im bisherigen Umfange zu erhalten sein wird, so wäre es außerordentlich wünschenswerth, wenn seine bedeutenden Schätze von Braunkohlen sich in solcher Weise nutzbar machen ließen.

Die Stabeisenproduktion betrug:

| | | |
|---|---|---|
| 1834 . . . . | 28,465 | Centner. |
| 1835 . . . . | 27,742 | „ |
| 1836 . . . . | 28,969 | „ |
| 1837 . . . . | 29,927 | „ |
| 1838 . . . . | 29,085 | „ |
| 1839 . . . . | 33,047 | „ |
| 1840 . . . . | 34,324 | „ |
| 1841 . . . . | 34,037 | „ |
| 1842 . . . . | 33,609 | „ |
| 1843 . . . . | 37,052 | „ |
| 1844 . . . . | 34,746 | „ |
| 1845 . . . . | 37,644 | „ |
| 1846 . . . . | 34,423 | „ |
| 1847 . . . . | 42,988 | „ |
| 1848 . . . . | 40,133 | „ |
| 1849 . . . . | 41,270 | „ |

Für 1850 kann man 42,000 Ctr. annehmen.

Die Zahl der vorhandenen Frischfeuer betrug 1847 20, wovon 5 in Schmalkalden; jedoch sind durchschnittlich höchstens 15 in Betrieb gewesen.

Die Rohstahlproduktion Schmalkaldens betrug:

| | | |
|---|---|---|
| 1834 . . . . | 3,000 | Centner. |
| 1835 . . . . | 3,000 | „ |
| 1836 . . . . | 3,000 | „ |
| 1837 . . . . | 2,900 | „ |
| 1838 . . . . | 2,900 | „ |
| 1839 . . . . | 2,550 | „ |
| 1840 . . . . | 2,500 | „ |
| 1841 . . . . | 2,680 | „ |
| 1842 . . . . | 2,320 | „ |
| 1843 . . . . | 2,140 | „ |
| 1844 . . . . | 1,930 | „ |
| 1845 . . . . | 2,411 | „ |
| 1846 . . . . | 1,976 | „ |
| 1847 . . . . | 2,980 | „ |
| 1848 . . . . | 2,457 | „ |
| 1849 . . . . | 2,743 | „ |

Es sind dazu 3 Rohstahlfeuer in Betrieb gewesen.

## 7. Großherzogthum Hessen.

§. 18. Die Eisenproduktion des Großherzogthums hat ihren Hauptsitz in der Provinz Oberhessen und insbesondere in dem sogenannten hessischen Hinterland (Regierungsbezirk Biedenkopf). Oberhessen hatte 1834 fünf, 1842 sieben und seit 1846 acht Hochöfen, von denen indeß seit 4 Jahren nur 5 bis höchstens 6 in Betrieb sind. Die Werke liegen sämmtlich nicht weit von der nassauischen Grenze und ein großer Theil der vorzüglichen und reichen Roth- und Brauneisensteine, welche die hauptsächliche Beschickung der hessischen Hochöfen bilden, kommt von den Gruben dieses Herzogthums. Selbst die weit davon entfernt liegenden beiden Hochöfen der Provinz Starkenburg, bei Michelstadt im Odenwald gelegen, verhütten zu ⅔ nassauische Erze, trotz der enormen Frachtbelastung, die bis zum fünf-, sechsfachen des Haldenpreises der Erze steigt; das übrige Drittel besteht aus Thoneisensteinen des Odenwaldes.

Die hessischen Hütten werden sämmtlich bei Holzkohlen betrieben; sie sind fast ohne Ausnahme vorzüglich eingerichtet und werden sehr gut betrieben. Mehrere davon, namentlich die Ludwigs- und Hizenhainer Hütte, sind mit Maschinenfabriken versehen. Die Hirzenhainer und Friedrichshütte, nebst den oben im preußischen Kreise Wetzlar erwähnten Hochöfen und mehreren Hütten- und Hammerwerken im Nassauischen sind im Besitz derselben Firma (J. W. Buderus Söhne), die demnach zu den stärksten Eisenproduzenten des Zollvereins gehören.

Das Fabrikat der hessischen Eisenwerke genießt gleichen Ruf wie die angrenzenden nassauischen und siegenischen Eisendistrikte. Die Erzeugung von Gußwaaren aus Erzen ist seit längeren Jahren von gleichem Umfang geblieben; der Fortschritt der Produktion kommt auf Roheisen zum Verfrischen, das meistens nach den Puddlingwerken des Ruhrkohlenreviers verführt wird. Die große Entfernung von diesem Revier und die mangelnden Communicationsmittel zum Bezug von Steinkohlen bilden das größte Hinderniß einer weiteren Entwicklung der hessischen Eisenindustrie. Ueber den Umfang der gesammten hessischen Eisenerzeugung stehen uns nur von 2 Jahren, 1840 und 1847, genaue Nachweisungen von sämmtlichen Eisenwerken zu Gebot, die 1848 auf die Anfragen des volkswirthschaftlichen Ausschusses der Frankfurter Nationalversammlung einliefen.

Darnach betrug die Hochofenproduktion*) des Großherzogthums Hessen:

| | Roheisen. | Gußwaaren aus Erzen. | Summa. |
|---|---|---|---|
| 1840 . . . | 79,340 Ctr. | 36,558 Ctr. | 115,898 Ctr. |
| 1847 . . . | 116,624 „ | 36,861 „ | 153,485 „ |

Für 1834 wird man 80,000 Centner annehmen können; von 1840 bis 1847 fand ein allmähliges Steigen statt, insbesondere seit 1844. Das Quantum von 1847 ward bei 8 Hochöfen erblasen; auf einen kommen demnach 19,190 Centner im Jahr, oder die Hälfte mehr als in Preußen. Seit 1847 dürfte die Produktion ziemlich stabil gewesen sein, indem sich der verstärkte Betrieb des Michelstädter Werkes durch die Betriebseinstellung zweier Hochöfen im hessischen Hinterland ziemlich ausgleicht. Sobald aber günstigere Zeiten kommen, wird schon bei den jetzigen Anlagen die Produktion sofort über 200,000 Centner steigen.

Für Gießerei sind 8 Cupol- und 3 Flammöfen vorhanden, wovon jedoch die meisten nur gelegentlich den Hochofengießereien zur Aushülfe dienen. Die jährliche Produktion ist nicht über 6000 Centner anzuschlagen.

Die Stabeisenproduktion wird noch zur Hälfte bei Holzkohlen betrieben; es sind dazu 22 Frischfeuer vorhanden, meistens im Odenwald belegen, deren Gesammtproduktion 45,000 Centner Schmiedeeisen betragen mag. Es wird übrigens auch im Odenwald nassauisches und churhessisches Roheisen verfrischt. In den letzten Jahren ist übrigens auch mit dem Bau von Puddlingöfen auf Steinkohlen vorgeschritten worden, trotz der großen Entfernung von den Revieren der Ruhr oder Saar. 1847 existirten 8 Puddlingöfen, wovon 4 in Oberhessen und 4 im Odenwald; die ersteren werden übrigens sehr schwach betrieben, die letzteren, womit ein Walzwerk verbunden ist, weit stärker; man kann jetzt im Ganzen auf 45,000 Centner Puddeleisen rechnen.

*) Nach der „Minerva“ 1833: 100,000 Centner, nach Hasse 1836: 70,000 Centner, nach v. Reden 1843: 143,000 Centner.

Im Ganzen beträgt also die Stabeisenerzeugung gegenwärtig gegen 90,000 Centner. Früher war die Holzkohlenfrischerei von stärkerem, die Puddlingfrischerei dagegen von geringerem Umfange und wird sich im Ganzen für 1834 ein Quantum von 50,000, für 1842 von 70,000 Centner annehmen lassen.

## 8. Braunschweig.

§. 19. Auf das Herzogthum Braunschweig entfällt ein nicht unbedeutender Theil der Eisenproduktion des Harzes, die sich zwischen ihm, Preußen, Hannover und Anhalt-Bernburg theilt. Die verhütteten Erze bestehen größtentheils aus Roth- und Brauneisensteinen, auch etwas Bohnerzen, deren Gewinnung und Transport durchschnittlich ziemlich theuer kommen. Als Brennmaterial dienen ausschließlich Holzkohlen. Der größte Theil des Hütten- und Grubenbetriebs ist ärarisch; von den vorhandenen 10 Hochöfen ist nur einer seit 1845 in Privathänden, 8 gehören dem herzoglichen Aerar und einer Braunschweig und Hannover gemeinschaftlich, nämlich die Kommunionhütte Gittelde. Ueber die Produktion der herzoglichen Werke sind uns ganz genaue, über die der beiden andern mindestens annähernd richtige Angaben zugegangen. Ueber die gesammte Eisenindustrie des Harzgebirges muß hier bemerkt werden, daß die vorhandenen ökonomischen Grundlagen es nicht gestatten, ihr ein günstiges Prognostikon für die Zukunft zu stellen. Weder für den Hütten- noch den Frischereibetrieb läßt sich ein Uebergang auf Steinkohlen, der großen Entfernung von den Kohlenrevieren halber, durchsetzen. Dabei ist die Gewinnung der Erze theuer und die Holzkohlenpreise werden eher steigen als fallen. Um so rühmenswerther ist die außerordentliche Thätigkeit der Besitzer und Techniker, den Betrieb so ökonomisch als möglich zu leiten und durch Qualität des Schmiedeeisens und Schönheit der Gußwaaren höhere Preise zu erzielen. Dies gilt fast von allen Hütten im preußischen, braunschweigischen, hannöverschen uud anhaltinischen Harz.

Die Produktion Braunschweigs *) (incl. Gittelde) betrug:

*) Der Braunschweiger Centner à 100 Pfd. Cöln. ist hierbei in Preuß. Centner à 110 Pfd. verwandelt. — Nach Hasse erzeugte Braunschweig gegen 1834: 61,150 Ctr., nach Nebenius 1842: 75,000 Ctr., nach v. Reden 1843: 76,000 Ctr.

Hochofenproduktion Braunschweigs.

| Jahr. | 1. Roheisen. Ctr. | 2. Gußwaaren aus Erzen. Ctr. | 3. Summa d. Hochofenproduktion. Ctr. |
|---|---|---|---|
| 1840 | 52,425 | 28,920 | 81,345 |
| 1841 | 41,619 | 28,696 | 70,315 |
| 1842 | 36,097 | 23,972 | 60,069 |
| 1843 | 38,772 | 21,042 | 59,814 |
| 1844 | 45,304 | 23,636 | 68,940 |
| 1845 | 29,193 | 12,962 | 42,155 |
| 1846 | 31,793 | 19,441 | 51,234 |
| 1847 | 50,508 | 24,744 | 75,252 |
| 1848 | 36,909 | 21,469 | 58,378 |
| 1849 | 48,407 | 26,486 | 74,893 |

Für 1834 kann man 60,000 Centner annehmen; für 1850 75,000 Centner. Die Produktion ist also ungefähr seit 1840 auf der gleichen Höhe geblieben. Die Leistung eines Hochofens war sehr gering, nämlich 7,490 Centner im Jahr 1849. Auf den Antheil des braunschweigischen und hannöverschen Aerars kamen:

1842 . . . 52,069 Ctr. oder 86 pCt.
1849 . . . 66,893 „ „ 89 „

und auf das braunschweigische Aerar allein:

1842 . . . 42,069 Ctr. oder 70 pCt.
1849 . . . 56,893 „ „ 76 „

Die Hütte Gittelde erzeugt jährlich gegen 1000 Centner Rohstahleisen, die in obigen Angaben mitbegriffen sind.

Für die Erzeugung von Gußwaaren aus Roheisen sind überhaupt 8 Cupolöfen vorhanden, wovon 6 in Verbindung mit den Hüttenwerken. Die 5 dem braunschweigischen Aerar gehörigen erzeugten in den 10 Jahren 1840 bis 1849 durchschnittlich 9,075 Centner; im Ganzen wird man gegenwärtig auf 13,000 Centner rechnen können.

Das übrige Roheisen wird auf den Hüttenwerken verfrischt. Es sind 23 Holzkohlenfrischfeuer vorhanden, wovon 20 dem braunschweigischen Aerar gehören. Das gefrischte Eisen wird theils unter dem Hammer, theils auf einem Walzwerk weiter verarbeitet. Die gesammte Stabeisenproduktion betrug:

| | | |
|---|---|---|
| 1840 . . . . | 33,066 | Centner. |
| 1841 . . . . | 31,041 | „ |
| 1842 . . . . | 27,679 | „ |
| 1843 . . . . | 28,228 | „ |
| 1844 . . . . | 26,630 | „ |
| 1845 . . . . | 28,327 | „ |
| 1746 . . . . | 31,219 | „ |
| 1847 . . . . | 32,654 | „ |
| 1848 . . . . | 33,017 | „ |
| 1849 . . . . | 34,276 | „ |

In der Stabeisenproduktion ist also ebensowenig ein Fortschritt bemerkbar. Für 1834 ist sie als von gleichem Umfang anzunehmen, etwa 30,000 Centner. Der Antheil des braunschweigischen und hannöverschen Aerars an dieser Erzeugung war:

| | | | | |
|---|---|---|---|---|
| 1842 . . . | 24,679 | Ctr. | oder 90 | pCt. |
| 1849 . . . | 31,276 | „ | „ 92 | „ |

und des braunschweigischen Aerars allein:

| | | | | |
|---|---|---|---|---|
| 1842 . . . | 22,679 | Ctr. | oder 81 | pCt. |
| 1849 . . . | 29,276 | „ | „ 86 | „ |

Auch ein Rohstahlfeuer wird vom Aerar betrieben; es lieferte an Rohstahl:

| | | |
|---|---|---|
| 1840 . . . . | 539 | Centner. |
| 1841 . . . . | 558 | „ |
| 1842 . . . . | 399 | „ |
| 1843 . . . . | 510 | „ |
| 1844 . . . . | 388 | „ |
| 1845 . . . . | 318 | „ |
| 1846 . . . . | 414 | „ |
| 1847 . . . . | 284 | „ |
| 1848 . . . . | 632 | „ |
| 1849 . . . . | 501 | „ |

Der Rohstahl wird auf den ärarischen Werken raffinirt. — Blech- und Drahterzeugung finden in Braunschweig nicht statt.

## 9. Nassau.

§. 20. Die Eisenproduktion des Herzogthums Nassau hat mit der des Königreichs Baiern fast gleichen Umfang. Namentlich mit Bezug auf die große Zukunft des dortigen Bergbaues ist es nächst Preußen das wichtigste Land für die Eisenindustrie des Zollvereins und deren Zukunft. Es besitzt 20 Hochöfen, von denen 12 in der Mitte des Landes, nahe an der Lahn, die übrigen aber im nördlichen Theil des Herzogthums, im Dillthal, gelegen sind. Nassau hat einen unerschöpflichen Reichthum von Eisensteinen, insbesondere den vorzüglichsten Rotheisensteinen von 40 bis 50 Prozent Ausbringen, demnächst auch von Braun- und Spatheisensteinen. Erst in den letzten 6 Jahren, insbesondere seit der Consum für die Eisenbahnbauten so bedeutend stieg und vereint mit der 1844 eingeführten Besteuerung des fremden Roheisens einen mächtigen Impuls zur Ausdehnung des inländischen Hüttengewerbes gab (den leider die Ereignisse von 1848 in seinem besten Aufschwunge wieder lähmten), ist der enorme Erzreichthum Nassaus, vollständiger aufgeschlossen werden, als man ihn früher gekannt hatte.

Das Eisen aus den nassauischen Erzen ist von der vorzüglichsten Qualität, sowohl zum Zweck des Vergießens als des Verfrischens. Die Erze, insbesondere die Rotheisensteine, vereinigen die allerbesten Eigenschaften; sie sind frei von schädlichen Beimischungen, äußerst reichhaltig und leichtflüssig und was gleich wichtig ist, sie kommen in so großartigen Lagern und Gängen vor, daß die Gewinnung ganz außerordentlich billig ist. Sie steht häufig nur auf $1\frac{1}{2}$ Sgr. für den Centner, und $2\frac{1}{4}$ bis $2\frac{1}{2}$ Centner genügen zur Herstellung eines Centners Roheisen. Wenn deshalb auch der Hochofenbetrieb in Nassau selbst sich nicht mehr erweitern sollte, so werden doch sicherlich die Erze in immer großartigerem Maaßstabe nach den Revieren transportirt werden, wo die Steinkohlen billig sind. Der Umfang, welchen diese Erzausfuhr trotz der äußerst mangelhaften Schiffbarkeit der Lahn bereits gewonnen, gestattet den sichersten Schluß auf die Zukunft des nassauischen Bergbaues. Man verhüttet bereits Lahnerze in Oberhessen und Churhessen, im Kohlenrevier der Ruhr und der Saar, in der Rheinpfalz, im Elsaß, im Odenwald und am Main, also in einem Kreise, dessen größter Durchmesser bis zu 60 Meilen beträgt und wo theilweise zu den Wasserfrachten von 30, 40 Meilen noch Landfrachten bis zu 10 Meilen hinzutreten, so daß die Erze beim Verbrauch mitunter das Sechsfache des Haldenpreises kommen. Der Hauptpunkt aber, wo die nassauischen Erze im Großen zum Verbrauch gelangen werden, bleibt das Ruhrkohlenrevier, wohin die Fracht jetzt schon billiger ist, als manche Hütten, die nur einige Meilen von den Gruben entfernt liegen, bei schlechten Landwegen zu tragen haben. Allerdings ist die Kanalisirung der Lahn, oder vielmehr die Erbauung einer Eisenbahn von Gießen nach Koblenz, die nothwendige Vorbedingung zur völligen Entfaltung des nassauischen Bergbaus. Denn abgesehen davon, daß jetzt die kurze Fahrt auf der Lahn das Zwei- bis Dreifache an Fracht kostet, als die weitere Verschiffung auf dem Rhein auf dreifach längere Strecken, so wären auch große Quantitäten mit den bisherigen Transportmitteln gar nicht zu beschaffen, indem die Schifffahrt auf dieser Wasserstraße oft 8 Monate des Jahres gehemmt ist.

Die nassauische Eisenerzeugung findet ausschließlich bei Holzkohlen statt; auch dürfte es künftighin in der Regel vortheilhafter bleiben, die dortigen Eisensteine nach den Steinkohlenrevieren zu schaffen, als umgekehrt im Herzogthum selbst bei Coaks zu hütten. Fast alle nassauischen Werke, so wie die anliegenden von Wetzlar und Oberhessen sind sehr günstig in Bezug auf die Erze gestellt. In anderer Beziehung wird dieser Vortheil dagegen vielfach ausgeglichen. So bildet bei den Hütten im Dillthal, obgleich diese überdies die Holzkohlen nicht allzutheuer haben, die große Entfernung und die hohe Landfracht bis zu dem Hauptabsatzgebiete, den westphälischen Puddlingwerken, das größte Hemmniß, während wieder die Hütten näher an der Lahn und am Rhein zu hohe Holzkohlenpreise haben, indem in der Nähe solcher Kommunikationsmittel und dichtbevölkerter Gegenden der Werth des Holzes bedeutend steigen muß, auch von den sinkenden Eisenpreisen weniger berührt wird, als in solchen entlegeneren Distrikten, wo der Holzverbrauch und also auch der Holzpreis zum großen Theil durch die Lage der Eisenindustrie bedingt werden.

Nach den auf Privatwegen unternommenen Zusammenstellungen des Umfangs der nassauischen Eisenproduktion*), hat sich dieselbe seit 1828 folgendermaßen entwickelt. Dabei ist zu bemerken, daß die genauen Nachweise nur bis 1847 reichen, während für die drei letzten Jahre die Schätzungen eines mit den dortigen Produktionsverhältnissen genau bekannten Hüttenbesitzers substituirt sind.

Hochofenproduktion Nassau's.

| Jahr. | 1. Roheisen. Ctr. | 2. Gußwaaren aus Erzen. Ctr. | 3. Summa der Hochofenproduktion. Ctr. |
|---|---|---|---|
| 1828 | 206,560 | 31,181 | 237,741 |
| 1831 | 184,067 | 26,792 | 210,869 |
| 1834 | 241,250 | 27,470 | 268,720 |
| 1835 | 281,448 | 27,184 | 308,632 |
| 1836 | 292,007 | 35,938 | 327,945 |
| 1837 | 271,702 | 38,209 | 309,911 |
| 1838 | 270,062 | 46,233 | 316,295 |
| 1839 | 288,015 | 50,299 | 338,314 |
| 1840 | 267,173 | 40,080 | 307,253 |
| 1841 | 302,865 | 41,367 | 344,232 |
| 1842 | 231,670 | 50,566 | 282,236 |
| 1843 | 243,047 | 42,991 | 285,038 |
| 1844 | 182,547 | 46,073 | 228,620 |
| 1845 | 212,867 | 30,382 | 243,249 |
| 1846 | 233,781 | 40,739 | 274,520 |
| 1847 | 274,689 | 72,509 | 347,198 |
| 1848 | 266,000 | 58,000 | 324,000 |
| 1849 | 242,000 | 52,000 | 294,000 |
| 1850 | 250,000 | 60,000 | 310,000 |

Die Eisenproduktion des Herzogthums hat sich also in ihrem Umfange verhältnißmäßig wenig ausgedehnt, wovon vor allem

*) Nach Nebenius 1842: 350,000 Centner, nach v. Reden 1843: 323,000 Centner.

die Konkurrenz des belgischen und schottischen Roheisens Schuld ist, die überhaupt am schärfsten in die Absatz- und Preisverhältnisse des nassauischen, siegenischen, westphälischen und schleidener Eisens eingegriffen hat. Wie bedeutend sich übrigens der Grubenbetrieb über die Versorgung der eigenen Hütten hinaus ausgedehnt hat, geht daraus hervor, daß 1834 nur 811,473 Centner Eisensteine gefördert wurden, 1847 dagegen schon 1,900,945 Centner. Ersteres Quantum entspricht dem Umfange der damaligen Eisenproduktion, letzteres geht um mehr als das Doppelte darüber hinaus. Wenn übrigens jetzt bereits außerhalb des Herzogthums 3 bis 400,000 Centner Roheisen aus nassauischen Erzen dargestellt werden, so ist dies immer nur als ein unbedeutender Anfang zu einer künftigen, dem vorhandenen Erzreichthum entsprechenden Entwicklung zu betrachten; für das zehnfache Quantum sind hier Erze auf Jahrhunderte hin vorhanden.

Das hier Gesagte findet in gleicher Weise Anwendung auf die Gruben der Preußischen Enklave Wetzlar mit der Standesherrschaft Braunfels, welche einen der erzreichsten Theile des Lahngebietes umfassen.

Das nassauische Aerar besitzt mehrere Hütten, die jedoch sämmtlich an Private verpachtet sind.

In den letzten Jahren haben 18 Hochöfen in Betrieb gestanden; es kommen also auf 1 Hochofen 18,250 Centner oder stark die Hälfte mehr als in Preußen.

Für Gußwaaren aus Roheisen waren 1847 5 Cupolöfen und 1 Flammofen vorhanden; man kann indeß hierauf nicht mehr als 6000 Centner jährlich rechnen.

Der größte Theil des nassauischen Roheisens wird in den Kohlenrevieren der Ruhr und Saar verpuddelt, vielfach als Zusatz zu ausländischem Coakseisen. Im Herzogthum bestanden 1847 noch 28 Frischfeuer, von denen indeß nur 17 und theilweise noch dazu in schwachem Betriebe standen. Außerdem sind in der neuern Zeit mehrere Puddlingsöfen angelegt worden; 1848 waren 2, 1849 3, und 1850 6 in Betrieb. Dieselben feuern mit Saar- oder Ruhrkohlen, einzelne wohl auch mit Braunkohlen des Westerwaldes. Die Lage des größten Theiles derselben, insbesondere der Niesterthaler Hütte bei Hachenburg, ist für die Steinkohlenfrischerei ziemlich ungünstig; nur eine Eisenbahn nach dem Ruhrrevier (Verlängerung der von Hagen nach Siegen projektirten Bahn) kann ein günstigeres Verhältniß herbeiführen.

Die nassauische Stabeisenproduktion betrug:

| | | |
|---|---|---|
| 1834 . . . . | 25,191 | Centner. |
| 1835 . . . . | 35,348 | " |
| 1836 . . . . | 36,200 | " |
| 1837 . . . . | 28,291 | " |
| 1838 . . . . | 29,784 | " |
| 1839 . . . . | 24,668 | " |
| 1840 . . . . | 37,415 | " |
| 1841 . . . . | 43,404 | " |
| 1842 . . . . | 47,800 | " |
| 1843 . . . . | 43,592 | " |
| 1844 . . . . | 36,065 | " |
| 1845 . . . . | 33,964 | " |
| 1846 . . . . | 46,698 | " |
| 1847 . . . . | 57,161 | " |
| 1848 . . . . | 37,900 | " |
| 1849 . . . . | 42,500 | " |
| 1850 . . . . | 61,200 | " |

Auf die Erzeugung der Puddlingöfen entfielen 1850 37,200 Centner oder 61 Prozent.

Bis 1838 fand auch Drahtfabrikation, jedoch in geringem Umfange statt.

## 10. Luxemburg.

§. 21. Im Großherzogthum Luxemburg findet eine nicht unbedeutende Eisenerzeugung statt. Das Schmelzmaterial besteht hauptsächlich aus Alluvialerzen, wie solche auch in Belgien und im nordöstlichen Frankreich sehr häufig sind. Das daraus erblasene Eisen (fer tendre) bildet ⅔ bis ¾ der gesammten Produktion. Es ist kaltbrüchig und von geringerer Qualität als das rheinische und westphälische Roheisen. Ein besseres Eisen (fer fort) wird aus Braun- und Thoneisensteinen erblasen. Als Brennmaterial dienen ausschließlich die Holzkohlen; theilweise wird auch gedörrtes Holz zugesetzt. Eine Eisenbahn nach der Saar würde hier den Coakshüttenbetrieb möglich machen.

Ueber die Produktion variirten bisher die Angaben außerordentlich; die meisten blieben viel zu niedrig.*) Folgendes sind die Resultate ganz genauer Erhebungen, die auf Privatwegen angestellt worden sind; sie umfassen die gesammte Hochofenproduktion, die bis auf etwa 15,000 Centner Gußwaaren nur aus Roheisen besteht:

| | | |
|---|---|---|
| 1840 . . . . | 107,520 | Centner. |
| 1841 . . . . | 107,260 | „ |
| 1842 . . . . | 116,720 | „ |
| 1843 . . . . | 109,240 | „ |
| 1844 . . . . | 109,260 | „ |
| 1845 . . . . | 126,540 | „ |
| 1846 . . . . | 142,680 | „ |
| 1847 . . . . | 243,440 | „ |
| 1848 . . . . | 181,010 | „ |
| 1849 . . . . | 191,340 | „ |
| 1850 . . . . | 131,920 | „ |

Für 1834 werden sich 80,000 Centner annehmen lassen. Man sieht hieraus, wie bedeutend sich seit Luxemburgs Anschluß an den Zollverein im Jahr 1842 die dortige Produktion gehoben hat, gleichzeitig aber auch, welche nachtheilige Einwirkung die übermäßige Konkurrenz des belgischen Roheisens seit 1848 ausgeübt hat. Vor 1840 bestanden 10 Hochöfen, deren seitdem 6 neue hinzugefügt worden sind, wovon 4 in den zwei günstigen Jahren 1846 und 1847. Von diesen 16 Hochöfen waren 1851 nur 7 in Betrieb. Die Produktion von 1850 ist bei 8 Hochöfen erblasen; auf einen kommt demnach ein jährliches Quantum von 16,490 Centner.

Das luxemburgische Roheisen hat seit dem Zollanschluß seinen Absatzkreis immer weiter ausgedehnt und ist sogar bis zu den westphälischen Puddlingwerken vorgedrungen. Sein Hauptabsatz ist übrigens nach den Puddlingwerken der Saar und Mosel.

Ueber die Erzeugung von Gußwaaren stehen uns keine Notizen zu Gebot.

Der Umfang der Stabeisenproduktion ist nicht sehr bedeutend. Er betrug:

*) Nach Hasse 1836: 40,000 Ctr.; nach Dieterici 1843: 148,000 Ctr.

| | | |
|---|---|---|
| 1840 .... | 41,260 | Centner. |
| 1841 .... | 42,480 | „ |
| 1842 .... | 46,060 | „ |
| 1843 .... | 59,440 | „ |
| 1844 .... | 60,370 | „ |
| 1845 .... | 61,680 | „ |
| 1846 .... | 70,000 | „ |
| 1847 .... | 70,000 | „ |
| 1848 .... | 60,000 | „ |
| 1849 .... | 52,800 | „ |
| 1850 .... | 43,200 | „ |

Die Hälfte davon wird bei Holzkohlen in Frischfeuern, die andere Hälfte bei Steinkohlen im Puddlingofen gefrischt. Walzwerke sind keine vorhanden. Die schon erwähnte Eisenbahn nach der Saar würde eine bedeutendere Entwicklung der luxemburger Puddlingfrischerei zur Folge haben.

## 11. Thüringen.

§. 22. Von den zum Thüringischen Verbande gehörenden Gebieten haben wir bereits die preußischen und kurhessischen Enklaven (Schleusingen, Ziegenrück und Schmalkalden) in Bezug auf ihre Eisenindustrie besprochen. Allein auch in den meisten der übrigen thüringischen Fürstenthümer findet Eisenproduktion statt, worauf sich hauptsächlich die in ziemlichem Umfange im Thüringer Wald betriebene Eisen- und Stahlwaarenfabrikation gründet.

Die in Thüringen vorkommenden Eisensteine sind von sehr guter Qualität. Darunter zeichnen sich besonders die Spatheisensteine und namentlich die Kamsdorfer und Lobensteiner aus, die ein zur Schmelzstahlbereitung vorzüglich geeignetes Rohstahleisen liefern. Außerdem kommen gute Roth- und Brauneisensteine, auch Magneteisensteine vor. Vielfach ist jedoch die Gewinnung kostspielig und fast überall durch hohe Abgaben und die verschiedenartigsten Betriebsbeschränkungen von Seiten der Regierungen erschwert. Auch die Transportkosten der Erze sind durchschnittlich sehr hoch.

Die wenigsten thüringischen Hüttenwerke entsprechen in ihrer technischen Einrichtung den Anforderungen der Neuzeit. Statt Hochöfen sind meistens nur kleine Blauöfen zum Schmelzen der Erze vorhanden, mit außerordentlich geringer Produktionsfähigkeit. Dieselben gehen indeß immer mehr ein. Regelmäßig betriebene Werke vermögen sich sicherlich auf manchen Punkten Thüringens so gut zu halten als irgendwo. Uebrigens bestehen noch einige derselben.

Als Brennmaterial wurden bisher bloß Holzkohlen verbraucht. In den letzten Jahren hat eine durch Herrn J. Meyer in Hildburghausen begründete Aktiengesellschaft die Errichtung einer großartigen Coakshochofenanlage im Meiningenschen und Rudolstädtischen unternommen, um die Eisenerze dieser Reviere bei den Coaks des Neuhauser Kohlenfeldes zu verschmelzen. Ueber die bisher erreichten Resultate fehlen uns die näheren Notizen, so wie die nöthigen Anhaltspunkte, um über die Zukunft einer thüringischen Coakseisenindustrie ein Urtheil abgeben zu können.

Ueber den Umfang der thüringischen Eisenproduktion fehlt es bis dahin sehr an genauen Angaben*). Er ist indeß nicht so bedeutend, als daß folgende Ausführungen nicht genügen sollten, die sich zum Theil auf die Beantwortungen der 1848 von dem volkswirthschaftlichen Ausschuß der Frankfurter Nationalversammlung ausgeschriebenen Fragen stützen.

a. Sachsen-Weimar-Eisenach. Dieses Großherzogthum besaß 1847 drei Blauöfen, von denen indeß seit längeren Jahren keiner in Betrieb ist. Früher rechnete man 4000 Centner Roheisen jährlich**). Jetzt findet nur Frischereibetrieb in geringem Umfang statt.

b. Sachsen-Coburg-Gotha. Die Produktion betrug hier früher bei einem Hochofen bis 8000 Centner;***) 1847 war sie 4,500 Centner. Gegenwärtig ist, glaubwürdigem Vernehmen nach, auch dort der Hochofenbetrieb eingestellt.

---

*) Alle Bemühungen des Verfassers, um auf Privatwegen zu genauen Notizen über Umfang und Lage der thüringischen Eisenproduktion zu gelangen, waren vergebens.

**) Nach der „Minerva" von 1833: 3,800 Centner; nach Hasse 1836: 4,000 Centner; nach v. Reden 1843: 3,000 Centner.

***) Nach Hasse 1836: 8,000 Centner.

c. Sachsen-Meiningen hat 8 Hoch- und Blauöfen. Die Produktion betrug 1840: 18,000 Centner, und 1847: 31,000 Centner an Roheisen und Gußwaaren aus Erzen*).

d. Schwarzburg-Rudolstadt hat einen gut eingerichteten Hochofen (Katzhütte) und 2 Blauöfen. Die Produktion des ersteren betrug

| | | |
|---|---|---|
| 1840 . . . . | 3,312 Ctr. | Roheisen. |
| | 3,245 " | Gußwaaren. |
| | 6,557 Ctr. | |
| 1847 . . . . | 7,540 Ctr. | Roheisen. |
| | 5,642 " | Gußwaaren. |
| | 13,182 Ctr. | |

Die Produktion der beiden Blauöfen mit 4000 Centnern hinzugerechnet, macht für 1840 10,557 Centner und für 1847 17,182 Centner**).

e. Schwarzburg-Sondershausen***) hat gleichfalls 1 Hochofen, der 1840: 3000 und 1847: 6000 Centner Gußwaaren producirte; außerdem 2 Blauöfen zu 3000 Centner jährlich. In den beiden genannten Jahren betrug die Erzeugung also 6000 Centner und 9000 Centner.

f. Die reußischen Fürstenthümer besitzen 8 bis 10 Blauöfen. Ueber die Produktion wechseln die Angaben von 18 bis 20,000 Centnern †). Man wird 19,000 Centner im Durchschnitt festhalten können. Hier findet auch etwas Schwarz- und Weißblechfabrikation statt.

Hiernach würde sich die Summe der thüringischen Hochofenproduktion ††) (mit Ausschluß der preußischen und churhessischen Gebietstheile) auf

| | |
|---|---|
| 1840 . . . | 65,500 Ctr., |
| 1847 . . . | 80,700 " |

*) Nach Hasse 18$\frac{33}{36}$: 25,000 Ctr.; nach v. Reden 1843: 15,500 Ctr.; nach Andern bis über 40,000 Ctr.

**) Nach Hasse 1836: 17,000 Ctr.; nach v. Reden 1843: 16,000 Ctr.

***) Nach Hasse 1836: 9,500 Centner.

†) Nach Hasse 1836: 18,800 Ctr.; nach v. Reden 1843: 19,000 Ctr.; nach Müller 1845: 20,000 Ctr.

††) Die Schrift: „Das europäische Eisenhüttengewerbe. Leipzig 1850“ nimmt 70,000 Centner an.

belaufen; letzteres Quantum ist als das Erzeugniß von 4 Hochöfen und 19 Blauöfen anzusehen, während im Ganzen gegen 6 Hochöfen und 26 Blauöfen vorhanden sind. Es befinden sich darunter gegen 16,000 Centner Gußwaaren aus Erzen und von dem eigentlichen Roheisen dienen etwa 15,000 Centner zur Schmelzstahlbereitung. Die Erzeugung von 1848 bis 1850 wird der von 1847 ziemlich gleichstehen. Für 1834 bis 1839 wird man gleichmäßig 60,000 Centner annehmen können und für den Zeitraum von 1840 bis 1847 ein allmähliges Steigen von 65,000 auf 80,000 Centner. Seit 1848 hat, wie überall, ein Rückgang der Produktion stattgefunden, so daß nur 70,000 Centner anzunehmen sind.

Etwa $\frac{1}{3}$ der thüringischen Eisenproduktion ist landesherrlich; gegenwärtig also ungefähr 26,000 Centner.

Die Erzeugung von Gußwaaren aus Roheisen findet nur in beschränktem Umfange statt. 1847 waren 3 Cupolöfen und 1 Flammofen vorhanden, die gegen 4000 Centner Gußwaaren erzeugt haben.

Das thüringische Roheisen wird bei Holzkohlen weiter verfrischt. 1847 waren gegen 26 Frischfeuer und 7 Rohstahlfeuer vorhanden. Man kann auf eine ungefährliche jährliche Erzeugung von 40,000 Centnern Schmiede-Eisen und 12,000 Centnern Rohstahl rechnen. Ein nicht unbedeutender Theil des thüringischen Stabeisens diente stets zur Gewehrfabrikation, die hier in großem Umfange betrieben wird, insbesondere in den preußischen Enklaven. Eignet es sich aber auch hinsichtlich seiner Festigkeit sehr gut hierzu, so hat es doch in letzterer Zeit größtentheils dem westphälischen Puddlingeisen (aus dortigem Holzkohleneisen dargestellt) weichen müssen, indem dasselbe reiner ist und weniger Poren oder Risse zeigt, als das mittelst sehr unvollkommener Methoden erzeugte thüringer Schmiede-Eisen.

Auf die Erzeugung von Eisenblech, größtentheils unter Blechhämmern dargestellt, kann man für ganz Thüringen etwa 8,000 Centner annehmen und gegen 1000 Centner Weißblech.

## 12. Die übrigen kleinen Staaten und angeschlossenen Gebietstheile.

§. 23. Auch in mehreren der kleinen Staaten und Gebietstheile, die nicht selbstständige Glieder des Zollvereinverbandes sind, sondern zunächst mit einem größeren Staate in engerem Verbande stehen, findet Eisenproduktion statt.

a. Die angeschlossenen hannöverschen Gebietstheile, Grafschaft Hohenstein und Amt Elbingerode. Dieser im Harz belegene Distrikt hat 2 Hochöfen, die dem hannöverschen Aerar gehören. Dasselbe besitzt im Ganzen 8 Hochöfen. Veranschlagen wir also die Produktion der auf Zollvereinsgebiet belegenen 2 Hochöfen zu ¼ der gesammten ärarischen Eisengewinnung Hannovers, so stellt sie sich (in preußischen Centnern) auf:

| | | |
|---|---|---|
| 1834 . . . | 16,500 | Ctr. |
| 1840 . . . | 33,300 | „ |
| 1847 . . . | 39,400 | „ |

An Stabeisen werden bei 9 Frischfeuern und etwa 2 mit Holz oder Gasen betriebenen Puddlingöfen gegen 15,000 Ctr. jährlich erzeugt.

b. Anhalt-Bernburg besitzt das schön eingerichtete Hüttenwerk Mägdesprung im östlichen Harz mit 1 Hochofen. Die jährliche Produktion ist seit 1834 von etwa 10,000 bis auf 14,000 Centner gestiegen. Ein Theil derselben besteht aus Gußwaaren; das Roheisen wird auf 4 Frischfeuern und zugehörigem Walzwerk weiter verarbeitet, etwa 8000 Centner jährlich. Auch wird ein Puddlingofen zeitweise mit Torfgasen betrieben, wie man sich überhaupt auf Mägdesprung außerordentlich bemüht hat, diese wichtige Neuerung praktisch durchzuführen. Das Herzogthum besaß auch 1847 5 Cupolöfen.

c. In Waldeck wird 1 Hochofen zu Berich an der Eder betrieben. Nach Mittheilung des Besitzers betrug dessen Produktion in den 17 Jahren von 1834 bis 1850 im Ganzen 11,002,806 Pfund, was 5905 Centner im Jahre ausmacht; in früheren Jahren war der Betrieb etwas stärker, seit 1848 schwächer und 1851 hat der Ofen kalt gelegen.

In dem Fürstenthum waren 1847 14 Frischfeuer vorhanden, wovon indeß durchschnittlich nur 8 in Betrieb. Ihre jährliche Erzeugung beträgt nach zuverlässigen Privatnachrichten nicht über 8,800 Centner im Jahr, wozu ein Theil Roheisen aus dem angrenzenden hessischen und westphälischen verwandt wird. Das Eisen geht zum Theil nach Altena, da es sich gut zur Drahtfabrikation eignet.

d. Das oldenburgische Fürstenthum Birkenfeld im Süden der Rheinprovinz im Hundsrück belegen und seit 1837 zum Zollverein gehörig, hat 1 Hochofen. Die Produktion*) desselben betrug:

| | | |
|---|---|---|
| 1834 . . . . | 9,781 | Centner. |
| 1835 . . . . | 9,377 | " |
| 1836 . . . . | 6,049 | " |
| 1837 . . . . | 11,838 | " |
| 1838 . . . . | 10,560 | " |
| 1839 . . . . | 10,754 | " |
| 1840 . . . . | 10,640 | " |
| 1841 . . . . | 7,943 | " |
| 1842 . . . . | 13,961 | " |
| 1843 . . . . | 5,185 | " |
| 1844 . . . . | 4,957 | " |
| 1845 . . . . | 10,028 | " |
| 1846 . . . . | 12,915 | " |
| 1847 . . . . | 9,415 | " |
| 1848 . . . . | 15,611 | " |
| 1849 . . . . | 7,199 | " |
| 1850 . . . . | 7,880 | " |

In den Jahren 1834 — 1837 (vor dem vollständigen Anschluß an den Verein) fand blos Roheisen-, 1843 und 44 dagegen blos Gußwaarenerzeugung statt. Der Durchschnitt des Gußeisens betrug seit 1838 6000 Centner, meistens aus Munition bestehend.

Ein Cupolofen wird nur zeitweise betrieben.

Es sind 3 Frischfeuer vorhanden, wovon indeß seit längerer Zeit nur 2 in Betrieb, die jetzt gegen 4000 Centner Schmiedeeisen jährlich erzeugen**).

---

*) Nach v. Reden 1843: 12,000 Centner.

**) Die meisten Statistiker führen auch eine Eisenproduktion des angrenzenden Amtes Meisenheim auf; es findet dort indeß weder Hütten- noch Hammerbetrieb statt.

c. Hohenzollern-Sigmaringen, jetzt zu Preußen gehörig, hat 2 Hochöfen, in standesherrlichem Besitz, der eine Fürstlich Fürstenbergisch (Thiergarten), der zweite dem Fürsten von Hohenzollern-Sigmaringen gehörig (Laucherthal). Von beiden liegen uns genaue Produktionsnachweise vor, wonach die Eisengewinnung betrug:

| | | |
|---|---|---|
| 1834 . . . . | 23,464 | = |
| 1835 . . . . | 28,266 | = |
| 1836 . . . . | 30,720 | = |
| 1837 . . . . | 30,507 | = |
| 1838 . . . . | 30,524 | = |
| 1839 . . . . | 30,090 | = |
| 1840 . . . . | 25,177 | = |
| 1841 . . . . | 20,184 | = |
| 1842 . . . . | 16,420 | = |
| 1843 . . . . | 19,446 | = |
| 1844 . . . . | 20,716 | = |
| 1845 . . . . | 35,690 | = |
| 1846 . . . . | 49,152 | = |
| 1847 . . . . | 21,697 | = |
| 1848 . . . . | 18,981 | = |
| 1849 . . . . | 16,242 | = |

Für 1850 sind mit ziemlicher Sicherheit 23,000 Centner anzunehmen.

Etwa 4000 Centner davon sind Gußwaaren, das übrige Roheisen wird verfrischt, wozu 6 Frischfeuer und 1 Puddlingofen vorhanden sind, letzterer mit Holzgasen betrieben. Die Stabeisenerzeugung in Hohenzollern beträgt in den letzten Jahren durchschnittlich 14,000 Centner. Früher war sie bedeutender; gegen 1840 betrug sie stets über 20,000 Centner. Das Stokken des Absatzes nach der Schweiz seit Anfang 1850 wird noch weitere Reductionen zur Folge haben. Es sind mit beiden Sigmaringenschen Eisenhütten sehr gut eingerichtete Walzwerke verbunden.

An Blech wurde erzeugt:

---

*) Nach Hasse 1836: 10,000 Ctr.; nach v. Reden 1843: 18,000 Ctr.

| | | |
|---|---|---|
| 1845 . . . | 909 | Ctr. |
| 1846 . . . | 3345 | = |
| 1847 . . . | 4010 | = |
| 1848 . . . | 4173 | = |
| 1849 . . . | 4336 | = |

Rekapituliren wir nun die Produktion dieser fünf kleinen Gebiete und Gebietstheile und ergänzen die Jahre, worüber die Angaben nicht ganz genau vorhanden sind, in entsprechender Weise, so erhalten wir folgende Summen der dort stattfindenden Eisengewinnung:

| | | |
|---|---|---|
| 1834 . . . . | 65,300 | Centner. |
| 1835 . . . . | 71,200 | = |
| 1836 . . . . | 72,700 | = |
| 1837 . . . . | 81,300 | = |
| 1838 . . . . | 83,600 | = |
| 1839 . . . . | 87,300 | = |
| 1840 . . . . | 86,100 | = |
| 1841 . . . . | 78,200 | = |
| 1842 . . . . | 80,300 | = |
| 1843 . . . . | 74,600 | = |
| 1844 . . . . | 77,600 | = |
| 1845 . . . . | 99,200 | = |
| 1846 . . . . | 118,700 | = |
| 1847 . . . . | 91,500 | = |
| 1848 . . . . | 91,100 | = |
| 1849 . . . . | 76,400 | = |
| 1850 . . . . | 78,900 | = |

Hiervon waren im Durchschnitt der letzten Jahre etwa 17,000 Centner Gußwaaren aus Erzen; die sonstigen Gußwaaren sind auf 3000 Centner, die Stabeisenerzeugung auf 70,000 Centner, und die Blechproduktion auf 4000 Centner für den Durchschnitt der letzten Jahre zu veranschlagen.

Auf die landesherrlichen Werke entfielen 1850 48,000 Ctr. oder 61 Procent der Hochofenproduktion.

An Hochöfen waren vorhanden 7, Frischfeuer gegen 37, Puddlingöfen 3, Cupolöfen 7, Flammöfen 2.

## Zusammenstellung der Eisenproduktion des gesammten Zollvereins.

§. 24. Der Zollverein besteht in seinem gegenwärtigen Umfange erst seit 1842, wo Braunschweig und Luxemburg hinzutraten, während der Beitritt von Baden, Nassau und Frankfurt a. M. 1836 erfolgte. Wir führen gleichwohl in der folgenden Tabelle zum Behufe des Vergleichs der stattgehabten Entwicklung die Produktion sämmtlicher Staaten seit 1834, dem Gründungsjahre des Zollvereins, auf. Die Angaben der vor dem stattgehabten Zollanschlusse in Baden, Braunschweig, Nassau und Luxemburg stattgefundenen Erzeugung sind mit einem Sternchen (*) bezeichnet und enthält ferner die Colonne der Totalsumme zwei Abtheilungen, wovon die erste die Produktion der Staaten umfaßt, die in dem betreffenden Jahrgang wirklich zum Zollverein gehörten, während die zweite die Gesammtsumme aus allen Staaten angiebt, die seit 1842 den Verein in seinem gegenwärtigen Umfang bilden. Von 1842 bis 1850 fallen demnach die Zahlen beider Colonnen zusammen. Dabei ist zu bemerken, daß auch einige der kleinen Gebiete, nämlich die angeschlossenen hannöverschen Gebietstheile und das oldenburgische Fürstenthum Birkenfeld erst einige Jahre nach Gründung des Zollvereins hinzutraten; von der geringen Differenz, die hierin liegt, ist jedoch abstrahirt und die ganze Colonne 12. als von Anfang an zum Zollverein gehörig angenommen worden.

Wie aus der vorhergegangenen Besprechung erhellt, sind bei dem vernachlässigten Stande der officiellen Statistik mancher Staaten die Angaben nicht überall mit vollständiger Genauigkeit zu erlangen gewesen, am wenigsten in den älteren Jahrgängen. Allein da der Theil, worüber keine ganz präcisen Nachweise aufzubringen waren, seit 1842 nur höchstens $\frac{1}{6}$ der Gesammtproduktion umfaßt und überdies, wo eine Schätzung stattfand, doch immer solche Anhaltpunkte vorlagen, daß die Abweichung von der richtigen Zahl keine wesentliche sein kann, so darf die folgende Zusammenstellung auf einen ganz genügenden Grad von Genauigkeit Anspruch machen, und zwar auf einen höheren, als er in früheren statistischen Werken erreicht wurde.

# Hochofenproduktion des Zollvereins.

| Jahr. | 1. Königreich Preußen. Ctr. | 2. Königreich Baiern. Ctr. | 3. Königreich Sachsen. Ctr. | 4. Königreich Würtemberg. Ctr. | 5. Großherzogthum Baden. Ctr. | 6. Churfürstenthum Hessen. Ctr. | 7. Großherzogthum Hessen. Ctr. | 8. Herzogthum Braunschweig Ctr. | 9. Herzogthum Nassau. Ctr. | 10. Großherzogthum Luxemburg. Ctr. | 11. Thüringischer Verein (außer d. preuß. u. churhessisch. Enklav.) Ctr. | 12. Die übrigen kleinen Staaten u. angeschlossen. Gebietstheile. Ctr. | 13. Totalsumme der Hochofenproduktion. a. in d. wirklich zum Zollverein gehörigen Staaten. Ctr. | b. in allen Staaten, die d. Zollverein von 1842 an umfaßt. Ctr. |
|---|---|---|---|---|---|---|---|---|---|---|---|---|---|---|
| 1834 | 1,507,000 | 250,000 | 80,000 | 100,000 | * 79,931 | 59,805 | 80,000 | *60,000 | *268,720 | * 80,000 | 60,000 | 65,300 | 2,202,105 | 2,690,756 |
| 1835 | 1,589,000 | 250,000 | 90,000 | 109,680 | *112,222 | 59,336 | 80,000 | *60,000 | *308,632 | * 80,000 | 60,000 | 71,200 | 2,309,216 | 2,870,070 |
| 1836 | 1,778,000 | 260,000 | 99,427 | 116,497 | 108,068 | 68,682 | 90,000 | *60,000 | 327,945 | * 85,000 | 60,000 | 72,700 | 2,981,319 | 3,126,319 |
| 1837 | 1,933,982 | 260,000 | 102,886 | 99,948 | 94,463 | 69,520 | 100,000 | *65,000 | 309,911 | * 90,000 | 60,000 | 81,300 | 3,112,010 | 3,267,010 |
| 1838 | 1,816,944 | 270,000 | 100,288 | 135,481 | 94,459 | 74,990 | 100,000 | *70,000 | 316,295 | * 95,000 | 60,000 | 83,600 | 3,052,057 | 3,217,057 |
| 1839 | 2,067,059 | 270,000 | 92,826 | 123,115 | 131,190 | 67,337 | 110,000 | *75,000 | 338,314 | *100,000 | 60,000 | 87,300 | 3,347,141 | 3,522,141 |
| 1840 | 2,167,286 | 280,000 | 105,743 | 122,109 | 121,454 | 88,311 | 115,898 | *81,345 | 307,253 | *107,520 | 65,500 | 86,100 | 3,459,654 | 3,648,519 |
| 1841 | 2,108,765 | 290,000 | 107,920 | 139,921 | 83,642 | 79,483 | 115,000 | *70,315 | 344,232 | *107,260 | 66,000 | 78,200 | 3,413,163 | 3,590,738 |
| 1842 | 1,962,112 | 300,000 | 117,353 | 136,276 | 87,352 | 80,474 | 115,000 | 60,069 | 286,236 | 116,720 | 68,000 | 80,300 | 3,409,892 | 3,409,892 |
| 1843 | 1,964,483 | 310,000 | 115,942 | 147,864 | 133,959 | 97,813 | 115,000 | 59,814 | 285,038 | 109,240 | 70,000 | 74,600 | 3,483,753 | 3,483,753 |
| 1844 | 1,923,553 | 320,000 | 115,331 | 171,085 | 149,749 | 66,770 | 120,000 | 68,940 | 228,620 | 109,260 | 72,000 | 77,600 | 3,422,908 | 3,422,908 |
| 1845 | 2,129,358 | 340,000 | 123,159 | 166,706 | 155,386 | 66,507 | 130,000 | 42,155 | 243,249 | 126,540 | 74,000 | 99,200 | 3,696,260 | 3,696,260 |
| 1846 | 2,275,206 | 370,000 | 121,002 | 162,855 | 134,553 | 109,475 | 140,000 | 51,234 | 274,520 | 142,680 | 77,000 | 118,700 | 3,977,225 | 3,977,225 |
| 1847 | 2,680,318 | 400,000 | 131,064 | 154,027 | 134,815 | 91,416 | 153,485 | 75,252 | 347,198 | 243,440 | 80,700 | 91,500 | 4,583,215 | 4,583,215 |
| 1848 | 2,486,533 | 350,000 | 141,172 | 164,018 | 140,527 | 108,016 | 150,000 | 58,378 | 324,000 | 181,010 | 70,000 | 91,100 | 4,264,754 | 4,264,754 |
| 1849 | 2,275,945 | 317,714 | 130,320 | 155,446 | 102,107 | 115,775 | 150,000 | 74,893 | 294,000 | 191,340 | 70,000 | 76,400 | 3,953,950 | 3,953,950 |
| 1850 | 2,623,883 | 350,000 | 140,000 | 158,484 | 110,000 | 115,000 | 150,000 | 75,000 | 310,000 | 131,920 | 70,000 | 78,900 | 4,313,187 | 4,313,187 |

Wir lassen hier zur Vergleichung die Angaben anderer Statistiker über den Umfang der vereinsländischen Eisenproduktionen in verschiedenen Jahrgängen folgen:

| Vereinsstaaten. | 1. 1836. Ctr. | 2. 1843. Ctr. | 3. 1844. Ctr. | 4. 1847. Ctr. |
|---|---|---|---|---|
| 1) Preußen | 1,650,000 | 2,434,839 | 1,923,553 | 2,600,000 |
| 2) Baiern | 250,000 | 300,000 | 300,000 | 300,000 |
| 3) Sachsen | 85,000 | 136,150 | 152,000 | 180,000 |
| 4) Würtemberg | 140,000 | 128,000 | 120,000 | 120,000 |
| 5) Baden | 20,000 | 140,000 | 190,000 | 190,000 |
| 6) Churhessen | 55,000 | 83,000 | 85,000 | 80,000 |
| 7) Großherzogth. Hessen | 70,000 | 143,000 | 30,000 | 30,000 |
| 8) Braunschweig | * 61,150 | 76,000 | 80,000 | 80,000 |
| 9) Nassau | 100,000 | 323,000 | 322,200 | 325,000 |
| 10) Luxemburg | * 40,000 | 116,000 | 145,000 | 150,000 |
| 11) Thüringen | 82,300 | 53,500 | 70,000 | 100,000 |
| 12) Die übrigen Gebiete | 37,400 | 62,700 | 10,000 | 18,600 |
| Zollverein | a. 2,489,700<br>b. 2,590,850 | 3,996,189 | 3,427,753 | 4,173,600 |

ad 1. Diese Angaben stammen von Hasse. Unter a. ist die Produktion im damaligen Umfange des Vereins, also ohne Braunschweig und Luxemburg, aufgeführt; unter b. dagegen alle Staaten, die der Zollverein gegenwärtig umfaßt. Die Angaben sind ungefähr ½ Million Centner zu niedrig, was sich am auffallendsten auf Baden, Nassau und Luxemburg vertheilt.

ad 2. In diesen Angaben des Freiherrn v. Reden (worin die fehlende Produktion von Luxemburg nach vorstehender Tabelle ergänzt wurde) ist die preußische Produktion um 470,356 Centner zu hoch angegeben. Unter Substituirung der richtigen Zahl, reduzirt sich die Gesammtsumme auf 3,525,833, also etliche 40,000 Ctr. mehr als in unserer Tabelle.

ad 3. Diese Angaben stammen aus dem Werke: „Das europäische Hüttengewerbe, Leipzig 1850." Das Resultat stimmt fast ganz genau mit unserer Tabelle überein, obgleich bei den einzelnen Staaten bedeutende Abweichungen vorkommen, z. B. beim Großherzogthum Hessen, dessen Produktion um ⅘ zu niedrig angegeben ist. Ferner ist darin von der Produktion aller kleinen Gebiete nur die von Anhalt-Bernburg aufgeführt, die der andern aber unberücksichtigt geblieben. In der That ist die Produktion der angeschlossenen hannöverschen Gebietstheile von allen Statistikern seither übersehen worden.

ad 4. Aus Hartmanns schätzenswerthem Werke: „Fortschritt der Eisenhüttenkunde, Berlin 1851." Das Resultat ist um ungefähr 400,000

Centner zu niedrig, was sich hauptsächlich auf Baiern, Luxemburg, Hessen und die kleinen Gebiete vertheilt. Als Durchschnitt für $18\frac{46}{48}$ stimmen die Summen besser überein.

Wir kehren nun zu der von uns gegebenen Zusammenstellung der vereinsländischen Eisengewinnung zurück. Darnach trugen im Jahr 1847, wo die höchste Erzeugung stattfand und von welchem die Angaben am genauesten vorliegen, zu der Gesammtproduktion bei:

| | | |
|---|---|---|
| 1. | Preußen . . . . . . . . | 58,5 pCt. |
| 2. | Baiern . . . . . . . . | 8,8 = |
| 3. | Sachsen . . . . . . . . | 2,8 = |
| 4. | Würtemberg . . . . . . | 3,4 = |
| 5. | Baden . . . . . . . . . | 3,0 = |
| 6. | Churhessen . . . . . . | 2,0 = |
| 7. | Großherzogth. Hessen . | 3,3 = |
| 8. | Braunschweig . . . . . | 1,6 = |
| 9. | Nassau . . . . . . . . | 7,6 = |
| 10. | Luxemburg . . . . . . | 5,3 = |
| 11. | Thüringen . . . . . . | 1,7 = |
| 12. | Die übrigen Gebiete . | 2,0 = |
| | | 100 pCt. |

Preußens Antheil betrug:

| | |
|---|---|
| 1834 . . . . | 56,0 pCt. |
| 1842 . . . . | 57,5 = |
| 1847 . . . . | 58,5 = |
| 1850 . . . . | 60,9 = |

Im Jahr 1851 dürfte der Antheil Preußens an der Gesammtproduktion in noch stärkerem Verhältniß gewachsen sein und 63 Procent überstiegen haben.

Der Antheil der landesherrlichen Hüttenwerke an der Gesammtproduktion betrug:

| | | |
|---|---|---|
| 1842 . . . | 556,750 Ctr. oder | 16,3 pCt. |
| 1849*) . . | 641,500 = = | 16,2 = |

In den einzelnen Staaten betrug der Procentantheil der ärarischen Produktion im Jahre 1849:

*) Wir müssen mitunter das Jahr 1849 statt 1850 festhalten, weil über die Produktion von 1850 noch nicht von allen Staaten die detaillirten Nachweise zu erhalten waren.

| | | |
|---|---|---|
| 1. | Preußen | 7 pCt. |
| 2. | Baiern | 20 „ |
| 3. | Sachsen | — „ |
| 4. | Würtemberg | 100 „ |
| 5. | Baden | 45 „ |
| 6. | Churhessen | 60 „ |
| 7. | Großherzogth. Hessen | — „ |
| 8. | Braunschweig | 89 „ |
| 9. | Nassau | — „ |
| 10. | Luxemburg | — „ |
| 11. | Thüringen | 33 „ |
| 12. | Die übrigen Gebiete | 61 „ |

In Preußen allein hat seit längerer Zeit eine Abnahme, in allen übrigen Staaten dagegen, wo landesherrlicher Hüttenbetrieb stattfindet, eine Zunahme desselben stattgefunden.

Nach den drei Hauptkategorien der Hochofenerzeugnisse scheidet sich die Gesammtproduktion in den 4 Jahren 1834, 1842, 1847 (dem Jahre der höchsten Erzeugung) und 1850 folgendermaßen, wobei zu bemerken ist, daß für 1834 die Zahlen nur als annähernd richtig zu betrachten sind.

| | 1834. Ctr. | 1842. Ctr. | 1847. Ctr. | 1850. Ctr. |
|---|---|---|---|---|
| Roheisen | 1,930,756 | 2,579,217 | 3,543,119 | 3,470,399 |
| Rohstahleisen | 160,000 | 131,467 | 161,981 | 132,872 |
| Gußwaaren aus Erzen | 600,000 | 699,208 | 878,115 | 709,916 |
| Summa (Col. 13. b.) | 2,690,756 | 3,409,892 | 4,583,215 | 4,313,187 |

Der Antheil des Rohstahleisens an der Gesammtproduktion betrug also 1834 6 Procent und 1850 3 Procent; der Gußwaaren aus Erzen aber 1834 22,3 Procent und 1850 16,5 Procent. Der Fortschritt der Produktion entfällt demnach auf das Roheisen.

Von der gesammten Rohstahleisenerzeugung des Zollvereins kamen 1850 auf den Bergamtsbezirk Siegen allein 79 Procent.

Von der Gesammterzeugung der Hochöfen wurden erblasen bei Coaks oder gemischtem Brennmaterial:

| | | | | |
|---|---|---|---|---|
| 1834 . . . | 120,000 Ctr. | oder | 4,5 pCt. | |
| 1842 . . . | 369,000 „ | „ | 10,8 „ | |
| 1850 . . . | 765,000 „ | „ | 17,7 „ | |

Für 1851 lassen sich 900,000 Centner annehmen. Die Coakseisenerzeugung fällt fast ausschließlich auf Preußen.

Vorhanden sind gegenwärtig im Zollverein gegen 402 Hochöfen und 63 Blauöfen, von denen indeß selten mehr als ¾ gleichzeitig in Betrieb stehen. 1850 gingen 40 bis 42 Hochöfen auf Coaks oder gemischtes Brennmaterial.

So weit sich die Produktion von 1851 abschätzen läßt, dürfte dieselbe das Jahr 1847 nicht unbedeutend überschritten und das Quantum von 4,700,000 Centner erreicht haben, worunter gegen 900,000 Centner oder 19 Prozent Coaksroheisen.

§. 25. Wir rekapituliren in der Kürze auch die Erzeugnisse der auf die Weiterverarbeitung des Roheisens gegründeten Industrien.

Ueber die Erzeugung von Gußwaaren aus Roheisen fehlen von vielen Staaten die genaueren Nachweise, insbesondere aus früheren Jahren. Wir stellen sie im Folgenden mit der Produktion von Hochofengußwaaren zusammen, wie dieselben bereits im vorigen Paragraphen, als zur Eisenproduktion im engern Sinne gehörig, angegeben sind. Für 1834 kann allerdings die Schätzung keine sehr genaue sein, wie denn überhaupt die Statistik der Gußwaaren aus Roheisen mangelhafter ist, als die irgend eines andern Zweiges der Eiseninduſtrie.

| | | Gußwaaren aus Roheisen. | Gußwaaren aus Erzen. | Summa. |
|---|---|---|---|---|
| 1834 . . | a. | 135,000 Ctr. | 480,000 Ctr. | 615,000 Ctr.*) |
| | b. | 150,000 „ | 600,000 „ | 750,000 „ |
| 1842 . . . . . | | 450,000 „ | 699,208 „ | 1,149,208 „ |
| 1847 . . . . . | | 810,000 „ | 878,115 „ | 1,688,115 „ |
| 1850 . . . . . | | 719,000 „ | 709,916 „ | 1,428,916 „ |

Auf Preußen entfiel 1850 ein Antheil aus der Gußwaarenerzeugung aus Roheisen von 81 Procent. In Preußen über-

*) a. ist die Produktion des Zollvereins in seinem damaligen Umfange, b. die Produktion sämmtlicher Staaten, die seit 1842 den Verein in seinem jetzigen Umfange bilden.

wiegt die Cupolofengießerei bedeutend; allein die Mehrproduktion der übrigen Staaten an Hochofengußwaaren gleicht dies wieder aus, so daß gegenwärtig die Erzeugung beider Branchen sich das Gleichgewicht hält. Ein ferneres Fortschreiten ist indeß nur bei den Gußwaaren aus Roheisen zu erwarten.

An Betriebsvorrichtungen für die Eisengießerei waren 1849 gegen 297 Cupolöfen, 136 Flammöfen und 70 Tiegelöfen vorhanden.

Der Antheil der aus ausländischem, insbesondere grauem schottischem Roheisen dargestellten Gußwaaren ist mit ziemlicher Genauigkeit auf $\frac{1}{2}$ bis $\frac{3}{5}$ anzunehmen.

Ueber die Stabeisenproduktion des Zollvereins, worin das inländische und das eingeführte ausländische Roheisen ihre Hauptverwendung finden, stehen uns wenigstens etwas genauere Angaben zu Gebot, als über den Gießereibetrieb, und wo die mangelnden Mittheilungen durch Schätzung ergänzt werden mußten, kann deren allenfallsige Abweichung von der wirklich stattfindenden Produktion die Bedeutung der Gesammtzahlen nicht wesentlich beeinträchtigen.

### Stabeisenproduktion des Zollvereins.

| Staaten. | 1834. Ctr. | 1842. Ctr. | 1847. Ctr. | 1850. Ctr. |
|---|---|---|---|---|
| 1. Preußen . . . | 950,000 | 1,541,462 | 3,081,043 | 2,534,018 |
| 2. Baiern. . . . | 180,000 | 250,000 | 300,000 | 283,636 |
| 3. Sachsen . . . | 40,000 | 46,042 | 44,067 | 80,000 |
| 4. Würtemberg . | 50,000 | 60,000 | 75,000 | 70,000 |
| 5. Baden . . . . | *65,902 | 84,239 | 100,438 | 80,000 |
| 6. Churhessen . . | 28,465 | 33,609 | 42,988 | 42,000 |
| 7. Großh. Hessen | 50,000 | 70,000 | 80,000 | 90,000 |
| 8. Braunschweig | *30,000 | 27,679 | 32,654 | 35,000 |
| 9. Nassau. . . . | *25,191 | 47,800 | 57,161 | 61,200 |
| 10. Luxemburg. . | *30,000 | 46,060 | 70,000 | 43,200 |
| 11. Thüringen . . | 40,000 | 40,000 | 45,000 | 40,000 |
| 12. D. übr. Gebiete | 45,000 | 60,000 | 75,000 | 70,000 |
| Zollverein . . | a. 1,383,465<br>b. 1,534,558 | 2,306,891 | 4,003,351 | 3,429,054 |

Es ist klar, daß diese Quantitäten nicht blos aus inländischem Roheisen dargestellt sein können.

Es wurden 1850 an Roheisen im Inland

| | |
|---|---|
| produzirt . . . . . . . . . . . . . . . . . . . . | 3,470,399 Ctr. |
| Dazu vom Ausland eingeführt . . . . . . | 2,217,726 |
| also in Summa . . . | 5,688,125 Ctr. |

Daraus wurden dargestellt:

| | |
|---|---|
| Gußwaaren aus Roheisen . . . . . . . . . . . . | 719,000 Ctr. |
| Gefrischtes Eisen . . . . . . . . . . . . . . . . . . | 3,429,054 „ |
| Summa . . . | 4,148,054 Ctr. |

Dazu waren erforderlich gegen 5,390,000 Centner Roheisen. Gegen 300,000 Centner waren in diesem Jahre, in Erwartung einer Erhöhung der Zölle auf belgisches Eisen, zu viel eingeführt worden; mit Berücksichtigung dessen gleichen sich beide Summen aus.

Der Antheil der einzelnen Staaten an der Stabeisenproduktion des Zollvereins im Jahre 1847 betrug:

| | | |
|---|---|---|
| 1. | Preußen . . . . . . . . | 77,0 pCt. |
| 2. | Baiern . . . . . . . . . | 7,5 „ |
| 3. | Sachsen . . . . . . . . | 1,1 „ |
| 4. | Würtemberg . . . . . | 1,9 „ |
| 5. | Baden . . . . . . . . . | 2,5 „ |
| 6. | Churhessen . . . . . . | 1,1 „ |
| 7. | Großherzogth. Hessen . | 2,0 „ |
| 8. | Braunschweig . . . . . | 0,8 „ |
| 9. | Nassau . . . . . . . . . | 1,4 „ |
| 10. | Luxemburg . . . . . . | 1,7 „ |
| 11. | Thüringen . . . . . . | 1,1 „ |
| 12. | Die übrigen Gebiete . | 1,9 „ |
| | | 100 pCt. |

Preußens Antheil betrug:

| | |
|---|---|
| 1834 . . . . . . | 62,1 pCt. |
| 1842 . . . . . . | 67,0 „ |
| 1847 . . . . . . | 77,0 „ |
| 1850 . . . . . . | 73,9 „ |

Das bedeutende Steigen bis 1847 und das verhältnißmäßig stärkere Fallen seit 1848 erklärt sich aus dem Stocken der Eisenbahnbauten, welches hauptsächlich die preuß. Puddlingwerke berührte.

Abstrahiren wir von den verhältnißmäßig geringen Quantitäten, die zwar im Wege der Puddlingfrischerei, nicht aber bei Steinkohlenfeuerung, sondern bei Holz, Torf, Braunkohlen, Gasen u. s. w. dargestellt sind, und halten nur die beiden Categorien der Holzkohlen- und Steinkohlenfrischerei fest, so scheidet sich hiernach die Produktion folgendermaßen:

| | Bei Holzkohlen gefrischt. | Bei Steinkohlen gepuddelt. |
|---|---|---|
| 1834 . . . | 1,284,558 Ctr. | 250,000 Ctr. |
| 1842 . . . | 1,677,451 " | 629,440 " |
| 1847 . . . | 1,725,121 " | 2,278,230 " |
| 1850 . . . | 1,644,126 " | 1,784,928 " |

Das bei Holzkohlen gefrischte Stabeisen bestand bis auf unbedeutende Quantitäten aus inländischem Holzkohleneisen; das Puddlingeisen dagegen wurde bisher mehr als zur Hälfte aus ausländischem Coaksroheisen dargestellt.

Der Antheil der Steinkohlenfrischerei an der gesammten Stabeisenproduktion betrug demnach:

| | |
|---|---|
| 1834 . . . . . . | 16,3 pCt. |
| 1842 . . . . . . | 27,4 " |
| 1847 . . . . . . | 56,7 " |
| 1850 . . . . . . | 52,5 " |

Der Antheil Preußens an der Steinkohlenfrischerei betrug:

| | |
|---|---|
| 1834 . . . . . . | 100 pCt. |
| 1842 . . . . . . | 97 " |
| 1847 . . . . . . | 95 " |
| 1850 . . . . . . | 90 " |

Von dem bei Steinkohlen gefrischten Quantum sind 1850 über 300,000 Ctr. in Puddlingöfen mit Kleinfeuern und Hammerwerken verbunden (méthode champenoise) dargestellt; das übrige ist Walzeisen. Auf die mit Holz, Torf, Braunkohlen oder Gasen betriebenen Puddlingöfen dürfte für 1850 ein Quantum von 50,000 Ctr. zu rechnen sein.

Die Zahl der 1850 in Betrieb befindlichen Frischfeuer betrug gegen 878*), der Puddlingöfen 250. Ueberhaupt sind

*) Hierbei ist ungefähr ⅓ der in den preußischen und baierischen Listen angegebenen Zahlen für die einbegriffenen Reck- und Kleinfeuer in Abzug gebracht.

etwa an Frischfeuern 1300 und an Puddlingöfen 360 vorhanden; die Zahl der außer Betrieb befindlichen ist also sehr bedeutend.

Die Blechproduktion des Zollvereins betrug im Jahre 1850 gegen 303,000 Ctr., wovon 76 pCt. auf Preußen fallen. Die Weißblechproduktion ist in vorstehenden Angaben mitbegriffen; sie beschränkt sich fast ausschließlich auf die oben §. 11. bei Preußen angeführten Quantitäten.

Die Drahterzeugung betrug 1850 gegen 212,000 Ctr., wovon 91 pCt. auf Preußen fallen.

An Rohstahl wurden 1850 erzeugt: 127,200 Ctr., wovon 89 pCt. in Preußen. Hierunter befindet sich eine kleine Quantität Cementstahl.

Faßt man schließlich die Produktion aller außer-preußischen Vereinsstaaten zusammen, so verhält sich hierzu, in Prozenten ausgedrückt, der Antheil Preußens im Jahre 1850 folgendermaßen:

| | Preußen. | | Die übrig. Staaten. |
|---|---|---|---|
| Hochofenproduktion . . . . . . | 61 pCt. | zu | 39 pCt. |
| Gußwaaren aus Roheisen . . . | 81 „ | „ | 19 „ |
| Gefrischtes Eisen . . . . . . . | 74 „ | „ | 26 „ |
| Blech . . . . . . . . . . . . . | 76 „ | „ | 24 „ |
| Draht . . . . . . . . . . . . . | 91 „ | „ | 9 „ |
| Rohstahl . . . . . . . . . . . | 89 „ | „ | 11 „ |

## Anzahl der in der vereinsländischen Eisenindustrie beschäftigten Arbeiter.

§. 26. Im Folgenden versuchen wir eine Berechnung der in der vereinsländischen Eisenindustrie beschäftigten Menschenzahl zu geben. Wir wählen zum Anhaltspunkt das Jahr 1847, wo seither die stärkste Eisenproduktion statt fand. Zuerst haben wir es mit der eigentlichen Eisengewinnung, der Hochofenproduktion, zu thun.

In Preußen, wo die Zahl der beschäftigten Berg- und Hüttenarbeiter in den amtlichen Nachweisen vermerkt wird, betrug dieselbe in dem genannten Jahre:

| | | |
|---|---|---|
| Eisensteingewinnung . . . . | 10,210 | Arbeiter. |
| Roheisengewinnung . . . . | 4,225 | = *) |
| Rohstahleisengewinnung . . | 78 | = |
| Gußwaaren aus Erzen . . . | 5,077 | = |
| Summa . . | 19,590 | Arbeiter. |

Zu dieser Zahl der direkt Beschäftigten gehören aber noch: erstens die zum Schlagen und Kohlen des Holzes, beziehungsweise zum Fördern der Steinkohlen, und zweitens die zum Anfahren der das Gewicht des Roheisens um das 4 bis 7fache übersteigenden Erze, Zuschläge und Brennmaterialien verwandten Arbeiter; außerdem das Verwaltungspersonal. Angaben hierüber sind in den amtlichen Nachweisen nicht enthalten. Man kann deren Anzahl ungefähr der direkt bei der Eisensteinförderung beschäftigten Arbeiterzahl gleichstellen, wodurch sich also obige Summe auf mindestens 30,000 Seelen vermehrt.

Vielleicht noch richtiger wird man aus dem in dem Werthe der Hochofenproduktion enthaltenen Arbeiterlohn auf die Zahl der Arbeiter schließen können. Nach genauen Berechnungen von Ober-Bergrath Lossen und H. Klein **) sind in dem Preise des Centners Roh- und Gußeisen 74,43 pCt. Arbeitslöhne enthalten. Nun betrug nach den amtlichen Angaben der Werth der Hochofenproduktion von 1847: 6,518,461 Thlr.; der Arbeitswerth stellt sich also nach obigem Prozentsatz auf 4,852,029 Thlr. Da man nun mit ziemlicher Sicherheit 140 Thlr. jährlichen Lohn auf einen direct bei den Gruben oder Hütten beschäftigten Arbeiter rechnen kann, so ergiebt sich durch Division die Zahl von 34,657 Menschen; also 4,657 mehr als nach unserer Annahme. Wir halten gleichwohl die niedrigere Zahl fest, welche die untere Grenze der in Wirklichkeit bei der eigentlichen Eisengewinnung beschäftigten Menschen angeben dürfte.

Die Hochofenproduktion des Jahres 1847 betrug 2,680,318 Centner; es kamen mithin auf einen Arbeiter 89 Ctr. jährlicher

*) Da in den Hütten, die auf Roheisen und auf Gußwaaren gehen, die Zahl der Arbeiter nicht dem entsprechend getheilt ist, so kann hier nur der Summe der bei den Hochöfen beschäftigten Arbeiter eine Bedeutung zukommen.

**) Mitgetheilt in der Broschüre: „Die Eisenindustrie Preußens. Berlin 1850" S. 17.

Erzeugung von Roheisen, Rohstahleisen und Gußwaaren aus Erzen.

Was die übrigen Staaten betrifft, so sind nur von wenigen genauere Nachweise vorhanden. Baiern führt seit $18\frac{48}{49}$ die amtlichen Listen genau nach dem preußischen Schema.

Darnach waren beschäftigt:

| | | |
|---|---|---|
| Eisensteingewinnung . . . | 1,077 | Arbeiter |
| Hochofenbetrieb . . . . . . | 3,086 | " |
| Summa . . . | 4,163 | Arbeiter. |

Bei der Eisensteingewinnung ist zu berücksichtigen, daß der größte Theil der in der Pfalz verhütteten Erze aus Nassau kommt; desgleichen führt Würtemberg Erze nach Altbaiern. Andererseits ist aber auch in obigen Zahlen ein Theil der bei den Cupolöfen und Frischfeuern beschäftigten Arbeiter einbegriffen. Unter Berücksichtigung dieses Verhältnisses und Hinzurechnung der in den Holzkohlen, Fuhren, Zuschlägen u. s. w. enthaltenen Arbeitslöhne, läßt sich die Gesammtzahl auf 5,500 Arbeiter annehmen.

Da nun die baierschen Hochöfen im betreffenden Jahrgange 317,714 Centner produzirten, so kommen auf einen direkt beschäftigten Arbeiter 57 Centner. — Für 1847 sind im Verhältniß der Mehrproduktion gegen $18\frac{48}{49}$: 7,000 Arbeiter anzunehmen.

Aus Sachsen liegen uns die Mittheilungen der Königl. Bergakademie Freiburg von 1849 vor, welche mit großer Genauigkeit auch die Holzhauer, Köhler, Fuhrleute u. s. w. umfassen. Die Gesammtzahl ergiebt 4,069 direkt beschäftigte Arbeiter, worunter indeß auch diejenigen mitbegriffen sind, welche auf den zum Hochofenbetriebe konzessionirten Werken zur Weiterverarbeitung des Roheisens verwendet werden, und wofür den Nachweisen zufolge im Maximum 1,569 in Abzug zu bringen sind. Auf die Holzhauer, Köhler u. s. w. kommen 562, auf das Anfahren der Rohmaterialien 541*), auf die Eisensteingewinnung 1,026 Arbeiter und Officianten. Bei 2,500 Menschen auf die Hochofenproduktion jenes Jahres, die 130,320 Centner betrug, kommen 52 Centner jährlicher Produktion auf einen Arbeiter. — Die Erzeugung von 1847 steht der von 1849 so nahe, daß der Unterschied unberücksichtigt bleiben kann.

*) Das Verhältniß der Köhler, Fuhrleute u. s. w. ist also hier noch stärker als wir bei Preußen und Baiern annahmen.

Die verhältnißmäßig stärkere Arbeiterzahl Sachsens und Baierns im Vergleich zu Preußen und Würtemberg erklärt sich ganz natürlich durch den mehr zersplitterten und nur ausnahmsweise in großartigen Bergwerks- oder Hüttenanlagen konzentrirten Betrieb. Die geringere Produktion der einzelnen Hochöfen (s. §§. 13. u. 14.) steht hiermit ganz im Verhältniß. In Sachsen kommt außerdem der starke Antheil der Gußwaaren aus Erzen an der Hochofenproduktion hinzu; übrigens spricht die Wahrscheinlichkeit dafür, daß in Preußen die Annahme der Arbeiterzahl von 30,000 etwas zu gering gegriffen ist.

In Würtemberg waren 18$\frac{46}{47}$ bei den Königl. Gruben und Hütten 1,040 Arbeiter beschäftigt. Nach dem bei Sachsen stattfindenden und bei Preußen angenommenen Verhältniß ist diese Zahl durch Köhler, Fuhrleute u. s. w. auf 1,500 zu erhöhen. Nach der Produktion jenes Jahres von 154,027 Ctr. macht dies auf einen Mann 103 Ctr. jährlich, also noch mehr als in Preußen und fast doppelt soviel als in Baiern und Sachsen, was auch mit der hohen Produktion der würtembergischen Hochöfen und der Leichtigkeit, mit der die Erze dort gewonnen werden, in Uebereinstimmung ist.

Rechnen wir nun für die Produktion der übrigen Staaten, über deren Arbeiterzahl uns die Angaben fehlen, im Durchschnitt 60 Centner auf einen Mann, so ergiebt dies auf 1,189,288 Centner 19,800 Arbeiter.

Wir haben also für den ganzen Zollverein:

| | |
|---|---|
| Preußen ....... | 30,000 Arbeiter |
| Baiern ........ | 7,000 „ |
| Sachsen........ | 2,500 „ |
| Würtemberg...... | 1,500 „ |
| Die übrigen Staaten . | 19,800 „ |
| Summa... | 60,800 Arbeiter, |

welche bei der eigentlichen Eisengewinnung direkt und ständig beschäftigt wurden. — Berechnet man die Arbeiterzahl nach dem oben angeführten Satz von 75 pCt. Arbeitslohn vom Werthe der Hochofenproduktion, der nach Analogie der preußischen Werthangaben im Jahre 1847 für den ganzen Verein 11,140,000 Thlr. betrug, so ergiebt sich eine Gesammtzahl von 60,000 Menschen (für Preußen allein kam die Zahl verhältnißmäßig höher), was mit obigem Resultat fast ganz genau übereinkommt.

Die Familien der Berg- und Hüttenleute bestehen nach den preußischen Listen aus ungefähr $3\frac{1}{2}$, nach den baierschen aus $3\frac{3}{4}$ Personen. Man wird indeß 4 Personen, den Durchschnitt der Familien in Deutschland, rechnen können, da die Zahl der ganz jungen Leute beim Bergbau und Hüttenbetrieb, Köhlerei, Fuhrwesen ꝛc. verhältnißmäßig geringer ist, als fast bei allen andern Gewerben. Hiernach fanden im Jahre 1847 im Zollverein 243,200 Menschen ihren direkten Unterhalt durch die Eisengewinnung.

Für Ermittelung der Zahl von Arbeitern, welche mit der Weiterverarbeitung von Roheisen zu Gußwaaren, Stabeisen, Stahl, Blech und Draht beschäftigt sind, besitzen wir nur in den preußischen Listen Anhaltspunkte; in den baierschen sind sie nicht genau von den Hüttenarbeitern getrennt. Uebrigens kommen hier auch keine solche Verschiedenheiten der auf ein Individuum entfallenden Produktion vor, als bei der eigentlichen Eisengewinnung, wo in der Förderung der Eisensteine, in den Frachten, in der Art des Hochofenbetriebs (auf Gußwaaren oder Roheisen) u. s. w., die außerordentlichsten Abweichungen begründet sind, so daß sich die höheren Produktionskosten eines Distriks gegen den andern oder gegen das Ausland fast vollständig in die einer größeren Arbeiterzahl zu zahlenden Mehrbeträge an Arbeitslohn auflösen.

In Preußen waren 1847 laut den amtlichen Uebersichten direkt beschäftigt:

| | | |
|---|---|---|
| bei Gußwaaren aus Roheisen . | 4,744 | Arbeiter |
| „ Stabeisen . . . . . . . . . . | 11,604 | „ |
| „ Blech . . . . . . . . . . . . | 625 | „ |
| „ Draht . . . . . . . . . . . | 1,266 | „ |
| „ Rohstahl . . . . . . . . . . | 658 | „ |
| Summa . . . . | 18,897 | Arbeiter. |

Hierunter sind nun weder die zur Beschaffung der Brennmaterialien (Holz- oder Steinkohlen), noch zu den Fuhren der Kohlen und des zu verarbeitenden Eisens verwandten Arbeiter berücksichtigt, wodurch sich obige Summe wie bei der Eisengewinnung noch um etwa die Hälfte, also auf 28,300 *) erhöht.

*) C. Lossen und H. Klein rechnen in der oben erwähnten Broschüre auf Stabeisen-, Blech- und Rohstahlfabrikation im Jahr 1847 26,640 Arbeiter, also zuzüglich der in den Gußwaaren beschäftigten auf etwa 32,000 Arbeiter.

Wir können diese Verhältnisse für die ganze vereinsländische Produktion festhalten; nur beim Stabeisen muß man rechnen, daß in den außerpreußischen Vereinsstaaten die Arbeiterzahl verhältnißmäßig um mindestens ⅓ größer ist, weil in Preußen die Steinkohlenfrischerei und der Walzwerkbetrieb überwiegen, in den übrigen Ländern dagegen die eine weit größere Menschenzahl in Anspruch nehmende Holzkohlenfrischerei und die Hammerwerke.

Im Jahre 1847 sind hiernach für die Weiterverarbeitung des Roheisens zu Gußwaaren, Stabeisen, Blech, Draht und Rohstahl an direkt beschäftigten Arbeitern anzunehmen:

| | |
|---|---|
| in Preußen . . . . . . . . . . . | 28,300 |
| in den übrigen Staaten. . . . | 9,300 |
| Summa . . | 37,600 |

Für die Fabrikation von Klein-, Zain-, Schmiedeeisen (insoweit sie nicht beim Stabeisen einbegriffen war), so wie von Raffinir- und Gußstahl, können wir noch im Ganzen eine Zahl von 7,400 Menschen hinzurechnen, wonach also auf die Eisenfabrikation, ausschließlich der Eisengewinnung, 45,000 Arbeiter kommen. Die Familienglieder eingeschlossen, erhöht sich diese Summe auf 180,000 Seelen.

Für die Eisenindustrie im engeren Sinne (also mit Ausschluß der gesammten Weiterverarbeitung des Stabeisens, Blechs, Drahts, Stahls zu Eisen- und Stahlwaaren, Maschinen u. s. w.), ergiebt sich also zusammengenommen im Zollverein eine direkt beschäftigte Arbeiterzahl von 105,800 Seelen im Jahre 1847. Zuzüglich der Familienglieder sind es demnach 423,200 Menschen, die ihren Lebensunterhalt aus der Eisenindustrie ziehen; es macht dies 1,43 pCt. der vereinsländischen Bevölkerung aus. Dabei ist zu bemerken, daß alle Angaben auf der untersten Grenze gehalten sind und die Wahrscheinlichkeit für eine noch größere Zahl spricht.

Seit 1848 hat, wie die obigen Nachweise (§§. 24. u. 25.) ergeben, fast in allen Zweigen der Eisenindustrie eine bedeutende Abnahme der Produktion, folglich auch der Arbeiterzahl, stattgefunden. In Preußen führen die Listen für die Eisenindustrie, soweit sie statistisch beobachtet wird, folgende Zahlen der Arbeiter und ihrer Familienglieder auf:

| | | |
|---|---|---|
| 1847 . . . | 103,660 Personen | |
| 1848 . . . | 95,893 „ | oder 7,767 weniger als 1847 |

| | | | | | | |
|---|---|---|---|---|---|---|
| 1849 . . . | 88,812 Personen oder | 14,848 | weniger | als | 1847 |
| 1850 . . . | 95,799 „ „ | 7,861 | „ | „ | — |

Nach den oben stattgehabten Erörterungen vergrößerte sich die wirkliche Zahl der außer Beschäftigung Gekommenen noch um etwa 50 Prozent (Köhler, Steinkohlenbergleute, Fuhrleute u. s. w.), hat also 1849 über 22,000 betragen. Erst 1851 dürfte die Zahl von 1847 wieder erreicht worden sein.

Der wirkliche Schaden an Verminderung der jährlichen Gütererzeugung und des Einkommens der arbeitenden Klassen ist indeß noch weit größer, als das Verhältniß der gänzlich außer Beschäftigung gekommenen andeutet. Versuchen wir in der Kürze eine Berechnung.

Im Durchschnitt der 3 Jahre 1848—1850 lassen sich annehmen die Preise von Roheisen zu 1 Thlr. 17½ Sgr., Rohstahleisen zu 2 Thlr. 15 Sgr. und Hochofengußwaaren zu 3 Thlr. 5 Sgr. pr. Centner. Nach dem Verhältniß der von jeder einzelnen Gattung dargestellten Quantitäten läßt sich die Production der Hochöfen im Durchschnitt zu 1 Thlr. 22½ Sgr. pr. Centner veranschlagen. — Der Preis des Stabeisens ist pr. Centner zu 4 Thlr. anzunehmen. Da es sich hier indeß um Berechnung der durch die Weiterverarbeitung geschaffenen Werthe handelt, so muß der Preis des darin enthaltenen Roheisens (jedoch ohne Frachtbeträge) in Abzug kommen, wornach für den Centner Stabeisen nur etwa 2 Thlr. als Aequivalent der Werthvermehrung durch die Arbeit übrig bleiben. In ähnlicher Weise berechnen wir nach Abzug des Werths des verwandelten Roh- resp. Stabeisens für Gußwaaren aus Roheisen 3 Thlr., für Blech 3 Thlr., für Draht 3½ Thlr. und für Rohstahl 4 Thlr. pr. Centner.

Wenn die Produktion von 1848, 1849 und 1850 auf der Höhe von 1847 blieb, so wäre in jenen drei Jahren mehr erzeugt worden als wirklich geschah:

| | | |
|---|---|---|
| an Roheisen u. s. w. . . . . . . | 1,217,754 | Ctr. |
| „ Gußwaaren aus Roheisen . | 650,000 | „ |
| „ Stabeisen . . . . . . . . . . . | 3,163,000 | „ |
| „ Blech . . . . . . . . . . . . . | 296,000 | „ |
| „ Draht . . . . . . . . . . . . | 47,000 | „ |
| „ Stahl . . . . . . . . . . . . . | 41,000 | „ |

Diese Mindererzeugung*) repräsentirt folgende Verminderung des nationalen Einkommens in jenen drei Jahren:

| | | |
|---|---|---|
| bei der Produktion der Hochöfen . | 2,131,069 | Thlr. |
| „ Gußwaaren aus Roheisen . . . | 1,950,000 | „ |
| „ Stabeisen . . . . . . . . . . . | 6,326,000 | „ |
| „ Blech . . . . . . . . . . . . . | 888,000 | „ |
| „ Draht . . . . . . . . . . . . . | 164,500 | „ |
| „ Stahl . . . . . . . . . . . . . | 164,000 | „ |
| Summa . . . | 11,623,569 | Thlr. |

Hierbei ist noch von der Verminderung des Werthes abstrahirt, welchen die Verfeinerung des Frischeisens und Stahls zu Kleineisen, Raffinirstahl u. s. w. darstellt und die für jene 3 Jahre auf mindestens 2 Millionen Thaler zu veranschlagen ist, wodurch sich also die Summe des verminderten Einkommens auf etwa 13,623,000 Thaler oder für 1 Jahr auf 4,541,000 Thaler erhöht.

Nimmt man an, daß in dem Werth der Hochofenproduktion 75 Prozent Arbeitslöhne enthalten sind, sowie in den Gußwaaren, im Stabeisen, Blech, Draht und Stahl durchschnittlich 33⅓ Prozent des Werthes oder 66⅔ Prozent der durch vorstehende Rechnung dargestellten Werthsvermehrung, so berechnet sich der Verlust an Löhnen, welchen die Berg- und Hüttenarbeiter (also die Eisen- und Stahlwaarenfabrikation ausgeschlossen) in den 3 Jahren 1848 bis 1850 erlitten haben, auf nicht weniger als 9,259,600 Thlr., oder auf 1 Jahr 3,086,533 Thlr.!

Wenn eine solche Verlustsumme auf eine Arbeiterzahl entfällt, die nur 1,43 Prozent der Bevölkerung des Zollvereins beträgt, so läßt sich ein Schluß ziehen, wie enorm der Gesammtverlust der nationalen Erwerbskräfte gewesen sein muß. Allerdings ward die Eisenindustrie verhältnißmäßig stärker betroffen, als vielleicht irgend ein anderer Erwerbszweig.

Allein der relative Verlust ist vielleicht noch weit größer. Denn ohne die Ereignisse von 1848 dürfte die Eisenproduktion nicht blos auf der Höhe von 1847 geblieben sein, sondern sich

*) Für Draht rechnen wir nur die Mindererzeugung von 1848 und 1849, da das Quantum von 1850, des Bedarfs für Telegraphendrähte wegen, die Produktion von 1847 überstieg.

vielleicht noch um soviel weiter ausgedehnt haben, als sie nun geringer geworden ist. Der wirkliche Verlust für die arbeitenden Klassen, zuzüglich des entgangenen Mehrgewinns, beträgt also in den genannten 3 Jahren vielleicht das Doppelte obiger Summe. Dies ist der Erfolg gewesen, den die Revolution von 1848 für unsere Eisenarbeiter gehabt hat! Er ist um so mehr zu beklagen, als die Berg- und Hüttenleute überall den revolutionären Unternehmungen fern geblieben sind.

Dabei dürfen wir allerdings nicht vergessen, auch dem belgischen Vertrag vom 1. September 1844 einen Theil der Schuld an der traurigen Lage unserer Eisengewerke und Arbeiter aufzuladen. In den 3 Jahren 1848 bis 1849 sind noch gegen 6 Millionen Centner Eisen und Eisenfabrikate aus dem Ausland eingeführt worden, wovon fast die Hälfte aus Belgien. Waren die Normalzollsätze auf Roh- und Stabeisen auch für Belgien in Kraft, so wurde ein guter Theil jener Einfuhrmengen durch die inländische statt durch die ausländische Arbeit dargestellt und der Nothstand unserer Eisenindustrie konnte eine solche Höhe nicht erreichen.

## Eiseneinfuhr des Zollvereins.

§. 27. Die Verhältnisse der Eiseneinfuhr haben sich seit Begründung des Zollvereins bedeutend verändert, und zwar in der Richtung einer außerordentlichen Vermehrung der Bezüge ausländischen Eisens. Zwei Ursachen wirkten hierbei zusammen: der durch die Eisenbahnen in außergewöhnlichem Verhältniß steigende Eisenverbrauch und die sinkenden Preise des ausländischen, namentlich englischen und belgischen Eisens. Bei dem Zusammenhang dieses Gegenstandes mit der im zweiten Abschnitt behandelten Zollfrage, beschränken wir uns hier darauf, die Statistik der stattgefundenen Eingangsverzollung den amtlichen Kommerzialnachweisungen gemäß, mitzutheilen. Es ist dabei zu bemerken, daß von 1834 bis 1839 der preußische Centner à 110 Pfund, von da ab aber der Zollcentner à 106,9 Pfund den Verzollungslisten zu Grunde liegt.

Eingangsverzollung fremden Eisens im Zollverein.

| Jahr. | Roheisen. (pos. 6. a.) | Stabeisen, Schienen und Stahl. (pos. 6. b.) | Klein- und Façoneisen, Blech, Draht ꝛc. (pos. 6. c. d. e.) | Gußwaaren. (pos. 6. f. 1.) | Grobe Eisen- und Stahlwaaren. (pos. 6. f. 2.) | Feine Eisen- und Stahlwaaren. (pos. 6. f. 3.) |
|---|---|---|---|---|---|---|
| 1834 | 207,203 | 149,493 | 16,628 | 26,129 | 10,668 | 1,887 |
| 1835 | 211,700 | 195,367 | 21,328 | 14,992 | 11,688 | 1,842 |
| 1836 | 95,876 | 173,742 | 20,800 | 30,267 | 15,224 | 2,138 |
| 1837 | 153,821 | 156,452 | 29,577 | 28,359 | 18,948 | 2,270 |
| 1838 | 277,058 | 377,217 | 31,261 | 43,403 | 27,876 | 2,306 |
| 1839 | 301,451 | 340,287 | 38,661 | 32,236 | 33,227 | 2,320 |
| 1840 | 735,314 | 437,074 | 47,111 | 42,700 | 34,946 | 2,866 |
| 1841 | 986,373 | 554,094 | 49,521 | 30,016 | 28,379 | 2,890 |
| 1842 | 1,195,925 | 933,598 | 53,393 | 28,584 | 30,490 | 3,378 |
| 1843 | 2,658,555 | 984,038 | 75,106 | 40,715 | 32,702 | 3,948 |
| 1844 | 1,416,948 | 1,517,888 | 60,203 | 38,146 | 33,144 | 3,662 |
| 1845 | 427,430 | 982,636 | 86,189 | 50,780 | 41,330 | 3,822 |
| 1846 | 1,577,716 | 1,025,087 | 120,292 | 43,794 | 42,160 | 3,715 |
| 1847 | 2,298,705 | 1,044,818 | 148,829 | 43,679 | 43,206 | 3,864 |
| 1848 | 1,424,900 | 639,926 | 68,800 | 32,378 | 23,038 | 7,929 |
| 1849 | 829,839 | 162,046 | 36,745 | 22,668 | 17,926 | 6,269 |
| 1850 | 2,217,726 | 197,778 | 81,957 | 32,982 | 21,995 | 4,886 |

Anmerk. In den 3 Jahren 1834 bis 1836 ist das Kleineisen (jetzige pos. 6. c.) unter dem Stabeisen (pos. 6. b.) mit aufgeführt. Die in der 2. Col. angegebenen Quanta sind demnach in jenen Jahren um 10 bis 14,000 Centner zu hoch, in der 3. Col. zu niedrig angeführt.

Mit Ausnahme einer von jährlich 10 bis 40,000 Centnern wechselnden Quantität von Holzkohlen-Roheisen aus Russisch-Polen und 5 bis 10,000 Centner, die im Grenzverkehr aus Galizien, Oesterreich und der Schweiz importirt werden, so wie von etwas schwedischem Roheisen, besteht die Roheiseneinfuhr aus britischem und belgischem Steinkohlen- und Coakseisen. Ersteres kommt zu ungefähr ⅔ aus Schottland und ⅓ aus Wales, während wir aus Staffordshire und Yorkshire wohl Stabeisen aber kein Roheisen beziehen. Von der Einfuhr aus Großbritannien ist ungefähr die Hälfte graues Roheisen, welches in allen Theilen des Zollvereins, meistens jedoch in der Rheinprovinz,

Brandenburg, Pommern und Preußen, unter Zusatz inländischen Roheisens oder Brucheisens durch Umschmelzung im Cupol- oder Flammofen zu Gußwaaren oder Maschinentheilen verbraucht wird. Die andere Hälfte, halbirtes, weißes und raffinirtes Roheisen, wird auf den Puddlingwerken von Rheinland und Westphalen zur Stabeisenfabrikation verwandt, in der Regel mit Zusatz inländischen Holzkohleneisens.

Die Roheiseneinfuhr aus Belgien hat seit dem Vertrag vom 1. September 1844 und zwar hauptsächlich in Folge der darin stipulirten ermäßigten Eisenzölle in bedeutender Progression zugenommen. In der zweiten Abtheilung dieser Schrift werden diese Verhältnisse genauer besprochen werden, weshalb wir dieselben hier verlassen.

Die Einfuhr von Stabeisen und Eisenbahnschienen findet zum größten Theil aus England, insbesondere aus Wales, statt. Die außerordentliche Steigerung der Einfuhr von 1841 bis 1847 kommt zum größten Theil auf Rechnung von Eisenbahnschienen; sie hat seitdem aber fast ganz aufgehört, da die inländischen Walzwerke jetzt weit mehr als den Bedarf zu liefern vermögen. Die Einfuhr aus Belgien ist nur in den 4 Jahren 1844 bis 1847 gelegentlich einiger Schienenlieferungen von Bedeutung gewesen. Auch aus Schweden geht etwas Stabeisen in die östlichen Provinzen Preußens ein.

Von Stahl werden bedeutende Quantitäten importirt, zum Theil aus englischem (Sheffielder) Gußstahl, zum Theil aus steirischem Schmelzstahl bestehend; von letzterer Sorte geht auch einiges aus Schweden ein. Leider hält unsere Statistik den Stahl nicht vom Stabeisen getrennt. Die Gesammteinfuhr ist durchschnittlich auf 40 bis 50,000 Centner im Jahr anzunehmen.

Auch in Kleineisen, Façoneisen, Blech, Draht u. s. w. kommt fast der ganze Import auf Rechnung Englands. Das bedeutende Steigen der Einfuhr in den Jahren 1843 bis 1847 hängt mit den Eisenbahnbauten zusammen; es wurden damals namentlich viele Tyres (Radkranzeisen) und Achsen eingeführt. Von Blech gehen starke und große Kesselbleche, dann Gußstahlbleche und Weißbleche ein; in Draht meistens feine Sorten, insbesondere Kratzendraht, Stahldraht für Nähnadelfabrikation, Klaviersaiten u. s. w.

Die Einfuhr von groben Gußwaaren besteht meistens aus Maschinentheilen. Obgleich die Maschinen im Tarif unter der folgenden Position aufgeführt sind, werden doch alle gußeisernen Theile als grobe Gußwaaren verzollt, wobei auch ein guter Theil schmiedeeiserner Theile, die an dem Guß befestigt sind oder für Gußeisen gehalten werden, mit unterläuft. Die eingeführten Maschinen sind Lokomotiven, Werkzeugmaschinen, Maschinen für Spinnerei und Weberei, Krahnen, Papiermaschinen, dann Dampf- und Schiffsdampfmaschinen, von welchen letzteren indeß ein großer Theil in Folge der Stromschifffahrts-Konventionen von Zöllen frei ist und in den Listen gar nicht als Einfuhr bezeichnet wird. Fast die Hälfte der Einfuhr kommt aus England; alsdann folgen Belgien und die Schweiz; auch aus Frankreich findet einige Einfuhr statt.

An der Einfuhr grober und feiner Eisen- und Stahlwaaren ist wiederum England am stärksten betheiligt. Außer den schmiedeeisernen Maschinentheilen und Dampfkesseln liefert es uns namentlich Gußstahl- und sonstige Feilen, Rasiermesser, polirte Werkzeuge und Handwerksgeräthe, Cirkulir- und Gußstahlsägen, Schneideisen und Kluppen, feine Schlösser, große Scheeren u. s. w. Aus Oesterreich (Steiermark) gehen bedeutende Quantitäten Sensen, Sicheln, Strohmesser, Ahlen, Blechlöffel u. s. w. ein. Auch Belgien, Frankreich, die Schweiz und Hannover haben ihre Spezialitäten in dieser Waarengattung, worin sie nach dem Zollverein zu exportiren im Stande sind. Die ungewöhnlich starke Einfuhr der letzten zwei Jahre bestand zum großen Theil aus Waffen und war Belgien hierbei besonders stark betheiligt.

Seit 1845 enthalten die Kommerzial-Nachweisungen (obgleich nicht in dem der Oeffentlichkeit zugänglichen Theile) Zusammenstellungen der Gesammteinfuhr, nach den Grenzländern geordnet, wie wir sie hier unten folgen lassen, obgleich sich hierdurch immer nur erst mit größerer oder geringerer Wahrscheinlichkeit auf das Land der Herkunft schließen läßt. Zu bemerken ist dabei, daß die Totalsummen mit den in der vorigen Tabelle aufgeführten nicht übereinstimmen können, weil sie den Gesammteingang, gleichviel ob zum Verbrauch im Zollverein oder zum Transit bestimmt, angeben, während jene Tabelle die Quantitäten enthält, welche wirklich zum Eingang verzollt oder schließlich abgefertigt worden sind, sei es bei den Eingangs-Aemtern, sei es aus Niederlagen u. s. w., mit einem Worte, Waaren, die in den freien Verkehr übergegangen sind. Je nachdem also mehr oder weniger in die Entrepots gebracht oder aus denselben entnommen und verzollt oder wieder ausgeführt worden sind, wird die Summe des Gesammteingangs größer (oder auch kleiner) sein, als die Summe der in den inneren freien Verkehr übergegangenen Waaren. So ist namentlich die Gesammteinfuhr in Kleineisen, Blech, Draht, Gußeisen, Eisen- und Stahlwaaren ganz bedeutend größer als die Eingangsverzollung und hat man also die in der vorigen Tabelle angegebenen Summen zu vergleichen.

Die als Einfuhr aus Rußland und Polen bezeichneten Quanta sind sämmtlich polnischen Ursprungs. Ueber Krakau kommt auch polnisches oder galizisches Eisen. Was über die Grenze von Galizien, Oesterreichisch-Schlesien, Böhmen, Oesterreich und Tyrol eingegangen, ist sämmtlich als Fabrikat des österreichischen Kaiserstaats (insbesondere Steiermarks) zu betrachten. Bei der Einfuhr aus der Schweiz ist etwas Eisen französischen Ursprungs (insbesondere Maschinen aus dem Elsaß) einbegriffen. Die Einfuhr aus Frankreich gehört lediglich der Produktion dieses Landes an. Bei Belgien, das die Durchfuhr fremden Roh- und Stabeisens prohibirt hat, ist das Gleiche der Fall; nur unter den Eisenwaaren befindet sich ein Theil englischen Ursprungs. Die Einfuhr über Holland gehört dagegen in Roheisen zu ⅔ bis ¾ der englischen und ⅓ bis ¼ der belgischen (via Maas und Rhein), in allen übrigen Eisensorten aber fast ausschließlich der englischen Produktion an. Mit Ausnahme von etwas Stangeneisen und Eisenwaaren ist auch fast die ganze Einfuhr aus Hannover britischen Ursprungs; der Eingang findet meistens über Bremen statt. Die Einfuhren über Mecklenburg, die Nord- und Ostsee sind ebenfalls britischen Ursprungs, mit Ausnahme einer Quantität schwedischen Roh- und Stabeisens und Stahls, so wie einiger Eisenfabrikate, z. B. gußeiserne Geschütze.

Schließlich ist noch zu bemerken, daß auch einige Einfuhr von Eisenerzen aus Frankreich, Oestreich u. s. w. stattfindet, die aber nur unbedeutend, auch in den Kommerzial-Nachweisungen nicht von den andern Erzen und Stufen (pos. 7.) getrennt aufgeführt ist.

## Gesammt-Eiseneinfuhr im Zollverein von 1845 bis 1849, nach den Grenzstrecken geordnet.

| Eingang über die Grenze gegen: | Jahr. | Pos. 6. a. Roheisen. Zoll-Ctr. | Pos. 6. b. Stabeisen über ½ □ Z. Querschnitt Schienen, Stahl. Zoll-Ctr. | Pos. 6. c. Stabeisen unter ½ □ Z. Querschnitt Zoll-Ctr. | Pos. 6. d. Façonnirt. Eisen in Stäben, Blech ꝛc. Zoll-Ctr. | Pos. 6. e. Weißblech, Draht ꝛc. Zoll-Ctr. | Pos. 6. f. Eisen- und Stahlwaaren. 1. Grobe Gußwaaren. Zoll-Ctr. | 2. Grobe aus geschmiedet. Eisen ꝛc. Zoll-Ctr. | 3. Feine aus polirtem Eisen ꝛc. Zoll-Ctr. |
|---|---|---|---|---|---|---|---|---|---|
| 1. Rußland und Polen . . | 1845 | 5,167 | 54 | — | 6 | 50 | 18 | 42 | 1 |
| | 1846 | 4,633 | 1 | — | — | 38 | 5 | 2 | 1 |
| | 1847 | 32,227 | 335 | 88 | — | 27 | — | 8 | 5 |
| | 1848 | 11,595 | — | — | 1 | 3 | 16 | 5 | — |
| | 1849 | 11,126 | 12 | — | 4 | 12 | 12 | 4 | 15 |
| 2. Krakau . . . . . . . . . | 1845 | 61 | 57 | — | — | 1 | 2 | 58 | 1 |
| | 1846 | 6,952 | 11 | 2 | — | — | — | 77 | 4 |
| | 1847 | 739 | 11 | 2 | — | — | 11 | 28 | 1 |
| | 1848 | 3,029 | 3 | — | — | — | — | 36 | 1 |
| | 1849 | 234 | — | — | — | — | 35 | 49 | 2 |
| 3. Gallizien, Oesterreich.-Schlesien und Böhmen | 1845 | 342 | 6,859 | — | 186 | 22 | 423 | 6,282 | 784 |
| | 1846 | 359 | 6,023 | 32 | 13 | 11 | 586 | 5,357 | 383 |
| | 1847 | 371 | 6,214 | 5 | 12 | 12 | 833 | 6,257 | 309 |
| | 1848 | 273 | 3,975 | 3 | 44 | 15 | 876 | 6,708 | 126 |
| | 1849 | 172 | 5,750 | 35 | 31 | 194 | 1,316 | 14,071 | 167 |
| 4. Oesterreich und Tyrol . | 1845 | 3,711 | 22,204 | — | 2,015 | 253 | 15,754 | 14,195 | 312 |
| | 1846 | 3,830 | 19,353 | 285 | 1,534 | 217 | 759 | 15,271 | 80 |
| | 1847 | 2,529 | 18,953 | 803 | 1,308 | 196 | 603 | 12,041 | 256 |
| | 1848 | 2,688 | 14,341 | 278 | 1,210 | 137 | 520 | 9,079 | 232 |
| | 1849 | 3,011 | 19,155 | 168 | 1,299 | 156 | 1,787 | 10,845 | 228 |
| 5. Schweiz . . . . . . . . | 1845 | 8,309 | 557 | — | 127 | 329 | 11,904 | 3,237 | 269 |
| | 1846 | 6,750 | 1,501 | 142 | 75 | 289 | 33,147 | 3,359 | 694 |
| | 1847 | 7,658 | 374 | 30 | 16 | 297 | 32,890 | 2,252 | 320 |
| | 1848 | 3,945 | 319 | 155 | 5 | 231 | 10,164 | 805 | 896 |
| | 1849 | 6,198 | 93 | 8 | 27 | 156 | 7,063 | 2,166 | 1,188 |
| 6. Frankreich | 1845 | 4 | 98 | — | 20 | 43 | 2,735 | 2,720 | 382 |
| | 1846 | 1,234 | 239 | 44 | 5 | 33 | 3,983 | 1,275 | 424 |
| | 1847 | 424 | 209 | 1 | 8 | 30 | 1,649 | 1,757 | 389 |

| | | | | | | | | | |
|---|---|---|---|---|---|---|---|---|---|
| 7. Belgien | 1847 | 859,652 | 18,517 | 28 | 2,605 | 801 | 9,101 | 12,455 | 4,752 |
| | 1848 | 396,391 | 4,873 | — | 1,184 | 310 | 10,648 | 11,734 | 14,412 |
| | 1849 | 297,767 | 8,659 | 1,711 | 2,322 | 692 | 19,211 | 9,818 | 8,511 |
| 8. Holland | 1845 | 100,877 | 59,048 | — | 13,869 | 4,129 | 4,657 | 6,625 | 410 |
| | 1846 | 820,927 | 136,770 | 14,183 | 15,156 | 7,433 | 7,189 | 9,484 | 474 |
| | 1847 | 693,348 | 123,290 | 8,240 | 35,683 | 3,511 | 7,544 | 14,671 | 1,051 |
| | 1848 | 570,207 | 24,464 | 2,022 | 13,726 | 2,345 | 6,975 | 1,421 | 420 |
| | 1849 | 284,679 | 11,987 | 6,454 | 9,472 | 2,744 | 2,148 | 2,956 | 461 |
| 9. Hannover | 1845 | 1,013 | 10,267 | — | 3,048 | 5,623 | 10,151 | 3,741 | 393 |
| | 1846 | 9,522 | 30,729 | 692 | 1,065 | 560 | 11,871 | 6,326 | 926 |
| | 1847 | 15,734 | 149,497 | 2,038 | 3,569 | 469 | 10,921 | 6,020 | 648 |
| | 1848 | 4,540 | 164,440 | 1,540 | 1,705 | 491 | 3,770 | 3,056 | 654 |
| | 1849 | 6,140 | 6,496 | 1,492 | 494 | 598 | 4,436 | 2,970 | 1,857 |
| 10. Mecklenburg | 1845 | 382 | 5,008 | — | 1,346 | 273 | 2,710 | 4,561 | 225 |
| | 1846 | 431 | 3,961 | 72 | 2,632 | 142 | 3,504 | 4,926 | 239 |
| | 1847 | 876 | 1,343 | 18 | 2,526 | 45 | 3,795 | 11,829 | 69 |
| | 1848 | 349 | 594 | 19 | 435 | 13 | 579 | 1,716 | 8 |
| | 1849 | 417 | 533 | 12 | 70 | 4 | 479 | 672 | 7 |
| 11. Die Nordsee (einschließl. des direkten Waarenverkehrs auf der Berlin-Hamburger Eisenbahn). | 1845 | 56,890 | 537,578 | — | 36,706 | 5,270 | 11,169 | 13,083 | 315 |
| | 1846 | 116,256 | 459,990 | 3,969 | 37,731 | 3,271 | 2,047 | 28,988 | 454 |
| | 1847 | 232,975 | 479,707 | 9,192 | 84,555 | 5,114 | 5,089 | 23,257 | 553 |
| | 1848 | 103,337 | 261,519 | 5,365 | 30,100 | 4,535 | 5,141 | 13,218 | 547 |
| | 1849 | 42,812 | 24,422 | 2,853 | 15,973 | 5,369 | 2,280 | 7,092 | 667 |
| 12. Die Ostsee | 1845 | 75,727 | 594,326 | — | 20,587 | 9,934 | 39,318 | 16,015 | 163 |
| | 1846 | 407,277 | 309,132 | 5,842 | 21,755 | 9,308 | 19,325 | 6,995 | 302 |
| | 1847 | 494,761 | 308,261 | 8,954 | 35,065 | 8,004 | 4,531 | 22,925 | 168 |
| | 1848 | 299,158 | 160,346 | 3,464 | 12,106 | 4,074 | 6,796 | 7,272 | 237 |
| | 1849 | 221,919 | 96,857 | 4,193 | 7,646 | 2,629 | 1,610 | 5,482 | 64 |
| Summa | 1845 | 470,269 | 1,362,866 | — | 89,192 | 26,532 | 106,916 | 86,809 | 7,625 |
| | 1846 | 1,666,292 | 976,233 | 25,310 | 82,326 | 22,022 | 93,491 | 93,108 | 7,950 |
| | 1847 | 2,341,294 | 1,106,711 | 29,399 | 165,347 | 18,506 | 76,967 | 113,500 | 8,521 |
| | 1848 | 1,395,512 | 634,793 | 12,848 | 60,523 | 12,161 | 49,678 | 55,680 | 19,414 |
| | 1849 | 877,120 | 173,972 | 16,936 | 37,344 | 12,622 | 43,400 | 56,935 | 13,491 |

Anmerk. Im Jahr 1845 ist die Einfuhr von Kleineisen (pos. 6. c). unter der Rubrik façonirtes Eisen rc. (pos. 6. d.) mitbegriffen.

## Eisenausfuhr des Zollvereins.

§. 28. Die Ausfuhr von Eisen und Eisenfabrikaten ist in Roheisen, Stabeisen, Stahl, Blech und Draht (pos. 6. a. bis e.) bedeutend geringer, dagegen in Guß- und Eisenwaaren, namentlich in letzteren, weit stärker als die Einfuhr.

Nach den Kommerzial-Nachweisungen stellt sich die Ausfuhr von Eisen vereinsländischen Ursprungs seit 1834 folgendermaßen:

### Eisenausfuhr des Zollvereins.

| Jahr. | Roheisen. (pos. 6. a.) | Stabeisen, Schienen und Stahl. (pos. 6. b.) | Klein- und Façoneisen, Blech, Draht ꝛc. (pos. 6. c. d. e.) | Guß-waaren. (pos. 6. f. 1.) | Grobe Eisen- und Stahl-waaren. (pos. 6. f. 2.) | Feine Eisen- und Stahl-waaren. (pos. 6. f. 3.) |
|---|---|---|---|---|---|---|
| 1834 | 18,689 | 34,787 | 7,133 | 28,976 | 87,979 | 12,161 |
| 1835 | 33,721 | 33,840 | 8,539 | 23,469 | 96,436 | 15,588 |
| 1836 | 44,547 | 45,312 | 7,897 | 23,287 | 106,424 | 19,496 |
| 1837 | 43,654 | 54,462 | 10,316 | 36,922 | 99,608 | 16,425 |
| 1838 | 32,118 | 46,252 | 13,368 | 37,317 | 88,277 | 11,585 |
| 1839 | 52,862 | 41,110 | 7,046 | 49,092 | 106,699 | 12,321 |
| 1840 | 32,543 | 60,570 | 8,208 | 44,502 | 115,804 | 12,115 |
| 1841 | 66,062 | 48,828 | 10,666 | 42,413 | 115,456 | 17,051 |
| 1842 | 78,623 | 42,162 | 10,867 | 34,503 | 91,307 | 11,863 |
| 1843 | 50,363 | 47,715 | 9,562 | 36,708 | 94,864 | 12,299 |
| 1844 | 31,821 | 43,372 | 16,297 | 41,953 | 104,209 | 11,303 |
| 1845 | 35,826 | 48,318 | 12,916 | 44,757 | 104,261 | 17,768 |
| 1846 | 32,788 | 48,108 | 17,848 | 49,835 | 97,201 | 20,605 |
| 1847 | 25,859 | 42,852 | 8,387 | 59,352 | 115,657 | 21,975 |
| 1848 | 14,254 | 43,630 | 8,229 | 37,285 | 82,413 | 14,649 |
| 1849 | 10,553 | 43,860 | 10,331 | 33,751 | 107,596 | 18,515 |
| 1850 | 10,332 | 51,773 | 22,718 | 40,739 | 131,693 | 32,408 |

Anmerk. Was bei der vorigen Tabelle hinsichtlich der Rubrizirung des Kleineisens in den Jahren 1834 bis 1836 gesagt ist, gilt auch hier. Desgleichen die Bemerkung von der Annahme des Zollcentners seit 1840.

Von dem ausgeführten Roheisen gehört ungefähr die Hälfte der Produktion der angeschlossenen hannöverschen Gebietstheile (Grafschaften Hohenstein und Elbingerode) an, welches nach den Hammerwerken des Mutterlandes geht. Die andere Hälfte des im Ganzen so unbedeutenden Quantums geht nach der Schweiz (von den badischen Hüttenwerken) und Frankreich. Nach letzterem Lande wurde früher sehr viel Rohstahleisen von rheinischen und westphälischen (siegenischen) Hütten ausgeführt, was aber allmälig fast ganz aufgehört hat. Die außerordentlich hohen Einfuhrzölle auf Roheisen und Stahl und die in Frankreich bedeutend gesteigerte Cementstahlfabrikation tragen hievon die Schuld.

Von den unter pos. 6. b. verzeichneten und ebenfalls sehr geringen Ausfuhrquantitäten kommt wohl nur die kleinere Hälfte auf Stabeisen, die größere aber anf rheinischen und westphälischen Roh- und Raffinirstahl. Das Stabeisen geht nach der Schweiz, Frankreich, Holland und Hannover; der Stahl meist nach Frankreich, etwas auch nach Belgien, Holland und Hannover. Der Umstand, daß er mit großer Härte eine außerordentliche Zähigkeit verbindet, sichert ihm, trotz der enormen Eingangszölle Frankreichs und trotz der Konkurrenz des französischen und englischen Gußstahls, immer noch einen kleinen Absatz auf dritten Märkten, der freilich sehr abgenommen hat.

Das ausgeführte Kleineisen besteht meistens aus Nagel- und Bandeisen, die von den badischen Eisenwerken nach der Schweiz gehen. Blech und Draht gehen, jedoch gleichfalls in kleinen Quantitäten, nach der Schweiz, dem Steuerverein, den Hansestädten, Holland u. s. w.

Die Ausfuhr von Gußwaaren, meistens Oefen und Poterien, in letzterer Zeit auch Maschinen und Maschinentheile, geht hauptsächlich nach dem Steuerverein, Holland, Oesterreich und der Schweiz; einiges gelangt auch über die Hansestädte zum überseeischen Export.

Von Eisen- und Stahlwaaren geht etwa die Hälfte der Ausfuhr nach dem Steuerverein, Holland, Belgien und der Schweiz, während die andere Hälfte theils in direktem Verkehr, theils durch den Zwischenhandel der Hansestädte, sowie der holländischen, belgischen und selbst englischen Hafenplätze nach allen Theilen der Welt versandt wird. Die Levante und Nord-Amerika sind besonders gute Abnehmer dieser Waaren, die fast ausschließlich bergischen und märkischen Ursprungs sind, namentlich von Solingen, Remscheid und Enneper Straße. Der Export feiner Eisen- und Stahlwaaren ist im Zunehmen begriffen; bei den Waaren mittlerer Gattung ist dies weniger bemerkbar.

Die Richtung der Ausfuhr von 1845 bis 1849 folgt umstehend:

## Eisenausfuhr aus dem Zollverein von 1845 bis 1849, nach den Grenzstrecken geordnet.

| Ausfuhr über die Grenze gegen: | Jahr. | Pos. 6. a. Roheisen. Zoll-Ctr. | Pos. 6. b. Stabeisen über ½ □Z. Querschnitt Schienen, Stahl. Zoll-Ctr. | Pos. 6. c. Stabeisen unter ½ □Z. Querschnitt Zoll-Ctr. | Pos. 6. d. Façonnirt. Eisen in Stäben, Blech etc. Zoll-Ctr. | Pos. 6. e. Weißblech, Draht etc. Zoll-Ctr. | Pos. 6. f. Eisen- und Stahlwaaren. 1. Grobe Gußwaaren. Zoll-Ctr. | 2. Grobe aus geschmiedet. Eisen etc. Zoll-Ctr. | 3. Feine aus polirtem Eisen etc. Zoll-Ctr. |
|---|---|---|---|---|---|---|---|---|---|
| 1. Rußland und Polen . . | 1845 | 54 | 1,138 | — | 255 | 895 | 1,129 | 2,078 | 537 |
| | 1846 | 68 | 286 | 1,495 | 3 | 1,375 | 254 | 3,096 | 742 |
| | 1847 | 60 | 744 | 9 | 85 | 1,700 | 4,185 | 2,302 | 673 |
| | 1848 | 43 | 638 | — | 2 | 678 | 493 | 1,363 | 778 |
| | 1849 | 55 | 637 | 27 | 105 | 1,249 | 187 | 5,756 | 701 |
| 2. Krakau . . . . . . . . | 1845 | — | 520 | — | 2 | 68 | 2,917 | 270 | 63 |
| | 1846 | — | 495 | 501 | — | 92 | 2,685 | 287 | 14 |
| | 1847 | — | — | — | 20 | 11 | 2,012 | 951 | 29 |
| | 1848 | — | — | — | — | 10 | 2,484 | 783 | 74 |
| | 1849 | — | — | — | — | 190 | 1,233 | 1,601 | 372 |
| 3. Gallizien, Oesterreich.-Schlesien und Böhmen | 1845 | 321 | 212 | — | 335 | 87 | 2,162 | 2,809 | 633 |
| | 1846 | 343 | 149 | 855 | 27 | 305 | 3,856 | 3,902 | 332 |
| | 1847 | 347 | 140 | 151 | 84 | 385 | 13,744 | 3,234 | 411 |
| | 1848 | 392 | 114 | 61 | 53 | 192 | 3,907 | 1,204 | 275 |
| | 1849 | 372 | 71 | 60 | 343 | 140 | 3,152 | 2,074 | 388 |
| 4. Oesterreich und Tyrol . | 1845 | 266 | 130 | — | 10 | 13 | 1,280 | 2,380 | 3,718 |
| | 1846 | 141 | 12 | — | — | 17 | 718 | 499 | 3,373 |
| | 1847 | 1 | 45 | 3 | 21 | 1 | 2,420 | 671 | 3,821 |
| | 1848 | 1 | 20 | — | 2 | 31 | 6,145 | 1,763 | 2,318 |
| | 1849 | 2 | 28 | 1 | 1 | 12 | 2,531 | 612 | 2,079 |
| 5. Schweiz . . . . . . . . | 1845 | 6,719 | 13,047 | — | 3,964 | 120 | 4,732 | 9,131 | 1,354 |
| | 1846 | 9,076 | 12,416 | 4,489 | 546 | 180 | 6,129 | 13,976 | 4,672 |
| | 1847 | 5,991 | 6,742 | 1,613 | 495 | 89 | 7,414 | 11,640 | 3,146 |
| | 1848 | 2,680 | 3,715 | 1,979 | 508 | 100 | 4,565 | 9,673 | 2,146 |
| | 1849 | 429 | 11,299 | 2,382 | 839 | 616 | 6,650 | 13,332 | 2,574 |
| | 1845 | 18,963 | 11,643 | — | 3,564 | 46 | 1,311 | 4,366 | 681 |
| | 1846 | 9,672 | 12,352 | 47 | 4,215 | 7 | 4,195 | 4,820 | 890 |
| | 1847 | 7,233 | 9,050 | 3 | 281 | 61 | 1,241 | 3,238 | 320 |

| | | | | | | | | | |
|---|---|---|---|---|---|---|---|---|---|
| | | | [illegible] | 10 | 24 | 190 | 289 | 15,057 | 4.674 |
| | 1848 | 91 | 6,134 | — | 44 | 25 | 19 | 15,780 | 1,876 |
| | 1849 | 5 | 8,119 | — | — | 40 | 42 | 13,519 | 494 |
| 8. Holland . . . . . . . . | 1845 | — | 7,092 | — | 120 | 1,730 | 4,675 | 43,704 | 1,207 |
| | 1846 | — | 9,548 | 8 | 208 | 1,397 | 6,542 | 34,730 | 1,861 |
| | 1847 | 47 | 8,002 | 22 | 26 | 1,097 | 3,466 | 51,795 | 2,153 |
| | 1848 | 11 | 8,317 | 163 | 207 | 1,243 | 6,036 | 27,672 | 1,477 |
| | 1849 | 66 | 7,035 | 226 | 264 | 1,097 | 4,373 | 38,057 | 827 |
| 9. Hannover . . . . . . . | 1845 | 8,363 | 8,327 | — | 355 | 800 | 19,384 | 20,904 | 5,378 |
| | 1846 | 12,990 | 6,050 | 257 | 401 | 800 | 16,320 | 18,098 | 5,943 |
| | 1847 | 11,688 | 7,[illegible]42 | 448 | 67 | 621 | 12,615 | 19,698 | 6,047 |
| | 1848 | 6,942 | 8,761 | 236 | 635 | 751 | 8,989 | 15,906 | 3,909 |
| | 1849 | 7,276 | 5,411 | 92 | 556 | 1,320 | 11,640 | 21,282 | 10,171 |
| 10. Mecklenburg . . . . . . | 1845 | — | 317 | — | 36 | 42 | 1,238 | 1,281 | 224 |
| | 1846 | — | 672 | 5 | 6 | 173 | 1,567 | 1,279 | 193 |
| | 1847 | — | 982 | 61 | 6 | 38 | 1,579 | 303 | 12 |
| | 1848 | — | 30 | 10 | 4 | 53 | 707 | 452 | 228 |
| | 1849 | — | 187 | 1 | 27 | 30 | 595 | 1,041 | 49 |
| 11. Die Nordsee (einschließl. des direkten Waarenverkehrs auf der Berlin-Hamburger Eisenbahn). | 1845 | — | 478 | — | 10 | 73 | 4,339 | 1,238 | 241 |
| | 1846 | — | 530 | 48 | 71 | 100 | 3,261 | 4,443 | 79 |
| | 1847 | — | 436 | 1 | 467 | 297 | 8,586 | 6,546 | 638 |
| | 1848 | — | 249 | 2 | 6 | 350 | 3,218 | 4,803 | 1,154 |
| | 1849 | — | 345 | 81 | 80 | 161 | 3,013 | 5,831 | 390 |
| 12. Die Ostsee . . . . . . | 1845 | — | 9 | — | 52 | 31 | 1,449 | 471 | 76 |
| | 1846 | 2 | 1 | — | 31 | 20 | 3,781 | 817 | 46 |
| | 1847 | — | — | — | — | — | 1,801 | 232 | 55 |
| | 1848 | — | — | 20 | 344 | 56 | 312 | 693 | 81 |
| | 1849 | — | 1 | — | — | 1 | 111 | 1,001 | 82 |
| Summa . . . | 1845 | 35,826 | 48,327 | — | 8,747 | 4,171 | 44,838 | 104,360 | 17,770 |
| | 1846 | 32,788 | 48,166 | 7,708 | 5,511 | 4,630 | 49,842 | 92,246 | 20,605 |
| | 1847 | 25,859 | 42,853 | 2,324 | 1,576 | 4,490 | 59,352 | 115,667 | 21,979 |
| | 1948 | 14,254 | 43,630 | 2,511 | 2,214 | 3,504 | 37,285 | 82,413 | 14,649 |
| | 1849 | 10,553 | 43,861 | 2,954 | 2,554 | 4,878 | 33,751 | 107,604 | 18,520 |

Anmerk. Für das Jahr 1845 ist die Ausfuhr von Kleineisen (pos. 6. c.) unter der folgenden Position (6. d.) mitbegriffen.

Es findet auch Ausfuhr von Eisenerzen statt. Sie bestehen größtentheils aus nassauischen Roth- und Brauneisensteinen, die über Rhein und Mosel nach Frankreich gehen und aus Erzen des baierischen Oberlandes und der Rheinpfalz, die beziehungsweise nach Tyrol und Frankreich, jedoch in weniger bedeutendem Umfange, verfahren werden.

Nach dem, was vorstehend über die Richtung der Ausfuhr gesagt ist, bedarf es nicht erst der Erwähnung, daß von dem Export über Belgien, Holland und Hannover ein großer Theil über See nach allen Welttheilen verführt wird. Von den Ausfuhren nach der Nordsee wird ein Theil in den Hansestädten verbraucht oder nach dem Steuerverein, Holstein und Meklenburg geführt; die Hälfte etwa geht über See. Was die Ostseehäfen ausführen, geht nach Dänemark, Schweden und den baltischen Ländern.

## Eisenverbrauch des Zollvereins.

§. 29. Aus vorstehenden Nachweisen über Produktion, Ein- und Ausfuhr läßt sich leicht der Gesammteisenverbrauch des Zollvereins berechnen. Zu dem Ende muß die Einfuhr zur inländischen Eisenerzeugung aus Erzen (Hochofenproduktion) addirt werden, nachdem zuvor das verarbeitet eingeführte Eisen (Stabeisen, Blech, Draht, Eisenwaaren u. s. w.) auf Roheisen reduzirt worden ist, um zu gleichartigen Größen zu gelangen. Es bedarf keiner Erwähnung, daß es gänzlich unstatthaft ist auch die im Inlande fabrizirten Quantitäten Stabeisen, Gußwaaren zweiter Schmelzung und sonstiger Eisenfabrikate in Rechnung zu bringen, wenn deren Rohmaterial — das Roheisen — bereits als inländisches Produkt oder als Einfuhr aufgeführt worden war*).

---

*) Und doch sind unbegreiflicherweise viele, und darunter namhafte Statistiker, wie z. B. Geh. Rath Dieterici, in diesen Fehler verfallen, indem sie das Fabrikat zu dem Rohmaterial, woraus es gefertigt ward, addiren! Ueberdies versäumen fast alle Statistiker die Reduktion der eingeführten Eisenfabrikate auf Roheisen vorzunehmen; die Gewichtsunterschiede sind hier zu bedeutend, um unberücksichtigt bleiben zu können, wenn die Berechnung nur einigermaßen auf Genauigkeit Anspruch machen will.

Wir geben in Folgendem zuerst eine Berechnung des allgemeinen Eisenverbrauchs*), also derjenigen Quantität von Roheisen, welche erforderlich ist, um alle Eisenfabrikate herzustellen, deren der Zollverein zur Deckung des inneren Consums und der Ausfuhr bedürftig ist. Es versteht sich von selbst, daß hierbei nur von der Produktion und Einfuhr der im betreffenden Jahre wirklich zum Verein gehörigen Staaten die Rede sein kann. Da derselbe nun erst seit 1842 in dem jetzigen Umfange besteht, indem Baden, Nassau und Frankfurt erst 1836, Braunschweig, Luxemburg und Lippe erst 1842 beitraten, so beginnt die Geltung der Summen als Verhältnißzahlen für das Wachsthum des Consums eigentlich erst mit dem letztgenannten Jahr.

## Gesammtbedarf des Zollvereins an Roheisen für innern Konsum und Ausfuhr.

| Jahr. | 1. Hochofenproduktion des Zollvereins. (Tab. §. 24. Col. 13. a.) Ctr. | 2. Einfuhr vom Ausland in den Zollverein. a. Roheisen. (pos. 6. a.) Ctr. | b. Alle übrigen Eisenfabrikate (p.6.b.bis6.f.3.) i.Verh.100:140 auf Roheisen reduzirt. Ctr. | c. Summa der Einfuhr auf Roheisen reduzirt. Ctr. | 3. Gesammtbedarf des Zollvereins an Roheisen. (Summa von 1. und 2. c.) Ctr. |
|---|---|---|---|---|---|
| 1834 | 2,202,105 | 207,203 | 286,727 | 493,930 | 2,696,035 |
| 1835 | 2,309,216 | 211,700 | 343,303 | 555,003 | 2,864,219 |
| 1836 | 2,981,319 | 95,876 | 339,039 | 434,915 | 3,416,234 |
| 1837 | 3,112,010 | 153,821 | 329,848 | 483,669 | 3,595,679 |
| 1838 | 3,052,057 | 277,058 | 674,888 | 951,946 | 4,004,003 |
| 1839 | 3,347,141 | 301,451 | 625,423 | 926,874 | 4,274,015 |
| 1840 | 3,459,654 | 735,314 | 790,575 | 1,525.889 | 4,985,543 |
| 1841 | 3,413,163 | 986,373 | 930,860 | 1,917,233 | 5,330,396 |
| 1842 | 3,409,892 | 1,195,925 | 1,469,220 | 2,665,145 | 6,075,037 |
| 1843 | 3,483,753 | 2,658,555 | 1,591,112 | 4,249,667 | 7,733,420 |
| 1844 | 3,422,908 | 1,416,948 | 2,314,260 | 3,731,208 | 7,154,116 |
| 1845 | 3,696,260 | 427,430 | 1,630,659 | 2,058,089 | 5,754,349 |
| 1846 | 3,977,225 | 1,577,716 | 1,729,067 | 3,306,783 | 7,284,008 |
| 1847 | 4,583,215 | 2,298,705 | 1,798,154 | 4,096,859 | 8,680,074 |
| 1848 | 4,264,754 | 1,424,900 | 1,080,899 | 2,505,799 | 6,770,553 |
| 1849 | 3,953,950 | 829,839 | 343,935 | 1,173,774 | 5,127,724 |
| 1850 | 4,313,187 | 2,217,726 | 475,437 | 2,693,163 | 7,006,350 |

*) Da die Produktion stets, und auch die Ein- und Ausfuhr von 1834

In Prozentantheilen des Gesammtverbrauchs ausgedrückt, verhielten sich Produktion und Einfuhr folgendermaßen:

| | Produktion. | | Einfuhr. |
|---|---|---|---|
| 1834 . . . . . . | 82 | : | 18 |
| 1835 . . . . . . | 80 | : | 20 |
| 1836 . . . . . . | 88 | : | 12 |
| 1837 . . . . . . | 87 | : | 13 |
| 1838 . . . . . . | 76 | : | 24 |
| 1839 . . . . . . | 78 | : | 22 |
| 1840 . . . . . . | 70 | : | 30 |
| 1841 . . . . . . | 64 | : | 36 |
| 1842 . . . . . . | 57 | : | 43 |
| 1843 . . . . . . | 45 | : | 55 |
| 1844 . . . . . . | 48 | : | 52 |
| 1845 . . . . . . | 64 | : | 36 |
| 1846 . . . . . . | 54 | : | 46 |
| 1847 . . . . . . | 53 | : | 47 |
| 1848 . . . . . . | 63 | : | 37 |
| 1849 . . . . . . | 77 | : | 23 |
| 1850 . . . . . . | 61 | : | 39 |

In den Jahren 1843 und 1844 hat also die Einfuhr die innere Produktion sogar überstiegen. Die Zollmaaßregeln von 1844, verbunden mit den bedeutend gestiegenen Eisenpreisen in England, reduzirten dies Verhältniß wieder einigermaßen zu Gunsten der inländischen Produktion.

In der folgenden Tabelle ist die Berechnung enthalten, wie viel Roheisen zur Befriedigung des inneren Verbrauchs im Zollverein erforderlich war; zu dem Ende mußte also das zur Ausfuhr gelangte Eisen vereinsländischer Produktion von dem Gesammteisenbedarf in Abzug gebracht werden. Wenn man überhaupt im Allgemeinen von dem Eisenconsum eines Staates spricht, so hat man dabei die Resultate von Berechnungen, wie sie in nachstehender, nicht wie sie in vorstehender Tabelle aufgestellt sind, im Auge.

bis 1839, in preuß. Centnern à 110 Pfd., von da ab aber Ein- und Ausfuhr in Zollcentnern à 106,9 Pfd. aufgeführt sind, so findet von 1840 bis 1850 eine kleine Ungenauigkeit statt, die aber nicht beachtenswerth ist, da ihre Berücksichtigung die Totalsummen höchstens bis 1 Prozent verändern würde.

## Verbrauch des Zollvereins an Roheisen für den inneren Bedarf.

| Jahr. | 1. Gesammtbedarf des Zollvereins an Roheisen. (S. vor. Tab. Col. 3.) | 2. Ausfuhr aus dem Zollverein. | | | 3. Roheisenverbrauch für den innern Bedarf. (Differenz zw. 1. und 2. c.) |
|---|---|---|---|---|---|
| | | a. Roheisen. (pos 6 a.) | b. Alle übrigen Eisenfabrikate (p.6.b.bis 6.f.3.) i.Verh. 100:150 auf Roheisen reduzirt | c. Summa der Ausfuhr auf Roheisen reduzirt. | |
| | Ctr. | Ctr. | Ctr. | Ctr. | Ctr. |
| 1834 | 2,696,035 | 18,689 | 256,554 | 275,253 | 2,420,782 |
| 1835 | 2,864,219 | 33,721 | 266,808 | 299,529 | 2,564,690 |
| 1836 | 3,416,234 | 44,547 | 303,624 | 347,171 | 3,069,063 |
| 1837 | 3,595,679 | 43,654 | 326,599 | 369,253 | 3,226,426 |
| 1838 | 4,004,003 | 32,118 | 295,198 | 327,316 | 3,676,687 |
| 1839 | 4,274,015 | 52,862 | 324,402 | 376,264 | 3,897,751 |
| 1840 | 4,985,543 | 32,543 | 361,799 | 394,342 | 4,591,201 |
| 1841 | 5,330,396 | 66,062 | 351,621 | 417,683 | 4,912,713 |
| 1842 | 6,075,037 | 78,623 | 286,053 | 364,676 | 5,710,361 |
| 1843 | 7,733,420 | 50,363 | 301,722 | 352,085 | 7,381,335 |
| 1844 | 7,154,116 | 31,821 | 325,701 | 356,522 | 6,797,594 |
| 1845 | 5,754,349 | 35,826 | 342,030 | 377,856 | 5,376,493 |
| 1846 | 7,284,008 | 32,788 | 530,396 | 563,184 | 6,720,824 |
| 1847 | 8,680,074 | 25,859 | 372,334 | 398,193 | 8,281,881 |
| 1848 | 6,770,553 | 14,254 | 279,309 | 293,563 | 6,476,990 |
| 1849 | 5,127,724 | 10,553 | 321,079 | 331,632 | 4,796,092 |
| 1850 | 7,006,350 | 10,332 | 418,996 | 429,328 | 6,577,022 |

Anmerk. Bei der Einfuhr ist das verarbeitete Eisen im Verhältniß 100 : 140, bei der Ausfuhr jedoch im Verhältniß 100 : 150 auf Roheisen reduzirt, weil diese größtentheils aus Eisenwaaren, jene meistens aus Stabeisen besteht, folglich zur Herstellung einer gleichen Gewichtsmenge der Ausfuhr mehr Roheisen verwandt worden ist, als bei der Einfuhr.

In Wirklichkeit hat begreiflicherweise in den einzelnen Jahren kein solches Schwanken im unmittelbaren Verbrauch stattgefunden, wie es sich aus der Addition der Produktion und der Einfuhr ergiebt. So stellt sich z. B. der Eisenverbrauch von 1845 nur scheinbar niedriger als der von 1842 bis 1844; es waren vielmehr in diesen Vorjahren, in Erwartung der am 1. September 1844 vorgenommenen Zollerhöhung, bedeutende Quantitäten Roh- und Stabeisen importirt worden, die zum grofen Theil erst 1844 zum wirklichen Verbrauch gelangten. Im Jahr 1848 fand aber allerdings ein so plötzliches Fallen des Consums statt, als es die Tabelle ergiebt; ja es war in Wirklichkeit noch stärker, indem die Hüttenwerke in diesem Jahre sehr stark auf Vorrath arbeiteten, der theilweis erst jetzt zum wirklichen Consum gelangt.

In den folgenden Durchschnittszahlen wird sich das Verhältniß, in welchem der Verbrauch wirklich stattfand, richtiger darstellen, indem sich dabei die Schwankungen der einzelnen Jahre besser ausgleichen. Nur erscheint darnach die Consumtion des Zeitraums $18\frac{45}{47}$ noch etwas zu niedrig, und die des vorhergehenden, in welchem der bevorstehenden Zollauflegung halber viel Roheisen auf Spekulation eingeführt ward, um so viel zu hoch. Auch die Consumtion von $18\frac{48}{50}$ ist in Wirklichkeit etwas niedriger, indem die bevorstehende Erhöhung des Zolls auf belgisches Roheisen im Jahr 1850 zu einer Einfuhr über Bedarf Veranlassung gab. Für die Jahre 1834 und 1835 ist ein zweijähriger und für die folgenden ein dreijähriger Durchschnitt festgehalten. Es trifft dies sehr genau mit der Abgrenzung der verschiedenen Geschäftsperioden zusammen, die unsere Eisenindustrie seit jener Zeit durchgemacht hat.

$18\frac{34}{35}$. Mittelpreise; Nachfrage und Angebot im Verhältniß. Die Konkurrenz des Auslandes wenig fühlbar.

$18\frac{36}{38}$. Günstige Periode. Hohe Preise, gesteigerte Nachfrage.

$18\frac{39}{41}$. Normales Geschäftsverhältniß. Gegen Ende der Periode tritt die Konkurrenz Schottlands zum ersten Mal ernstlich hervor.

$18\frac{42}{44}$. Seit 1841 rasches Sinken der Preise, trotz des steigenden Consums für den Eisenbahnbau; 1843 und 1844 vollständige Krisis, durch die schottischen Preisverhältnisse hervorgerufen; tiefster Stand der Preise; enormes Steigen der Einfuhr; Einschränkung der Produktion. 1. Sept. 1844 Zollerhöhung; Steigen der englischen Preise.

$18\frac{45}{47}$. Sehr günstige Periode; Steigen der Produktion und Consumtion; Gegen Herbst 1847 beginnt die eingetretene allgemeine Finanzkrisis, verbunden mit der Ueberproduktion in Schottland, die Preise rasch herabzudrücken.

$18\frac{48}{50}$. Erneute Krisis, durch das Stocken des Verbrauchs in den Revolutionsjahren, verbunden mit dem Hervortreten der übermäßigen Konkurrenz Belgiens, vollständig ausgebildet. 1849 schlimmste Periode; bedeutende Einschränkung der Produktion Erst 1850 steigert sich der Consum wieder etwas; die Preise bleiben jedoch in der ganzen Periode auf dem Niveau von 1843. 1851 währt dies Verhältniß fast unverändert fort; die schottischen Preise sinken noch tiefer als 1843.

Die folgende Tabelle giebt die Verhältnisse der durchschnittlichen jährlichen Produktion, der Einfuhr, Ausfuhr und des Verbrauchs in diesen Perioden an.

Durchschnittszahlen der jährlichen Produktion, der Einfuhr, des Gesammtverbrauchs, der Ausfuhr und des inneren Consums an Roheisen im Zollverein.

| Perioden. | 1. Eisengewinnung des Zollvereins. Ctr. | 2. Eiseneinfuhr auf Roheisen reduzirt. Ctr. | 3. Gesammtbedarf des Zollvereins an Roheisen. Ctr. | 4. Eisenausfuhr auf Roheisen reduzirt. Ctr. | 5. Roheisenbedarf für den inneren Consum. Ctr. |
|---|---|---|---|---|---|
| 18$\frac{34}{35}$ | 2,255,661 | 524,466 | 2,780,127 | 287,391 | 2,492,736 |
| 18$\frac{36}{38}$ | 3,048,462 | 623,510 | 3,671,972 | 347,913 | 3,324,059 |
| 18$\frac{39}{41}$ | 3,406,653 | 1,456,665 | 4,863,318 | 396,096 | 4,467,222 |
| 18$\frac{42}{44}$ | 3,438,851 | 3,548,673 | 6,987,524 | 357,761 | 6,629,763 |
| 18$\frac{45}{47}$ | 4,085,567 | 3,153,910 | 7,239,477 | 446,411 | 6,793,066 |
| 18$\frac{48}{50}$ | 4,177,297 | 2,124,245 | 6,301,542 | 351,507 | 5,950,035 |

Auf den Kopf der Bevölkerung reduzirt, gestaltet sich vorstehende Tabelle folgendermaßen, wobei überdieß bemerkt werden muß, daß hierbei, um ganz genau zu gehen, auch auf die Annahme des Zollcentners seit 1840 in der Rechnung gehörige Rücksicht genommen ist.

Eisenproduktion, Einfuhr, Gesammtverbrauch, Ausfuhr und innerer Consum an Roheisen auf den Kopf der Bevölkerung des Zollvereins.

| Perioden. | Einwohnerzahl des Zollvereins | 1. Eisengewinnung pro Kopf. Pfd. | 2. Eiseneinfuhr pro Kopf. Pfd. | 3. Gesammteisenbedarf pro Kopf. Pfd. | 4. Eisenausfuhr pro Kopf. Pfd. | 5. Innerer Eisenverbrauch pro Kopf. Pfd. |
|---|---|---|---|---|---|---|
| $18\frac{34}{35}$ | 23,621,000 | 10,50 | 2,44 | 12,94 | 1,34 | 11,60 |
| $18\frac{36}{38}$ | 26,066,000 | 12,86 | 2,63 | 15,49 | 1,47 | 14,02 |
| $18\frac{39}{41}$ | 27,146,000 | 13,80 | 5,90 | 19,70 | 1,60 | 18,10 |
| $18\frac{42}{44}$ | 28,465,000 | 13,29 | 13,34 | 26,63 | 1,34 | 25,29 |
| $18\frac{45}{47}$ | 29,440,000 | 15,26 | 11,46 | 26,72 | 1,62 | 25,10 |
| $18\frac{48}{50}$ | 29,803,000 | 15,42 | 7,63 | 23,05 | 1,26 | 21,79 |

Anmerk. Die bedeutend geringere Bevölkerungszunahme in der letzten Periode, erklärt sich aus den Einwirkungen der revolutionären und kriegerischen Ereignisse.

Das im Jahr 1847 erreichte Verbrauchsmaximum geht weit über den Durchschnitt von $18\frac{45}{47}$; der Gesammtverbrauch (Col. 3.) betrug in diesem Jahr 32,15 Pfund, und der innere Consum (Col. 5.) 30,67 Pfund pro Kopf. Ueberhaupt war in der Periode $18\frac{45}{47}$ das wirklich zum Verbrauch gekommene Quantum um etwa $1\frac{1}{2}$ Pfund pro Kopf größer, und in der Periode $18\frac{42}{44}$ entsprechend kleiner, weil gegen $1\frac{1}{2}$ Million Centner Roh- und Stabeisen, die in den Jahren 1843 und 1844, wie schon oben bemerkt, auf Spekulation eingeführt wurden, erst 1845 zum Verbrauch gelangten. Man wird hiernach richtiger den inneren Consum (Col. 5.) für $18\frac{42}{44}$ auf 23,79 Pfund und $18\frac{45}{47}$ auf 26,60

Pfund pro Kopf annehmen können. — $18\frac{48}{50}$ war ebenfalls der wirkliche Verbrauch kleiner, als er sich nach obiger Rechnung herausstellt, theils wegen der ungewöhnlich starken Einfuhr belgischen Roheisens im Jahr 1850, theils wegen der bedeutenden Vorräthe, welche die inländischen Werke aufgespeichert haben.

Den bedeutendsten Faktor der Verbrauchszunahme des Eisens seit 10 Jahren bildet der Eisenbahnbau. Wir wollen im Folgenden eine Berechnung des dazu verwandten Eisens geben.

Von den 7 Meilen Pferdebahn für Anfuhr der Saar- und Ruhrkohlen abgesehen, die bereits 1826 gebaut wurden, sind in den 5 dreijährigen Perioden von 1836 bis 1850 im Zollverein folgende Eisenbahnlängen vollendet und in Betrieb gesetzt worden:

| | | |
|---|---|---|
| 1836—38 .... | 6 | Meilen |
| 1839—41 .... | 84 | " |
| 1842—44 .... | 121 | " |
| 1845—47 .... | 269 | " |
| 1848—50 .... | 182 | " |
| Summa ... | 662 | Meilen, |

die Ende 1850 in Betrieb waren. Doppelgeleisig sind davon nur 100 Meilen, wovon etwa 20 von 1842—44, 50 von 1845—47 und 30 von 1848—50 vollendet wurden.

Der Haupteisenverbrauch bei Erbauung der Eisenbahnen liegt in den Schienen. Dieselben sind im Laufe der Zeit immer schwerer gemacht worden; man kann für $18\frac{36}{38}$ 18 Pfund und für jede folgende Periode 1 Pfund mehr, also $18\frac{48}{50}$ 22 Pfund als Gewicht eines Fußes Schiene annehmen. Auch im Uebrigen ist der Eisenverbrauch mindestens im gleichen Verhältniß gestiegen. Nimmt man nun als Minimum an, das sonst erforderliche Eisenquantum für Ausweichgeleise, Stühle, Drehscheiben, Nägel, Lokomotiven, Maschinen, Wagen, Bauten rc. betrage halb so viel als das einfache Schienengewicht (in England, wo weit mehr Eisen aufgewandt wird, beträgt es mehr als das Doppelte), so wurde für die Meile eingeleisiger Bahn in jeder der 5 Perioden verbraucht:

| | | | | | | | |
|---|---|---|---|---|---|---|---|
| $18\frac{36}{38}$ .. | 11,782 | Ctr. | oder | auf Roheisen | reduzirt | 16,494 | Ctr. |
| $18\frac{39}{41}$ .. | 12,436 | " | " | " | " | 17,410 | " |
| $18\frac{42}{44}$ .. | 13,091 | " | " | " | " | 18,327 | " |
| $18\frac{45}{47}$ .. | 13,745 | " | " | " | " | 19,243 | " |
| $18\frac{48}{50}$ .. | 14,400 | " | " | " | " | 20,160 | " |

Für das zweite Geleise $1\frac{1}{4}$ des Schienengewichts angenommen, ergiebt pro Meile ein Gewicht von:

| | | | |
|---|---|---|---|
| $18\frac{42}{44}$ . . | 10,909 Ctr. | oder auf Roheisen reduzirt | 15,272 Ctr. |
| $18\frac{45}{47}$ . . | 11,454 „ | „ „ „ „ | 16,035 „ |
| $18\frac{48}{50}$ . . | 12,000 „ | „ „ „ „ | 16,800 „ |

Hiernach sind im Ganzen bis Ende 1850 zur Erbauung der ein- und zweigeleisigen Bahnen des Zollvereins an Roheisen verbraucht worden:

| | | |
|---|---|---|
| 1836—38 . . . . | 98,964 | Ctr. Roheisen. |
| 1839—41 . . . . | 1,462,440 | „ „ |
| 1842—44 . . . . | 2,523,007 | „ „ |
| 1845—47 . . . . | 5,976,117 | „ „ |
| 1848—50 . . . . | 4,173,120 | „ „ |
| Summa . . . | 14,233,648 | Ctr. Roheisen |

auf 662 Meilen, oder 21,501 Ctr. auf eine Meile.

Nun muß man aber mindestens 5 Prozent des zur Anlage erforderlichen Eisens oder gegen 1000 Centner pro Meile und Jahr*) auf die Instandhaltung der Bahnen rechnen. Dies macht in Summa von 1836 bis 1850: 3,354,000 Centner; es sind also im Ganzen für Eisenbahnen im Zollverein 17,587,648 Centner verbraucht worden.

Nach dem jährlichen Durchschnitt betrug also in jeder der 5 Perioden der Roheisenbedarf:

| | Für neue Eisenbahnbauten. | Für Unterhalt. d. besteh. Bahnen.**) | Summa. |
|---|---|---|---|
| $18\frac{36}{38}$ . . . | 32,988 Ctr. | 3,000 Ctr. | 35,988 Ctr. |
| $18\frac{39}{41}$ . . . | 487,480 „ | 48,000 „ | 535,480 „ |
| $18\frac{42}{44}$ . . . | 841,007 „ | 150,500 „ | 991,507 „ |
| $18\frac{45}{47}$ . . . | 1,992,039 „ | 345,500 „ | 2,337,539 „ |
| $18\frac{48}{50}$ . . . | 1,391,040 „ | 571,000 „ | 1,962,040 „ |

*) In England, wo die Eisenqualität der Schienen durchschnittlich geringer und dabei die Eisenbahnfrequenz ungleich stärker ist, rechnet man mehr als das Doppelte, ja bis zum Vierfachen dieser Summen.

**) Es ist hier die Unterhaltung der ungefähr um die Mitte jeder Periode in Betrieb befindlichen Bahnen in Anschlag gebracht; für $18\frac{48}{50}$ sind demnach nicht 662, sondern nur 571 Meilen angenommen u. s. f. Für die doppelgeleisigen Strecken ist kein höheres Quantum angenommen, da hier auch die Abnutzung geringer ist, als bei eingeleisigen Bahnen.

Auf den Kopf der Bevölkerung berechnet sich hiernach ein durchschnittlicher jährlicher Roheisenbedarf für Erbauung und Unterhaltung der Eisenbahnen:

| | |
|---|---|
| $18\frac{34}{35}$ ...... | — |
| $18\frac{36}{38}$ ...... | 0,15 |
| $18\frac{39}{41}$ ...... | 2,16 |
| $18\frac{42}{44}$ ...... | 3,83 |
| $18\frac{45}{47}$ ...... | 8,73 |
| $18\frac{48}{50}$ ...... | 7,24 |

Von dem übrigen Eisenbedarf entfallen etwa $\frac{2}{5}$ bis zur Hälfte auf die Landwirthschaft, deren Verbrauch also dem der Eisenbahnen in den Jahren $18\frac{48}{50}$ beinahe gleich steht. Dagegen verbraucht die Landwirthschaft fast ausschließlich mittlere und feine Qualitäten; namentlich findet das inländische bei Holzkohlen erblasene und gefrischte Eisen den zum bei weitem größten Theil seine Verwendung in der Acker- und Feldwirthschaft. Für die Eisenbahnen dagegen, insbesondere für die Schienen, werden gewöhnlichere Sorten verwandt und sind letztere, so weit sie überhaupt vom Inland bezogen wurden, zu $\frac{2}{3}$ bis $\frac{3}{4}$ aus belgischem und schottischem Coaks-, beziehungsweise Steinkohleneisen dargestellt; in der Regel besteht nur die obere Lage aus inländischem Holzkohleneisen.

Der übrige Theil des Eisenverbrauchs vertheilt sich auf die unzähligen Bedürfnisse des Maschinen- und Schiffbaues, der Hauswirthschaft, des Häuserbaues, des Fabrik- und Handwerkbetriebes, des Fuhrwesens, der Waffen u. s. w. An Anhaltspunkten, das Verbrauchskontingent für die einzelnen Erwerbszweige zu ermitteln, fehlt es jedoch durchaus.

## B. Die nicht zum Zollverein gehörenden deutschen Staaten.

### 1. Hannover.

§. 30. Die hannöversche Eisenindustrie ist nicht von bedeutendem Umfange. Die Hütten liegen im südlichen Theile des Königreichs, meistens im Harze, dann im Solling und bei Osnabrück. Mit Ausnahme von 2 Hochöfen gehören sämmtliche Hüttenwerke dem Staate. Braun- und Thoneisensteine bilden den Haupttheil der Beschickung der hannöverschen Hochöfen, welche ausschließlich mit Holzkohlen hütten.

Nach den mehrerwähnten Enqueten des Jahres 1848 betrug die Eisengewinnung im Königreich (abgesehen von dem Antheil an der Kommunionhütte Gittelde) in hannöv. Centnern à 100 Pfund:

| | Roheisen. | Gußwaaren aus Erzen. | Summa d. Hochofenproduktion. |
|---|---|---|---|
| 1840 . . . | 119,494 Ctr. | 48,673 Ctr. | 168,167 Ctr. |
| 1847 . . . | 137,402 „ | 64,908 „ | 202,310 „ |

Die Erzeugung des Aerars betrug:

| | |
|---|---|
| 1834 . . . . | 72,564 Ctr. |
| 1840 . . . . | 146,667 „ |
| 1847 . . . . | 173,310 „ |

Faßt man indeß die Abgrenzung der Zollgebiete in's Auge, so muß von der Produktion des Königreichs Hannover der Theil in Abzug kommen, welcher in den dem Zollverein angeschlossenen Gebietstheilen erzeugt wird und dort bereits (siehe §. 23. 1.) in Anrechnung gebracht worden ist. Hiernach bleibt für das Steuervereinsgebiet nur eine Eisenproduktion von 129,000 Centnern im Jahr 1840 und 159,000 im Jahr 1847.

Der Gießereibetrieb ist in Hannover nicht unbedeutend, insbesondere seit sich dort die Maschinenfabrikation gehoben hat, deren Hauptsitz in Linden bei Hannover ist. Es sind etwa 10 Cupolofen vorhanden, die meistens graues schottisches Roheisen verschmelzen. Auch im Oldenburgischen sind gut eingerichtete Giessereien, z. B. in Varel.

Auf die Stabeisenerzeugung kann man gegenwärtig 70,000 Centner im Jahre rechnen, außerdem gegen 200 Centner Blech, 1000 Centner Draht und 500 Centner Rohstahl. Die Frischerei findet bei Holzkohlen statt; im Harz werden vielfache Versuche gemacht, das Puddeln bei Gasen durchzuführen.

Bei Gelegenheit der Besprechung der hannöverschen Zollanschlußfrage kommen wir auf die Lage der dortigen Eisenindustrie zurück, wollen hier jedoch in der Kürze eine Berechnung des Eisen-Consums im Steuerverein (Hannover u. Oldenburg) geben, der außer den hannöverschen Hütten keine Hochöfen weiter besitzt. Die Einfuhr betrug dort im Durchschnitt der zwei Rechnungsjahre von Mitte 1846 bis Mitte 1848 416,000 hannöversche Centner; die Ausfuhr alten Eisens und Guß- und Eisenwaaren (vorzüglich nach Holland) ist zu 30,000 Centner zu veranschlagen, bleibt also Mehreinfuhr 386,000 hannöv. Centner, worunter gegen 60,000 Centner Roheisen*). Die ganze Mehreinfuhr auf Roheisen reduzirt ergäbe demnach 460,000 Centner; zuzüglich der hohen Produktion des Jahres 1847 von 159,000 Centnern**) stellt sich also der ganze Eisen-Consum des Steuervereins auf 619,000 hannöv. Centner, oder bei einer Bevölkerung von 2,050,000 Seelen, auf 30,2 Pfund pro Kopf. Seitdem ist die Einfuhr ähnlich wie im Zollverein gesunken ($18\frac{47}{48}$ nur noch 395,000 Centner), so daß gegenwärtig die Consumtion etwa 3—4 Pfund pro Kopf niedriger stehen mag, als 1847. Im Zollverein fanden wir für den Durchschnitt $18\frac{45}{47}$ 26,6 Pfund und speziell für das Jahr 1847 30,67 Pfund.

Der Eisenbahnbau hat in den letzten Jahren im Steuerverein noch etwas mehr Eisen pro Kopf in Anspruch genommen, als im Zollverein, nämlich für etwa 8—9 Meilen jährlich (1847 fast das Doppelte), zuzüglich der Unterhaltung, gegen 9

---

*) Hiervon etwa 10—12,000 aus den dem Zollverein angeschlossenen hannöverschen Gebietstheilen.

**) Die Produktion der dem Zollverein angeschlossenen Theile kann hier natürlich nicht in Betracht kommen, da der Theil davon, welcher nicht im Zollverein bleibt, bei der Einfuhr in Anschlag gebracht ist.

Pfund pro Kopf der Bevölkerung. Außerdem ist der Eisenverbrauch für Schiffbau verhältnißmäßig stärker als im Zollverein; für die Landwirthschaft steht er ganz gleich und für die sonstigen Verwendungszwecke ist er geringer.

## 2. Oesterreich.

§. 31. Die Eisenindustrie ist in Oesterreich ein sehr ausgedehntes und sehr altes Gewerbe, das fast in allen Provinzen des Reiches betrieben wird. Man kann indeß drei Hauptgruppen für die Eisengewinnung unterscheiden.

Die erste und bedeutendste ist die Alpengruppe und darin vor Allem Steiermark, der Hauptsitz der österreichischen Eisenindustrie mit Erzlagerstätten, die zu den wichtigsten des ganzen Continents gehören. Den Mittelpunkt derselben bildet der berühmte Erzberg, aus dessen Spatheisensteinen ein sehr großer Theil des Rohmaterials für den berühmten steirischen Stahl gewonnen wird. Fast mit einem gleichen Erzreichthum schließt sich Kärnthen, ebenfalls einer der Hauptsitze der Schmelzstahlfabrikation, an Steiermark an. Auch Krain, Tyrol, die Lombardei haben nicht unbedeutende Eisenproduktion; weniger Ober- und Nieder-Oesterreich.

Die zweite Gruppe besteht aus Böhmen, Mähren und Oesterreichisch-Schlesien. Böhmen hat davon die bedeutendste Eisenerzeugung; es verhüttet hauptsächlich Roth- und Brauneisensteine. Die Qualität seines Eisens steht übrigens den steirischen und Kärnthner Produkt nach.

Die dritte Gruppe wird durch Ungarn und die Karpathenländer überhaupt gebildet. Die Haupteisenerzeugung findet dort am südlichen Abhang der Karpathen statt. Auch Galizien, Siebenbürgen und die Militärgrenze produziren etwas Eisen.

Seit 1841 sind zwar in Mähren und Böhmen einige Coakshochöfen angelegt worden, allein, wie wir hören, noch nicht zu regelmäßigem Betrieb gelangt, so daß also die ganze österreichische Produktion bei Holzkohlen dargestellt wird, zu einem kleinen Theil auch unter Zusatz von Holz, Braunkohle oder Torf. Obgleich nun in den letzten Jahren, namentlich angeregt durch die Erweiterung des Verbrauchs für die Eisenbahnen, die Fortschritte Oesterreichs in der Eisenhüttentechnik ganz unverkennbar sind und neue Werke von vorzüglicher Einrichtung entstanden, so hat es doch im Ganzen noch einen weiten Weg zurückzulegen, bis es, was Umfang und Ausbildung der Produktion, so wie Erniedrigung der Produktionskosten und Preise betrifft, auf den Standpunkt gelangt, den es bei dem vorhandenen Mineralreichthum und der Kultur seiner Bewohner längst hätte erreichen sollen. Die Eisenpreise stehen 50 bis 75 Prozent höher als im Zollverein. Eine einseitige Handelspolitik, welche durch vollständige Prohibition des fremden Eisens jeden zum Fortschritt anregenden äußeren Einfluß fern hielt, und überdies eine beschränkende Gewerbegesetzgebung, welche das freie Spiel der inneren Konkurrenz hemmte, tragen die hauptsächliche Schuld, daneben die hohe Besteuerung des Bergbaues, der Mangel an Kommunikationsmitteln u. s. w. Insbesondere ist es zu beklagen, daß hierdurch die Durchführung des Coakshüttenbetriebes verhindert und somit die Grundlage, auf der die Fortentwicklung der Eisenindustrie stattzufinden hat, noch gar nicht erforscht und festgestellt ist. Denn für die Holzkohleneisenerzeugung eines europäischen Staates kann es sich im Wesentlichen nur noch um Erhaltung des Bestehenden handeln, und diese Erhaltung ist in Oesterreich, insbesondere bei den in Steiermark und Kärnthen vorhandenen Grundlagen, unschwer durchzuführen, da selbst eine weit stärkere Konkurrenz von außen gut eingerichteten Hüttenwerken den gewinnreichen Fortbetrieb gestatten wird. Wenn man aber auch künftighin die Versorgung des inneren Marktes vorzugsweise der eigenen Industrie vorbehalten will, so liegt es doch im Interesse der Allgemeinheit neben dem Ueberfluß in der Erzeugung guter und theurer Eisensorten auch dem Mangel an billigem und ordinärem Eisen abzuhelfen, was einzig die Coakseisenindustrie vermag. Leider ist bei dem bisherigen Absperrungssystem noch nicht einmal soweit fortgeschritten worden, daß man mit Sicherheit zu beurtheilen vermag, inwieweit Oesterreich Hoffnung hat, eine Coakseiseninduſtrie, die mit der Zeit die Konkurrenz Belgiens und Englands ertragen könnte, emporzubringen. Denn es entscheidet hier nicht bloß der Reichthum von Erzen und Steinkohlen an und für sich — beide sind in Oesterreich in Fülle vorhanden, —

sondern die Lage der Eisen- und Kohlendistrikte zu einander, die Möglichkeit beide mit geringen Transportkosten zusammenzuführen, demnächst auch die Qualität der Steinkohle und andere Umstände mehr. Die Wahrscheinlichkeit ist indeß vorhanden, daß Oesterreich allerdings auch in dieser Richtung entwicklungsfähig sei und dürften namentlich die Steinkohlenbassins von Mähren und Böhmen sich ökonomisch am besten für Hervorrufung des Coakshüttenbetriebs eignen. Der österreichische Fiskus betreibt mehr als den vierten Theil der Eisenwerke des ganzen Kaiserreichs. Statt der Privatthätigkeit eine solche Konkurrenz zu bereiten, sollte die österreichische Regierung das Beispiel der Preußischen nachahmen und überall, wo die nöthigen Grundlagen vorhanden sind, mit der Durchführung des Coakshüttenbetriebs voranschreiten.

Die Eisengewinnung des österreichischen Kaiserstaats ist in folgender, der offiziellen Statistik*) entnommenen Tabelle enthalten, wobei zu bemerken ist, daß der österreichische Centner beinahe im Verhältniß 11: 12 schwerer ist als der Preußische.

Hochofenprodukion Oesterreichs.

| Jahr. | 1. Roh- u. Rohstahleisen. W. Ctr. | 2. Gußwaaren aus Erzen. W. Ctr. | 3. Summa der Hochofenproduktion. W. Ctr. |
|---|---|---|---|
| 1830 | 1,435,215 | 158,209 | 1,593,424 |
| 1835 | 1,775,413 | 218,192 | 1,993,605 |
| 1840 | 2,052,201 | 338,213 | 2,390,414 |
| 1841 | 2,192,630 | 364,130 | 2,256,770 |
| 1842 | 2,314,567 | 335,065 | 2,649,632 |
| 1843 | 2,359,671 | 366,630 | 2,726,301 |
| 1844 | 2,524,917 | 392,962 | 2,917,879 |
| 1845 | 2,475,376 | 464,809 | 2,939,185 |
| 1847 | 3,134,535 | 498,704 | 3,633,239 |
| 1848 | 3,217,046 | 443,871 | 3,660,917 |

*) Die neuesten Angaben pro 1848 sind den Noten des officiellen österreichischen Preiskatalogs der Londoner Industrieausstellung entnommen.

Auf die einzelnen Landestheile vertheilte sich die Eisengewinnung des Jahres 1847 folgendermaßen:

| | Roheisen. | | Gußwaaren aus Erzen. | |
|---|---|---|---|---|
| Oesterreich u. d. Ens. | 28,576 | W. Ctr. | — | W. Ctr. |
| „ o. d. Ens. | 50,746 | „ | 3,221 | „ |
| Steiermark ...... | 844,072 | „ | 25,978 | „ |
| Kärnthen und Krain . | 660,757 | „ | 23,651 | „ |
| Tyrol ......... | 60,810 | „ | 11,004 | „ |
| Böhmen ....... | 356,333 | „ | 179,466 | „ |
| Mähren und Schlesien | 293,968 | „ | 148,680 | „ |
| Galizien ....... | 64,904 | „ | 22,964 | „ |
| Lombardei....... | 114,910 | „ | 18,960 | „ |
| Ungarn ......... | 605,415 | „ | 50,262 | „ |
| Siebenbürgen ..... | 23,119 | „ | 1,389 | „ |
| Militairgrenze..... | 19,865 | „ | 13,129 | „ |
| Summa .. | 3,134,535 | W. Ctr. | 498,704 | W. Ctr. |

Der Antheil der ärarischen Erzeugung betrug nicht weniger als 750,749 Centner oder 21 Prozent der Gesammtproduktion.

Das zur Stahlbereitung verwandte Roheisen betrug 1848 368,000 Centner, also gegen 10 Prozent der gesammten Hochofenproduktion.

Die stärkste Erzeugung von Hochofengußwaaren findet in Böhmen und demnächst in Mähren und Schlesien statt.

1841 waren in der ganzen österreichischen Monarchie 226 Hochöfen (darunter 12 Blau- und 21 Stücköfen), 1848 dagegen 257 Hochöfen vorhanden.

Auf preußische Centner reduzirt stellt sich die Produktion von 1848 auf 3,993,727 Centner; für 1850 ist sie auf die gleiche Zahl oder in runder Summe auf 4 Millionen Centner zu veranschlagen.

Die Eisengießerei durch Umschmelzen von Roheisen ist in Oesterreich außerordentlich schwach entwickelt. 1841 existirten 32 Cupolöfen und 1848 37 Cupol- und 9 Flammöfen. 1848 betrug deren Erzeugung an Gußwaaren 136,000 Centner.

In der Stabeisenfabrikation sind die Fortschritte der letzten Jahre am bemerklichsten hervorgetreten; insbesondere sind mehrere Puddlingwerke auf's Vorzüglichste zum Walzen der Schienen u. s. w. eingerichtet worden, was der ganzen Industrie einen neuen Impuls gegeben hat. Es wurden an Eisenbahnschienen produzirt:

| | | |
|---|---|---|
| 1837 . . . . | 8,798 | W. Ctr. |
| 1840 . . . . | 84,290 | „ |
| 1844 . . . . | 150,785 | „ |
| 1847 . . . . | 277,391 | „ *) |

Die Hauptpuddlingwerke für Schienenfabrikation sind Witkowitz und Zöptau in Mähren, Prevali und Franzschach in Kärnthen und Neuburg in Steiermark; neuerdings auch Josephhütte in Böhmen. Trotzdem wird der weit überwiegende Theil des erzeugten Stabeisens noch bei Holzkohlen gefrischt, vielfach mit bedeutender Verschwendung an Brennmaterial. Die Puddlingfrischerei kam zuerst in den dreißiger Jahren in Mähren auf; sie wird dort und in Böhmen meist bei Steinkohlen betrieben. In Kärnthen dagegen wird vorherrschend mit Braunkohlen oder Holz und in Steiermark mit Holz gefeuert, nebenbei auch wohl mit Steinkohlen oder Torf. Die Versuche zur Benutzung von Steinkohlen-, Holz-, Braunkohlen- und Torfgasen zum Puddling- und Schweißofenbetrieb sind überdieß in Oesterreich vielfach und in großartigem Maaßstabe, vielleicht auch mit besserem Erfolg als irgendwo ausgeführt worden, indem hier bereits seit Jahren auf mehreren Puddlingwerken ein regelmäßiger Betrieb bei Gasen stattfindet.

1841 betrug die Zahl der Eisen- und Stahlhämmer in der österreichischen Monarchie 1385, der Puddelöfen 54. Für 1848 ist jene Zahl ungefähr gleich hoch, diese auf das Doppelte anzunehmen.

Die Produktion an gefrischtem Eisen betrug:

| | | |
|---|---|---|
| 1841 . . . . | 1,375,659 | W. Ctr. |
| 1848 . . . . | 2,343,000 | „ |

Darunter mögen 1848 gegen 600,000 Centner oder etwa ¼ im Wege des Puddlingfrischprozesses dargestellt sein, wovon jedoch nur der geringere Theil bei Steinkohlen, der größere bei Holz und Braunkohlen.

---

*) Im Zollverein betrug 1847 die Erzeugung von Eisenbahnschienen gegen 1½ Millionen Centner.

An Blech wurden, aus obigem Quantum gefrischten Eisens, dargestellt:

1841 . . . . 102,702 W. Ctr.
1848 . . . . 264,000 „

Darunter befanden sich 1848 gegen 14,000 Ctr. Weißblech.

Nächst dem Stabeisen ist die Hauptverwendung der Hochofenproduktion für die Schmelzstahlerzeugung. Es wurden an Rohstahl dargestellt:

1841 . . . . 207,971 W. Ctr.
1848 . . . . 287,300 „

Davon werden durchschnittlich 80—90,000 Centner in rohem oder raffinirtem Zustande exportirt und der Rest im Inlande verbraucht. Die Cementstahlfabrikation ist unbedeutend, 1848 etwa 2500 Centner. Dasselbe ist mit der Gußstahlfabrikation der Fall; 1848 wurden 4200 Centner erzeugt, größtentheils aus Rohstahl. Die außerordentliche Güte des steirischen Stahls, insbesondere wo es sich um Nerv und Dehnbarkeit handelt, ist in der ganzen Welt anerkannt. Nächst Schweden findet hiernach in Oesterreich die bedeutendste Schmelzstahlfabrikation statt; dann folgen Preußen und Frankreich.

Bei den bisherigen Prohibitivzöllen war es nicht anders möglich, als daß sich Consumtion und Produktion in einem, wenn auch von Seite der ersteren ziemlich unfreiwillig zugestandenen, Gleichgewicht befunden haben; denn wenn Preise von Eisenbahnschienen, wie es bei der Wien-Gloggnitzer Bahn vorgekommen, bis $8\frac{1}{3}$ Thaler pro Centner steigen können, während sie gleichzeitig in Preußen nur etwas mehr als die Hälfte, in England wenig über $\frac{1}{3}$ davon kosteten, so läßt sich daraus in der That auf eine stattfindende empfindliche Beschränkung des Consums durch das bisherige Zollsystem schließen. — Wir wollen im Folgenden ganz kurz die Mengen der Ein- und Ausfuhr angeben, und dann eine Verbrauchsberechnung aufstellen:

Im Durchschnitt der 5 Jahre 1843—47 betrugen Einfuhr und Ausfuhr von Eisen und Eisenwaaren:

| | Einfuhr. | | Ausfuhr. | |
|---|---|---|---|---|
| Roheisen . . . . . . . . | 24,557 | W. Ctr. | 5,110 | W. Ctr. |
| Gußwaaren . . . . . . | 1,374 | „ | 10,852 | „ |
| Stabeisen . . . . . . . . | 28,674 | „ *) | 53,297 | „ |
| Schwarzblech . . . . . . | 4,008 | „ | 3,137 | „ |
| Weißblech . . . . . . . | 2,800 | „ | 100 | „ |
| Stahl . . . . . . . . . . | 767 | „ | 87,120 | „ |
| Draht . . . . . . . . . . | 612 | „ | 3,719 | „ |
| Eisen und Stahlwaaren | 3,809 | „ | 92,284 | „ |
| Schlosserwaaren . . . . | 17 | „ | 1,756 | „ |
| Summa . . . | 66,618 | W. Ctr. | 257,365 | W. Ctr. |

In Feilen und Messerwaaren ergiebt sich gleichfalls ein Uebergewicht der Ausfuhr über die Einfuhr, umgekehrt jedoch bei den Maschinen. Hiervon wurden eingeführt im Werthe von 857,500 Gulden C.-M. und ausgeführt nur für 74,000 Fl. Mit Berücksichtigung dessen ist überhaupt das Mehrgewicht der Eisenausfuhr über die Einfuhr etwa auf 160,000 Centner jährlich zu veranschlagen.

Der Eisen-Consum Oesterreichs ist also noch um diesen Betrag — auf Roheisen reduzirt etwa 220,000 Centner — kleiner als die Summe des gewonnenen Eisens. Für 1848 kann man das gleiche Verhältniß der Ein- und Ausfuhr festhalten, so daß in diesem Jahre der Consum gegen 3,440,000 Wiener oder 3,752,000 Preuß. Centner betrug. Auf den Kopf einer Bevölkerung von 36 Millionen macht dies 11½ Preuß. Pfund Roheisen, also weniger als die Hälfte des im Zollverein und Steuerverein stattfindenden Eisenverbrauchs. Auf den Bedarf der Eisenbahnen entfällt in Oesterreich verhältnißmäßig nur etwas mehr als ¼ des Bedarfs im Zollverein, also etwa 2¼ Pfund pro Kopf. Oesterreich besaß 1850 200 Meilen Eisenbahnen, der Zollverein 662.

*) Worunter 27,875 Centner Bahnschienen.

## C. Die außerdeutschen Staaten Europa's.

### 1. Großbritannien.

§. 32. Die britische Eisenindustrie ist nicht bloß die bedeutendste an Ausdehnung und Ausbildung, sondern auch an Einfluß auf die Konjunktur dieses Gewerbszweiges in allen übrigen Ländern. Obschon sie dort seit den Römerzeiten*) heimisch war, namentlich in den Grafschaften Kent und Sussex, so lag doch in dem Umstande, daß sowohl zum Schmelzen der Erze, als zum Frischen des Roheisens Holzkohle verwendet werden mußte, ein hemmendes Moment für jede großartige Entwicklung dieser Industrie. Ja durch schlechte Bewirthschaftung der Forsten und durch den steigenden Bedarf an Holz zum Schiffbau gerieth die Ausdehnung der englischen Eisenindustrie gegen Ende des 16. Jahrhunderts in einen solchen Konflikt mit allgemeineren und höheren Interessen, daß sich das Parlament im Jahr 1581 veranlaßt fand, die Anlagen neuer Eisenwerke innerhalb 22 Meilen von London und 14 Meilen von den Themseufern zu verbieten, auch die Eisenproduktion auf den Verbrauch von kleinem Holz einzuschränken.

1637 wurden noch schärfere Bestimmungen hinsichtlich des Fällens von Bauholz erlassen, auch die Ausfuhr von Eisen nur auf vorhergängige besondere Erlaubniß gestattet. In Irland ging die früher in großer Ausdehnung betriebene Eisenerzeugung aus Mangel an Holz völlig ein. Es war natürlich, daß sich unter solchen Verhältnissen und bei dem stets wachsenden Bedarf an Eisen, die Aufmerksamkeit der Industriellen auf die in unerschöpflichen Lagern vorhandenen Steinkohlen lenken mußte, und daß zahlreiche Versuche gemacht wurden, sie an der Stelle der Holzkohlen zum Schmelzen der Eisenerze wie zum Frischen zu verwenden. Authentischen Nachrichten zufolge ist dies auch bereits

---

*) Pennant's Wales. London 1810. Vol. I. pag. 89.

im Jahre 1619 dem Lord Edward Dudley gelungen*). Allein bei den außerordentlichen Schwierigkeiten, von denen wir noch heutzutage die erste Einführung der Coakshütterei in manchen Distrikten begleitet sehen, war es nicht zu verwundern, daß sich Hülfsmittel und Kenntnisse der damaligen Zeit zur vollständigen Durchführung der neuen Erfindung noch als unzureichend erwiesen. Erst als gegen Anfang des vorigen Jahrhunderts die öffentliche Meinung sich dahin auszusprechen begann, daß die gänzliche Unterdrückung der britischen Eisenindustrie ein kleineres Uebel sein würde, als die fortgesetzte Verminderung des Waldbestandes, und als die Eisenproduzenten durch die steigenden Holzpreise ihr Geschäft in die traurigste Lage gebracht sahen, wurden die Versuche Lord Dudley's von Neuem aufgenommen. 1740 ward in Colebrook Dale (Shropshire) das erste brauchbare Roheisen bei Coaks erblasen. Von da an bis zum Ausbruch des amerikanischen Freiheitskrieges im Jahr 1775 konnten die Holzkohlenhochöfen von Kent und Sussex noch den Kampf mit den Coakshütten bestehen. Als aber zu jener Zeit die Zufuhren von Außen stockten und die Nachfrage nach Eisen bedeutend stieg, machte die Ausdehnung und Ausbildung des Hochofenbetriebs mit Coaks binnen kurzer Zeit solche Fortschritte, daß der Betrieb mit Holzkohlen allmälig bis auf ein Minimum herabgebracht ward, während sich gleichzeitig die ganze Industrie von ihren früheren Sitzen in den südlichen holzreicheren Gegenden nach den Steinkohlendistrikten und namentlich nach Wales, Staffordshire, Shropshire, Lancashire, Yorkshire, sowie später nach Schottland verpflanzte. Es ist bereits in der Einleitung gesagt, wie allmälig auch die Verwendung des Anthracits und der rohen Steinkohle zum Schmelzen der Erze in Aufnahme kam.

Die Erfindung Cort's, auch beim Frischen des Eisens die Holzkohle durch die Steinkohle zu ersetzen (Puddlingmethode), vervollständigte den Umschwung in der Technik des Eisenhüttenbetriebes, den Lord Dudley eingeleitet hatte. So nachtheilig bisher das waldarme England der Konkurrenz anderer Länder gegenüber gestanden hatte, so sicher ging seine Eisenindustrie auf

*) Mac Culloch, Account of the brittish Empire. London 1847. Vol. I. pag. 606.

der neu gewonnenen Basis des Steinkohlenbetriebes der großartigsten Entwicklung entgegen. Außer den unerschöpflichen Lagern der besten Steinkohlen kam ihm hierbei der Umstand zu Statten, daß sich Ablagerungen von Eisensteinen (Sphärosideriten und Thoneisensteine) in unmittelbarster Nähe der Kohlenminen, ja theilweise im Hangenden und Liegenden der Kohlenflötze selbst vorfanden. Wo aber das Vorkommen nicht ganz so günstig war, entstanden schnell die vollkommensten Transportanstalten, Wege, Kanäle und später Eisenbahnen, und nicht allein zum Zusammenführen der Rohstoffe, sondern auch zur Abfuhr des Fabrikats nach den Häfen wie nach den innern Märkten. Die erste Eisenbahn Englands diente der Eisenindustrie. Hierbei machte die Aufhäufung so großer Kapitale den Engländern die großartigsten Ausführungen im Wege der Privat-Association möglich, die bei uns nur durch Beihülfe der Gesammtheit entstehen können.

Mit der Puddlingmethode brachte Cort auch den Vorbereitungsprozeß des Raffinirens (Herstellung des Feinmetalls) in Aufnahme und führte, statt der bis dahin gebräuchlichen Behandlung des gefrischten Eisens unter dem Hammer, das Walzwerk ein. Schon gegen 1780 hatte man, anstatt der Blasebälge, Cylindergebläse eingeführt, wodurch die Produktion der Hochöfen bedeutend gesteigert ward. In noch stärkerem Verhältniß wirkte hierauf die Anwendung erhitzter Gebläseluft ein, die J. B. Neilson in Glasgow im Jahr 1827 zuerst versuchte und die seitdem allgemein eingeführt wurde.

Theils durch die sinkenden Eisenpreise selbst, theils durch das Fortschreiten der anderen Gewerbe veranlaßt, eilte der Verbrauch an Eisen der steigenden Produktion immer noch voraus, so daß von Außen her die Anregung zu fortschreitender Ausdehnung und Ausbildung nicht ausblieb. In dieser Beziehung macht insbesondere die Erfindung der Eisenbahnen und Locomotiven Epoche in der Eisenindustrie und hat in der ganzen Konjunktur dieses Gewerbszweiges Umwälzungen hervorgebracht, die vielleicht von gleicher Bedeutung sind, als die gesammten technischen Umbildungen, die er im Laufe dieses und des vorigen Jahrhunderts erlitt. Vornehmlich hat Schottland, welches die geringsten Qualitäten produzirt, dem Bedarf an Eisenbahnschienen das rasche Wachsen seiner Eisenindustrie zu danken. Wir kommen auf diesen Gegenstand später zurück, bei Besprechung seines Einflusses auf die Gestaltung der Konkurrenzverhältnisse zwischen britischem und deutschem Eisen.

Aus folgenden Angaben, die den besten Quellen (A. Ure, Mac Culloch, Porter u. s. w.) entnommen sind, erhellt die rasche Zunahme und der jetzige riesenhafte Umfang der großbritannischen Eisenproduktion. Wir beginnen mit dem Jahr 1740, wo man zuerst anfing Coaks zu verwenden, und geben nur die Jahre, in welchen genauere Ermittlungen stattgefunden haben; für die letzten 2 Jahre sind die auf privativem Wege erhaltenen Schätzungen eines der größten Londoner Eisenhändlers substituirt.

| | | | |
|---|---|---|---|
| 1740 . . | 17,350 Tons*) | 1835 . . | 1,000,000 Tons |
| 1788 . . | 86,300 " | 1840 . . | 1,396,400 " |
| 1796 . . | 124,879 " | 1842 . . | 1,046,428 " |
| 1802 . . | 170,000 " | 1843 . . | 1,200,000 " |
| 1806 . . | 250,000 " | 1844 . . | 1,400,000 " |
| 1820 . . | 400,000 " | 1845 . . | 1,330,000 " |
| 1823 . . | 442,066 " | 1847 . . | 1,999,608 " |
| 1825 . . | 581,367 " | 1848 . . | 2,093,736 " |
| 1828 . . | 702,584 " | 1849 . . | 2,000,000 " |
| 1830 . . | 653,417 " | 1850 . . | 2,250,000 " |

Letztere Summe ist gleich 45,000,000 Centner.

Für 1851 schätzte man gegen Mitte des Jahres die Produktion auf 2,500,000 Tons oder 50 Millionen Centner Roheisen. Vollständig mag diese Summe indeß nicht erreicht worden sein.

Die Produktion von 1740 ward von 59 Holzkohlenhochöfen dargestellt. 1788 bestand dieselbe bereits zu $\frac{4}{5}$ (55,200 von 68,300 Tons) aus Coaksroheisen und von Ende vorigen Jahrhunderts ab erhielten sich nur noch einige Holzkohlenhochöfen mühsam in Betrieb. 1851 existirte nur noch ein der Firma Harrison, Ainsley u. Co. in Lancashire**) gehöriger Hochofen,

*) Die Tonne zu 2,167 Pfd., also beinahe 20 Ctr., die wir in runder Summe für die englische, sowie auch für die belgische und französische Tonne à 1,000 Kil. festhalten.

**) Aus dem amtlichen Bericht über die Londoner Industrieausstellung. Berlin 1852. I. Band S. 17.

der Rotheisensteine bei Holzkohlen verschmolz. — Die Zahl der in Betrieb befindlichen Coakshochöfen betrug:

| | | | |
|---|---|---|---|
| 1796 . . . . | 121 | 1840 . . . . | 402 |
| 1806 . . . . | 159 | 1847 . . . . | 433 |
| 1825 . . . . | 259 | 1848 . . . . | 452 |

Die Zahl der außer Betrieb befindlichen war:

| | |
|---|---|
| 1806 . . . . . . | 68 |
| 1840 . . . . . . | 88 |
| 1848 . . . . . . | 174 |

Die Gesammtzahl der Hochöfen betrug demnach 1848 626.

Die jährliche Erzeugung eines Hochofens war bei Holzkohlen im Jahre 1740 5,880 Centner und 1782 10,830 Centner. Ein Coakshochofen lieferte dagegen:

| | |
|---|---|
| 1782 . . . . | 18,410 Ctr. |
| 1806 . . . . | 31,440 „ |
| 1825 . . . . | 47,730 „ |
| 1840 . . . . | 69,450 „ |
| 1848 . . . . | 92,640 „ |

In Schottland insbesondere geht die Erzeugung der einzelnen Oefen noch weit über diesen Durchschnitt hinaus. Nach dem Cirkular von Robinows, Marjoribanks in Glasgow vom 31. Dezember 1851 ist für dieses Jahr die Produktion eines Hochofens auf 138,320 Centner zu veranschlagen gewesen.

Im Jahre 1848 vertheilte sich die Produktion unter die Haupteisendistrikte folgendermaßen:

| | |
|---|---|
| Nord-Staffordshire . . | 67,080 Tons. |
| Süd-Staffordshire . . | 465,920 „ |
| Shropshire . . . . . . | 111,020 „ |
| Derbyshire . . . . . . | 78,000 „ |
| Yorkshire . . . . . . . | 59'800 „ |
| Newcastle . . . . . . . | 94,380 „ |
| Nord-Wales . . . . . | 22,256 „ |
| Süd-Wales . . . . . | 631,280 „ |
| Schottland . . . . . . | 564,000 „ |
| | 2,093,736 Tons. |

Im Jahre 1851 ist jedoch Schottland selbst über Süd-Wales hinausgeschritten. Ueberhaupt hat hier die Entwicklung mit einer unglaublichen Schnelligkeit zugenommen und zwar hauptsächlich seit Neilson's Erfindung der heißen Gebläseluft und seit Anwendung der rohen Steinkohle, welche Fortschritte mit dem Aufkommen der Eisenbahnen in den dreißiger Jahren zusammenfielen, von wo die eigentliche Ausdehnung der schottischen Eisenindustrie datirt.

Schottland erzeugte:

| | | |
|---|---|---|
| 1796 . . . . | 16,086 | Tons. |
| 1823 . . . . | 24,500 | " |
| 1830 . . . . | 37,500 | " |
| 1840 . . . . | 241,000 | " |
| 1847 . . . . | 539,968 | " |
| 1848 . . . . | 564,000 | " |
| 1849 . . . . | 692,000 | " |
| 1850 . . . . | 630,000 | " |
| 1851 . . . . | 775,000 | " |

1851 betrug also das Quantum 15,500,000 Centner oder das $3\frac{1}{2}$fache des ganzen Zollvereins.

Vor 1830 war der Fortschritt der Eisenindustrie in Süd-Wales weit stärker, seitdem aber schwächer als in Schottland. Es wurden dort produzirt:

| | | |
|---|---|---|
| 1823 . . . . | 182,325 | Tons. |
| 1830 . . . . | 277,643 | " |
| 1840 . . . . | 505,000 | " |
| 1848 . . . . | 631,280 | " |

Staffordshire ist demnächst der bedeutendste Eisendistrikt; sein Eisen ist von besserer Qualität als das von Wales und Schottland. Es wurden hier erzeugt:

| | | |
|---|---|---|
| 1823 . . . . | 133,590 | Tons. |
| 1830 . . . . | 212,604 | " |
| 1840 . . . . | 427,650 | " |
| 1848 . . . . | 433,000 | " |

Der Fortschritt stockte also hier im letzten Jahrzehnt, woran theils die höheren Produktionskosten gegen Schottland und Wales, theils der sich auf einigen Punkten fühlbar machende Mangel an Kohlen und Erzen Schuld sind.

Von den übrigen Distrikten ist insbesondere Yorkshire, nicht wegen der Quantität, wohl aber wegen der vorzüglichen Qualität seines Eisens zu erwähnen; den Mittelpunkt der dortigen Industrie bildet das berühmte Werk Low Moor.

Die britische Stabeisenproduktion stieg in gleichem Verhältniß wie die Roheisenerzeugung. 1845 ward sie auf 800,000 Tons geschätzt; für $18\frac{47}{49}$ ist sie zu 900,000 Tons oder 18 Millionen Centner anzunehmen; das übrige Roheisen dient zur Gußwaarenerzeugung, so weit es nicht exportirt wird. In ebenso kolossalem Maaßstabe entwickelten sich alle übrigen Branchen der Eisenfabrikation.

Daß sich bei einem solchen Entwicklungsgange die Stellung der britischen Eisenindustrie zu der des Auslandes gänzlich umgestalten mußte, liegt auf der Hand. Im 14. Jahrhundert ward England von Spanien und Deutschland mit Eisen versorgt. Im 18. Jahrhundert ward Roheisen von den britisch-amerikanischen Kolonien (den jetzigen Vereinigten Staaten) und Stabeisen bis zu $1\frac{1}{2}$ Millionen Centnern jährlich aus Schweden und Rußland eingeführt. Wenn aber letztere Einfuhr auch jetzt noch nicht aufgehört hat, so liegen doch ganz andere Verhältnisse dabei zu Grunde. Damals bedurfte Großbritannien dieser Zufuhren zur Befriedigung seines gewöhnlichen Bedarfs, dem die eigne Produktion bei Weitem nicht genügte. Jetzt dagegen, wo es bis zu 18 Million Centner Eisen nach andern Ländern ausführt, bezieht es nur von jenen nordischen Staaten bestimmte Qualitäten, die es selbst nicht erzeugt. Namentlich dienen ihm das schwedische und demnächst das russische Eisen als Grundlage seiner berühmten Gußstahlfabrikation.

Die Eiseneinfuhren haben in Summa betragen:*)

| | | | | | |
|---|---|---|---|---|---|
| 1806 . . . | 27,411 | Tons. | 1842 . . . | 14,741 | Tons. |
| 1823 . . . | 9,667 | „ | 1843 . . . | 12,069 | „ |
| 1825 . . . | 14,977 | „ | 1844 . . . | 21,599 | „ |
| 1828 . . . | 13,984 | „ | 1845 . . . | 30,840 | „ |
| 1835 . . . | 17,571 | „ | 1846 . . . | 30,539 | „ |
| 1836 . . . | 18,920 | „ | 1847 . . . | 28,264 | „ |
| 1840 . . . | 13,263 | „ | 1848 . . . | 20,437 | „ |
| 1841 . . . | 17,653 | „ | 1849 . . . | 26,537 | „ |

Diese Einfuhr besteht in letzteren Zeiten fast ausschließlich aus schwedischem und russischem Schmiedeeisen zur Gußstahlfabrikation, so daß also die gestiegene Einfuhr mit deren Fortschritt

*) Nach Porter's Progress of the Nation. London 1851.

als identisch zu betrachten ist. Uebrigens wird außerdem immer mehr Stabeisen aus Yorkshire und dem englischen Norden zur Cement- und Gußstahlfabrikation benutzt, wenn auch nur zu den geringeren Sorten. Rohstahl vom Continent wird wenig verbraucht.

In welchem großartigen Maaßstabe dagegen die Ausfuhr stieg, zeigt folgende Tabelle:

Eisenausfuhr aus Großbritannien.

| Jahr. | Summa der Ausfuhr aller Eisensorten. Tons. | Darunter begriffen: an Roheisen. Tons. | an Stabeisen. Tons. |
|---|---|---|---|
| 1806 | 36,925 | 2,549 | 4,194 |
| 1823 | 46,413 | 7,545 | 33,138 |
| 1825 | 34,372 | 2,815 | 25,613 |
| 1828 | 65,139 | 7,826 | 51,108 |
| 1835 | 199,007 | 33,073 | 107,715 |
| 1836 | 192,852 | 33,880 | 97,762 |
| 1840 | 268,328 | 49,801 | 144,719 |
| 1841 | 360,875 | 85,866 | 189,249 |
| 1842 | 369,398 | 93,851 | 191,301 |
| 1843 | 448,925 | 154,770 | 198,774 |
| 1844 | 458,745 | 99,960 | 249,915 |
| 1845 | 344,963 | 77,361 | 153,813 |
| 1846 | 424,858 | 159,163 | 145,475 |
| 1847 | 539,922 | 176,086 | 214,874 |
| 1848 | 619,230 | 175,650 | 321,134 |
| 1849 | 701,396 | 161,775 | 376,118 |

Die Ausfuhr von 1849 betrug also 14,027,920 Centner. 1850 betrug sie sogar über 800,000 Tons und 1851 über 950,000 Tons.

Der Hauptabnehmer englischen Eisens ist Nord-Amerika, demnächst die Kolonien, der Zollverein und Frankreich. Der Rest zersplittert sich über alle Länder der Welt. — Die Roheisenausfuhr fällt zunächst auf Schottland und hiernach auf Süd-Wales, der Export an Stabeisen und Schienen auf Wales und demnächst auf Staffordshire.

In obigen Summen ist die bedeutende Ausfuhr von Eisen- und Stahlwaaren (Hardwares) nicht mit eingeschlossen.

Sie betrug:

| | | | |
|---|---|---|---|
| 1806 | . . . . | 4,629 | Tons. |
| 1825 | . . . . | 10,980 | „ |
| 1835 | . . . . | 20,197 | „ |
| 1840 | . . . . | 14,995 | „ |
| 1845 | . . . . | 20,754 | „ |
| 1849 | . . . . | 23,421 | „ |

Letztere Summe ist gleich 468,420 Centner.

Außerdem findet noch eine sehr bedeutende Ausfuhr von Maschinen und Maschinentheilen statt, die sich in den letzten Jahren auf 30,000 Tons veranschlagen*) läßt.

Hiernach läßt sich der jährliche Eisenconsum Großbritanniens leicht berechnen. Derselbe hat seit 1847 keine Einbuße erlitten, sondern ist eher noch etwas gestiegen. Die Eisengewinnung betrug im Durchschnitt von 18$\frac{47}{49}$ 2,031,000 Tons jährlich; der Ueberschuß der Ausfuhr von Eisen und daraus hergestellten Fabrikaten über die Einfuhr war 695,000 Tons, wozu an Roheisen 905,000 Tons erforderlich waren. Also bleiben für den Consum Großbritanniens 1,126,000 Tons oder 22,520,000 Centner Roheisen, was bei einer Bevölkerung von 29 Millionen Einwohner 85 Pfund auf den Kopf ausmacht. Die Eisengewinnung selbst macht nicht weniger als 154 Pfund auf den Kopf. 1825, ehe Eisenbahnen gebaut wurden, betrug die Eisengewinnung bei einer Bevölkerung von 22 Millionen auf den Kopf 58 Pfund und der innere Consum 54 Pfund; derselbe ist also seitdem um 31 Pfund gestiegen. Großbritannien hatte Ende 1849 5,996 engl. Meilen Eisenbahnen. Rechnen wir 600 Centner Roheisen**) auf die jährliche Unterhaltung und 10,000 Centner für

---

*) Die officiellen Listen geben blos die Werthe an.

**) Porter giebt an, daß zur Unterhaltung einer engl. Meile 61 Tons (1220 Ctr.) Roheisen erforderlich seien, was indeß total falsch ist, da hiernach die bloße Unterhaltung 27 Pfd. pro Kopf oder fast die ganze Differenz des Verbrauchs von 1825 und 1849 ausmachen würde; ebenso unrichtig ist seine Berechnung, daß 711 Tons (14,220 Ctr.) Roheisen für den Bau einer

den Bau einer Meile, wovon 200 nach dem Durchschnitt der letzten Jahre ausgeführt wurden, so beträgt der jährliche Eisenbedarf der großbritannischen Eisenbahnen 5½ Millionen Centner Roheisen oder 21 Pfund auf den Kopf der Bevölkerung. Von der Verbrauchszunahme seit 1825 zu 31 Pfund pro Kopf würden also ⅔ auf die Eisenbahnen fallen; das übrige ⅓ kommt hauptsächlich auf Rechnung der eisernen Schiffe und des vermehrten Eisenverbrauchs beim Häuserbau.

Von den Eisenpreisen und überhaupt den kommerziellen Verhältnissen der englischen Eisenindustrie wird in der zweiten Abtheilung dieser Schrift, bei Erörterung der Konkurrenzverhältnisse, noch mehrfach die Rede sein.

## 2. Belgien.

§. 33. Obgleich nach Großbritannien nicht Belgien, sondern Frankreich die größte Eisenindustrie unter den europäischen Staaten besitzt, so behandeln wir jene doch zuerst, weil sie höher ausgebildet ist, weil ihre Verhältnisse den britischen am ähnlichsten sind und weil beide gemeinsam als Konkurrenten der vereinsländischen Eisenindustrie auftreten. Wir haben hier das interessante Schauspiel, den Entwicklungsgang, welchen die englische Eisenindustrie durch den Uebergang zum Coakshüttenbetrieb schon im Jahr 1740 begonnen, in den Zeitraum von wenig mehr als 20 Jahren zusammengedrängt zu sehen. Wenngleich die Belgier hierin nur als Nachahmer der in England erfundenen und ausgebildeten Methoden auftreten, so ist doch nicht zu verkennen, daß trotzdem Schwierigkeiten und Hindernisse genug zu besiegen blieben, um ihrer Raschheit, Ausdauer und Thätigkeit den vollsten Anspruch auf Anerkennung zu sichern.

Wie Großbritannien und fast alle übrigen Länder des Kontinents, betrieb auch Belgien schon in früheren Jahrhunderten die Eisenproduktion bei Holzkohlen. Der verhältnißmäßig größere

---

englischen Meile Eisenbahn gebraucht würden, obgleich allerdings der Materialaufwand dort mehr als das Doppelte der meist eingeleisigen Bahnen des Continents betragen mag.

Holzreichthum seiner östlichen Provinzen und der geringere Bedarf für den Schiff- und Häuserbau, ließen indeß hier die Nothwendigkeit eines Uebergangs auf Coaks weit später hervortreten als in England und gestatten noch heutzutage, in nicht unbeträchtlichem Umfange die Eisenerzeugung bei Holzkohlen neben der bei Steinkohlen fortzusetzen. Die großen Grundbesitzer von Waldflächen in dem belgischen Theile von Luxemburg und in Namur betrachten (ähnlich wie in manchen Gegenden Schlesiens, in Baden u. s. w.) die Eisenerzeugung nur als ein Mittel, ihr Holz zu verwerthen, dessen Absatz zu sonstigen Verwendungen theils durch die Frachten, theils durch die Konkurrenz mineralischer Brennstoffe erschwert ist. Die Holzkohleneisenerzeugung würde sich noch weit besser halten können, wenn in den holzreicheren Revieren bessere Qualitäten von Eisensteinen vorkämen, was leider selten der Fall ist.

Die Erze Belgiens bestehen zu einem großen Theil aus jener Gattung von Brauneisensteinen, die man Alluvialerze nennt. Die Hauptlager sind zwischen Maas und Sambre. Jedoch werden immer mehr Thon- und selbst Rotheisensteinlager aufgeschlossen. Die Erze kommen zum Theil, insbesondere in der Provinz Lüttich, ziemlich weit von den Steinkohlendistrikten vor, welches jedoch die bewunderungswürdigen Kommunikationsmittel Belgiens ausgleichen.

Die Verwendung der Steinkohlen für Roheisen- und Stabeisenerzeugung, worauf die gegenwärtige Größe und die ganze Zukunft der belgischen Eisenindustrie beruht, ward durch den berühmten John Cockerill in Aufnahme gebracht, dessen Unternehmungsgeist der damalige König Wilhelm mit bedeutenden Kapitalien zu Hülfe kam.

1821 wurde in Seraing der erste Coakshochofen erbaut und bis zum Jahr 1830 waren in der Nähe von Charleroi, Lüttich und Namur 10 derselben, nebst mehreren Puddlingwerken, in Betrieb gekommen. Das Kohlenbassin der Maas ist überhaupt der Sitz der neuen belgischen Eisenindustrie; ein Theil der Anlagen befindet sich in der Gegend von Charleroi, ein anderer bei Lüttich. Durch die Ereignisse von 1830 in ihrem Fortschritte unterbrochen, nahm sie insbesondere in den Jahren 1835 und 1836 einen neuen Aufschwung, worauf auch hier wie in England die Eisenbahnanlagen den günstigsten Einfluß übten; demnächst auch die Banken und die Gesetze über industrielle Associationen. Die sinkenden Preise des englischen Eisens veranlaßten gegen Anfang der vierziger Jahre einen bedeutenden Rückgang der belgischen Produktion; von der im April 1843 erfolgten Zollerhöhung an stieg sie dagegen rasch wieder, wozu auch der ein Jahr später abgeschlossene Vertrag mit dem Zollverein bedeutend mitwirkte. Im Jahre 1845 ward die Höhe der Produktion von 1836 wieder erreicht und ging bis 1847 weit darüber hinaus. Von da ab sank sie wieder, insbesondere im Jahre 1849 und ist auch gegenwärtig noch nicht wieder über 1847 hinausgekommen. Da mehr als zwei Drittel des belgischen Eisens exportirt werden, so ist erklärlich, wie ungünstige Geschäftsverhältnisse im Ausland ganz bedeutend auf die dortige Eisenproduktion rückwirken müssen.

Fast die ganze belgische Eisenindustrie, namentlich die auf Steinkohlenverbrauch gegründete, ist in den Händen großer Aktiengesellschaften. Bloß in den drei Jahren 1835 bis 1838 belief sich das von anonymen Gesellschaften für Eisenwerke verausgabte Kapital auf 47 Million Franken und wurden außerdem Anleihen im Betrage von 12 Millionen Franken kontrahirt*). Das Gesellschaftskapital einzelner Vereine, z. B. der Societé de Marcinelle et Couillet beträgt bis zu 12 Millionen Franken. Ueberhaupt stehen die belgischen Hüttenwerke an Großartigkeit den englischen am nächsten.

Die Regelmäßigkeit und Oekonomie des Betriebes, sowie die Güte des Eisens scheinen Anfangs in Belgien durch eine zu genaue Nachahmung der englischen Einrichtungen und Methoden beeinträchtigt worden zu sein, während die Qualität der belgischen Erze und Kohlen manche Abweichung hiervon forderte. Allein in ununterbrochenem Fortschreiten haben die Belgier alle Hindernisse zu besiegen gewußt. Während noch vor wenigen Jahren die belgischen Produktionskosten bedeutend höher waren und die Qualität des belgischen Coakseisens dem schottischen und walliser nachstand, scheint jetzt jener Unterschied weit mehr ausgeglichen, und auch die Qualität hat sich so verbessert, daß man bei glei-

*) F. Calla. Industrie des Houilles, des Mébaux et des Machines en Belgique. Paris 1849. pag. 49.

chen Preisen, insbesondere bei der Verwendung zu Stabeisen, belgisches dem gewöhnlich britischen Roheisen daher vorzieht. Letzterer Umstand hat zum Theil seinen Grund in der steigenden Verwendung von Rotheisensteinen. Für Verwendung zu Gußwaaren zieht man indeß das graue englische und schottische Eisen dem belgischen vor.

Die auf einem verhältnißmäßig kleinen Theil des östlichen Belgiens, in die Provinzen Hennegau, Namur, Lüttich und Luxemburg, zusammengedrängte Eisenproduktion hatte folgenden Umfang (die Tonne à 1000 Kil. = 20 Z. Ctr.), wobei die Angabe der letzten 3 Jahre auf Schätzungen beruhen, wozu der verminderte Export den Anhalt gab.

| | | |
|---|---|---|
| 1830 .... | 60,000 | Tonnen. |
| 1836 .... | 135,000 | „ |
| 1838 .... | 81,500 | „ |
| 1839 .... | 88,000 | „ |
| 1842 .... | 60,000 | „ |
| 1843 .... | 98,000 | „ |
| 1844 .... | 107,000 | „ |
| 1845 .... | 167,000 | „ |
| 1846 .... | 186,000 | „ |
| 1847 .... | 200,000 | „ |
| 1848 .... | 160,000 | „ |
| 1849 .... | 140,000 | „ |
| 1850 .... | 190,000 | „ |

Diese Produktion vertheilte sich 1844 folgendermaßen:

| | | |
|---|---|---|
| Provinz Hennegau .... | 43,951 | Tonnen. |
| „ Namur ..... | 17,541 | „ |
| „ Lüttich...... | 41,958 | „ |
| „ Luxemburg.... | 3,428 | „ |
| Summa ... | 106,878 | Tonnen. |

Hiervon besteht die Produktion von Luxemburg ausschließlich und die von Namur etwa zur Hälfte aus Holzkohleneisen.

Die Zahl der in Betrieb befindlichen Hochöfen betrug:

| | Bei Coaks. | Bei Holzkohlen. |
|---|---|---|
| 1830 . . . . | 10 | 91 |
| 1836 . . . . | 23 | 66 |
| 1839 . . . . | 17 | 52 |
| 1843 . . . . | 20 | 33 |
| 1846 . . . . | 40 | 26 |
| 1847 . . . . | 46 | 25 |

Die Zahl der überhaupt vorhandenen Hochöfen ist indeß weit größer; an Holzkohlenhochöfen liegen in den letzten Jahren gegen 54 kalt und an Coakshochöfen durchschnittlich 15—20; die Gesammtzahl der vorhandenen beträgt also gegen 143. 1839 existirten 117, wovon 69 außer Betrieb. Etwas übertriebene Spekulation in Aktienunternehmungen auf Eisen und Kohlen tragen die Schuld dieses ungewöhnlich starken Verhältnisses der außer Betrieb befindlichen Coakshochöfen; bei den mit Holzkohlen betriebenen ist es dagegen eine einfache Wirkung der inneren Concurrenz. Die meisten Holzkohlenhochöfen liegen in Namur und Luxemburg, die meisten Coaks- oder Steinkohlenhochöfen bei Charleroi im Hennegau und demnächst bei Lüttich. Man kann gegenwärtig die jährliche Produktion eines belgischen Holzkohlenhochofens zu 15,000 Centner, eines Coaks- oder Steinkohlenhochofens zu 80 bis 90,000 Centner veranschlagen.

In der Stabeisenfabrikation ist längst schon die Steinkohlenfrischerei überwiegend. Die großartigen Puddlingwerke Belgiens sind fast ohne Ausnahme in Verbindung mit Hochofenanlagen; zum Theil sind überdies die Kohlen- und Erzgruben in derselben Hand. Zu den großartigsten Werken dieser Art gehören im Bezirk von Charleroi: Couillet, Chatelineau und Monceau, im Bezirk von Lüttich: Ougrée Seraing und Esperance.

Die Stabeisenproduktion betrug:

| | | |
|---|---|---|
| 1844 . . . . | 46,913 | Tonnen. |
| 1846 . . . . | 59,543 | " |

Der Antheil des bei Holzkohlen gefrischten Stabeisens betrug 1846 etwa 5,600 Tonnen oder $\frac{1}{10}$ der Gesammterzeugung; es wird hauptsächlich für die Gewehrfabrikation Lüttichs und zur Darstellung anderer Eisenwaaren gebraucht.

Auch die übrigen Zweige der Eisenfabrikation betreibt Belgien in großer Ausdehnung; nur die Stahlerzeugung findet in geringem Umfange statt, indem das belgische Eisen sich nicht sehr dazu eignet.

Bei einer solchen Entwicklung der belgischen Eisenindustrie mußte die Einfuhr ausländischen Eisens in so rascherem Verhältniß abnehmen, als 1843 noch bedeutende Zollerhöhungen vorgenommen wurden. Die Einfuhr von Roheisen (fast nur britischem) betrug 1837, wo überhaupt die stärkste Einfuhr stattfand, 196,460 Ctr. und 1843 noch 81,720 Ctr.; seitdem ist das Maximum der jährlichen Einfuhr 12,000 Ctr., der Durchschnitt etwa 5000 Ctr. gewesen, worunter auch eine Kleinigkeit von rheinischem Rohstahleisen; in Stabeisen ist die Einfuhr ungefähr gleich hoch.

Die Gesammteinfuhr von Eisen und Eisenwaaren hat betragen:

| | | |
|---|---|---|
| 1837 . . . . | 296,200 | Ctr. |
| 1845 . . . . | 31,712 | = |
| 1846 . . . . | 35,824 | = |
| 1847 . . . . | 29,740 | = |
| 1848 . . . . | 17,872 | = |
| 1849 . . . . | 19,596 | = |

Der größte Theil der Einfuhr besteht gegenwärtig aus Draht und verschiedenen Eisenwaaren.

Außerdem findet eine jährliche Einfuhr von Stahl und Stahlwaaren zum Belaufe von 13,000 Centnern und von Maschinen von 5000 Centnern im Durchschnitt von 18$\frac{45}{49}$ statt.

Die Ausfuhr ist fast in noch stärkerem Verhältniß gewachsen als die Einfuhr abgenommen hat. Sie betrug in Roh- und Stabeisen:

| | Roheisen. | Stabeisen und Schienen |
|---|---|---|
| 1836 . . . . | 144,000 Ctr. | 1,080 Ctr. |
| 1838 . . . . | 118,000 = | 1,537 = |
| 1842 . . . . | 447,120 = | 7,140 = |
| 1843 . . . . | 906,140 = | 5,740 = |
| 1844 . . . . | 1,102,900 = | 187,880 = |
| 1845 . . . . | 869,060 = | 134,440 = |
| 1846 . . . . | 1,277,360 = | 88,820 = |
| 1847 . . . . | 2,250,760 = | 95,380 = |
| 1848 . . . . | 1,180,660 = | 21,806 = |
| 1849 . . . . | 974,060 = | 37,255 = |
| 1850 . . . . | 1,886,020 = | |

Die Roheisenausfuhr theilt sich zwischen Frankreich und dem Zollverein. Früher überwog gewöhnlich der Antheil Frankreichs, 1849 und 1850 jedoch war derselbe ganz ungleich geringer. Die genaue Ausfuhr nach dem Zollverein ist in der zweiten Abtheilung dieser Schrift enthalten.

Unter der Ausfuhr sonstiger Eisenfabrikate aus Belgien spielen die Nägel die Hauptrolle, deren Fabrikation vielleicht nirgends so im Großen betrieben wird. Davon wurden exportirt, zum größten Theil nach Holland:

| | | |
|---|---|---|
| 1836 .... | 80,064 | Ctr. |
| 1845 .... | 103,899 | „ |
| 1847 .... | 108,193 | „ |
| 1848 .... | 133,540 | „ |
| 1849 .... | 167,611 | „ |
| 1850 .... | 187,348 | „ |

Außer Roh- und Stabeisen, Schienen und Nägeln wurden an Eisen und Eisenwaaren in den letzten Jahren ausgeführt:

| | | |
|---|---|---|
| 1845 ..... | 37,222 | Ctr. |
| 1846 ..... | 24,146 | „ |
| 1847 ..... | 82,868 | „ |
| 1848 ..... | 32,498 | „ |
| 1849 ..... | 40,542 | „ |

Auf Waffen und sonstige eiserne Geräthschaften und Waaren kann man außerdem noch eine Ausfuhr von 20,000 Centner rechnen. In Stahl und Stahlwaaren ist die Ausfuhr sehr unbedeutend; außerordentlich hat sie sich dagegen in Maschinen gehoben. Sie betrug:

| | | |
|---|---|---|
| 1847 ..... | 59,444 | Ctr. |
| 1848 ..... | 48,974 | „ |
| 1849 ..... | 42,210 | „ |

Die Summe der Ausfuhr an Eisen und Eisenfabrikaten hat hiernach 1847 ihre höchste Höhe erreicht. Sie betrug:

| | | |
|---|---|---|
| 1847 .... | 2,616,645 | Ctr. |
| 1848 .... | 1,437,478 | „ |
| 1849 .... | 1,281,678 | „ |

oder im Durchschnitt von 18$\frac{47}{49}$ 1,778,600 Centner. 1850 ist die Höhe der Ausfuhr von 1847 beinahe wieder erreicht worden.

Berechnen wir nun den Eisenconsum Belgiens für die Jahre 18$\frac{47}{49}$, so haben wir von einer durchschnittlichen Produktion von 166,667 Tonnen oder 3,333,000 Ctrn. den Ueberschuß der Ausfuhr über die Einfuhr mit 1,754,000 Ctr., wozu (da die Ausfuhr größtentheils aus Roheisen bestand) gegen 1,900,000 Ctr. Roheisen verbraucht wurden, in Abzug zu bringen. Für den Consum einer Bevölkerung von 4$\frac{1}{4}$ Millionen Seelen, bleiben demnach 1,433,000 Ctr. à 50 Kil. oder 36 Pfd. auf den Kopf. Es ist dies 2 Pfd. pro Kopf weniger, als nach dem folgenden Paragraphen der Eisenconsum Frankreichs beträgt. Da wir dies Verhältniß nicht für ganz richtig halten, sondern vielmehr den Verbrauch Belgiens um einige Pfd. höher schätzen, so dürfte hieraus zu schließen sein, daß vorstehende Angaben über die Hochofenproduktion, obgleich belgischen Quellen entnommen, etwas zu niedrig gehalten sind. — Die Produktion würde 84 Pfd. auf den Kopf der Bevölkerung austragen; nächst Großbritannien und Schweden ist hiernach Belgien das Land, welches in Verhältniß zu seiner Ausdehnung, das meiste Eisen erzeugt. — Der Consum für die Eisenbahnen ist sehr bedeutend; das Land besitzt davon etwa 400 englische Meilen. Mit Berücksichtigung, daß in Belgien der Bau und die Unterhaltung mit etwas geringerem Aufwand von Eisen durchgeführt worden als in Großbritannien, lassen sich gegen 9 Pfd. pro Kopf der Bevölkerung für den Verbrauch der Eisenbahnen annehmen, also noch etwas mehr als im Zollverein.

### 3. Frankreich.

§. 34. Frankreich besitzt jetzt nach Großbritannien in Europa die ausgedehnteste Eisenerzeugung. Von seinen 86 Departements sind 64, in denen Eisenstein gewonnen wird, und zwar in allen Qualitäten, von einem zur Rohlstahlbereitung geeigneten Spatheisenstein der italienischen Alpen, Vogesen und Pyrenäen an, bis zu den dem Vorkommen in England ähnlichen Ablagerungen von Sphärosideriten in den Kohlendistrikten des südöstlichen Frankreichs. Die größten Massen bestehen aber, wie in Belgien, aus dem sogenannten minerai d'alluvion, das sich fast in allen Departements und theilweise in ungeheuern Lagern, z. B. in den Ardennen und an der Mosel, dicht unter der Oberfläche vorfindet, und durch Waschen von den anhängenden erdigen Theilen befreit wird. Gegen 94 pCt. alles in Frankreich gewonnenen Eisensteins bedarf (nach Laboulaye) einer solchen vorbereitenden Operation. 1847 waren in 64 Departements 1473 Erzgräbereien und 318 Gruben vorhanden. Qualität und Eisengehalt dieser Erze sind sehr gering, allein eben so auch die Gewinnungskosten, und so wird es von den meisten Werken mit oder ohne Zusatz besserer Erze verhüttet. Die große Mannigfaltigkeit und Verbreitung der Erzlager hat übrigens eine Zersplitterung der Eisenindustrie über ganz Frankreich und eine Verschiedenheit der Methoden hervorgerufen, die, vom ökonomischen Gesichtspunkte betrachtet, viele Nachtheile mit sich führt, und die Hauptursache ist, daß Frankreich noch in Bezug auf die Darstellung wohlfeilen Eisens hinter England und Belgien zurücksteht. Uebrigens hat die innere Konkurrenz in den letzten 10 Jahren die Preise gewaltig herabgebracht.

Wenn auch im Ganzen die Coakshütterei in Frankreich seit 1821 verhältnißmäßig langsam vorschritt, und diejenige Stufe der Ausbildung noch nicht erreicht hat, wie in England und Belgien, so ist sie doch auch nicht allzuweit mehr davon entfernt. Einzelne Hüttenwerke sind schon seit Jahren im Stande, so billig zu produziren, wie die genannten Länder, und so darf man hoffen, daß sich die französische Eisenindustrie binnen nicht langer Zeit zur freien Konkurrenz auf der neuen Basis befähigt zeigen wird, welche sich in diesem Gewerbe in Großbritannien entwickelt hat. Dabei kann es freilich nicht ausbleiben, daß viele Departements diesen Erwerbszweig aufgeben müssen.

Die Verwendung der Holzkohle beim Hüttenbetrieb war bis 1847 vorherrschend. Der Fortschritt der Produktion gehört indeß lediglich dem Betrieb bei Coaks an, während die Benutzung der Holzkohlen schon seit 10 Jahren stabil blieb. Uebrigens ist in einzelnen Distrikten Frankreichs, ähnlich wie in Deutschland, Aussicht vorhanden, daß die Eisenerzeugung bei Holzkohlen, wenn auch in beschränkterem Umfange, die Konkurrenz des Coakseisens noch auf lange Zeit hin ertragen wird.

Gegen das Jahr 1837 begannen viele Werke, sich des getrockneten oder gedörrten Holzes anstatt der Holzkohlen zu bedienen; 1839 benutzten nicht weniger als 53 Hochöfen dieses Brennmaterial. Seitdem geht man immer mehr und mehr davon ab; doch hütteten 1846 noch 25 Hochöfen damit.

Die Coakshochöfen haben vielfach versucht, die rohe Steinkohle (wie in Schottland) zu verwenden; allein man ist damit nicht glücklicher gewesen, als in der gleichfalls versuchten Anwendung der Anthracitkohle. Jedoch mischt man wohl beide unter Coaks wie unter Holzkohlen.

Die Anwendung der erhitzten Gebläseluft ist bei den Coakshochöfen fast vollständig durchgeführt; bei den Holzkohlenhochöfen hat man sie vielfach wieder verlassen, ähnlich wie in Belgien, indem sich die Qualität des Eisens verschlechterte.

Der Fortschritt und gegenwärtige Umfang der französischen Hochofenproduktion erhellen aus nachstehender Tabelle*), welcher die Bemerkung vorauszuschicken ist, daß von der Revolution an bis zur Restauration der Umfang der Roheisenerzeugung ziemlich stabil blieb und etwa 100,000 Tonnen (à 1000 Kil. oder 20 Z. Ctr. betrug.)

## Hochofenproduktion Frankreichs.

| Jahr. | Bei Holzkohlen. Tonnen. | Bei Coaks oder gemischtem Brennmaterial. Tonnen. | Summa. Tonnen. |
|---|---|---|---|
| 1819 | 110,500 | 2,000 | 112,500 |
| 1825 | 194,167 | 4,400 | 198,567 |
| 1830 | 239,258 | 27,103 | 266,361 |
| 1835 | 246,485 | 48,315 | 294,800 |
| 1836 | 262,005 | 46,358 | 308,363 |
| 1837 | 268,937 | 62,741 | 331,678 |
| 1838 | 278,347 | 69,429 | 347,776 |
| 1839 | 283,721 | 66,451 | 350,172 |
| 1840 | 270,710 | 77,063 | 347,773 |
| 1841 | 291,880 | 85,262 | 377,142 |
| 1842 | 297,174 | 102,282 | 399,456 |
| 1843 | 297,119 | 130,903 | 422,622 |
| 1844 | 280,586 | 146,589 | 427,175 |
| 1845 | 264,873 | 174,096 | 438,969 |
| 1846 | 282,683 | 239,702 | 522,385 |

*) Die Angaben von 1819 bis 1846 sind entnommen dem officiellen Rapport du Jury central sur les produits de l'Agriculture et de l'Industrie, exposés en 1849. Paris 1850. Tome II. pag. 295.

Von 1847 bis jetzt fehlen uns noch die zuverlässigen officiellen Angaben*); man kann sie indeß für 1847 auf 550,000 Tonnen und für 1848 bis 1850 auf 500,000 Tonnen veranschlagen, da eine Verminderung stattgefunden haben dürfte.

Die Roheisenerzeugung ausschließlich bei Holzkohlen hat ihre Hauptsitze im Osten Frankreichs, in den Departements Haute-Saône, Côte d'or, Vogesen, Jura und Doubs; im Nordwesten im Departement Sarthe; im Südosten im Departement Isère (Dauphiné), welches fast ausschließlich weißes Roheisen aus Spatheisensteinen zur Schmelzstahlbereitung liefert; im Südwesten die Landes; ferner im mittleren Frankreich die Departements Dordogne, Indre und Indre u. Loire. Die beiden letzteren liefern das wegen seiner Qualität berühmte Eisen von Berry.

Die Distrikte, in welchen Holzkohle und Coaks abwechselnd oder gemischt angewandt werden, und welche im Allgemeinen als im Uebergang auf den Coakshüttenbetrieb begriffen betrachtet werden können, sind im Nordosten Frankreichs die Departements der Ardennen, Mosel und Maas; im mittleren Frankreich Haute-Marne und der nordwestliche Theil von Côte d'or, ferner Cher, Saône u. Loire und Allier.

Die reine Coakseisenerzeugung findet zum kleineren Theil im nördlichen Kohlendistrikt in dem Departement des Nordens statt; in weit größerem Umfange jedoch im südöstlichen Steinkohlenbassin und insbesondere im Departement Ardèche (das zwar nur eine Hütte hat, die aber 700,000 Ctr. Roheisen und 400,000 Ctr. Stabeisen jährlich liefert), ferner in Aveyron und Loire.

Zu dieser Hochofenproduktion muß übrigens noch das durch die methode directe unmittelbar aus Erzen erzeugte Stabeisen addirt werden, indem nämlich in den Pyrenäen an dieser veralteten Betriebsmethode noch immer festgehalten wird. Es betrug diese Erzeugung:

| | | |
|---|---|---|
| 1837 . . . . | 8,916 | Tonnen |
| 1842 . . . . | 9,965 | „ |
| 1846 . . . . | 11,139 | „ |

*) Nach einem Beschlusse der National-Versammlung vom 29. Novbr. 1850 wird die industrielle Statistik künftig nur von 3 zu 3 Jahren festgestellt und veröffentlicht, so daß wir erst im Jahre 1852 die genauen Data von 1847 an erhalten werden.

1828 waren noch 130 und 1846 117 catalanische und 6 corsikanische Heerdfeuer in Betrieb. Erst seit 1848 ist in den Pyrenäen der Bau von Hochöfen in Angriff genommen worden. — Mit Hinzurechnung dieser Quanta stellt sich die Eisengewinnung Frankreichs im Jahr 1846 auf 533,524 Tonnen oder 10,670,480 Zoll-Centner.

Die Zahl der Hochöfen in Frankreich betrug:

| | Bei Holzkohlen. | Bei Coaks od. gem. Material. | Summa. |
|---|---|---|---|
| 1819 . . . | 348 | 2 | 350 |
| 1835 . . . | 410 | 28 | 438 |
| 1840 . . . | 358 | 41 | 426 |
| 1843 . . . | 526 | 71 | 597 |
| 1846 . . . | 495 | 128 | 623 |

Davon waren indeß nur in Betrieb:

| | |
|---|---|
| 1843 . . . . . . | 471 |
| 1846 . . . . . . | 469 |

Von den 154 Hochöfen, die 1846 kalt lagen, kamen auf 495 Holzkohlenhochöfen 131, und auf 128 Coakshochöfen 23; man sieht hieraus wie die Lage der ersteren weit bedrängter ist als die der letzteren.

364 Holzkohlenhochöfen produzirten 1846 14,000 Tonnen mehr als 433 im Jahre 1837. Dagegen lieferten 1846 die 105 Coakshochöfen fast ebensoviel als die 364 Holzkohlenhochöfen. Auf einen Holzkohlenhochofen kommen hiernach 15,410 Ctr., auf einen Coakshochofen 44,520 Ctr. jährlicher Produktion. Letzteres Quantum ist verhältnißmäßig gering, weil eine so bedeutende Zahl von Holzkohlenhochöfen, die Coaks zusetzen, mit einbegriffen ist. Die eigentlichen Coakshochöfen produziren etwa 60—70,000 Centner im Jahr, allerdings immer noch bedeutend weniger als in Belgien und Großbritannien.

Bei der Stabeisenfabrikation hat die Anwendung der Steinkohlen schon ein bei weitem größeres Uebergewicht erlangt, als bei der Roheisenerzeugung; insbesondere haben die Eisenbahnbauten in den letzten Jahren eine bedeutende Entwicklung veranlaßt. Folgende Tabelle zeigt die Zunahme der Produktion an:

Stabeisenproduktion Frankreichs.

| Jahr. | Bei Holzkohlen. Tonnen. | Bei Steinkohlen. Tonnen. | Summa. Tonnen. |
|---|---|---|---|
| 1819 | 73,200 | 1,000 | 74,200 |
| 1825 | 102,479 | 41,070 | 143,549 |
| 1830 | 101,614 | 46,855 | 148,467 |
| 1835 | 108,159 | 101,380 | 209,539 |
| 1836 | 110,921 | 99,660 | 210,581 |
| 1837 | 109,996 | 114,617 | 224,613 |
| 1838 | 109,085 | 115,110 | 224,195 |
| 1839 | 101,763 | 129,998 | 231,761 |
| 1840 | 103,305 | 134,074 | 237,379 |
| 1841 | 110,387 | 153,360 | 263,747 |
| 1842 | 109,795 | 175,029 | 284,824 |
| 1843 | 114,731 | 193,715 | 308,445 |
| 1844 | 108,491 | 206,521 | 315,012 |
| 1845 | 108,479 | 233,783 | 342,262 |
| 1846 | 105,865 | 254,325 | 360,190 |

Die Produktion von Holzkohlenstabeisen, wobei das vorerwähnte durch die catalanische Methode dargestellte Stabeisen mitbegriffen ist, blieb somit seit 15 Jahren fast stabil, während die Steinkohlenfrischerei im Jahr 1837 jenes Quantum zu übersteigen begann und jetzt fast um das Vierfache größer ist. Innerhalb der Steinkohlenfrischerei fand ein analoger Prozeß zwischen der méthode champenoise (Puddlingöfen mit Kleinfeuern und Hammerwerken) und der méthode anglaise (Puddlingöfen mit Schweißöfen und Walzwerken) statt. Ebenfalls bis zum Jahre 1837 waren beide quantitativ gleich entwickelt; seitdem geht indeß erstere zurück (weil die Mehrkosten bedeutender sind als der Qualitätsunterschied) und der ganze Fortschritt gehört der englischen Methode an.

Die Darstellung des Holzkohlenstabeisens findet in den Departements statt, wo ausschließlich mit Holzkohlen gehüttet wird.

Die Steinkohlenfrischerei nach englicher Methode wird im Bezirk der Coakshütten betrieben, während die méthode champenoise ihren Hauptsitz in den obengenannten Departements hat, die theils mit Holzkohlen, theils mit gemischtem Brennmaterial hütten.

Es waren vorhanden (außer den catalanischen Oefen):

| | | | |
|---|---|---|---|
| 1843 . . . | 1,128 Frischfeuer. | 444 | Puddlingöfen. |
| 1846 . . . | 1,063 " | 995 | " |

Von den Frischfeuern sind in den letzten Jahren durchschnittlich 300, von den Puddlingöfen 150 außer Thätigkeit.

Sehr bedeutend ist die französische Stahlfabrikation vorgeschritten. Bis zum Jahre 1840 überwog die Schmelzstahlbereitung, wozu vorzüglich das weiße Roheisen der Dauphiné und auch etwas rheinisches Spiegeleisen verwandt ward. Seitdem nehmen jedoch die Cement- und Gußstahlfabrikation bedeutend überhand. Ihr Hauptsitz ist St. Etienne im südlichen Kohlenbassin; als Rohstoff wird größtentheils schwedisches Eisen verbraucht. Die Güte des Sheffielder Gußstahls ist in Frankreich noch nicht erreicht, ebensowenig der billige Preis; jedoch macht man bedeutende Fortschritte nach diesem Ziele hin.

### Stahlproduktion Frankreichs.

| Jahr. | Schmelzstahl. Tonnen. | Cementstahl. Tonnen. | Summa. Tonnen. |
|---|---|---|---|
| 1826 | 3,257 | 1,500 | 4,757 |
| 1835 | 2,949 | 3,308 | 6,257 |
| 1840 | 3,546 | 3,859 | 7,405 |
| 1841 | 3,202 | 3,684 | 6,886 |
| 1842 | 3,116 | 3,994 | 7,110 |
| 1843 | 3,527 | 5,812 | 9,339 |
| 1844 | 3,212 | 7,782 | 10,994 |
| 1845 | 4,004 | 8,369 | 12,373 |
| 1846 | 4,408 | 8,546 | 12,954 |

Das Quantum von 1846 ist also gleich 259,080 Z. Ctr., was mehr ist als der Zollverein und Oesterreich erzeugen.

Trotz einer so bedeutenden, durch übertrieben hohe Zölle geschützten Eisenerzeugung bedarf Frankreich noch der Zufuhr ausländischen Eisens. Sie betrug:

| | Roheisen. | Stabeisen und Schienen. |
|---|---|---|
| 1827 . . . | 155,889 Ctr. | 142,754 Ctr. |
| 1841 . . . | 538,662 „ | 121,439 „ |
| 1843 . . . | 844,137 „ | 190,470 „ |
| 1846 . . . | 1,719,108 „ | 162,954 „ |

Die Roheiseneinfuhr besteht fast ausschließlich aus belgischem und schottischem Eisen; früher überwog der Bezug von letzterem, gegenwärtig der von ersterem. 1846 betrug die Roheiseneinfuhr aus England 733,460 Centner und aus Belgien 914,968 Centner. Das eingeführte Stabeisen kommt zu $\frac{7}{8}$ aus Schweden zum Behuf der Cement- und Gußstahlfabrikation. 1846 betrug das von dort eingeführte Quantum 140,628 Centner; das übrige besteht aus Walzeisen und Schienen englischen Ursprungs.

Von sonstigen Eisenfabrikaten und Waaren wird der hohen Zölle halber sehr wenig eingeführt. 1846 betrug die Einfuhr hierin:

| | |
|---|---|
| Draht . . . . . . . . . . . . . . | 70 Ctr. |
| Schwarzblech . . . . . . . . . . | 1,212 „ |
| Weißblech . . . . . . . . . . . | 81 „ |
| Roh- und Cementstahl . . . . | 9,638 „ |
| Gußstahl . . . . . . . . . . . . | 2,081 „ |
| Stahlblech . . . . . . . . . . . | 1,399 „ |
| Stahldraht . . . . . . . . . . | 948 „ |
| Altes Eisen . . . . . . . . . . | 2,984 „ |
| Werkzeuge . . . . . . . . . . . | 1,582 „ |
| Maschinen . . . . . . . . . . . | 31,016 „ |
| Summa . . . | 51,011 Ctr. |

Die Gesammteinfuhr an Eisen, Stahl und daraus hergestellten Fabrikaten aller Art betrug also im Jahr 1846: 1,933,073 Centner.

Die Ausfuhr ist nicht bedeutend. Sie betrug:

| | Gußeisen. | Stabeisen und Schienen. |
|---|---|---|
| 1841 . . . | 5,106 Ctr. | 31,418 Ctr. |
| 1843 . . . | 8,254 „ | 5,552 „ |
| 1846 . . . | 931 „ | 24,970 „ |

Die sonstige Ausfuhr an Eisenfabrikaten betrug im Jahr 1846:

| | | |
|---|---|---|
| Blech, Draht, Stahl ꝛc. . . . | 14,864 | Ctr. |
| Eisen- u. Stahlwaaren aller Art | 109,908 | " |
| Maschinen . . . . . . . . . . . | 149,060 | " |
| Summa . . . | 273,832 | Ctr. |

Die Summa der Eisenausfuhr von 1846 war demnach 299,733 Centner. Sie geht zur Hälfte nach den französischen Besitzungen in Afrika und Westindien.

Berechnen wir hiernach die Eisenconsumtion Frankreichs im Jahr 1846, dem letzten, wovon ganz genaue Angaben vorliegen und dessen Verbrauch nur im Jahr 1847 etwas überschritten sein dürfte, gegenwärtig aber eher geringer als stärker ist, so stellt sich derselbe folgendermaßen heraus. Die Eisengewinnung betrug (zuzüglich des durch die direkte Methode dargestellten Stabeisens): 10,670,480 Ctr. à 50 Kil. Der Ueberschuß der Einfuhr über die Ausfuhr war 1,633,340 Ctr. Roheisen. Bei einer Bevölkerung von 35½ Millionen, die Frankreich im Jahr 1846 besaß, ergiebt sich hiernach von der gesammten Eisenkonsumtion von 12,303,820 Ctr. auf den Kopf ein Antheil von 38 Pfund; die Eisengewinnung selbst macht 33 Pfund pro Kopf.

## 4. Schweden und Norwegen.

§. 35. In Schweden bildet die Eisenindustrie eines der bedeutendsten Gewerbe und ihre Erzeugnisse einen der Haupthandelsartikel für die Ausfuhr, wie denn überhaupt England, Belgien und Schweden die drei einzigen Länder sind, in denen überhaupt der Eisenexport von größerer Bedeutung ist. Der Norden Schwedens hat insbesondere unerschöpfliche Lager von den vorzüglichsten und reinsten Magneteisensteinen; das dortige Eisensteinbergwerk Dannemora ist weltberühmt. Das hieraus dargestellte Produkt würde nun für die gewöhnlichen Verwendungszwecke des Eisens keinen höheren Preis behaupten können, als z. B. unser bestes deutsches Holzkohleneisen, allein sein chemisches Verhalten ist der Art, daß es sich besser als irgend eine andere Eisengattung, die man bisher kennt, zur Darstellung des feinsten Gußstahls eignet. Auf diese Eigenschaft und den hohen Preis, welchen sie dem Fabrikate sichert, gründet sich die ganze Bedeutung der schwedischen Eisenindustrie; die gewöhnlicheren Sorten und insbesondere das im Süden und Westen aus Rasenerzen dargestellte Eisen werden meistens im Innern verbraucht. Nur ist allerdings beim feinen schwedischen Eisen außer der Verwendung zu Stahl auch die für Anker, Schiffsketten und Kratzendraht noch besonders hervorzuheben.

Das schwedische Eisen wird sowohl bei Holzkohlen erblasen als gefrischt (es sind nur einige wenige Puddlingöfen vorhanden), eine Darstellungsmethode, die nicht verlassen werden darf, ohne der Qualität und damit dem Preise des zum Gußstahl zu verwendenden Eisens in höherem Grade zu schaden, als der ökonomische Gewinn eines Uebergangs auf andere Methoden ausmachen könnte. Die Erze werden zum Theil sehr weit nach dem Norden, wo der größte Holzüberfluß ist, verfahren, um dort verhüttet zu werden.

Den ausschließlichen Bezug der feinsten Sorten des Dannemora-Eisens haben sich englische Häuser gesichert; hierin liegt eine der Hauptursachen ihrer Ueberlegenheit in der Fabrikation der feinsten Gußstahlsorten. Uebrigens wird auch in Schweden selbst eine nicht unbedeutende Quantität Gußstahl erzeugt; demnächst Schmelzstahl aus geeigneten Roheisensorten.

Auch zu Gußwaaren, wobei es auf besondere Dichtigkeit und Festigkeit ankommt, ist das schwedische Eisen unübertroffen; so beziehen insbesondere viele Staaten Europas, z. B. auch Preußen, ihren Bedarf an eisernen Festungs- und Schiffskanonen und Mörsern aus Schweden.

Die vom Staate erhobenen Abgaben sind sehr bedeutend, nämlich gegen 1¼ Prozent vom Roheisen und 1 Prozent vom Stabeisen, welche in natura geleistet werden. Außerdem lasten gewerbliche Hemmungen der verschiedensten Art auf der schwedischen Eisenindustrie.

Bedeutenden Einfluß auf das Bestehen und die Entwicklung des dortigen Eisengewerbes hat die schon vor mehr als 100 Jahren gegründete Vereinigung der Eisenhüttenbesitzer, das Stockholmer Eisenkomptoir, gehabt, theils indem sie zu Fortschritten so weit sie auf einer solchen Grundlage räthlich erschienen, anspornte, theils indem sie dem Kredit der Einzelnen beim Verkauf des Fabrikats wie bei neuen Anlagen zu Hülfe kam.

Die Hochofenproduktion Schwedens betrug nach genauen Angaben, die uns zu Gebote stehen, in Schiffpfund à 558 Pfund Avs. oder etwa 5 preuß. Centner*):

| | | |
|---|---|---|
| $18\frac{33}{37}$ | 522,278 | Schiffpfd. |
| $18\frac{38}{42}$ | 607,683 | „ |
| 1843 | 678,536 | „ |
| 1844 | 599,793 | „ |
| 1845 | 502,059 | „ |
| 1846 | 649,626 | „ |
| 1847 | 708,123 | „ |

Letzteres Quantum ist gleich 3,540,615 preuß. Centner. In den letzten Jahren dürfte wieder eine kleine Abnahme stattgefunden haben.

Die Zahl der im Betrieb befindlichen Hochöfen betrug:

| | |
|---|---|
| 1843 | 231 |
| 1845 | 204 |
| 1847 | 222 |

Die jährliche Produktion eines Hochofens ist also etwa 16,000 Centner. Nach den offiziellen Angaben hat das Gewicht der Erze nur das Doppelte des Roheisengewichts betragen; ein Beweis ihrer außerordentlichen Reichhaltigkeit.

Die Stabeisenproduktion betrug in Schiffpfund Berggewicht à 332 Pfund Avs. oder 3 preuß. Centner:

| | | |
|---|---|---|
| $18\frac{33}{37}$ | 480,701 | Schiffpfd. |
| $18\frac{38}{42}$ | 572,024 | „ |
| 1843 | 541,843 | „ |
| 1844 | 571,892 | „ |
| 1845 | 568,491 | „ |
| 1846 | 607,846 | „ |
| 1847 | 619,872 | „ |

*) Man hat (was die meisten Statistiker nicht wahrnehmen) bei Berechnung der schwedischen Produktion und Verkehrsbewegung sehr zu beachten, daß das Schiffpfund außerordentlich verschieden ist, je nachdem es für Roheisen, Stabeisen oder endlich für die Ausfuhr oder den Handel überhaupt als Gewichtseinheit dient.

Letzteres Quantum ist gleich 1,859,616 preuß. Centner. Es waren Frischfeuer vorhanden:

| | |
|---|---|
| 1843 . . . . . . | 1,359 |
| 1845 . . . . . . | 1,356 |
| 1847 . . . . . . | 1,347 |

An Gußwaaren wurden erzeugt nach Roheisengewicht:

| | Aus Erzen. | Aus Roheisen. | Summa. |
|---|---|---|---|
| 1843: | 23,803 Schiffpfd. | 11,281 Schiffpfd. | 35,084 Schiffpfd. |
| 1844: | 23,081 „ | 13,054 „ | 36,135 „ |
| 1845: | 12,511 „ | 12,697 „ | 25,208 „ |
| 1846: | 17,683 „ | 15,130 „ | 32,813 „ |
| 1847: | 20,780 „ | 19,699 „ | 40,479 „ |

Letzteres Quantum ist gleich 202,395 preuß. Centner. Ueberall hat hiernach im Jahre 1847 die höchste Erzeugung stattgefunden.

An groben Eisen- und Stahlwaaren wurden dargestellt in Schiffpfund Metallgewicht zu 398 Pfund Avs. oder etwa $3\frac{3}{5}$ preuß. Centner:

| | |
|---|---|
| 1843 . . . . . | 69,694 Schiffpfd. |
| 1844 . . . . . | 78,349 „ |
| 1845 . . . . . | 77,779 „ |
| 1846 . . . . . | 61,223 „ |
| 1847 . . . . . | 68,250 „ |

Letzteres Quantum ist gleich 245,700 preuß. Centner.

Daß selbst das schwedische Eisen von den Konjunkturen des englisches Markts influirt wird, zeigen folgende von dem Eisenkomptoir festgesetzte Mittelpreise:

| | Roheisen. Schiffpfd. à 5 Ctr. | Stabeisen. Schiffpfd. à 3 Ctr. |
|---|---|---|
| 1843 . . . . | Rthlr. 5. 28 Sch. | Rthlr. 14. — Sch. |
| 1844 . . . . | „ 4. 26 „ | „ 13. — „ |
| 1845 . . . . | „ 5. 28 „ | „ 14. 24 „ |
| 1846 . . . . | „ 7. 8 „ | „ 15. 24 „ |
| 1847 . . . . | „ 7. 8 „ | „ 15. 24 „ |

Seit 1848 stehen sie wieder so niedrig wie 1843 und 1844. Die feineren Sorten Dannemoraeisen kosten übrigens bedeutend mehr als diese Durchschnittspreise.

Bei einer für ein so wenig bevölkertes Land so bedeutenden

Produktion und bei den hohen Eingangszöllen kann natürlich die stattfindende Einfuhr nur gering sein. 1847, wo sie außergewöhnlich stark war, betrug sie an Eisen und allen Sorten Eisenwaaren 3,595 Schiffpfund oder 12,942 preuß. Centner; sonst ist sie durchschnittlich nur ungefähr halb so hoch.

Die Ausfuhr dagegen ist im Verhältniß zum inneren Verbrauch stärker als in irgend einem andern eisenerzeugenden Lande. Sie besteht der Hauptsache nach in geschmiedetem Stabeisen und betrug hierin in Schiffpfund Metallgewicht à $3\frac{2}{3}$ Centner:

| | | | |
|---|---|---|---|
| 1830: | 366,617 Schiffpfd. | 1844: | 544,480 Schiffpfd. |
| 1840: | 525,303 „ | 1845: | 574,792 „ |
| 1841: | 565,009 „ | 1846: | 558,198 „ |
| 1842: | 424,559 „ | 1847: | 604,501 „ |
| 1843: | 417,384 „ | | |

Letzteres Quantum ist gleich 2,176,204 preuß. Centner, wozu etwa ¾ des Roheisens verbraucht wurden, das Schweden überhaupt erzeugt.

Von dieser Ausfuhr gingen nach England, meist zum Behuf der Gußstahlfabrikation, demnächst auch für Anker, Ankerketten und Draht:

| | | | |
|---|---|---|---|
| 1841: | 141,752 Schiffpfd. | 1844: | 143,807 Schiffpfd. |
| 1842: | 108,445 „ | 1845: | 251,437 „ |
| 1843: | 97,816 „ | 1846: | 222,601 „ |

Dies beträgt circa ⅓ der Gesammtausfuhr. Die übrigen ⅔ gehen nach allen Theilen der Erde; jedoch sind die Hauptabnehmer Frankreich, die Verein. Staaten, Dänemark und der Norden Deutschlands.

Außerdem wurden ausgeführt in Schiffpfund Roheisengewicht:

| | 1843. | 1845. | 1847. |
|---|---|---|---|
| Roheisen . . . . . . | 5,999 | 4,730 | 4,793 |
| Gußwaaren . . . . . | 6,566 | 6.588 | 6,400 |
| Summa . . . | 12,565 | 11,318 | 11,193 |

Letztere Summe ist gleich 55,965 preuß. Centnern. Das Gußeisen besteht meistens aus Geschützen und Munition, von denen auch vieles nach Deutschland (Preußen) geht.

An sonstigen Eisen- und Stahlfabrikaten wurden ausgeführt in Schiffpfund Metallgewicht:

| | | |
|---|---|---|
| 1843 | ..... | 46,062 Schiffpfd. |
| 1845 | ..... | 50,958 „ |
| 1847 | ..... | 43,122 „ |

Letztere Zahl ist gleich 155,239 preuß. Centner; darunter befindet sich zu zwei Fünftheilen Stahl; das übrige zersplittert sich auf eine große Zahl von Artikeln.

Es läßt sich hiernach das Consumtionsverhältniß genau ermitteln. Im Jahre 1847 betrug die Produktion der Hochöfen 3,540,615 Centner. Der Ueberschuß der Ausfuhr über die Einfuhr betrug 2,374,456 Centner, wozu an Roheisen erforderlich gewesen sind 3,165,940 Centner. Es blieben also für den innern Consum Schwedens nur 374,675 Centner Roheisen oder wenig mehr als $\frac{1}{10}$ der Produktion übrig, was bei einer Bevölkerung von $3\frac{1}{2}$ Millionen Einwohner im Jahr 1847 auf den Kopf noch nicht ganz 12 Pfund Roheisen ausmacht, ein verhältnißmäßig bedeutendes Quantum, wenn man den geringen Reichthum Schwedens und die mangelnden Eisenbahnen in Betracht zieht. Die Produktion betrug dagegen nicht weniger als 111 Pfund auf den Kopf, also nächst England und Belgien am meisten unter allen Ländern der Erde.

Wenige Länder, deren Hüttenbetrieb für immer auf Holzkohlenverwendung angewiesen ist, dürften der Zukunft so ruhig entgegensehen können als Schweden. Ja die Eisenindustrie würde dort einen noch viel weiteren Aufschwung nehmen, wäre die innere Gewerbegesetzgebung nicht so außerordentlich mangelhaft. Es existirt wohl gegenwärtig kein Land mehr, wo der Staat den Berg- und Hüttenbetrieb in solcher Weise durch das Conzessionswesen, Betriebsbeschränkungen aller Art, enorme Abgaben, Ausgangszölle u. s. w. in seiner naturgemäßen Entwicklung hemmt. Hätte nicht die äußerst glücklich organisirte privative Association der Eisenindustriellen dem Gewerbe dort eine feste Grundlage gegeben und jenen Einflüssen damit entgegengearbeitet, so würde es längst voranzuschreiten aufgehört haben.

Schließlich erwähnen wir noch Norwegens, dessen Eisen ebenfalls aus Magneteisensteinen hergestellt und dem schwedischen analog verwendet wird. Die Qualität des norwegischen Eisens kommt jedoch der des schwedischen nicht ganz gleich, indem die Erze häufig schädliche Beimischungen enthalten.

Die Produktion wird verschieden bis zu 130,000 Centner bei 19—22 Hochöfen angegeben. Es ist dies Quantum jedoch offenbar zu gering, denn es wurden an Stabeisen ausgeführt:

| | |
|---|---|
| 1846 . . . . . | 62,000 Ctr. |
| 1848 . . . . . | 95,380 „ |

und außerdem an Nägeln und sonstigen Eisenwaaren noch etwa 2000 Centner. Rechnet man nun auch den inneren Consum nur zu 8 Pfund pro Kopf, so macht dies allein bei einer Bevölkerung von 1,400,000 Einwohner gegen 100,000 Centner. Die Roheisenerzeugung muß sich also in den letzten Jahren (da die Eisen- und Eisenwaareneinfuhr jährlich nur 3—5000 Centner beträgt) auf mindestens 215,000 Centner belaufen haben; wahrscheinlich war sie noch höher. Genaue Angaben fehlen ganz, während die offizielle Statistik Schwedens nichts zu wünschen übrig läßt und vielen in der Kultur weiter fortgeschrittenen Staaten zum Muster dienen könnte.

## 5. Rußland.

§. 36. Mit Rußland treten wir in die Reihe derjenigen europäischen Staaten ein, wo der Statistik nur sehr dürftige Anhaltspunkte mehr gegeben werden.

Die Eisengewinnung im europäischen Rußland ist jedenfalls nur geringfügig zu nennen, wiewohl sich in den meisten Gouvernements einzelne Hüttenanlagen finden. Sie wurde zuzüglich der polnischen im Jahre 1836 von Hasse nur auf 235,000 Centner geschätzt, was indeß offenbar selbst für jene Zeit zu niedrig ist. Im asiatischen Rußland ist dagegen der Ural ein berühmter Sitz der Eisenerzeugung, namentlich das Gouvernement Perm und demnächst Orenburg. Das meiste im europäischen Rußland verbrauchte und von dort ausgeführte Eisen kommt aus dem Ural; einzelne aus Magneteisenstein dargestellte Sorten werden zum Behuf der Gußstahlfabrikation dem besten schwedischen Eisen vollkommen gleichgestellt und theilweise noch höher bezahlt. Der größte Theil der Hüttenwerke im Ural ist ärarisch; viele derselben sind sehr gut eingerichtet.

Außerdem bezieht das eigentliche europäische Rußland Eisen aus Finland und Polen und zwar aus

| | 1847. | 1848. |
|---|---|---|
| Finland .... | 224,640 Pud. | 155,756 Pud. |
| Polen ..... | 54,083 " | 71,785 " |

Das Pud hat 36 Pfund, also etwa ⅓ Centner. — Die Eiseneinfuhr aus dem wirklichen Ausland kann dagegen bei dem russischen Zollsystem nicht anders als unbedeutend sein.

Für das gesammte russische Reich in Europa und Asien giebt Hasse für das Jahr 1836 die Produktion auf 3,370,000 Ctr. an. Nach Mac Gregor war sie 1830: 2,282,382 Ctr. und 1831: 1,944,599 Ctr.; den Antheil der ärarischen Erzeugung giebt er auf 126,000 Ctr. an, was offenbar zu niedrig ist. Nach einer neueren Quelle*) soll die Eisenproduktion Rußlands für die letzten Jahre folgendermaßen anzunehmen sein:

| | |
|---|---|
| Gouv. Olonetzk ..... | 400,000 Pud. |
| " Kaluga ...... | 400,000 " |
| " Orel ....... | 25,000 " |
| " Tula ....... | 36,000 " |
| " Wladimir ..... | 170,000 " |
| " Rjäsan ...... | 130,000 " |
| " Tambow ..... | 500,000 " |
| " Wologda ..... | 70,000 " |
| " Nischnei-Nowgorod | 440,000 " |
| " Pensa ...... | 80,000 " |
| " Wiätka ...... | 300,000 " |
| " Perm ....... | 8,000,000 " |
| " Orenburg ..... | 2,000,000 " |
| Hüttenw. Tomsk ..... | 50,000 " |
| Hüttenw. Petrowsk ... | 40,000 " |
| Summa ... | 12,641,000 Pud. |

Hierzu kommen nun noch Liefland, das vorstehenden Ausfuhrmengen nach mindestens 300,000 Pud produzirt, und Polen mit 656,000 Centnern**) oder 1,968,000 Pud, also das russische

*) Das europäische Hüttengewerbe. Leipzig 1850, S. 80.

**) Nach einer neueren Angabe soll Polen 1849 nur 375,632 Ctr. Roheisen bei 38 Hochöfen produzirt haben. (Hartmann, Fortschritte der Eisenhüttenkunde. Berlin 1851, S. 111.)

Reich im Ganzen 14,909,000 Pud oder 4,969,000 Centner, also nur etwas mehr als der Zollverein. Auf die Produktion des Ural kommen hiernach mehr als $\frac{2}{3}$ der gesammten Eisengewinnung.

In Polen hat die Regierung in neuerer Zeit viele Anlagen in's Leben gerufen, darunter auch an der Grenze gegen Schlesien einige Coakshochöfen, während im übrigen Rußland ausschließlich mit Holzkohlen gehüttet wird. Diese ärarischen Werke — 22 Hochöfen mit vielen Frischfeuern und Puddlingöfen — sind indeß meistens als ganz verfehlte Anlagen zu betrachten, theils unzweckmäßig eingerichtet, theils unrichtig placirt. Sie erzeugen gegen 216,000 Centner Roheisen. Die Privatwerke, meistens im Gouvernement Sandomir belegen, sind bedeutender. 39 Hochöfen erzeugen dort 440,000 Centner Roheisen. Im Ganzen hat Polen demnach 61 Hochöfen. Im ganzen russischen Reiche ist die Zahl auf 500 anzuschlagen.

An Stabeisen wird nach der nämlichen Quelle die Produktion veranschlagt auf 8,120,000 Pud oder 2,707,000 Centner, worunter Polen mit 264,000 Centner. Nach einer amtlichen Zeitungsnachricht (Allgem. Zeit. vom 25. Juli 1851) wird diese Erzeugung für 1848 auf 8,513,673 Pud oder 2,837,891 Centner angegeben, was ziemlich genau übereinstimmt. — Im Königreich Polen werden etwa 60 Puddlingöfen, zur Hälfte mit Steinkohlen, zur Hälfte mit getrocknetem Holz betrieben. Im übrigen Reiche findet fast nur Frischfeuerbetrieb bei Holzkohlen statt.

Die Eiseneinfuhr ist unbedeutend. In Maschinen betrug sie den russischen Listen zufolge dem Werth nach:

| | |
|---|---|
| 1847 . . . . | 1,884,238 Silb. Rubel. |
| 1848 . . . . | 1,837,657 " |

was im Jahr auf etwa 100,000 Centner zu veranschlagen sein mag. Außerdem geben die englischen Listen als Ausfuhr an Eisen und Eisenwaaren nach Rußland für 1849 das Quantum von 201,171 Centnern an, was zum größten Theil eingeschmuggelt wird und demnach mit den russischen Zolllisten nicht stimmt.

Die Eisenausfuhr, die zum größten Theil nach England*)

*) Man unterscheidet hier insbesondere 4 Sorten und Marken des besten russischen Eisens: **Gourieff, Archangel, PSI** und **CCND**; die letzte wird so theuer bezahlt als das beste Dannemora-Eisen.

zum Behufe der Gußstahlfabrikation stattfindet, besteht fast nur aus geschmiedetem Stabeisen; nach Schlesien geht etwas polnisches Holzkohlenroheisen. Sie betrug nach den amtlichen Listen:

| | | | |
|---|---|---|---|
| 1841 . . . | 317,875 Ctr. | 1845 . . . | 262,600 Ctr. |
| 1842 . . . | 264,600 „ | 1846 . . . | 222,180 „ |
| 1843 . . . | 251,980 „ | 1847 . . . | 285,020 „ |
| 1844 . . . | 251,060 „ | 1848 . . . | 212,260 „ |

Es ist demnach eher eine Abnahme als Zunahme der Ausfuhr bemerkbar, worauf die Konkurrenz Schwedens einwirkt. In früheren Zeiten war die Eisenausfuhr Rußlands jedenfalls viel bedeutender. Nach Mac Gregor betrug sie 1793 nicht weniger als 1,011,083 Centner, worunter 834,586 Centner Stabeisen; noch 1835 stand sie auf 416,093 Centner. Die innere Consumtion ist indeß in noch stärkerem Maaße gewachsen als die Ausfuhr abnahm. — Das russische Eisen wird zur größeren Hälfte aus dem Hafen von Petersburg verschifft; demnächst von Archangel aus. Die Frachten bis zu diesen Verschiffungsplätzen vertheuern das Eisen außerordentlich, so daß es die Konkurrenz mit Schweden, das weit günstiger situirt ist, nur schwer ertragen kann.

Wollen wir auch hier eine Berechnung der Consumtion versuchen, so muß zu der Produktion von 4,969,000 Centnern der Ueberschuß der Einfuhr über die Ausfuhr mit etwa 150,000 Centnern oder 71,000 Centnern Roheisen addirt werden, was 5,040,000 Centner Roheisenverbrauch für eine Bevölkerung von etwa 65 Millionen Einwohner oder 8½ Pfund auf den Kopf ausmacht.

Es ist keine Frage, daß die russische Eisenindustrie, insbesondere im Ural und in Polen, noch sehr entwicklungsfähig erscheint, wenn nur bessere subjektive Grundlagen vorhanden wären.

### 6. Die übrigen europäischen Staaten.

§. 37. Die Eisengewinnung der übrigen Staaten Europas ist theils unbedeutend, theils fehlen alle Anhaltspunkte, um eine Statistik aufstellen zu können. Wir berühren sie deshalb nur ganz kurz, mit dem Norden beginnend und nach Süden und Osten fortschreitend.

a. **Dänemark** erzeugt nur ganz unbedeutende Quantitäten Roheisen aus Raseneisenstein bei Rendsburg, Kopenhagen u. s. w. Die eigene Produktion Dänemarks kann höchstens zu 15,000 Centner jährlich veranschlagt werden. Es bezieht seinen Eisenbedarf fast ausschließlich aus Schweden und England. Von letzterem Staate wurden 1849 226,340 Centner Eisen und Eisenwaaren dorthin verführt.

b. **Holland** hat blos Eisenhütten im Luxemburgischen, deren oben (§. 21.) beim Zollverein gedacht ist, wozu dieser Landestheil seit 1842 gehört. Holland bezieht seinen Eisenbedarf meist aus England und demnächst aus Belgien; auch Guß-, Eisen- und Stahlwaaren aus dem Zollverein.

c. **Die Schweiz** besitzt im ganzen 12 Holzkohlenhochöfen, die meistens den Anforderungen der Neuzeit vollkommen entsprechend eingerichtet sind. Insbesondere gehören einzelne Frischereien, mit Walzwerken versehen, zu den best eingerichteten, die existiren. Das schweizerische Eisen ist von ganz vorzüglicher Qualität, vor Allem das im Nordwesten des Landes im Jura (Canton Bern und Solothurn) aus Bohnerzen dargestellte. Es hat eine außerordentliche Geschmeidigkeit und Dehnbarkeit, was die glücklich durchgeführte Verwendung für die feinsten Sorten Kratzendraht beweist. Unter Napoleon wurde viel schweizerisches Eisen, insbesondere aus Untervilliers im Jura, zum Behufe der Gewehrfabrikation, nach Frankreich bezogen. Die übrigen Eisenwerke liegen in den Cantonen Wallis, St. Gallen und Schaffhausen.

Die Frischerei wird fast ausschließlich bei Holzkohlen betrieben; im Jura macht man neuerdings auch Versuche in Puddlingöfen bei Torf oder Gasen zu frischen. Es sind 30 Frischfeuer vorhanden.

Die Angaben über die Produktion sind verschieden. **Müller** rechnet 130—140,000 Centner, **Franszini** 200,000 Centner, **Herzog** 240,000 Centner, **Hartmann** 288,000 Centner. Man wird indeß die jährliche Produktion eines Hochofens keinenfalls über 20,000 Centner annehmen können, und da durchschnittlich von den 12 vorhandenen 10 Hochöfen in Betrieb sind, so dürften 200,000 Centner als Maximum der Eisengewinnung zu betrachten sein. Die Produktion wird mit geringen Ausnahmen zur Stabeisenfabrikation verwandt.

Bei den täglich steigenden Holzpreisen und einem in manchen Gegenden, besonders im Jura, bereits fühlbar gewordenen Holzmangel, sowie bei der ungünstigen Lage für die Anwendung von Steinkohlen zum Hütten- und Frischereibetrieb hat die schweizerische Eisenindustrie keine große Zukunft zu erwarten. Indeß möchte die neue am 1. Februar 1850 ins Leben getretene Centralisation des Zollwesens für die nächste Zeit wenigstens den bestehenden Anlagen ihre Lage erleichtert und sogar zu einer Ausdehnung des Betriebs Veranlassung gegeben haben. Denn hierdurch sind die Transit-, Ein- und Ausfuhrzölle weggefallen, womit der Bezug der Erze und Kohlen aus anderen Cantonen seither belastet war und zwar mitunter bis zu Beträgen von einigen Tausend schweizer Franks für den Jahresbetrieb eines Hochofens.

Die Schweiz bedarf eines bedeutenden Zuschusses von Eisen aus dem Auslande. Die Gesammteinfuhr an Eisen und Eisenwaaren*) betrug:

| | | | | |
|---|---|---|---|---|
| 1843: | 235,836 Ctr., | darunter | 163,290 Ctr. | Roh- und Gußeisen. |
| 1844: | 242,196 " | " | 168,698 " | " " " |
| 1845: | 191,198 " | " | 127,623 " | " " " |
| 1846: | 234,136 " | " | 169,230 " | " " " |
| 1847: | 156,310 " | " | 93,434 " | " " " |
| Durchschn. | 211,937 Ctr., | darunter | 144,454 Ctr. | Roh- und Gußeisen. |

Das eingeführte Roheisen ist hauptsächlich graues schottisches, demnächst auch etwas belgisches zum Behufe des Vergießens, größtentheils für die Maschinenfabriken von Zürich. Nur wenig französisches und badisches Roheisen wird zum Verfrischen bezogen. Die übrige Einfuhr besteht zum größten Theil aus Eisenwaaren englischen und zollvereinsländischen Ursprungs und demnächst aus Blech, meist englischen Kesselblechen. Aus Baden gingen insbesondere Stabeisen, Guß- und grobe Eisenwaaren nach der Schweiz. Die seit dem 1. Februar 1850 eingeführte, wenn auch an und für sich nicht hohe Grenzbesteuerung, hat dem Absatz badischen Eisens sehr bedeutend geschadet.

Die Schweiz führt aus: etwas Draht, einige Eisenwaaren und insbesondere Maschinen (Schiffsmaschinen und eiserne Schiffe,

*) Hierunter sind circa 250 Ctr. Eisenerz jährlich einbegriffen.

Turbinen, Spinn- und Papiermaschinen). Die Gesammtausfuhr ist auf mindestens 40,000 Centner jährlich zu veranschlagen.

Um den Consum für den Durchschnitt von 1843 bis 1847 (im letzteren Jahre war er der innern Unruhen halber sehr niedrig) zu berechnen, haben wir zu einer Produktion von 200,000 Centner einen durchschnittlichen Ueberschuß der Einfuhr über die Ausfuhr von 172,000 Centnern, wozu (da sie größtentheils aus Roheisen bestand) 185,000 Centner Roheisen verwandt waren, zu addiren, wonach der innere Verbrauch 385,000 Centner oder auf den Kopf einer Bevölkerung von 2,200,000 Seelen (1850: 2,395,178 Seelen) 19¼ Pfund austrägt. Die Produktion macht 10 Pfund pro Kopf.

d. Portugal. Hier findet nur eine unbedeutende Eisengewinnung nach der direkten Methode in katalanischen Luppenfeuern statt. Das gewonnene Stabeisen wird auf 6000 Centner geschätzt. Portugal bezieht seinen Bedarf an Eisen und Eisenwaaren fast ausschließlich aus England. Die Einfuhr von dort betrug:

| | | |
|---|---|---|
| 1841 | .... | 209,700 Ctr. |
| 1843 | .... | 190,880 „ |
| 1849 | .... | 233,680 „ |

Die Hälfte davon besteht aus Stabeisen.

e. Spanien. Der außerordentliche Reichthum dieses Landes an mineralischen Schätzen aller Art ist bekannt. Die dortigen Lager der vorzüglichsten Spath-, Roth-, Magnet- und Brauneisensteine gehören zu den reichhaltigsten Europas und sind insbesondere aus dem Grunde beachtenswerth, weil sie eine äußerst billige Förderung gestatten und vielfach in solcher Nähe der spanischen Steinkohlendistrikte, in Asturien, Leon, Villanueva u. s. w. vorkommen, daß es nur eines regen Gewerbfleißes bedarf, um in Spanien eine großartige Eisenindustrie, die mit England konkurriren kann, in's Leben zu rufen.

Seither war der Hauptsitz der spanischen Eisenproduktion in den Pyrenäen und den übrigen Gebirgszügen des Nordens. Das Eisen ward ausschließlich und auch jetzt noch zum größten Theil in katalanischen Luppenfeuern erzeugt. Die ersten Hochöfen sind 1828 bei Marbilla*) in Granada auf die Verhüttung

*) Die Europäische Eisenhüttenkunde. Leipzig 1850. S. 86.

der Magneteisensteine von Ronda angelegt worden. Wenn übrigens auch heute deren Zahl noch nicht bedeutend ist, so trat doch in den letzteren Jahren, seit die bürgerlichen Kriege und inneren Unruhen sich einigermaßen gelegt haben, ein industrieller Fortschritt in fast allen Zweigen der spanischen Industrie unverkennbar hervor. So bestehen bereits einige Coakshochöfen und Puddlingwerke, worüber bei Gelegenheit der Londoner Industrieausstellung verschiedene Notizen zu erlangen waren. Das Hüttenwerk San Pedro de Arraya, Provinz Alava, hatte dort graues und weißes Holzkohlen- und Coaksroheisen, so wie Feinmetall und Puddlingeisen ausgestellt. Ferner die Palentina Leonesa Gesellschaft in Sabero, Provinz Leon, aus Braun- und Thoneisenstein dargestellte graue und weiße Coaksroheisensorten zum Preise von nur 26¼ Sgr. pro engl. Centner, ein Beweis, wie niedrig die dortigen Produktionskosten stehen müssen. Die Grubenpreise der verwandten 30—40prozentigen Erze wurden zu 4 Sgr., 5¼ Sgr., 6½ Sgr., 8 Sgr. und 28 Sgr. pro 20 Centner angegeben, also die theuersten selbst noch außerordentlich billig. Gepuddeltes Stabeisen hieraus dargestellt, war zum Verkaufspreis von Thlr. 4. 27 Sgr. pro Centner ausgelegt; der Angabe des Direktors zufolge betrugen indeß die Selbstkosten nur Thlr. 2. 25 Sgr.

Die Pedroso-Eisengesellschaft, Provinz Sevilla, besitzt 3 Holzkohlenhochöfen, die jährlich 47,000 Centner Roheisen erzeugen, und 9 Puddling- und Schweißöfen; letztere verbrauchen Steinkohlen von dem nahen Villanueva. — Diese Data werden genügen, um darzuthun, daß die spanische Eisenindustrie in der That eine Aera des Fortschritts begonnen hat.

Die Durchschnittspreise des in den katalanischen Oefen dargestellten Stabeisens gab der offizielle spanische Preiskatalog auf Thlr. 4. 25 Sgr. bis Thlr. 5. 17½ Sgr. pro engl. Centner an, einzelne Sorten auch zu Thlr. 8. Die vorzügliche Qualität des spanischen Eisens, wie auch des direkt aus den Erzen dargestellten Schmelzstahls ist bekannt.

Die Eisengewinnung Spaniens ward früher auf 200 bis 250,000 Centner geschätzt. Der erwähnte offizielle Katalog giebt sie indeß für 1846 auf 606,450 englische (den preußischen fast ganz gleich kommende) Centner an, was der Wahrheit näher kommen mag. Seit dem ist sie nicht unbeträchtlich gewachsen und gegenwärtig wohl auf 750,000 Centner anzunehmen. Die dortigen Fortschritte verdienen es, mit Aufmerksamkeit verfolgt zu werden.

Die spanischen Zölle erlauben keine bedeutende Zufuhr von Außen. Was eingeführt wird kommt fast ausschließlich aus England, welches 1849 an Eisen und Eisenwaaren 175,220 Centner dorthin versandte, zur Hälfte aus grauem Roheisen bestehend.

f. Italien. Die Eisengewinnung der Lombardei ward bereits oben (§. 31.) unter Oesterreich besprochen. In dem übrigen Italien sind es blos Sardinien und Toskana, wo die Eisenindustrie einigermaßen den technischen Anforderungen der Neuzeit gemäß betrieben wird. In fast allen übrigen Theilen Italiens findet sie nur in katalanischen oder korsikanischen Luppenfeuern, die in den Gebirgen und Wäldern zerstreut liegen, in geringerem Umfange statt. In statistischer Beziehung liegen fast nirgends Anhaltpunkte vor.

Das Königreich Sardinien hat in Piemont (insbesondere im Thal von Aosta) und Savoyen 44 Hochöfen*), und 50 Luppenfeuer, welche meistens Spatheisensteine der italienischen Alpen verschmelzen und daraus — ähnlich wie auf der andern Seite der Alpen in der Dauphiné — neben Stabeisen auch ziemlich bedeutende Quantitäten Schmelzstahl herstellen. 113 Eisen- und Stahlfeuer sind dort vorhanden. Längs der Küste, so wie auf der Insel Sardinien verschmelzen die Luppenfeuer meistens Eisenglanz von Elba. Die Angaben über die gesammte Eisenproduktion des Königreichs Sardinien wechseln bei den verschiedenen Statistikern von 70,000 bis 250,000 Centner. Man wird letztere Zahl als Minimum festhalten können; denn wahrscheinlich ist die Erzeugung noch größer.

In Toskana existiren 4 Hochöfen nebst verschiedenen Luppenfeuern, die ihre Erze sämmtlich von den berühmten Lagern der Insel Elba beziehen. Leider ist diese Ausbeutung der Naturschätze jener Insel immer nur eine verhältnißmäßig ganz unbedeutende zu nennen. — Die Jahresproduktion Toskana's wird auf 120—140,000 Centner geschätzt.

---

*) Das Europäische Eisenhüttengewerbe. Leipzig 1850. S. 86.

In den übrigen italienischen Staaten, Modena, Parma, dem Kirchenstaat, Neapel und Sicilien, ist die Zahl der Luppenfeuer (die gleichfalls fast nur Erze von Elba verschmelzen) und deren Produktion ganz unbekannt. Die Schätzungen weichen ab von 80,000 bis 300,000 Centner, wovon ⅔ auf Neapel und Sicilien. Letztere Zahl dürfte der Wahrheit am nächsten kommen.

Wir hätten demnach für das gesammte Italien, mit Ausschluß der Lombardei und Venedigs, eine jährliche Eisengewinnung von 690,000 Centnern. Was Italien außerdem an Eisen bedarf, erhält es fast ausschließlich von England. Dessen Ausfuhr dorthin betrug 1849, den offiziellen Listen zufolge, 848,860 Centner, worunter die Hälfte Stabeisen und ⅙ Roheisen zum Vergießen. Fast das halbe Quantum dieser Ausfuhr geht nach dem Königreich beider Sicilien.

g. Die Türkei hat Hüttenwerke in Macedonien, Thessalien und Bosnien. Man schätzt die jährliche Erzeugung indeß nur auf 70,000 Centner. In Serbien, in der Nähe Belgrads ist man, nach den Documens sur le commerce extérieur, neuerdings mit der Errichtung von Hüttenwerken beschäftigt. Auch in der Moldau und Wallachei kommen Eisenerze vor. Die Türkei bezieht ihren Eisenbedarf größtentheils aus England. 1849 betrug dessen Ausfuhr dorthin in Eisen und Eisenwaaren 441,980 Centner.

Griechenland hat keine Eisenproduktion. Aus England bezog es 1849 60,620 Centner.

In den übrigen kleinen Staaten Europas, die hier nicht besonders erwähnt sind, findet entweder gar keine oder doch nur ganz unbedeutende Eisengewinnung statt.

## Zusammenstellung der Eisenproduktion sämmtlicher Staaten Europa's.

§. 38. Wir geben in Folgendem eine Zusammenstellung der Eisenproduktion sämmtlicher Staaten Europa's mit Einschluß des asiatischen Rußlands.*) Es sind dabei, wo die genauen

*) Es geschieht dies schon der Vergleichung halber, indem die älteren Statistiker die auf die asiatischen Besitzungen Rußlands fallende Eisenproduktion stets der europäischen hinzurechneten.

Nachweise vorlagen, die neuesten Jahrgänge bis zum Jahre 1850 festgehalten worden. Wo indeß einige Jahre weiter zurückgegangen werden mußte, kann dennoch das Gesammt-Resultat für 1850 als richtig gelten, indem, England ausgenommen, fast kein Land Europa's von 1847 bis 1850 Fortschritte in der Eisengewinnung gemacht hat, vielmehr 1850 das Quantum von 1847 erst wieder erreicht sein dürfte. 1851 dagegen ging die Erzeugung fast aller Länder wieder über die von 1847 hinaus.

| | | |
|---|---|---|
| Großbritannien (1850) . . | 45,000,000 | Ctr. |
| Frankreich (1846) . . . . . | 10,670,000 | " |
| Russisches Reich . . . . . . . | 4,969,000 | " |
| Zollverein (1850) . . . . . | 4,313,000 | " |
| Belgien (1847) . . . . . . . | 4,000,000 | " |
| Oesterreich (1848) . . . . | 3,994,000 | " |
| Schweden (1847) . . . . . | 3,541,000 | " |
| Spanien . . . . . . . . . . . | 750,000 | " |
| Italien . . . . . . . . . . . | 690,000 | " |
| Norwegen . . . . . . . . . | 215,000 | " |
| Schweiz . . . . . . . . . . . | 200,000 | " |
| Steuerverein (Hannov.) 1847 | 159,000 | " |
| Türkei . . . . . . . . . . . . | 70,000 | " |
| Dänemark . . . . . . . . . | 15,000 | " |
| Portugal . . . . . . . . . . | 6,000 | " |
| Europa . . | 78,592,000 | Ctr. |

Diese Summe kann mit ziemlicher Genauigkeit für die Eisengewinnung von 1850 gelten.

Im Jahr 1851 wird man, namentlich mit Bezug auf die Mehrproduktion Englands, das gesammte Quantum auf 83 Millionen Centner veranschlagen können.

In Prozenten ausgedrückt trugen demnach im Jahr 1850 zur Gesammtproduktion Europas bei:

| | | |
|---|---|---|
| Großbritannien . . . . . . | 57,3 | pCt. |
| Frankreich . . . . . . . . . . | 13,6 | " |
| Russisches Reich . . . . . . | 6,3 | " |
| Zollverein . . . . . . . . . . | 5,5 | " |
| Belgien . . . . . . . . . . . | 5,1 | " |
| Oesterreich . . . . . . . . . | 5,1 | " |
| Schweden . . . . . . . . . . | 4,5 | " |

| | |
|---|---|
| Spanien . . . . . . . . . . . | 0,9 pCt. |
| Italien . . . . . . . . . . . | 0,8 „ |
| Norwegen . . . . . . . . . . | 0,3 „ |
| Schweiz . . . . . . . . . . . | 0,3 „ |
| Hannover . . . . . . . . . . | 0,2 „ |
| Die übrigen Staaten . . . | 0,1 „ |
| | 100 pCt. |

Von dem 1850 dargestellten Roheisen waren 54,250,000 Ctr. oder 69 Prozent bei Coaks, Steinkohlen oder gemischtem Material und 24,342,000 Ctr. oder 31 Prozent bei Holzkohlen erblasen.

Zur Vergleichung des enormen Fortschrittes in der Produktion und Consumtion des Eisens lassen wir hier die Angaben bewährter Statistiker aus einigen älteren Jahrgängen folgen.

| | | |
|---|---|---|
| Nach | Héron de Villefosse,*) 1808 | 13,680,000 Ctr. |
| „ | Virlet, $18\frac{25}{34}$ . . . . . . . . . | 30,866,000 „ |
| „ | Hasse 1836 . . . . . . . . . . . | 29,330,000 „ |
| „ | P. Debette, $18\frac{35}{40}$**) . . . . . | 36,146,000 „ |
| „ | der Schrift: „Das europäische Hüttengewerbe,“ gegen 1846. . . . | 57,096,000 „ |
| „ | Hartmann,***) um $18\frac{46}{48}$ . . . | 69,195,600 „ |
| „ | vorstehender Aufstellung, 1850 . . | 78,592,000 „ |
| „ | „ „ 1851 . . | 83,000,000 „ |

Seit Anfang dieses Jahrhunderts hat sich also die Eisengewinnung fast versechsfacht. Von der gesammten Zunahme seit 50 Jahren entfällt indeß weit mehr als die Hälfte auf das letzte Jahrzehnt und insbesondere auf den Eisenbahnbau. Es ist vorauszusehen, daß der Fortschritt vor der Hand in gleicher arithmetischer (wenn auch nicht geometrischer) Progression anhalten wird, indem sich nach allen Seiten hin das Gebiet des Eisenverbrauchs erweitert.

---

*) H. d. Villefosse, Richesse minerale. Hierbei ist die damalige Produktion Nord-Amerika's, welche V. in seinen Angaben einbegriffen hatte, mit 1 Million Centner (siehe §. 39.) in Abrechnung gebracht.

**) Laboulaye, Dictionnaire T. I pag. 1587.

***) Hartmann. Die Fortschritte der Eisenhüttenkunde. Berlin 1851. Seite 211.

# D. Die außereuropäischen Staaten.

## 1. Die Vereinigten Staaten von Nord-Amerika.

§. 39. Mit Ausnahme des asiatischen Rußland, dessen bereits in §. 36. gedacht ist, sind die Vereinigten Staaten von Nord-Amerika das einzige Land außerhalb Europas, wo die Eisenindustrie nicht blos in bedeutendem Umfange, sondern auch auf gleicher Stufe technischer Ausbildung betrieben wird. Wie überhaupt mit allen natürlichen Vortheilen ausgestattet, so hat Amerika auch einen unerschöpflichen Reichthum an Eisen, Erzen, Holz und Steinkohlen, und wie seine Eisenindustrie jetzt bereits die französische an Umfang um fast die Hälfte übertrifft, so dürfte es die gegenwärtige Generation noch erleben, daß die Vereinigten Staaten selbst die kolossale Produktion Großbritanniens erreichen.

In den früheren Jahren wurde in den Vereinigten Staaten blos bei Holzkohlen gehüttet und voraussichtlich wird bei dem außerordentlichen Holzreichthum des Landes und bei den immensen Entfernungen der einzelnen Produktionsgebiete von einander selbst die billigste Coakseisenerzeugung dem Hüttenbetrieb bei Holzkohlen auch auf die Dauer keinen Eintrag thun. Die Verwendung der Coaks, der Steinkohlen und des Anthracits haben insbesondere in den letzten zehn Jahren Fortschritte gemacht. Der Hauptdistrikt für diese Industrie ist der Staat Pennsylvanien, der jetzt bereits für sich allein mehr Eisen erzeugt als, Großbritannien und Frankreich ausgenommen, irgend ein Land der Welt. In den übrigen Eisendistrikten Ohio, Maryland, Tennessee, New-York, Virginia, Missouri, New-Jersey, Kentucky u. s. w. ist die Anwendung der Holzkohle überwiegend. Auch kommt für bestimmte Stabeisensorten der Betrieb von Luppenfeuern noch zur Anwendung.

Im vorigen Jahrhundert traten die Engländer, in Anwendung der Politik, welche zuletzt den Abfall der amerikanischen Colonien herbeiführte, jeder Entwicklung der dortigen Industrie entgegen. Eine Parlamentsakte von 1719 verbot die Anlage von

Eisenwerken. Erst 1750 ward es gestattet Roheisen in England einzuführen, weil dieses selbst Mangel daran fühlte; die Eisenwaarenfabrikation blieb immer noch verboten. Seit den Unabhängigkeitskriegen begann nun die gewerbliche Entwickelung dieses außerordentlichen Landes. Soweit zuverlässige Nachrichten zu erlangen sind, hat die Roheisenproduktion der Vereinigten Staaten betragen:

| | | |
|---|---|---|
| 1810 . . . . . | 53,900 | Tons |
| 1830 . . . . . | 191,540 | " |
| 1840 . . . . . | 347,700 | " |
| 1845 . . . . . | 486,000 | " *) |
| 1847 . . . . . | 750,000 | " |
| 1849 . . . . . | 564,755 | " |

Die Produktion des Jahres 1849 vertheilte sich folgendermaßen:

| | | |
|---|---|---|
| Pennsylvanien . . . . . | 285,702 | Tonnen |
| Ohio . . . . . . . . . . | 52,658 | " |
| Maryland . . . . . . . | 43,641 | " |
| Tennessee . . . . . . . . | 30,420 | " |
| New-Jersey . . . . . . | 24,031 | " |
| Kentucky . . . . . . . . | 24,245 | " |
| Missouri . . . . . . . . | 19,250 | " |
| New-York . . . . . . . | 23,022 | " |
| Virginien . . . . . . . . | 22,163 | " |
| Die übrigen Staaten . . | 39,623 | " |
| Summa . . . | 564,755 | Tonnen. |

Die Produktion des Gießereibetriebs wird 1849 auf 322,745 Tonnen angegeben. Obgleich nun auch das eingeführte Roheisen fast ausschließlich vergossen wird, dürfte diese Angabe doch übertrieben sein, indem sie der Stabeisenfabrikation zu wenig übrig läßt.

1847 stand demnach die Produktion am höchsten und hat seitdem, in Rückwirkung der Krisen in Europa, einen bedeutenden Rückgang erlitten. Für jenes Jahr ward zwar die Eisenerzeugung nach amerikanischen Quellen sogar zu 800,000 Tons angegeben; indeß sind solche Angaben mit Vorsicht aufzunehmen, da die

*) Nach anderen Angaben, z. B. von Hartmann, betrug die Produktion im Jahr 1845 bereits 700,000 Tons.

amerikanischen Statistiker häufig stark übertreiben.*) 750,000 Tons oder 15 Millionen Centner dürften immerhin als Maximum anzunehmen sein. Die Zahl der vorhandenen Hochöfen betrug 1810 : 153, 1830 : 239, 1840 : 450, 1845 : 540 und 1847 gegen 600. Etwas mehr als ⅔ gehört noch der Erzeugung bei Holzkohlen an.

Den größten Theil an diesem Fortschritt der Produktion hat der Staat Pennsylvanien. Die dortige Eisengewinnung betrug:

| | | |
|---|---|---|
| 1841 . . . . | 103,450 | Tons. |
| 1845 . . . . | 211,500 | " |
| 1847 . . . . | 389,350 | " |
| 1849 . . . . | 285,702 | " |

1850 war die Erzeugung noch weit niedriger als 1849. Die höchste Produktion des Jahres 1847 betrug also 7,787,000 Centner. 1840 waren 210 und 1850 298 Hochöfen vorhanden. Von der Produktion von 1847 waren 139,131 Tonnen bei mineralischem Brennmaterial, hauptsächlich Anthracit erblasen, das übrige bei Holzkohlen. Pennsylvanien erzeugt hiernach ungefähr die Hälfte des in den Vereinigten Staaten gewonnenen Eisens.

Die Stabeisenfabrikation ist, was quantitative Ausdehnung und technische Ausbildung anbelangt, vollkommen gleichen Schritt gegangen. Die enormen Eisenbahnunternehmungen mußten diese Entwicklung begünstigen. Die Werke der Mountsavage Compagnie in Maryland sind z. B. auf die jährliche Lieferung von 4 Millionen Centner Eisenbahnschienen eingerichtet. Die Vereinigten Staaten besaßen Ende 1849 6,440 englische Meilen Eisenbahnen, oder 444 Meilen mehr als Großbritannien, bei einer um fast die Hälfte größeren Menschenzahl. Am 1. Januar 1851 waren nicht weniger als 8,779 Meilen vorhanden. Wenn nun auch eine verhältnißmäßig kleinere Zahl dieser Bahnen doppelgeleisig gebaut ist und überhaupt kein so enormer Eisenaufwand stattgefunden hat wie in England, so kann man doch in Berücksichtigung der größeren Meilenzahl das ganze Quantum dem englischen gleich rechnen, also für den Durchschnitt der letzten

*) Wie überhaupt in Europa, und insbesondere in Deutschland, die Wahrscheinlichkeit dafür spricht, daß die Angaben über die Eisenproduktion (insbesondere von Seiten der Privaten) eher zu niedrig gehalten sind, so findet in den Vereinigten Staaten das Umgekehrte statt.

fünf Jahre etwa 5½ Millionen Centner jährlich für Bau und Unterhaltung der Eisenbahnen.

So wohlfeil indeß auch einzelne Werke produziren, steht doch das amerikanische Eisen bei weitem nicht so niedrig im Preise als das englische und belgische. Ende 1851, wo es billiger stand als je zuvor, kostete amerikanisches Roheisen in New-York 1 bis 1⅕ Dollar (Thlr. 1. 13 Sgr. bis Thlr. 1. 21 Sgr.), ord. Stabeisen 2½ Dollar (Thlr. 3. 17½ Sgr.), Dampfkesselbleche 4 bis 5 Dollar (Thlr. 5. 25 Sgr. bis Thlr. 7. 5 Sgr.) pro Ctr. Diese Preise stehen den gleichzeitig im Zollverein notirten ungefähr gleich. 1847 stand Roheisen auf Thlr. 2. 5 Sgr., Stabeisen Thlr. 5., also auch damals ungefähr wie im Zollverein. In den früheren Jahren kostete es bedeutend mehr; 1840 z. B. stand Roheisen in New-York auf Thlr. 2. 20 Sgr., im Zollverein nur Thlr. 1. 27½ Sgr.; Stabeisen kostete Thlr. 6 bis Thlr. 6½, im Zollverein nur Thlr. 5.

Amerika erzeugt alle denkbaren Sorten Eisen. Für gewisse Verwendungszwecke, z. B. zur Fabrikation von hämmerbarem Gußeisen, von Hartwalzen u. s. w. ist es ganz unübertroffen. Nach Deutschland beziehen wir z. B. aus den Vereinigten Staaten gußeiserne Eisenbahnwaggonräder, die an Haltbarkeit den schmiedeeisernen vollkommen gleich stehen. Auf den hannöverschen Bahnen sind dieselben stark in Gebrauch:

Trotz der bedeutenden Produktion bedürfen die Vereinigten Staaten noch der Zufuhr von Eisen in allen Sorten, deren größten Theil England liefert, den kleineren Schweden, Rußland und, was Eisenwaaren betrifft, auch der Zollverein.

Die Gesammteinfuhr in allen Eisen- und Stahlsorten betrug:

| | | | | | | |
|---|---|---|---|---|---|---|
| 1830 . . | 40,644 | Tons, | worunter | 1,138 | Tons | Roheisen. |
| 1835 . . | 77,597 | „ | „ | 12,295 | „ | „ |
| 1837 . . | 102,866 | „ | „ | 14,128 | „ | „ |
| 1840 . . | 72,769 | „ | „ | 5,516 | „ | „ |
| 1841 . . | 112,111 | „ | „ | 12,267 | „ | „ |
| 1842 . . | 107,392 | „ | „ | 18,694 | „ | „ |
| 1843 . . | 38,405 | „ | „ | 6,472 | „ | „ |
| 1844 . . | 102,277 | „ | „ | 26,050 | „ | „ |

Der größte Theil der Einfuhr besteht aus Stabeisen und Schienen.

Seit 1845 ist nun die Einfuhr fortwährend im Steigen geblieben. Dagegen hat sich auch die Ausfuhr von den Vereinigten Staaten nach andern überseeischen Ländern und selbst nach Europa in gleichem Verhältniß vermehrt. Nehmen wir also für den Verbrauch Amerika's, außer der eignen Produktion, als Minimum einen Zuschuß von 100,000 Tonnen an, wozu gegen 125,000 Tonnen oder 2,500,000 Centner Roheisen verbraucht wurden, so ergiebt dies für 1847, wo der stärkste Verbrauch statt fand, nicht weniger als 17,500,000 Centner*) bei einer Bevölkerung von 21 Million**) Einwohnern. Auf den Kopf macht dies 92 Pfd., also noch 7 Pfd. mehr als in England, 29 Pfd. mehr als in Belgien, fast $2\frac{1}{2}$ mal so viel als in Frankreich und 3 mal so viel als im Zollverein in jenem Jahrgang consumirt wurden. Von der Produktion entfiel 1847 auf den Kopf ein Quantum von $82\frac{1}{2}$ Pfd., also verhältnißmäßig weniger wie in England, Belgien und Schweden, aber mehr als in allen übrigen Ländern.

Seit 1847 ist indeß die Consumtion ganz bedeutend gefallen; 1849 betrug sie nur 67 Pfd. und 1850 höchstens 63 Pfd. pro Kopf, also $\frac{1}{3}$ weniger wie 1847.

Auf die Eisenbahnen entfällt im Durchschnitt der letzten Jahre ein Quantum von etwa $5\frac{1}{2}$ Millionen Ctr., auf den Kopf der Bevölkerung also gegen 28 Pfd., oder 7 Pfd. mehr als in England.

In Europa und den Vereinigten Staaten von Nord-Amerika zusammengenommen werden also in den letzten Jahren etwa 93 Millionen Centner Roheisen produzirt. Die Erzeugung aller übrigen Welttheile zusammengenommen übersteigt 5 bis 8 Millionen Centner im Jahre nicht, wonach also für den ganzen Erdball in runder Summe 100 Millionen Centner Eisen anzunehmen wären. Davon sind 59 Millionen bei mineralischem, 41 Millionen bei vegetabilischem Brennmaterial dargestellt. Fast die Hälfte — 45 Prozent — der ganzen Erzeugung fällt auf Großbritannien, dessen Verhältnisse vom statistischen wie kommerziellen Standpunkt aus überall das entscheidende Gewicht in die Waagschale legen.

---

*) Einzelne Amerikanische Statistiker, z. B. Colwell, rechnen sogar 20 Millionen Centner, was jedenfalls übertrieben ist.

**) 1850 hatte die Union nach amtlicher Schätzung 23,246,301 Einwohner.

## 2. Die übrigen Länder in den fremden Welttheilen.

§. 40. Wenn wir in den Vereinigten Staaten einer Entwicklung der Eisenindustrie begegnet sind, die im Verhältniß zu der Bevölkerung selbst noch weit über die hinaus geht, welche der erste Industriestaat Europas erreicht hat, so tritt der Gegensatz um so greller hervor, wenn man nun andere überseeische Länder und Welttheile betrachtet. Verbreitet finden wir die Eisenindustrie auch dort fast überall, indeß quantitativ nur gering entwickelt und nach Methoden betrieben, die seit Jahrtausenden keine Veränderung erlitten haben. Erst an einzelnen Punkten hat die europäische Cultur den Grundstein zu einer weiteren Ausbildung der überseeischen Eisenindustrie zu legen begonnen.

Es ist indeß sehr wahrscheinlich, daß im Lauf weniger Jahrzehnte diese Verhältnisse sich bedeutend ändern. Der immer steigende Eisenverbrauch Europas muß mit der Zeit hier und dort die vorhandenen Lager erschöpfen oder doch die Gewinnung vertheuern. Alsdann werden sich von selbst die Augen Europas auf die noch kaum berührten mineralischen Schätze von Asien, Australien und Amerika richten, wo es nur einer gleichen Thätigkeit bedarf, wie in den Vereinigten Staaten entfaltet worden ist, um an vielen Punkten eine gleich großartige Entwicklung hervorzurufen.

Wir berühren nur kurz die Länder, welche in dieser Beziehung von Wichtigkeit zu werden versprechen. Dies dürfte vorerst Ostindien sein, wo eine englische Gesellschaft bereits begonnen hat, die vorzüglichen und überaus reinen und reichhaltigen Erze auf der Küste Korromandel nach europäischer Methode zu verhütten. Das ostindische Eisen eignet sich insbesondere sowohl zur Schmelz- als zur Gußstahlbereitung. Seit alten Zeiten wurden hier die berühmtesten Stahlsorten von den Eingebornen dargestellt, z. B. der Wootz, woraus man die ächten Damastklingen und die feinsten chirurgischen Instrumente fabrizirt. Dessen Darstellung geschieht in offenen Heerdfeuern, in kleinen transportabelen Oefen, ja selbst in Tiegeln direkt aus den Erzen. Man giebt sich gegenwärtig in England große Mühe, die Verwendung des ostindischen an der Stelle des schwedischen Eisens für die Gußstahlfabrikation durchzusetzen*), und es scheint, daß weniger die geringere Qualität als gerade die zähe Vorliebe der Sheffielder Fabrikanten für das schwedische Produkt dem ostindischen Eisen bisher hinderlich war.

In Amerika ziehen neuerdings die in der englischen Colonie Canada entdeckten Spath- und Magneteisensteinlager (letztere sollen bis 500 Fuß mächtig vorkommen) die Aufmerksamkeit auf sich. Bis jetzt sind dort 2 Holzkohlenhochöfen angelegt.**)

Auch in Neu-Schottland hat man neuerdings Hochofenbetrieb begonnen und das Roheisen zur Weiterverarbeitung nach England geführt.

In Australien sind reiche Schätze von Eisensteinen ganz in der Nähe der dortigen Steinkohlenlager entdeckt worden. Eine umfassendere Ausbeutung findet jedoch noch nicht statt.

In Afrika ist insbesondere Algier reich an Eisenerzen von vorzüglicher Qualität.

Die Entwicklung der Eisenindustrie der genannten Länder dürfte vom europäischen Standpunkt aus mit Interesse zu verfolgen sein.

---

Wir schließen hiermit den statistischen Theil dieser Schrift. Es ging daraus hervor, daß dieses Jahrhundert, wie in so vielen andern Gewerben, so auch in der Eisenindustrie, die großartigste Entwicklung und Umgestaltung der früheren Produktions- und Konsumtionsverhältnisse herbeigeführt hat. Die Zunahme der Erzeugung und des Verbrauchs schreitet gegenwärtig in einem Jahre stärker vorwärts als früher in einem Jahrhundert; ja in den letzten 10 Jahren war das Wachsthum doppelt so stark als in allen Jahrtausenden zusammengenommen, die dem 19. Jahrhundert vorhergingen.

Wie der Ackerbau, so sind auch die Gewerbe, welche die

---

*) Es muß diesem subjektiven Hinderniß auch insbesondere zur Last gelegt werden, daß der preußische Rohstahl selbst jetzt noch keinen bedeutenden Eingang in Sheffield gefunden hat, nachdem die Leistungen Krupp's auf der Londoner Industrieausstellung aller Welt klar gemacht haben, wie sehr sich dieses Material zur Gußstahlfabrikation eignet.

**) Amtlicher Bericht über die Londoner Industrieausstellung. Berlin 1852. Th. I. S. 18.

Mineralien nutzbar machen, von den örtlichen durch die Natur bedingten Verhältnissen abhängig. Während aber die Bodenkultur im Stande ist, natürliche Nachtheile auszugleichen, unfruchtbares in fruchtbares Land zu verwandeln, sind den metallischen Industrien die Grenzen, bis wohin der Mensch die Natur gleichsam zu korrigiren vermag, weit enger gezogen.

Die frühere Grundlage der Eisenindustrie, worauf sich dieselbe Jahrhunderte, oft Jahrtausende lang in den einzelnen Staaten ruhig fortbewegte, war durch zwei Momente bedingt. Das erste war die Abhängigkeit von dem Vorhandensein und der Nähe der Waldungen, welche die Holzkohle liefern mußten; das zweite lag in den unvollkommenen Transportmitteln und den im Verhältniß zur Gegenwart ganz enorm hohen Frachten, welche für die Eisenindustrie den Begriff einer internationalen Konkurrenz kaum aufkommen ließen. Wie diese Grundbedingungen wegfielen, oder doch die frühere Bedeutung immer mehr einbüßten, mußte fast in jedem einzelnen Staate die ökonomische Lage der Eisenindustrie sich gegen früher wesentlich ändern. Inwieweit dies im Zollverein geschah, welche Aussichten hier für die Zukunft vorhanden sind und was zu geschehen hat, um unserer Eisenindustrie die Zukunft zu sichern, davon handelt die zweite Abtheilung dieser Schrift.

# Zweite Abtheilung.

## Die ökonomische Lage der vereinsländischen Eisenindustrie.

### Zusammenstellung der in den Hauptstaaten gültigen Eisenzölle.

§. 41. Da der zweite Abschnitt dieser Schrift die sogenannte Eisenzollfrage im weiteren Sinne umfaßt, so schicken wir eine Zusammenstellung und demnächst eine kurze Geschichte der in den Hauptländern Europas und in den Vereinigten Staaten zu Anfang 1852 für die Eingangsbesteuerung fremden Eisens gültigen Zollsätze den weiteren Erörterungen voraus.

| | Pro Zoll-Ctr. à 106,9 preuß. Pfd. |
|---|---|
| 1. Zollverein. | |
| Roheisen | Thlr. —. 10 Sgr. |
| (Aus Belgien seit 1. Jan. 1852: 7½ sgr.) | |
| Gußwaaren *) | " 1. — " |
| Stabeisen und Eisenbahnschienen | " 1. 15 " |
| (Aus Belgien s. 1. Jan. 1852: rtl. 1. 11¼ sgr.) | |
| Kleineisen unter ½ □″ Querschnitt | " 2. 15 " |
| Stahl | " 1. 15 " |
| Façoneisen und Schwarzblech | " 3. — " |
| Weißblech und Draht | " 4. — " |

| | Pro Hannöv. Ctr. à 100 Pfd. |
|---|---|
| 2. Steuerverein. | |
| Roheisen | frei. |
| Gußwaaren | Thlr. —. 22½ Sgr. |
| Stabeisen **) | " 1. 1¼ " |
| Stahl | " 1. 1¼ " |
| Schwarzblech | " —. 12½ " |
| Weißblech | " —. 22½ " |
| Draht | " 2. 2½ " |

*) Unter den Gußwaaren sind hier stets nur die groben Erzeugnisse der Eisengießerei verstanden.

**) Schienen zu den Staatsbahnen gehen seit 1848 frei ein. In dem nordwestlichen Theil des Steuervereins werden Schmiede- und Nageleisen zu bedeutend ermäßigten Sätzen zugelassen.

3. Oesterreich.

| | Pro Wiener Ctr. à 119,7 preuß. Pfd. |
|---|---|
| a. Seitheriger Tarif: | |
| Draht | Fl. 6. — Kr. C.M. |
| Cement- und Gußstahl | " 3. 30 " " |
| Alle übrigen Eisen- und Stahlsorten | verboten. |
| b. Neuer Tarif, seit 1. Februar 1852: | Pro Zoll-Ctr. |
| Roheisen | Fl.—. 45 Kr. C.M. |
| (Ueber die südliche Grenze 1 Fl.) | |
| Gußwaaren | " 2. — " " |
| Stabeisen | " 2. 30 " " |
| (Ueber die südliche Grenze Fl. 3. 30 Kr.) | |
| Eisenbahnschienen | " 3. 30 " " |
| Stahl | " 4. — " " |
| Eisenblech, schwarzes | " 4. — " " |
| Weißblech, Stahlblech und Draht | " 5. — " " |

4. Großbritannien.

| | |
|---|---|
| Verarbeitetes Eisen und Maschinen | 10 pCt. v. Werth. |
| Alles übrige Eisen | frei. |

5. Belgien. (Droit intégral.) *)

| | Pro metr. Ctr. à 100 Kil. (213,8 Pfd. |
|---|---|
| Roheisen | Francs 5. — Cts. |
| Roheisen, raffinirtes (Feinmetall) | " 13. 40 " |
| Gußwaaren | " 13. 40 " |
| Stabeisen | " 12. 70 " |
| Stahl | " —. 80 " |
| Schwarzblech | " 25. — " |
| Weißblech | " 25. — " |
| Draht | " 6. 90 " |

6. Frankreich. (Droit intégral.) **)

| | Pro metr. Ctr. |
|---|---|
| Roheisen | Francs 7. — Cts. |
| Roheisen, raffinirtes | " 12. — " |
| Gußwaaren | verboten. |
| Schmiedeeisen, nach den Dimensionen . . von | Francs 15. — Cts. |
| bis | " 41. 20 " |
| Walzeisen, nach den Dimensionen . . . . von | " 18. 75 " |
| bis | " 41. 20 " |
| Stahl, Roh- und Cementstahl | " 60. — " |
| Stahl, Gußstahl | " 120. — " |
| Schwarzblech | " 40. — " |
| Weißblech | " 70. — " |
| Draht | " 60. — " |

*) Bei der Einfuhr zu Land oder unter nicht begünstigter Flagge erhöhen sich diese Sätze verhältnißmäßig.

**) Wie bei Belgien; außerdem tritt die Décime additionnelle hinzu.

7. Schweden.

| | Pro Schiffpfd. à 3 Ctr. |
|---|---|
| Roheisen | verboten. |
| Gußwaaren | 25 pCt. v. Werth. |
| Grobeisen | Rthlr. 3. — Sch. |
| Kleineisen | „ 5. — „ |
| Stahl, Roh- und Cementstahl | verboten. |
| Stahl, Raffinirstahl | Rthlr. 15. — Sch. |
| Stahl, Gußstahl | „ 6. — „ |
| Blech | verboten. |
| Blechplatten | Rthlr. 9. — Sch. |
| Draht | verboten. |

8. Rußland.

| | Pro Pud à 35 preuß. Pfd. |
|---|---|
| Roheisen zur See | verboten. |
| Roheisen zu Land | Rub. —. 50 Kop. |
| Gußwaaren zur See | „ —. 80 „ |
| Gußwaaren zu Land | „ —. 50 „ |
| Stabeisen zur See | verboten. |
| Stabeisen zu Land | Rub. —. 50 Kop. |
| Stahl | „ —. 75 „ |
| Blech | „ 2. — „ |
| Draht | „ 1. 80 „ |

9. Dänemark.

| | Pro Ctr. dän. à 106 preuß. Pfd. |
|---|---|
| Roheisen | frei. |
| Stabeisen | Rbthlr. —. 36 Sch. |
| Schwarzblech, starkes | „ —. 36 „ |
| Schwarzblech, dünnes | „ 1. 48 „ |
| Weißblech | „ 2. 32 „ |

10. Holland.

| | Pro holländ. Ctr. à 105½ preuß. Pfd. |
|---|---|
| Roheisen | 1 pCt. v. Werth. |
| Gußwaaren | 6 „ „ |
| Stabeisen | 1 „ „ |
| Stahl | Fl. —. 20 Kr. |
| Blech | 6 pCt. v. Werth. |
| Draht | Fl. 1. 50 Kr. |

11. Schweiz.

| | Pro Zo-Ctr. à 106,9 preuß. Pfd. |
|---|---|
| Roheisen | Fl. —. 8 Kr. |
| Gußwaaren | „ —. 20 „ |
| Stabeisen, gewalztes | „ —. 20 „ |
| Stabeisen, geschmiedetes | „ —. 40 „ |
| Eisenbahnschienen | „ —. 8 „ |
| Schwarzblech . . . . . . . . . von 8 Kr. bis | „ —. 40 „ |
| Weißblech | „ —. 40 „ |

12. Vereinigte Staaten von Nord-Amerika.

Eisen und Stahl . . . . . . . . . . . . . . . 30 pCt. v. Werth.

Anmerk. Die angeführten ausländischen Münzen betragen in Preußischem Courant:

| | | | | | |
|---|---|---|---|---|---|
| Französische Francs à 100 Cent. . . | = | Thlr. —. | 8. | — | Pf. |
| Schwedische Reichsthaler à 12 Schill. | = | " —. | 17. | 1 | " |
| Russische Rubel à 100 Kopeken . . | = | " 1. | 2. | 3 | " |
| Dänische Reichsbankthlr. à 36 Schill. | = | " —. | 22. | 6 | " |
| Holländische Gulden . . . . . . . . . | = | " —. | 16. | 10 | " |

## Entwickelungsgeschichte der Eisenzölle.

### a. Die auswärtigen Staaten.

§. 42. Die Zollsätze des Steuervereins bestehen ziemlich unverändert seit dessen Zusammentritt. Nur ist nachträglich erst die Steuerfreiheit der Eisenbahnschienen ausgesprochen worden. Ueberdies zahlt Schmiedeeisen in den nordwestlichen Theilen des Steuergebietes statt des Normalsatzes von 1 Thlr. nur $7\frac{1}{2}$ Sgr. — Durch den Zollanschlußvertrag vom 7. September 1851 verpflichtet sich Hannover vom 1. März 1853 an die Eisenzölle des Zollvereinstarifs einzuführen.

Die wesentliche Aenderung, die im Augenblick in dem österreichischen Zollsystem vor sich geht, wird in Bezug auf die Eisenzölle aus vorstehender Zusammenstellung der bisher und der in Zukunft gültigen Sätze klar. In den verbotenen Artikeln wurde allerdings auch bisher schon die Einfuhr auf besondere Erlaubnißscheine gestattet, es traten aber alsdann folgende hohe Sätze in Wirksamkeit:

| | | | | | |
|---|---|---|---|---|---|
| Roheisen . . . . . | Fl. | 2. | 24 | Kr. | C. M. |
| Gußwaaren . . . . | " | 5. | 24 | " | " |
| Grobeisen . . . . | " | 4. | 12 | " | " |
| Stabeisen . . . . | " | 6. | — | " | " |
| Rohstahl . . . . . | " | 6. | — | " | " |
| Schmelzstahl . . . | " | 7. | 12 | " | " |
| Schwarzblech . . . | " | 9. | 36 | " | " |
| Weißblech . . . . | " | 15. | 36 | " | " |

Bei einem solchen Zollsystem, das bereits seit langen Zeiten unverändert in Geltung war, blieb natürlich das österreichische

Eisengewerbe vollkommen isolirt, umsomehr als Eisen ein Artikel ist, der sich nicht wohl mit Gewinn einschmuggeln läßt. Bei den Eisenzöllen des neuen Tarifs ist dagegen schon eine bedeutendere Mitbewerbung des Auslandes mit Sicherheit zu erwarten.

In Großbritannien war die Roheiseneinfuhr bis zum Jahre 1825 gänzlich prohibirt und nur ausnahmsweise von 1750 bis 1775 den britisch-amerikanischen Kolonien die zollfreie Einfuhr gestattet. Die Zölle auf Stabeisen betrugen gegen Ende des vorigen Jahrhunderts £ 2. 16 sh. pro Ton, wurden aber allmälig erhöht und zwar bis auf £ 6. 10 sh. im Jahre 1819. Dabei war allerdings das inländische Eisengewerbe mit ziemlich bedeutenden Produktionssteuern belastet. Die handelspolitischen Reformen Huskissons, wozu das preußische Zollgesetz von 1818 die Anregung gegeben hatte, brachten eine bedeutende Aenderung in diese Verhältnisse. 1825 ward Roheisen auf 1 £ und Stabeisen auf 3 £ pro Ton herabgesetzt, während die Zölle der andern Eisenfabrikate entsprechende Reduktionen erlitten. Fernere Herabsetzungen brachten die Tarife von 1841 und 1842, nämlich Roheisen auf 10 sh. und 5 sh., Stabeisen auf £ 1. 10 sh. und 1 £ pro Ton. Im Jahr 1846 endlich erfolgte die gänzliche Aufhebung aller Eisenzölle, mit Ausnahme derjenigen, welche verarbeitetes Eisen und Stahl betreffen; diese betragen auch jetzt noch 10 Prozent vom Werthe, also etwa von 15 Sgr. bis 20 Thlr. pro Centner.

In Belgien war bis zur Lostrennung von Holland Roheisen mit 55 Cent., Stabeisen mit 9 Fr. pro 100 Kilogr. besteuert. 1831 ward ersterer Zoll auf Fr. 2. 10 Cent., letzterer auf Fr. 12. 70 Cent. erhöht, gleichzeitig vom Roheisen das sogenannte Feinmetall (fonte macée) ausgeschieden und mit dem Satze von Fr. 13. 40 Cent. pro 100 Kilogr. belegt. Die sinkenden Preise des englischen Eisens veranlaßten im April 1843 eine abermalige Erhöhung des Roheisenzolls von Fr. 2. 10 Cent. auf den in vorstehender Zusammenstellung erwähnten Satz von 5 Fr.

In Frankreich waren im vorigen Jahrhundert die Eisenzölle ziemlich niedrig. Die Erhöhung auf das ungefähre Niveau der jetzigen Zollsätze erfolgte durch das Gesetz vom 21. December

1814. Mehrere im Jahre 1822 vorgenommene Erhöhungen wurden 1836 wieder beseitigt. Die neue Tarifirung des Eisens datirt vom 25. Juni 1845; im Ganzen sind indeß seit 1814 keine Aenderungen vorgekommen, die von wesentlichem Einfluß auf die Lage der Eisenindustrie gewesen wären.

In Rußland sind die vorstehend angegebenen Sätze erst durch den neuen Tarif (Ukas vom 10. November 1850) seit dem 1. Januar 1851 eingeführt, der jedoch, was die Eisenzölle betrifft, keine bedeutenden Aenderungen der früheren Sätze anordnet. Eine bedeutende Einfuhr ist bei diesen Sätzen unmöglich. Die Maschinen gehen meist ganz frei ein.

Die bei der Schweiz angegebenen niedrigen Zollsätze sind erst seit dem 1. Februar 1850 in Kraft. Bis dahin zahlte das Eisen an eidgenössischer Grenzsteuer nur 4 Kr., und feinere Waaren 8 Kr. pro Centner. Außerdem erhob aber jeder einzelne Canton seine besonderen Zölle, was jetzt weggefallen ist.

In den übrigen europäischen Staaten, wovon in vorstehender Zusammenstellung die Eisenzölle mitgetheilt worden sind, bestehen dieselben theils seit langer Zeit unverändert fort, theils kann es kein Interesse gewähren, deren Entwicklung zu verfolgen.

In den Vereinigten Staaten Nord-Amerikas haben vielfache Schwankungen der Zollsysteme stattgefunden. Von 1804 bis 1812 betrug der Zoll 15 und von da bis 1816 30 Prozent vom Werth. Von da ab stieg Roheisen erst auf 10 Doll. und 1828, wo überhaupt alle Eisenzölle am höchsten standen, auf Doll. 12. 50 Cent. pro Ton. Walzeisen stieg von 1816 bis 1828 von 30 Doll. bis 37 Doll., und Schmiedeeisen von 9 Doll. auf Doll. 22. 40 Cent. Von da traten nun stufenweise Ermäßigungen ein (beim Walzeisen alle 2 Jahre um 3 Doll. pro Ton). Ende 1842 zahlte Walzeisen nur 7½ Doll. pro Ton (etwa 14 Sgr. pro Centner) mehr. Von da ab stiegen die Zölle wieder und stehen gegenwärtig auf 30 Prozent des Werthes.

Es geht hieraus hervor, daß gegenwärtig folgende Staaten bei der Besteuerung des Eisens vom Prinzip des Schutzes der einheimischen Industrie geleitet werden: Zollverein, Oesterreich, Belgien, Frankreich, Rußland, Schweden und die Vereinigten Staaten. Bei den übrigen Ländern liegen nur finanzielle Tendenzen zum Grunde.

## b. Der Zollverein.

§. 43. Die geschichtliche Entwicklung der Eisenzölle Preußens und des Zollvereins geht aus folgender gedrängten Darstellung hervor*).

Das Roheisen ging in Preußen stets frei ein und ebenso im Zollverein bis zum 1. September 1844. In den meisten der 1834 zum Verein beitretenden Staaten hatten zwar Roheisenzölle bestanden, die jedoch nur in Sachsen von einiger Bedeutung waren. Sie betrugen dort vor 1834 7½ Sgr. pro Centner, im baierisch-würtembergischen Verein 12½ Kr. pro baier. Centner und in Baden 5 Kr. pro Zoll-Centner.

Da nach den Prinzipien der preußischen Zollgesetzgebung von 1818 Rohstoffe gar nicht und Halbfabrikate nur dann mäßig besteuert wurden, wenn ein besonderes Schutzbedürfniß vorlag, so war es unter den damaligen Konkurrenz-Verhältnissen erklärlich, wenn man ein Halbfabrikat, wie das Roheisen, gleich seinem eigentlichen Rohstoff, den Erzen, zollfrei eingehen ließ. Diese Verhältnisse erlitten indeß, seit dem Zusammentritt des Zollvereins, wesentliche Veränderungen. Die erste lag in dem raschen Sinken der Selbstkosten und Verkaufspreise des britischen und belgischen Coakseisens, während diese früher den deutschen Preisen ziemlich gleich standen; die zweite in dem allmäligen Uebergang der inländischen Stabeisenfabrikation von der Holzkohlenfrischerei und den Hammerwerken auf die Steinkohlenfrischerei und die Walzwerke. Die erstere Methode schloß die Benutzung des schlechten ausländischen Coakseisens fast gänzlich aus; folglich lag in dem Stabeisenzoll gleichzeitig ein Schutz für die Roheisenindustrie, indem nämlich die Stabeisenfabrikation, so lange jene Methode befolgt ward, vornehmlich auf die Verarbeitung inländischen Roheisens beschränkt war, das ausländische also nur in dem Verbrauch für Gießereien konkurrirte. So wie sich aber die Puddlingfrischerei entwickelte, die sich hauptsächlich auf

*) Hierüber siehe auch die Schrift: Der Zollverein. Seine Verfassung, sein handelspolitisches System und die Entwickelung der Tarifsätze seit 1818 Von W. Oechelhäuser. Frankfurt a. M. 1851. §. 9.

den Bezug ausländischen Roheisens zu stützen begann, fiel jener indirekte Schutz, der im Stabeisenzoll für den inländischen Hochofenbetrieb lag, von selbst weg, und der Einfluß hiervon mußte sich bald um so empfindlicher geltend machen, als zugleich das erwähnte außerordentliche Fallen der ausländischen Preise und Selbstkosten stattfand. Auch die Eisenbahnen, obgleich sie den Eisenverbrauch so außerordentlich steigerten und also unter normalen Verhältnissen die Lage des Gewerbes hätten bessern müssen, erleichterten die Bedrängniß des inländischen Hochofenbetriebs nicht, indem zu ihrer Anfertigung im Wege der Puddlingfrischerei fast nur ausländisches Coakseisen verwandt wurde. Diese thatsächlichen Aenderungen der ökonomischen Lage unserer Eisenindustrie im Verhältniß zum Ausland muß man im Auge behalten, indem sich hieraus ergiebt, daß die Auflegung des Roheisenzolls, eine der wichtigsten Aenderungen, die seit 1818 im Zollvereinstarif vorgenommen wurden, durchaus nicht etwa auf Rechnung einer gestiegenen Schutzzolltendenz zu setzen ist. Nach den Prinzipien des Tarifs von 1818 und der bei der ersten Feststellung der Zollsätze befolgten Praxis, mußte konsequenterweise eine Besteuerung des Roheisens, so gut wie es beim Kupfer, Blei, Zink u. s. w. geschah, Platz greifen, wenn in den objektiven Verhältnissen damals schon eine solche Veranlassung dazu vorlag, wie sich seit 1840 ergab.

Die mit den sinkenden Preisen des ausländischen Roheisens steigende Nothlage der inländischen Eisenindustrie hatte namentlich seit 1840 zu Klagen der Hochofenbesitzer Veranlassung gegeben, die nicht länger zu überhören waren. Im Frühjahr 1842 ward von der preußischen Regierung eine Konferenz von Eisenproduzenten und Eisenhändlern zur Berathung über diese Frage zusammenberufen. Obgleich nun damals die Preise schon so weit gewichen waren, daß graues schottisches Roheisen zu Thlr. 12. 28 Sgr. pro 1000 Pfund nach Berlin bezogen, und obgleich auf's evidenteste nachgewiesen wurde, daß man in Schottland und Wales wirklich im Stande sei, zu solchen Preisen noch mit Nutzen zu verkaufen, so glaubte sich doch die Mehrheit der Königlichen Kommissare gegen die Auflegung eines Roheisenzolls aussprechen zu müssen. Die Motivirung hob vom Standpunkte des Freihandels aus das Uebergewicht der bei der Konsumtion über die bei der Produktion betheiligten Interessen hervor; sie bezweifelte ferner, daß die Einfuhr des ausländischen Coakseisens das in Qualität so weit abstehende inländische Holzkohleneisen verdrängen oder dessen Preise wesentlich herabdrücken könne; sie betrachtete endlich die damalige Lage des ausländischen Eisengeschäfts als eine nur vorübergehende Krise, wie solche von Zeit zu Zeit bei jedem Geschäfte vorkämen. — Die Controverse über den ersten Punkt, also über die prinzipielle Zulässigkeit von Eisenzöllen dauert noch heute fort. Was dagegen den zweiten und dritten Punkt betrifft, so wird heut zu Tage Niemand mehr geneigt sein, jene Behauptungen zu vertreten, indem eine zehnjährige Erfahrung sowohl die Abhängigkeit unserer Preis- und Absatzverhältnisse von dem schottischen und belgischen Eisenmarkt, als auch namentlich dargethan hat, daß bei Preisen, wie sie damals bestanden, für Schottland von keiner Krise im Eisengeschäft die Rede sein konnte. Denn in den 10 Jahren seit 1842 haben die schottischen Preise nur 3½ Jahre lang, von Mitte 1844 bis Ende 1847 höher, dagegen von 1843 bis Mitte 1844 und wieder von 1848 ab bis gegenwärtig, also 6½ Jahre lang, noch niedriger gestanden als zur Zeit jener Konferenz, und fand dabei noch die grosartigste Erweiterung der dortigen Produktion statt, — ein Beweis, daß der Betrieb bei diesen Preisen noch lohnend war. Ein Minoritäts-Erachten der Königlichen Kommission sah diese Entwicklung schon damals richtig voraus und beantragte einen Roheisenzoll von 10 Sgr. pro Centner.

Dem Majoritätserachten gemäß stimmte Preußen gegen die Einführung des Roheisen- und Erhöhung des Stabeisenzolls, als diese Fragen im Herbste desselben Jahres auf der fünften General-Konferenz zu Stuttgart zum ersten Mal zur Verhandlung kamen. Würtemberg, Baden, Churhessen und Nassau, unter Beitritt mehrerer thüringischen Staaten, beantragten einen Roheisenzoll von 15 Sgr., Sachsen und Großherzogthum Hessen von 10 Sgr. pro Centner. Braunschweig und Baiern waren mit Preußen dem Roheisenzoll entgegen; eventuell war Baiern bereit, einem Satze von 5 Sgr. seine Zustimmung zu geben. Uebrigens wurde von Preußen anerkannt, daß eine längere Fortdauer der eingetretenen Preisverhältnisse die Auflegung eines Roheisenzolls nöthig machen werde.

Im Herbst 1843, auf der sechsten General-Konferenz zu

Berlin, wurden die betreffenden Anträge auf's Dringendste erneuert. Da nun inzwischen das Fallen der Preise ununterbrochen fortgedauert hatte (1842 war der Durchschnittspreis zu Glasgow 50 sh., 1843 sogar nur 40 sh. pro Ton), so erklärte sich Preußen mit dem von Sachsen und Hessen-Darmstadt beantragten Satze von 10 Sgr. einverstanden. Auch Braunschweig und Baiern stimmten bei, letzteres allerdings nur mit Vorbehalten, die es aber auf der nächsten Konferenz fallen ließ. Sonach würde die Einigung auf diesen Satz erfolgt und derselbe vom Beginn der neuen Tarifperiode, dem 1. Januar 1844 an in Gültigkeit getreten sein, hätten sich nicht über einige andere Punkte der Eisentarifirung Anstände gefunden, die aus Mangel an Instruktionen im Laufe der Konferenzen nicht mehr erledigt werden konnten. Preußen hatte nämlich, gegen das Ende der Konferenz, eine neue Fassung der ganzen Eisenposition in Vorschlag gebracht, dieselbe, welche der heutige Tarif erhält. Es blieb also nichts übrig, als die Sache im Korrespondenzwege zu erledigen. Gleichzeitig verflochten sich in diese Angelegenheit die mit Belgien wegen eines Vertrages angeknüpften Unterhandlungen. Das Benehmen der belgischen Regierung im Frühjahr 1844 war im Begriff, einen Handelskrieg mit dem Zollverein zu entzünden, und schon war diesseits angeordnet worden, daß vom 1. September 1844 an das belgische Eisen einer um 50 Prozent erhöhten Eingangssteuer unterworfen werden sollte, als das plötzliche Nachgeben von jener Seite in sehr kurzer Frist zu dem Abschluß des bekannten Vertrages führte. Mit dem 1. September 1844 ward hiernach im Zollverein ein Normalzoll auf Roheisen von 10 Sgr. eingeführt, für belgisches Erzeugniß derselbe aber auf 5 Sgr. ermäßigt. Ursprünglich galt dieses Zugeständniß nur für die Ueberfuhr auf der belgisch-preußischen Landgrenze; es ward aber bald darauf auch auf den Weg über Maas und Rhein ausgedehnt, eine Concession, die es allein dem belgischen Eisen möglich gemacht hat, selbst auf dem rechten Rheinufer und in Westphalen mit dem schottischen erfolgreich zu konkurriren. Wir werden im Verlaufe dieser Abhandlung ausführlich auf diesen für den ganzen vereinsländischen Hochofenbetrieb so ominösen Vertrag zurückkommen.

Wie schon erwähnt, bestehen die jetzigen Eisenzölle unverändert seit dem 1. September 1844. Inzwischen wiederholten Nassau, Baden, Churhessen und auch Sachsen 1845 auf der siebenten General-Konferenz in Karlsruhe den früheren Antrag auf einen Roheisenzoll von 15 Sgr. Auch 1846 auf der vorletzten Konferenz zu Berlin ward dieser Antrag von Nassau eingebracht, eventuell die Ausscheidung und höhere Besteuerung des Feinmetalls vorgeschlagen. Allein die übrigen Staaten konnten sich ebensowenig auf dieser wie auf der letzten (Wiesbader) Konferenz von 1851 zu einer Abänderung der bestehenden Sätze entschließen.

Nach den im Jahr 1848 von dem volkswirthschaftlichen Ausschuß der Nationalversammlung angestellten Enquêten gruppiren sich die eingelaufenen Anträge der Sachverständigen und Produzenten hinsichtlich des Roheisenzolls in einer Weise, die in ziemlich richtigem Verhältniß zu dem wirklich stattfindenden Schutzbedürfniß der einzelnen Eisendistrikte des Zollvereins stehen dürfte. Die Hüttenbesitzer Schlesiens erklärten sich mit dem Satz von 10 Sgr. befriedigt, ebenso die im preußischen, braunschweigischen und anhaltinischen Harz. Im Königreich Sachsen sprach sich das Königl. Ober-Bergamt Freiburg für eine Erhöhung auf 15 Sgr. aus; die einzelnen Interessenten gingen in ihren Anträgen theilweise noch viel weiter. Ebenso sprachen sich die thüringischen Eisenproduzenten aus. In Süddeutschland, insbesondere Würtemberg, wo der Hüttenbetrieb vollständig, und Baden, wo er größtentheils in Händen des Aerars ist, so wie auch in Rheinbaiern, verlangte man dringend die Erhöhung auf 15 Sgr. Nassau und beide Hessen verlangten einen Roheisenzoll von 15 Sgr. unter Ausscheidung des Feinmetalls zu 20 Sgr. Das Königl. Ober-Bergamt Bonn sprach sich für den Satz von 15 Sgr. aus, indem derselbe sowohl der Lage der Roheisenproduktion entspreche, als mit dem Stabeisenzoll von Thlr. 1. 15 Sgr. in richtigerem Verhältniß stehe. Die Hüttenbesitzer der Rheinprovinz, Westphalens und des Siegerlandes endlich beantragten die Beibehaltung des Satzes von 10 Sgr. für alles graue (vornehmlich zum Vergießen bestimmte) Roheisen, während nicht blos das Feinmetall, sondern auch alles weiße und halbirte Roheisen auszuscheiden und mit 15 Sgr. pro Centner zu belegen sei. Ueberdies beantragten alle Roheisenproduzenten von Rheinpreußen,

Westphalen, Nassau und Hessen in erster Linie die Aufhebung jeder Begünstigung des belgischen Eisens. — Beachtenswerth ist überdies, daß die Nothwendigkeit einer Besteuerung ausländischen Roheisens auch von den Stabeisen-, Gußwaaren-, Eisenwaaren- und Maschinenfabrikanten fast einstimmig anerkannt wurde, worüber in den Frankfurter Akten zahlreiche Dokumente vorhanden sind.

Die Geschichte des Stabeisenzolls ist ganz in die des Roheisenzolls verflochten. Die Gesetzgebung von 1818 betrachtete das Stabeisen schon mehr als Ganzfabrikat und belegte es daher, den Prinzipien des angenommenen Schutzsystems gemäß, mit dem genügenden Zollsatz von 1 Thlr. pro Centner (in den westlichen Provinzen von 1818 bis 1821 nur 15 Sgr.) Vor dem Zusammentritt des Zollvereins zahlte Stabeisen im baierisch-würtembergischen Verein Fl. 3. 20 Kr. pro baier. Centner, in Baden Fl. 2. 5 Kr. pro Zoll-Centner, und in Sachsen 20 Sgr. pro Centner. Obgleich nun sowohl bei den Anschlußverhandlungen mit Würtemberg und Baden als auch 1836 auf der ersten General-Konferenz des Zollvereins zu München von jenen Staaten, unter Hinzutritt von Nassau, Anträge auf Erhöhung des Satzes von 1 Thlr. gestellt wurden, ergab sich doch nicht eher eine Chance für deren Annahme, als bis sich die Nothwendigkeit einer Zollauflegung auf Roheisen herausstellte. Als Aequivalent für diesen Zoll von 10 Sgr. trat demnach mit dem 1. September 1844 der Satz von Thlr. 1. 15 Sgr. für Stabeisen in Kraft. Dagegen ward belgisches Stabeisen nur mit Thlr. 1. 7½ Sgr. belegt. — Von den im Jahre 1848 eingelaufenen Anträgen und Gutachten, sprach sich die weit überwiegende Zahl für Beibehaltung der Stabeisenzölle aus, unter Wegräumung jedoch der Begünstigung Belgiens.

Stabeisen in kleineren Dimensionen ging von 1818 bis zu Ende 1836 zum gewöhnlichen Satze von 1 Thlr. pro Centner ein. Von da ab wurden Rundeisen unter ½ Zoll Durchmesser, Quadrateisen unter ⅜ und Flacheisen unter $\frac{1}{16}$ Zoll Stärke mit dem Zollsatze des Eisenblechs von 3 Thlrn. belegt. Bei der neuen mit dem 1. September 1844 in Wirksamkeit tretenden Tarifirung ist alles Stabeisen unter ½ Quadratzoll Querschnitt auf Thlr. 2. 15 Sgr. herabgesetzt worden.

Façonirtes Eisen trug von 1818 bis zum 1. Septemder 1844 nur den Stabeisenzoll von 1 Thlr. Mit diesem Termin ward es ausgeschieden und mit 3 Thlrn. belegt. Ausgenommen blieben jedoch die Eisenbahnschienen, die noch jetzt den Stabeisenzoll von Thlr. 1. 15 Sgr. tragen. Ja es ward sogar im Jahre 1843 auf der sechsten General-Konferenz von mehreren Staaten heftig bekämpft, die Schienen nur an der Erhöhung des gewöhnlichen Stabeisenzolls von 1 Thlr. auf Thlr. 1. 15 Sgr. theilnehmen zu lassen, indem damals noch sehr wenige inländische Werke auf deren Erzeugung eingerichtet waren.

Schwarzblech und Eisenplatten zahlten nach dem Tarif von 1818 in den östlichen Provinzen Preußens Thlr. 2. 7½ Sgr., in den westlichen 2 Thlr. Von 1822 bis 1831 waren sie mit 3 Thlrn., von 1832 bis 1836 mit Thlr. 3. 20 Sgr., von 1837 aber bis jetzt wiederum mit 3 Thlrn. besteuert.

Weißblech zahlte 1818 in den östlichen Provinzen 4 Thlr., in den westlichen nur Thlr. 2. 15 Sgr. Von 1822 bis 1836 trug es dieselben Zölle wie Schwarzblech, ward jedoch 1837 wieder ausgeschieden und mit dem noch jetzt gültigen Satze von 4 Thlrn. belegt. Anträge, die Frankfurt und Würtemberg auf mehreren Zollkonferenzen wegen Herabsetzung des Weißblechzolles stellten, wurden abgelehnt. Die von dem volkswirthschaftlichen Ausschuß der Nationalversammlung 1848 angestellten Enquêten ergaben dagegen vielfache Anträge von Seiten der Produzenten auf Erhöhung nicht blos der Zölle des Weißblechs, sondern auch der dünneren Sorten von Schwarzblech unter ½ Pfund pro Quadratfuß.

Eisen- und Stahldraht sind im Tarif von 1818 mit Thlr. 2. 15 Sgr. für die östlichen und 2 Thlrn. für die westlichen Provinzen belegt; von 1822 an besteht derselbe Zoll für Draht wie für Weißblech. Auch in Bezug hierauf sind sehr viele Anträge auf Erhöhung des Zolles der feineren Nummern (des Kratzendrahtes) eingegangen, so wie auf Beseitigung der Einfuhrbegünstigungen ausländischen Drahtes für die Kratzenfabriken.

Die Stahlzölle haben im Vereinstarif ein eigenthümliches Schicksal gehabt. 1818 nahm der Stahl im preußischen Tarif eine besondere Position ein; Rohstahl zahlte in den östlichen Provinzen 1 Thlr., in den westlichen 15 Sgr. und Raffinirstahl gleichmäßig 22½ Sgr. Schon von 1822 an wurden jedoch alle Stahlsorten der Stabeisenposition einverleibt, trugen also bis zum 1. September 1844 1 Thlr. und von da ab Thlr. 1. 15 Sgr. Dabei blieben aber auffallenderweise mit Anfang 1837, wo das Kleineisen ausgeschieden und mit 3 Thlrn. belegt ward, die entsprechenden feineren Stahlsorten von dieser Erhöhung ausgenommen. Um diese offenbare Versäumniß nachzuholen, brachte Preußen schon auf der folgenden General-Konferenz den Antrag auf Gleichstellung des Stahls mit den entsprechenden Dimensionen des Stabeisens ein und wiederholte denselben auf der dritten, fünften, sechsten und siebenten Konferenz auf's Dringendste. Von allen übrigen Vereinsstaaten unterstützt, scheiterten die Anträge gleichwohl an dem beharrlichen Widerspruch Baierns. Es ist dies einer der auffallendsten Vorgänge in den Verhandlungen der Vereinsstaaten, wo eine von allen übrigen Regierungen erstrebte Maaßregel durch den Widerspruch einer einzigen undurchführbar wurde und hier um so auffallender als selbst die früheren Stahlzölle des baierisch-würtembergischen Vereins höher als Thlr. 1. 15 Sgr., nämlich auf Fl. 3. 20 Kr. gestanden hatten. — Die Ausscheidung und Erhöhung der Sätze auf Stahl ist seit Jahren ein Gegenstand der lautesten Wünsche der Eisenindustrie gewesen.

In den Zöllen auf Eisenfabrikate sind nur wenige Veränderungen vorgenommen worden. Grobe Eisengußwaaren zahlten nach dem Tarif von 1818 in den östlichen Provinzen 1 Thlr., in den westlichen 15 Sgr. Von 1825 an gilt der noch jetzt bestehende Satz von 1 Thlr. Eine Erhöhung dieses Zolls ward zwar bei Gelegenheit der Auflegung des Roheisenzolls zur Sprache gebracht, jedoch nicht für unumgänglich nothwendig erachtet; auch sind von Seiten der Betheiligten keine sehr dringenden Anträge in dieser Richtung eingelaufen. Die bedeutungsvollste Aenderung, welche in Bezug auf diesen Satz erfolgt ist, betrifft die gußeisernen Maschinentheile. Dieselben sind nämlich im Wege der Berichtigung des Waarenverzeichnisses in diesen Satz zu 1 Thlr. verwiesen worden, obwohl sie nach der Fassung von pos. 6. f. 2. unter die gewöhnlichen Eisenwaaren mit dem Zolle von 6 Thlrn. gehören. Gegen drei Viertheile der eingeführten Maschinen und Maschinentheile sind auf diese Weise im Zollverein zu dem Satze von 1 Thlr. eingeführt worden. Sehr häufig wurden überdies noch weiter gehende Zollnachlässe bewilligt, früher auf allgemeine Rechnung des Vereins, jetzt dagegen nur noch zu Lasten des betreffenden Staates.

Die gewöhnlichen Eisen- und Stahlwaaren zahlten 1818 in den östlichen Provinzen Preußens Thlr. 6. 17½ Sgr., in den westlichen Thlr. 5. 2½ Sgr.; seit 1822 gilt unverändert bis jetzt der Satz von 6 Thlrn. Feine Waaren dieser Gattung trugen 1818 den Satz der groben kurzen Waaren mit Thlr. 24 13⅓ Sgr., resp. Thlr. 20. 10 Sgr. Seit 1822 gilt dagegen der Satz von 10 Thlrn. Anträge Sachsens auf Erhöhung dieses Zolls, sowie Churhessens und Würtembergs auf Ausscheidung und höhere Besteuerung der Gewehre, beziehungsweise der lakirten Blechwaaren, fanden auf den General-Konferenzen keine Berücksichtigung. Nur wurden 1845 auf der siebenten Konferenz die Nähnadeln auf Antrag Preußens ausgeschieden und den kurzen Waaren zu 50 Thlrn. pro Centner zugetheilt. — Die mehrerwähnten Enquêten des volkswirthschaftlichen Ausschusses in Frankfurt ergaben namentlich von Seiten der bergischen, märkischen und thüringischen Eisenwaarenfabrikanten die dringendsten Anforderungen hinsichtlich genauerer Klassifizirung und höherer Besteuerung der feinen Artikel, die der Satz von 10 Thlrn. offenbar ganz ungenügend und theilweise kaum mit 5 bis 10 Prozent des Werthes schützt.

Ausgangszölle bestehen für Erze und Roheisen; jene zahlen 5 Sgr., dieses 7½ Sgr. pro Centner, jedoch mit vielfachen Ausnahmen auf verschiedenen Grenzstrecken.

Die gegenwärtige, seit dem 1. September 1844 in Kraft befindliche, Tarifirung des Eisens, nebst den gültigen Ausnahme-Bestimmungen, ergiebt sich aus folgender dem amtlichen Tarif entnommenen Zusammenstellung:

| Pos. 6. Eisen und Stahl. | Pro Zoll-Ctr. à 106,9 preuß. Pfd. |
|---|---|
| a) Roheisen aller Art; altes Brucheisen, Eisenfeile, Hammerschlag | Thlr.—. 10 Sgr. |
| b) Geschmiedetes und gewalztes Eisen (mit Ausnahme des façonirten) in Stäben von ¼ Quadratzoll Preuß. im Querschnitt und darüber; desgleichen Luppeneisen, Ei- | |

Pro Zoll-Ctr. à 106,9 preuß. Pfd.

senbahnschienen, auch Roh- und Cementstahl, Guß- und raffinirter Stahl . . . . . . . . . . . . . . . . . Thlr. 1. 15 Sgr.

c) Geschmiedetes und gewalztes Eisen (mit Ausnahme des façonirten) in Stäben von weniger als ¼ Quadratzoll preuß. im Querschnitt . . . . . . . . . . . . . . . . „ 2. 15 „

d) Façonirtes Eisen in Stäben; desgleichen Eisen, welches zu groben Bestandtheilen von Maschinen und Wagen (Kurbeln, Achsen und dergl.) roh vorgeschmiedet ist, insofern dergl. Bestandtheile einzeln einen Centner und darüber wiegen, auch Pflugschareneisen; schwarzes Eisenblech, rohes Stahlblech, rohe (unpolirte) Eisen- und Stahlplatten; Anker, sowie Anker- und Schiffsketten „ 3. — „

e) Weißblech, gefirnißtes Eisenblech, polirtes Stahlblech, polirte Eisen- und Stahlplatten, Eisen- und Stahldraht „ 4. — „

Anmerk. 1. An den Zollgrenzen der preußischen westlichen Provinzen, desgl. von Baiern, Würtemberg, Baden, Kurhessen und Luxemburg sind die unter Pos. a. genannten Gegenstände beim Ausgange zollfrei.

2. Von Rohstahl, seewärts von der russischen Grenze bis zur Weichselmündung einschließl. eingehend, wird nur die allgemeine Eingangs-Abgabe von 15 Sgr. erhoben.

3. Geknoppertes Zaineisen kann in Baiern auf der Grenze von Hindelang bis Freilassing zu dem Zollsatze von 1½ Thlr. (2 Fl. 37½ Kr.) pro Centner eingehen.

4. Radkranzeisen zu Eisenbahnwagen wird nach Pos. d. verzollt.

f) Eisen- und Stahlwaaren:

1. Ganz grobe Gußwaaren in Oefen, Platten, Gittern ꝛc. „ 1. — „

2. Grobe, die aus geschmiedetem Eisen oder Eisenguß, aus Eisen und Stahl, Eisenblech, Stahl- und Eisendraht, auch in Verbindung mit Holz gefertigt; ingleichen Waaren dieser Art, die gefirnißt oder verzinnt, jedoch nicht polirt sind, als: Aexte, Degenklingen, Feilen, Hämmer, Hecheln, Haspeln, Holzschrauben, Kaffeetrommeln und -Mühlen, Ketten (mit Ausschluß der Anker- und Schiffsketten), Maschinen von Eisen, Nägel, Pfannen, Plätteisen, Schaufeln, Schlösser, grobe Ringe (ohne Politur), Schraubstöcke, Sensen, Sicheln, Stemmeisen, Striegeln, Thurmuhren, Tuchmacher- und Schneiderscheeren, grobe Waagebalken, Zangen ꝛc. . . . . . . . . . . . . . . . . . . . „ 6. — „

3. Feine, sie mögen ganz aus feinem Eisenguß, polirtem Eisen oder Stahl, oder aus diesen Urstoffen in Verbindung mit Holz, Horn, Knochen, lohgarem Leder,

| | Pro Zoll-Ctr. à 106,9 preuß. Pfd. |
|---|---|
| Kupfer, Messing, Zinn (letzteres polirt) und anderen unedlen Metallen gefertigt sein, als: Gußwaaren (feine), Messer, Scheeren, Streichen, Schwerdtfeger-Arbeit u. s. w. (mit Ausschluß der Näh- und Strick-nadeln); lackirte Eisenwaaren; auch Gewehre aller Art ........................ | Thlr. 10. — Sgr. |

## Die Eisenzollfrage vom Standpunkte der Theorie.

§. 44. Ehe wir daran gehen, die Eisenzölle des Vereinstarifs zu vertheidigen und die Nothwendigkeit ihres vorläufigen Fortbestandes nachzuweisen, erscheint es unumgänglich nothwendig den wissenschaftlichen Standpunkt zu bezeichnen, welchen diese Vertheidigung einnimmt. Dies berührt eine der größten Schwierigkeiten, welche der Behandlung handelspolitischer Detailfragen entgegen stehen. Der Freihändler erkennt die Voraussetzungen nicht an, worauf die Beweisgründe des Schutzzollanhängers fußen und umgekehrt verhält es sich ebenso. Dabei ist es wiederum praktisch unmöglich, sich jedesmal in eine erschöpfende Beweisführung von der Richtigkeit seines ökonomischen Systems einzulassen, indem sonst jede Besprechung einer konkreten handelspolitischen Frage zu einem die ganze Wissenschaft der National-Oekonomie umfassenden Lehrbuche erwachsen müßte.

Die hierin liegende Schwierigkeit kann nur dadurch verringert werden, indem man erstens den eigenen Standpunkt scharf zeichnet und ihn zweitens dem gegnerischen so sehr als möglich nähert. Versuchen wir dies in der vorliegenden Frage.

Der Eisenzoll wäre gerichtet, wenn seine Vertheidigung die Anerkennung der Grundsätze des Merkantilsystems zur Voraussetzung nähme. So gut wie die unbedingten Anhänger des Freihandelssystems, verwerfen auch wir die Lehre vom Geldreichthum, von der Handelsbilanz, von der absoluten Verringerung des National-Vermögens durch die Einfuhr fremder oder seiner Vermehrung durch die Ausfuhr inländischer Waaren. Wir erkennen die Richtigkeit des Grundsatzes: „da zu kaufen, wo es am wohlfeilsten ist," in abstracto an und ebensosehr, daß die Werthverhältnisse nicht an einem durch künstliche Preissteigerung konkurrirender Güter geschaffenen Maaßstabe, sondern an dem der freien

Konkurrenz zu bemessen sind. Dem Merkantilsystem lag eine große Idee zu Grunde, nämlich die Begründung wirthschaftlicher Einheit und Selbstständigkeit einer Nation. Allein die Mittel, welche es dazu vorschlug, waren falsch gegriffen und beruhten auf einer unrichtigen Vorstellung von der Erzeugung des Reichthums und dem Wesen des Verkehrs überhaupt.

Wir verläugnen auf der anderen Seite ebenso bestimmt die abstrakte Theorie des laissez faire; wir vindiziren dem Staate nicht blos das Recht, sondern auch die Pflicht, die Gesetze und Bedingungen, wovon die Wohlhabenheit und die materielle Existenz der Staatsangehörigen abhängig sind, zu überwachen und nach Gutbefinden überall einzugreifen, wo der Einzelne mit seinem Willen, seiner Thätigkeit und seiner Befähigung nicht Meister werden kann.*) Wer seine Freihandelsgrundsätze bis zu dieser Spitze treibt, hat sich prinzipiell der Einwirkung aller Gründe unzugänglich gemacht, welche zur Vertheidigung eines Schutzzolles aufgestellt werden können; für diese äußerste Fraktion der Freihandelspartei schreiben wir nicht. Allein ein so gänzliches Verkennen des Wesens und der Aufgabe des Staates, eine so unbedingte Verneinung der Bedeutung, welche dem Thatsächlichen, Gegebenen und insbesondere dem Traditionellen im Staatsleben und in der Gesetzgebung zukommt, darf man auch nur bei dem kleinsten Theile jener Partei voraussetzen. Darüber mag Meinungsverschiedenheit sein, ob es in einem gegebenen Falle zweckmäßig sei, daß der Staat Zölle aufhebe oder einführe, ob überhaupt der Zweck des allgemeinen Wohlergehens besser durch eine Maaßregel im Sinne des Schutzzoll- oder im Sinne des Freihandelssystems gefördert werde. Allein man fasse den Unterschied zwischen einem Freihändler in solchem Sinne und zwischen demjenigen im Auge, welcher prinzipiell das Recht des Staates zu irgend einem Eingreifen in die Verhältnisse des Verkehrs und der Gütererzeugung in Abrede stellt und hierin die absolute persönliche Freiheit des Individuums anerkannt wissen will. Die Consequenzen dieses sehr wohl von dem Freihandelsprinzip trennbaren Systems führen

*) Ueber das Verhältniß des Staates zu den ökonomischen Prinzipienfragen vergleiche man die meisterhafte Abhandlung von A. Christ: Ueber den gegenwärtigen Stand der Frage der Schutzzölle. Tübinger Vierteljahrsschrift, Jahrgang 1851.

zur Bekämpfung der Existenz des Staates, indem sie demselben Theil für Theil seiner Aufgabe, seines Berufes, wie der Bedingungen seiner Nothwendigkeit wegnehmen. Denn wenn man dem Staate das Recht der Fürsorge für den materiellen Besitz und den Erwerb der Staatsangehörigen abspricht, weshalb spricht man ihm nicht auch die Berechtigung ab, Straßen und Eisenbahnen zu bauen, eine bewaffnete Macht zu unterhalten, die Gemeindeverwaltung zu beaufsichtigen, den Schulunterricht zu regeln, Religionsangelegenheiten zu überwachen, — kurz, weshalb erklärt man sich nicht überhaupt gegen den Staat als solchen und gegen jede Regierung? Denn begreift etwa das Güterleben nicht eben sowohl wie alle andere Momente des Staatslebens Aufgaben in sich, die der Einzelne, ja Massen von Einzelnen nicht zu erfüllen im Stande sind, wo also die Mitwirkung der Gesammtheit, des Staates unumgänglich nothwendig wird, wenn die Aufgabe überhaupt gelöst werden soll? Oder greifen etwa die materiellen Interessen weniger tief in's Staatsleben ein, als die rein geistigen? Hat der materielle Besitz nicht einen innigen, unlösbaren Zusammenhang mit der Bildung und Gesittung der Individuen, mit staatlicher Freiheit und Ordnung überhaupt? Oder soll etwa die Aufgabe des Staates blos die sein, an den Symptomen zu kuriren, sich dagegen von jeder Einwirkung auf die eigentlichen Grundursachen der Erscheinungen fern zu halten? Adoptirte man diesen Grundsatz, nun so müßte man ebensowohl von der staatlichen Fürsorge für Schule und Kirche abstrahiren, als wie von Maaßregeln für den Handel, für Kommunikation, für den Geldumlauf u. dergl. Man nehme nur einen den handelspolitischen Maaßregeln ganz verwandten Gegenstand der Staatssorge, nämlich den Eisenbahnbau, so zeigt die einfachste Betrachtung die Unhaltbarkeit jener Maxime. Wenn der Staat z. B. eine Eisenbahn für 40 Millionen Thaler baut, greift er da nicht in gleicher Weise in die Verwendung der Kapitalien und Kräfte ein, wie wenn ein Schutzzoll z. B. so viele Millionen der Spinnerei zuwendet? Muß hier nicht ebenfalls die Gesammtheit, und zwar mit einer schwächeren Garantie, daß die Opfer nur temporäre sein werden, zu Gunsten eines Theils der Gesammtheit Anstrengungen machen?

Die Anhänger dieser abstrakten Doktrin von der Nichtberechtigung des Staates sind es auch, welche den Zusammenhang des Schutzsystems mit dem Communismus entdeckt und die Polemik über ökonomische Prinzipienfragen mit den bekannten Phrasen von Raub und Diebstahl, von Ausbeutung der Armuth zu Gunsten einer Handvoll Fabrikanten u. s. w., bereichert haben. Mit diesem Theil der Freihandelspartei, wie gesagt, rechten wir nicht.

Allein die prinzipielle Opposition gegen jegliche handelspolitische Maaßregel entspringt bei einem anderen Theile der Freihandelspartei, zwar nicht aus Zweifeln an der Berechtigung, wohl aber an der Befähigung des Staates, die allgemeine Wohlfahrt besser fördern zu können, als dies der natürliche Erwerbstrieb der einzelnen Individuen thut. Dieser Ansicht ist nun auch keineswegs absolut entgegen zu treten; so ist z. B. beim Staate selbst die höchste Befähigung zum Betriebe des Handels, des Ackerbaues oder einzelner Gewerbe sicherlich nicht vorauszusetzen. Die Errichtung von Musteranstalten etwa ausgenommen, sollten sich in der That die Regierungen selbst mit Handel oder Gewerben nicht befassen, noch in der Weise wie Colbert that, durch Bestimmungen über technische Methoden, Umfang der Geschäfte, Preise u. dergl. in das Innere des Gewerbebetriebs und Handels eingreifen wollen. Der Unterschied zwischen einer Einmischung des Staates in solchem Sinne und zwischen der Tendenz und Wirksamkeit eines bestimmten Schutzzolles ist aber auch zu einleuchtend, um in den Augen des denkenden Menschen der näheren Auseinandersetzung zu bedürfen. — Welche Anomalie ist es aber andererseits, auf dem gesammten wirthschaftlichen Boden dem Individuum die Unfehlbarkeit zuerkennen, dem Staat dagegen alle Urtheilsfähigkeit absprechen zu wollen? Der Einzelne mag ein spezielles Gewerbe besser führen können als der Staat, allein die allgemeinen Gesetze der Entwicklung eines nationalen Güterlebens, die Umstände, welche seine gegenwärtige Lage und seine Zukunft bedingen, lassen sich sicherlich von einem höheren, dem Getriebe der Privatinteressen entrückten Standpunkt besser und richtiger beurtheilen. Wie manche Maaßregel aber, die von der Gegenwart Opfer fordert, stellt sich durch die Rücksicht auf die Zukunft als nothwendig dar, — Rücksichten, die dem einzelnen Individuum fern liegen und zu denen es sich aus eigenem Antrieb nicht bequemt. So wenig überhaupt auf irgend einem Gebiet ein vollkommener Parallelismus zwischen den Bestrebungen der einzelnen Individuen und den höheren Staatszwecken stattfindet, so wenig kann dies auch in der Volkswirthschaft behauptet werden. Der Trieb, Geld zu verdienen nnd reich zu werden mag intensiver sein als irgend eine andere menschliche Neigung; allein daraus folgt durchaus noch nicht, daß er stets die richtige und den Gesammtinteressen entsprechende Richtung einschlagen werde. Ja, wenn selbst das freie Gewährenlassen aller dieser individuellen Kräfte zu Resultaten führte, die vom abstrakten Standpunkte der National-Oekonomie als die günstigsten zu bezeichnen wären, so hat der Staat immer noch ganz andere Rücksichten zu nehmen. Er hat die Einwirkungen auf die bisherigen Erwerbsverhältnisse der einzelnen Gegenden, auf Ruhe und Ordnung, auf die Wehrkraft und Selbstständigkeit des Landes, auf Sittlichkeit oder Gesinnung der Bewohner, auf Verhältnisse zum Ausland u. dgl. im Auge zu behalten, Rücksichten die dem Oekonomen fern liegen. Eine gewisse Menge von Kapitalien und Kräften mag ganz gleichviel zur jährlichen Gütervermehrung der Nation beitragen, ob sie in diesem oder jenem Gewerbe angelegt waren; vom rein volkswirthschaftlichen Standpunkt, der blos diese gleichen Resultate ins Auge faßt, müssen alsdann beide Gewerbe als gleich vortheilhaft betrachtet werden, während vom Standpunkte des Staates Rücksichten hinzutreten mögen, welche den Betrieb des einen Gewerbes unendlich vortheilhafter für die Gesammtheit erscheinen lassen, als den des anderen. Und hier soll dem Staat die Befähigung abgesprochen werden, zu beurtheilen, was der Gesammtheit frommt, oder das Recht, Maaßregeln zu ergreifen, um Kräfte und Kapitalien in die erwünschtere Richtung zu lenken! Kurz, so wenig die Existenz und der Zweck eines Staates gerade um des Wohles der einzelnen Staatsangehörigen willen es zulassen, daß nach irgend einer Richtung hin der absoluten Willkür des Individuums freier Spielraum gelassen werde, so wenig ist dies auch auf dem rein wirthschaftlichen Gebiete zulässig. Und wie man in allen anderen Zweigen des Staatslebens der Regierung nicht blos das Recht, sondern auch die Befähigung zuerkennt, aus dem Widerstreit der verschiedenen Interessen und Meinungen das herauszufinden und zur Anwendung zn bringen, was dem Ganzen und somit auch dem Einzelnen frommt, so kann man konsequenterweise die Sorge für die materiellen Interessen hiervon nicht ausnehmen.

Nur der Anhänger der Freihandelslehre, welcher die Richtigkeit dieser Ansichten über Recht, Pflicht und Befähigung des Staates, und über die Verschiedenheit der Aufgaben des Oekonomen und des Staatsmannes prinzipiell einräumt, kann sich überhaupt in einen Streit über einzelne Tariffragen einlassen. Die Vertheidigung eines bestimmten Schutzzolles kann also nur für die geschrieben sein, welche anerkennen, daß die National-Oekonomie keine Wissenschaft ist, welche von gegebenen Verhältnissen abstrahiren kann.

Indem wir also auf der einen Seite allen Argumentationen zu Gunsten des Eisenzolles entsagen, die sich auf die Prinzipien des Merkantilsystems stützen, andererseits aber auch von den Gegnern verlangen, daß sie die thatsächlich vorliegenden Verhältnisse als den Boden anerkennen, auf dem in jeder einzelnen Zollfrage der Streit zwischen Freihandel und Schutzzoll zur Entscheidung gebracht werden muß, dürfte für die Behandlung dieser ein Standpunkt gewonnen sein, auf den auch alle diejenigen Gegner folgen können, welche nicht von einer abstrakten Theorie blind eingenommen sind.

Dieser Standpunkt wird sich noch genauer zeichnen, indem wir, die allgemeine Erörterung verlassend, uns zu der vorliegenden Frage selbst wenden.

Wir erkennen die universelle volkswirthschaftliche Wichtigkeit des Eisens, d. h. des Eisenverbrauchs aufs unumwundenste an; sie ist so klar, so unbestritten, daß es überflüssig wäre, hierüber nur ein Wort zu verlieren. Wir erkennen ferner an, daß eben diese große ökonomische Wichtigkeit des Eisens in erster Ordnung nicht für, sondern gegen die Eisenzölle spricht. Sie rechtfertigen sich nur, wenn sie als absolut nothwendige Bedingung auftreten, bestehende Besitz- und Erwerbsverhältnisse vor allzu plötzlichen Erschütterungen zu bewahren und sie durch eine Entwicklungsperiode, in welcher durch vereinte Kräfte des Staats und der Einzelnen die entgegenstehenden Hindernisse beseitigt worden, auf eine neue sichere Grundlage hinüberzuführen.

Wir verlangen dagegen, daß man auch von der anderen

Seite die hohe volkswirthschaftliche Wichtigkeit des Eisengewerbes anerkenne, und zwar nicht blos die allgemeine Wichtigkeit, wie sie jedem Gewerbe zukommt, das ebenso viele Millionen an Kapital und ebenso viele Hunderttausende von Menschen beschäftigt, sondern auch seine besondere Bedeutung vom Standpunkte des Staates. Das Eisengewerbe vereinigt Alles in sich, was dem Staate einerseits den Ackerbau und andererseits die Industrie im Allgemeinen wichtig und wünschenswerth machen muß. Es läßt sich so wenig als der Ackerbau vom vaterländischen Boden ablösen, und gewährt eine fast noch größere Leichtigkeit, zu einem an den Grund und Boden gefesselten Besitze zu gelangen. In allen Zweigen des Eisengewerbes verwerthen sich die verwendeten Menschenkräfte außerordentlich hoch. Es zieht ein kräftiges, kerniges Geschlecht zum Dienste des Vaterlandes heran, dem die Beschäftigung in den großen Werkstätten der Natur einen ernsten, sittlich-religiösen Charakterzug einimpft. Bergbau und Eisenindustrie gewähren, wie fast kein anderer Erwerbszweig, auch dem Mittelstande die Möglichkeit, festen Fuß zu behalten, anstatt zu bloßen Arbeitern oder Angestellten der Reichen herabzusinken. Und weil eben das Eisen unentbehrlich, weil es kein Luxusartikel ist, dessen Verbrauch von der Mode abhängt, so lassen sich in keinem Gewerbe leichter jene Krisen verhüten, die Lohnherabsetzungen, Entlassungen in Masse und damit Unruhen, Elend und Entsittlichung der Arbeiterklassen im Gefolge haben. Die Geschichte der Eisendistrikte seit Jahrhunderten bietet dem Staatsmanne in dieser Beziehung ein Material, welches wohl zu Zweifeln über die Richtigkeit der freihändlerischen Lehre anregen dürfte, daß nämlich der Staat sich nichts darum zu kümmern habe, ob die wirthschaftlichen Kräfte der Nation diese oder jene Richtung nehmen. Muß es nicht, so fragen wir im Gegentheil, für die Gesammtheit das höchste Interesse haben, ein solches Gewerbe erhalten und unbenutzt liegende Kapitalien und Kräfte vorzugsweise in diesen Kanal geleitet zu sehen? Und muß sich diese Bedeutung nicht unendlich steigern, wenn wir die enorme Entwicklung des Eisenverbrauchs ins Auge fassen, die der Eisenindustrie für die Zukunft einen Umfang verheißt, in welchem vielleicht kein anderes Gewerbe Kapitalien und Menschenkräfte zu verwenden im Stande sein wird!

Wer aber mit uns nicht blos die hohe volkswirthschaftliche Wichtigkeit des Eisens, sondern auch des Eisengewerbes anerkennt, der würde mit sich selbst in Widerspruch gerathen, wollte er im Falle eines eingetretenen Konfliktes zwischen den Interessen der Eisenkonsumtion und Eisenproduktion die Entscheidung, anstatt im Sinne einer Vermittlung dieses Konfliktes, durch alleinige Berücksichtigung dieses und vollständige Unterordnung jenes Interesses, oder umgekehrt, herbeiführen. In diesem Widerspruch ist aber der größte Theil der Gegner der Eisenzölle befangen.

Allein befinden sich nicht die Vertheidiger der Eisenzölle in dem gleichen Irrthum, wenn auch entgegengesetzter Art? Kann man in den Eisenzöllen wirklich die Tendenz einer Vermittlung zwischen den streitigen Interessen der Consumtion und Produktion erkennen? Tragen sie nicht vielmehr den Charakter einer einseitigen Berücksichtigung des Produktions-Interesses?

Wer uns auf den Standpunkt, von dem diese Beweisführung ausgeht, gefolgt ist, wird zugeben, daß diese Fragen zu Gunsten des Eisenzolls entschieden werden müssen, sobald sich nachweisen läßt:

a. daß er zur Erhaltung der bestehenden und zur Ermöglichung der ferneren Ausdehnung des Eisengewerbes absolut nothwendig war;
b. daß die in der gegenwärtigen Uebergangsperiode von der Gesammtheit der Consumenten zu tragenden Opfer im Verhältniß zu dem erstrebten Zweck nur geringfügig sind, und daß bei Aufhebung der Eisenzölle und Beschädigung der inländischen Eisenindustrie die Consumenten, in ihrer Eigenschaft als Produzenten anderer Verbrauchsartikel, ungleich mehr zu leiden haben würden;
c. daß ein genügender Schutz die Erhaltung und fernere Ausdehnung der Eisenindustrie auch wirklich zur Folge haben wird;
d. daß theils im natürlichen Wege der durch den Schutzzoll getragenen Ausdehnung und Entwicklung, theils durch anderweitige Maaßregeln von Seiten des Staats wie der Einzelnen die Produktionskosten sich so reduziren lassen, daß die verloren gegangene Konkurrenzfähigkeit des inländischen Eisens vollkommen wieder gewonnen wird.

Läßt sich alles dies mit einiger Sicherheit nachweisen, so ist, unsrer Ansicht nach, der Eisenzoll gerechtfertigt, indem er alsdann den entstandenen Konflikt der Produktion und der Consumtion in der That vermittelt. Denn eine Vermittlung kann nur darin liegen, sowohl das Eisengewerbe zu erhalten, als auch durch billige Preise den Consumenten gerecht zu werden. Sie läge aber nicht darin, wenn man einseitig nur die Vortheile der billigen Preise, die jetzt das Ausland bietet, in's Auge faßte, und darüber das inländische Eisengewerbe zu Grunde gehen ließ und auf seine Entwicklung verzichtete. Sie läge ebensowenig darin, wenn man diese Erhaltung und Ausdehnung auch für den Fall erstrebte, daß der Schutzzoll voraussichtlich das Eisen um seine vollen oder den größten Theil seines Betrages dauernd vertheuern und uns niemals zu einem so wohlfeilen Eisen, als das Ausland jetzt bietet, gelangen lassen würde.

## I. Der Roheisenzoll.

### 1. Die ökonomischen und kommerziellen Verhältnisse der britischen Eisenindustrie.

§. 45. Nach Anleitung der vorausgegangenen Erörterung wird sich also die Vertheidigung der Eisenzölle zuerst auf den Nachweis zu stützen haben, daß sie zur Erhaltung und zur Ermöglichung der ferneren Ausdehnung des Eisengewerbes unumgänglich nöthig sind. Die Frage leitet auf eine Erörterung der Konkurrenzverhältnisse in- und ausländischen Eisens und zunächst des Roheisens.

Die bei Normirung der Eisenzölle von 1844 für die Nothwendigkeit, sowie für die Höhe der Zölle leitend gewesenen Gründe stützten sich vor Allem auf das Verhältniß der großbritannischen uns insbesondere der schottischen zur vereinsländischen Eisenindustrie. Die Bedeutung der belgischen Konkurrenz kam damals noch weniger zur Sprache und werden wir sie daher auch getrennt behandeln.

Wir haben also zum Behufe des Vergleichs zuerst den Thatbestand der schottischen Preisverhältnisse festzusetzen. Denn es sind in erster Ordnung die Verkaufspreise und nicht die Produktionskosten des Auslandes, worauf es uns ankommen muß. Wären

Letztere z. B. noch so niedrig, während sich die Preise hoch hielten, so möchten wir ein Konkurrenzverhältniß ganz erträglich finden, welches unerträglich sein müßte, sobald jene Preise auf das Niveau der Produktionskosten herabgehen. Es ist also nur insofern von Wichtigkeit, auch über Letztere genau unterrichtet zu sein, als sich daraus schließen läßt, ob das Ausland bei einem bestimmten Preise mit Nutzen oder mit Schaden arbeitet, ob also die Preisnotirungen von Dauer sein können, oder ob ihnen nur der Charakter einer vorübergehenden Konjunktur beizumessen sei.

Wie schon erwähnt, sind seit etwa 15 Jahren, seit bei uns die Puddlingwerke aufkamen und ausländisches Roheisen zu verfrischen begannen, die schottischen Preise für den deutschen Markt leitend gewesen. Seit 1830, von wo die eigentliche Entwickelung der schottischen Eisenindustrie beginnt, stellten sich die Durchschnittspreise für die Ton (2167 preuß. Pfund) Roheisen in gemischten Nummern ($\frac{3}{5}$ Nr. 1. und $\frac{2}{5}$ Nr. 3.) frei an Bord in Glasgow*) folgendermaßen:

| | | | |
|---|---|---|---|
| 1830 . . . | £ 5. — sh. | 1841 . . . | £ 3. — sh. |
| 1831 . . . | „ 4. 10 „ | 1842 . . . | „ 2. 10 „ |
| 1832 . . . | „ 4. 10 „ | 1843 . . . | „ 2. — „ |
| 1833 . . . | „ 4. — „ | 1844 . . . | „ 2. 15 „ |
| 1834 . . . | „ 4. 5 „ | 1845 . . . | „ 3. 16 „ |
| 1835 . . . | „ 4. 10 „ | 1846 . . . | „ 3. 12 „ |
| 1836 . . . | „ 6. 15 „ | 1847 . . . | „ 3. 5 „ |
| 1837 . . . | „ 4. — „ | 1848 . . . | „ 2. 4 „ |
| 1838 . . . | „ 4. — „ | 1849 . . . | „ 2. 6 „ |
| 1839 . . . | „ 4. 10 „ | 1850 . . . | „ 2. 4 „ |
| 1840 . . . | „ 3. 15 „ | 1851 . . . | „ 2. — „ |

Gehen wir bis Anfang dieses Jahrhunderts zurück, so stellt sich nach fünfjährigen Durchschnitten die Tonne Wales-Roheisen (das schottische war damals für den Markt noch gar nicht maßgebend) folgendermaßen. Die Angaben sind Scrivenor's History of the iron trade entnommen.

| | | | |
|---|---|---|---|
| $18\frac{01}{05}$ . . . | £ 7. 12 sh. | $18\frac{16}{20}$ . . . | £ 8. 4 sh. |
| $18\frac{06}{10}$ . . . | „ 8. — „ | $18\frac{21}{25}$ . . . | „ 6. 10 „ |
| $18\frac{11}{15}$ . . . | „ 8. — „ | $18\frac{26}{30}$ . . . | „ 6. — „ |

*) Nach dem Trade circulars von Robinows & Marjoribanks in Glasgow.

Es ist nicht blos dieses stufenweise Sinken der Preise, sondern auch das außerordentliche Schwanken derselben, welches in's Auge gefaßt werden muß. Von dem hohen Stand von 1836, £ 6. 15 sh., sehen wir binnen 7 Jahren den Preis auf fast ¼ jenes Betrags sinken, indem 1843 der Durchschnittspreis 2 £, die niedrigste Notirung sogar nur £ 1. 16 sh. betrug. Hierauf ging der Preis schnell wieder auf fast den doppelten Betrag, £ 3. 16 sh. im Jahr 1845, in die Höhe, um bald darauf zu den Notirungen von 1848 herabzusinken, welche bis zum Jahre 1851 allmälig so tief sanken als bei der Krisis im Jahre 1843. Selbst innerhalb weit kürzerer Perioden ergaben sich die großartigsten Schwankungen. In den einzelnen Monaten des Jahres 1845 stellten sich z. B. die Preise folgendermaßen:

| | | | | | | | | | |
|---|---|---|---|---|---|---|---|---|---|
| Januar . . | sh. | 60. | — | d. | Juli . . . . . | sh. | 65. | — | d. |
| Februar. . . | „ | 70. | 6 | „ | August . . . | „ | 62. | 6 | „ |
| März. . . . | „ | 100. | — | „ | September. . | „ | 75. | — | „ |
| April . . . . | „ | 100. | — | „ | Oktober . . . | „ | 80. | 8 | „ |
| Mai . . . . | „ | 85. | — | „ | November . . | „ | 75. | — | „ |
| Juni . . . . | „ | 63. | — | „ | December . . | „ | 75. | — | „ |

Durchschnitt: £ 3. 16 sh.

Innerhalb zwei Monaten stieg also der Preis von 60 auf 100 sh., um in den nächsten drei Monaten wieder auf 63 sh. herabzusinken und etwas später, im Verlaufe von nur Monaten, abermals von sh. 62. 6 d. auf sh. 80. 8 d. zu steigen. Die ganze Handelsgeschichte unseres Jahrhunderts, trotz der Krisen, welche die vollständigste Umgestaltung der technischen Grundlagen so vieler Gewerbe im Gefolge haben mußten, weist doch kein Beispiel auf, wo der Preis einer Waare so enormen Schwankungen unterworfen gewesen wäre, einer Waare, die sich früher gerade durch Stabilität der Preise auszeichnete.

Die Ursachen, welche das stufenweise Sinken der britischen Eisenpreise zur Folge hatten, sind bereits oben in §. 32. angegeben. Es waren im Allgemeinen die Vergrößerung der Dimensionen der Hochöfen, die Anwendung stärkerer Cylindergebläse, die Einführung der heißen Gebläseluft, die Benutzung der rohen Steinkohle anstatt der Coaks, ferner die Aufschlüsse neuer Kohlen- und Erzlager und die Rückwirkung der durch den Verbrauch für Eisenbahnen ermöglichten außerordentlichen Erweiterung des Betriebs und der verstärkten inneren Konkurrenz.

Was dagegen die *Preisschwankungen* anbetrifft, so haben sie — von den kriegerischen Ereignissen zu Anfang dieses Jahrhunderts, den Erschütterungen der letzten Jahre und den Rückwirkungen übertriebener Speculationen oder finanzieller Krisen abgesehen, — nur einen Hauptgrund, nämlich die *Entstehung der Eisenbahnen*. Was gewöhnlich als Ursache des außerordentlichen Sinkens der Preise mit Anfang der vierziger Jahre angegeben wird, nämlich das Stocken des Absatzes nach den Vereinigten Staaten, war in der That nichts mehr als ein Anstoß, welcher den Ausbruch einer bereits vorbereiteten und unvermeidlich gewordenen Krise etwas beschleunigte. Denn wenn auch bei einem ziemlich regelmäßigen Absatz Englands nach Nord-Amerika von etwa 96,000 Tons Eisen im Durchschnitt der fünf Jahre $18\frac{38}{42}$, dieses Quantum sich im Jahre 1843 plötzlich auf 38,000 Tons verminderte, so konnte doch eine Differenz von 58,000 Tons unmöglich den Ausschlag geben, wo es sich um die Verwerthung einer jährlichen Produktion von mehr als $1\frac{1}{2}$ Millionen Tons handelte. Der bedeutende Mehrabsatz nach Deutschland überstieg zudem jenen Ausfall schon fast um das Doppelte. Ueberhaupt war der Absatz im Jahre 1843 stärker als in den Vorjahren. Allerdings war das eingetretene Sinken der Preise eine der Ursachen, weshalb das Ausland mehr Eisen bezog, allein auch bei den Durchschnittspreisen der vorhergegangenen Jahre, hätte der Export sicherlich das frühere Durchschnittsquantum erreicht.

Es sind also keine äußern Verhältnisse, die jenes unerhörte Sinken der britischen Eisenpreise veranlaßten, sondern es lag lediglich in einer noch über den gestiegenen Bedarf hinausgeeilten Erzeugung. Hierzu hatten aber die *Eisenbahnen* die unmittelbare, ja, wir dürfen sagen, die nothwendige Veranlassung gegeben. In der kurzen Frist weniger Jahre trat hierdurch ein so plötzliches Steigen des Eisenbedarfs ein, wie wir ähnliches noch selten in einem Industriezweig erlebt haben. Von einem Eisenbedarf Großbritanniens von etwa 50 Pfund pro Jahr und Kopf zur Zeit der Erbauung der Bahn von Liverpool nach Manchester im Jahre 1829 hat sich derselbe binnen zwanzig Jahren auf

86 Pfund vermehrt und von dieser Zunahme entfallen über ⅔ auf den Consum der Eisenbahnen. Das frühere Gleichgewicht zwischen Erzeugung und Verbrauch ward durch diese plötzlich eröffnete Absatzquelle von Grund aus gestört. Die erste Folge hiervon war ein Vorauseilen der Consumtion. Die Produktion konnte nicht schnell genug folgen und die gesteigerte Nachfrage führte zuletzt zu dem Preismaximum des Jahres 1836, welche die damaligen Produktionskosten mindestens um das Zweifache überstieg. Bei den unerschöpflichen Vorräthen an Erzen und Kohlen, bei dem Unternehmungsgeist und dem Kapitalbesitz der Britten konnte aber ein solches Verhältniß nicht von Dauer sein, und zwar im gegenwärtigen Fall um so weniger, als gleichzeitig die Technik und Oekonomie des Hüttenbetriebs (in Struktur der Hochöfen, Anwendung erhitzter Gebläseluft u. s. w.) ungemein fortschritt und so die Befriedigung des erhöhten Eisenbedarfs erleichterte. Allein es ist in der Natur des Handels und der industriellen Entwicklung begründet, daß die nachfolgende Ausgleichung der gesteigerten Produktion mit der gesteigerten Consumtion keine ganz allmälige sein konnte. Nach denselben Gesetzen vielmehr, welche die Physik und Mechanik wie den Handel und die Industrie beherrschen, hielt die früher zurückgebliebene Erzeugung in ihrem nunmehrigen raschen Fortschreiten nicht inne, als sie mit dem Verbrauch wieder auf gleicher Linie war; sie ging vielmehr weit darüber hinaus, bis endlich das Angebot die Nachfrage so weit überstieg, als es vorher hinter derselben zurückgeblieben war. Die Preise des Jahres 1843, wo selbst die günstigst belegenen Werke mit reinem Verlust arbeiteten, bezeichnen den Endpunkt dieser zweiten Periode.

Wie der durch einen kräftigen Anstoß in Bewegung gebrachte Pendel nach Einer Schwingung noch nicht zur Ruhe kommt, wohl aber bei jeder folgenden der Ausschlag immer kleiner wird, so sehen wir auch nach dem Jahre 1843 das gleiche Spiel, jedoch in kleinerem Maaßstabe wiederkehren. Ende 1845 waren die Preise auf dem doppelten Betrag von 1843 angelangt, und Anfang 1848 wieder um fast ebenso viel gesunken. Seit jener Zeit sind sie fast stabil auf dem niedrigsten Standpunkt geblieben, den die schottischen Produktionskosten gestatten, von Mitte 1851 ab aber noch unter dieselben herabgegangen. Da die Hauptquelle der Schwankungen in den Eisenpreisen, wie oben erwähnt in den Eisenbahnanlagen liegt, diese aber noch keineswegs bis zu einem Punkte durchgeführt sind, von wo an sich eine gewisse Regelmäßigkeit des künftigen Verbrauchverhältnisses absehen ließe, so wird man die Ursachen dieser großen Stabilität und des äußerst niedrigen Preises der Hauptsache nach in den politischen Krisen und der dadurch so bedeutend verminderten Eisenconsumtion zu suchen haben. Günstigere Zeiten werden voraussichtlich wieder einmal ein Steigen der Preise veranlassen und dies Spiel sich noch manchmal wiederholen; auch mag, nachdem für die Eisenbahnen eine größere Regelmäßigkeit des Bedarfs eingetreten ist, eine neue Veranlassung das Gleichgewicht der Consumtion und Produktion stören, und so die normalen Schwankungen, welchen die Preisverhältnisse aller Waaren unterworfen sind, vergrößern. Schwerlich werden aber nochmals die Schwankungen in so großartigem Maaßstabe stattfinden, als in diesen zwanzig Jahren, und noch weniger ist zu erwarten, daß die Preise sich wieder einmal so weit über die Produktionskosten heben, als es mehrfach in jener Periode der Fall war. Denn ein nochmaliges Zusammentreffen so außerordentlicher Verhältnisse wie hier im Spiele waren, läßt sich bei einer Berechnung zukünftiger Conjunkturen nicht unterstellen.

Wir haben hier nun vorerst, aus diesen Preisschwankungen heraus, den Anhaltspunkt zu entwickeln, welcher zur Vergleichung mit der vereinsländischen Eisenindustrie und zur Beurtheilung der Zollfrage nothwendig ist. Denn wie bereits oben erwähnt, bestimmt sich zwar das Konkurrenzverhältniß selbst nur nach den ausländischen Preisen; es ist aber gleichwohl für die Zollfrage von entscheidender Wichtigkeit, zu wissen, welche Unterlage diese Preise in den Produktionsverhältnissen haben, da der Schutzzoll gerade die Tendenz hat, die hierin bestehende Ungleichheit zweier Länder temporär auszugleichen.

Die niedrigste Angabe der Produktionskosten von schottischem Roheisen macht Scrivenor im Jahre 1840, nämlich 40 sh. pro Ton oder Thlr. 6. 9 Pf. pro 1000 Pfd.

Bei den Verhandlungen der Berliner Commission von 1842 gab der General-Consul Hebeler aus London, auf genauere

Nachforschungen gestützt, diese Selbstkosten auf 43 sh. 9 d. pro Ton an, was Thlr 6. 27 Sgr. pro 1000 Pfd.*) ausmacht.

Gegen Ende 1848 wurde das Handlungshaus Robinows und Marjoribanks in Glasgow auf Privatwegen zur Anstellung genauer desfallsiger Ermittlungen veranlaßt. Sie legten denselben die durchschnittlichen Erzeugungskosten von 48 Hochöfen der Werke Gartsherrie, Coltneß, Blair, Carnbroe, Glengawork, Omoa und Forth zu Grunde, wonach sich die Ton auf sh. 43. 6 d. oder Thlr. 6. 25 Sgr. stellte.

Neuere Untersuchungen, auf direktem Wege die Produktionskosten zu ermitteln, sind unsres Wissens nicht angestellt worden. Es herrscht übrigens nur eine unbedeutende Abweichung zwischen diesen Angaben. Aus der Verschiedenheit der Zeit, in welcher diese ziemlich übereinstimmenden Resultate sich ergeben haben, geht übrigens deutlich hervor, daß im Allgemeinen seit längerer Zeit (seit der allgemeinen Einführung der heißen Gebläseluft, stärkerer Gebläsemaschinen und größerer Dimensionen der Oefen), keine wesentliche Reduzirung der Selbstkosten in Schottland mehr stattgefunden haben kann. Nur bei einzelnen Werken, die früher in den technischen Einrichtungen zurückgeblieben waren, mag dies der Fall gewesen sein. Bei manchen andern haben sich im Gegentheil die Produktionskosten gesteigert, indem der große Gewinn, welchen dieselben realisirt hatten, den Grundbesitzern Veranlassung gab, bei Erneuerung von Pachtverträgen mit den Eisenwerk-Besitzern, einen weit höheren Zins für die Ausbeutung der auf ihren Territorien gelegenen Steinkohlen- und Eisenerzgruben in Anspruch zu nehmen. Diese Abgaben an den Grundbesitzer haben bei einzelnen Werken eine Höhe bis zu 10—15 Prozent des Eisenstein- und Kohlenwerthes erreicht, wiewohl sie allerdings für den größeren Theil äußerst gering sind, und z. B. die Produktion nicht annähernd bis zu dem Grade belasten, wie dieß die Bergwerksbesteuerung in den meisten deutschen Staaten thut.

Einen besseren und namentlich für eine handelspolitische Berechnung brauchbareren Anhaltpunkt, als auf dem Wege einer

*) Der Livre Sterling wird in diesen Rechnungen stets zu Thlr. 6. 25 Sgr., der Schilling zu 10¼ Sgr. und die Tonne (short weight) zu einem Gewicht von 2167 Pfund preuß. angenommen.

direkten Ermittlung der schottischen Selbstkosten, erlangen wir aus einer Betrachtung des Einflusses, welchen die sinkenden Preise auf den Umfang der Produktion ausgeübt haben. Denn wir dürfen als eine Regel hinstellen, welche den ganzen Gewerbebetrieb beherrscht, daß der Fabrikant seine Produktion einschränkt, sobald er trotz aller Mühe und Anstrengung nicht mehr zu den Preisen produziren kann, wozu er verkaufen muß. Auf der andern Seite ist es aber ebenso sicher, daß der Fabrikant, so lange überhaupt Absatz zu finden und eine baldige Besserung des Marktes zu hoffen ist, diese Einschränkungen nicht eher vornimmt, als bis er auch wirklichen Schaden leidet, d. h. gar keine Zinsen des Anlage- und Geschäftskapitals mehr erzielt. Verringert sich der Ertrag selbst bis unter das Niveau des üblichen Zinsfusses, (den also das in der Fabrik verwandte Capital beim bloßen Ausleihen ertragen haben würde) so kann darin vorerst noch keine Ursache zur Betriebseinschränkung liegen; im Gegentheil wird sich in der Regel der Fabrikant eher zu einem verstärkten Betrieb entschließen, um durch eine Vervielfachung des gebliebenen geringen Nutzens, ein günstigeres Verhältniß des Ertrags zum aufgewandten Capital herzustellen. Beim Bergbau und Hochofenbetrieb wird er hierin um so eher bis zur äußersten Grenze gehen, als dabei das Einstellen und Wiederaufnehmen, sowie überhaupt jeder Wechsel des Betriebes ganz besonders schwerfällig und mit außergewöhnlichen Ausgaben verbunden ist.

Fassen wir hiernach die thatsächlichen Produktionsverhältnisse ins Auge, so ergiebt sich, daß in den Jahren 1842 und 1843 die Eisenerzeugung Großbritanniens nicht blos in ihrem bisherigen raschen Fortschreiten aufhörte, sondern sogar um das bedeutende Quantum von 4 bis 5 Millionen Ctr. sank, ein Beweis, daß die damaligen Preise der Mehrzahl der Werke einen gewinnreichen Betrieb nicht mehr gestatteten. Für Schottland speziell ergiebt sich, daß seine Eisenerzeugung verhältnißmäßig günstiger gestellt ist, als die von England; denn während hier die Einschränkung des Betriebs schon mit Anfang 1842 begann, steigerte Schottland denselben noch fast das ganze Jahr hindurch, und erst von Ende 1842 bis Ende 1843, wo die Preise zwischen 44 und 36 sh. pro Ton schwankten, bliesen auch viele schottische Werke aus. Wir dürfen also annehmen, daß Schottland blos im Jahr 1843 bei dem Durchschnittspreis von 40 sh. mit Schaden gearbeitet hat. Einen zweiten Schluß auf die dortigen Erzeugungskosten gestatten die letzten Jahre, daß nämlich bei Preisen, wie sie seit Anfang 1848 bis Mitte 1851 bestanden, also bei 44 sh. pro Ton immer noch einiger Nutzen heraus kommen muß. Denn es hat, wenn auch in Schottland die Produktion von 1850 (in Folge einer durch eine Arbeiter-Coalition verursachten Betriebseinstellung vieler Werke) gegen die von 1849 um etwa 1¼ Million Centner fiel, dennoch seit 1848 im Ganzen noch eine ansehnliche Steigerung stattgefunden. In England selbst war das Steigen noch bedeutender, bei Preisen, die 1842 ein Sinken der Produktion zur Folge gehabt hatten. Es zeigt dies einestheils, daß England, welches bis 1843 in den neueren Einrichtungen (namentlich Einführung der heißen Gebläseluft) hinter Schottland zurückgeblieben war, jenen Vorsprung einzuholen gesucht hat; anderentheils kommt es aber auch auf Rechnung veränderter ökonomischer Anschauungen der Eisenwerkbesitzer. Dieselben bilden nämlich Vereine, welche periodische Versammlungen zur Festsetzung der Eisenpreise abhalten, und worin zugleich die Fragen von der Steigerung oder Einschränkung der Produktion besprochen werden. Während sich nun früher die Tendenz kund gab, den Betrieb schon einzuschränken, wenn die Preise den Gewinn bis auf den einfachen Zinsertrag reduzirt hatten, bricht sich gegenwärtig die Ansicht immer mehr Bahn, durch verstärkten Betrieb das Gewinnminimum zu vergrößern, und ihn erst bei effektivem Schaden einzustellen oder zu reduziren.

Die Betriebssteigerung von 1851 hat speziell ihren Grund in der gehegten Erwartung einer bevorstehenden günstigen Conjunktur, die ohne die Ereignisse in Frankreich auch höchst wahrscheinlich bereits eingetreten sein würde.

Einen dritten allgemeinen Schluß auf die Produktionsverhältnisse Schottlands gestattet der Umstand, daß kaum ein einziger Eisenwerkbesitzer den stattgehabten Krisen erlegen ist, und daß es kaum jemals einen Industriezweig in Großbritannien gab, wobei weniger Fallimente vorgekommen sind.

Aus allen diesen Vorgängen, verglichen mit den direkten Angaben, läßt sich schließen, daß für Schottland die Grenzen des effektiven Schadens und eines die Zinsen des Anlage- und Betriebskapitals übersteigenden Nutzens zwischen 42 und 45 sh. pro Ton Roheisen liegen mögen.*) Zuverlässige Privatmittheilungen bestätigen diese Annahme, und können die Werke, welche so günstig situirt sind, daß sie bei 42 sh. noch Nutzen oder so ungünstig, daß sie bei 45 sh. noch Schaden machen, nicht wohl in Anschlag kommen. Ueberdies gleichen manche Hütten, namentlich die auf der Ostküste Schottlands belegenen, die höheren Selbstkosten durch bessere Qualität aus, wie denn z. B. das Forth-Eisen durchschnittlich um 1 sh. pro Ton höher bezahlt wird als das Produkt der Werke bei Glasgow. Seit den letzten 10 Jahren haben die Preise gemischter Nummern frei an Bord Glasgow, ungefähr 2 Jahre lang niedriger als 42 sh. (Thlr. 6. 19 Sgr. pro 1000 Pfd.), und ungefähr 4 Jahre lang niedriger als 45 sh. (Thlr. 7. 2 Sgr. pro 1000 Pfd.), gestanden. Nehmen wir also in runder Summe 7 Thlr. pro 1000 Pfd. (etwa 44⅓ sh. pro Ton) an, um das Konkurrenzverhältniß zu Deutschland in bestimmte Zahlen fassen zu können, so wird Jedermann zugeben, daß hierdurch die Differenz der beiderseitigen Erzeugungskosten sich noch kleiner herausstellen muß, als sie in der That ist.

Wir haben bereits oben angedeutet, daß das schottische Roheisen, welches die geringste Qualität darstellt, die überhaupt in den Handel kommt, den Vergleichungen zu Grund gelegt werden muß, weil es das billigste ist, weil seine Preisnotirungen auf den ganzen Eisenmarkt am stärksten influiren und weil seine Mitbewerbung die Preisdifferenz der besseren Qualitäten gerade am stärksten vermindert hat. Hierauf wirkte insbesondere der Umstand ein, daß sich jenes Roheisen mit einem Kostenaufwand von etwa 2 Thlr. pro 1000 Pfd. in Feinmetall verwandeln läßt, und hierdurch, wenn auch nicht gleich gut, doch zu vielen Zwecken ebenso verwendbar wird, wie unser Holzkohlenroheisen, so daß es, als in direkter Konkurrenz damit stehend, betrachtet werden muß. Das Roheisen aus Süd-Wales (die übrigen englischen Eisendistrikte exportiren nur Stabeisen oder Gußeisen) bedrängt thatsächlich unsere deutsche Eisenindustrie weniger, als das schottische.

---

*) Die Differenz von 3 sh. pro Ton entspricht auch ziemlich genau dem Betrage, welchen die Zinsen des Anlage- und Betriebskapitals in der Produktionsberechnung des schottischen Roheisens ausmachen.

Allerdings ist dessen Abbrand (Verlust beim Vergießen und Verfrischen) geringer und die Qualität besser; allein die Produktionskosten und Preise stehen auch nicht unbedeutend höher.

## 2. Die ökonomische Lage der vereinsländischen Eisenindustrie im Verhältniß zur britischen.

§. 46. Da wir die belgische Eisenproduktion im nächsten Paragraphen besonders ins Auge fassen, und die Besteuerungsfrage überdies in dem Verhältniß zu dem hauptsächlichsten Konkurrenten ihre Entscheidung finden muß, so lassen wir hiermit die Erörterung der vereinsländischen Preise und Selbstkosten, und die darauf gegründete Ermittlung des Schutzbedürfnisses, unmittelbar auf die Besprechung der schottischen Eisenindustrie folgen.

Es geht bereits aus der ersten Abtheilung dieser Schrift hervor, wie außerordentlich verschieden die Grundlagen sind, auf welchen die Eisenindustrie der einzelnen Gegenden des Zollvereins ruht. Dieß liegt schon in der Natur des Hüttenbetriebs bei Holzkohlen, welcher auf eine Zersplitterung der Anlagen hindrängt, während die Coakshütterei umgekehrt deren Concentrirung in den Steinkohlenrevieren veranlaßt. Denn hier findet sich das Brennmaterial, auf verhältnißmäßig kleinen Flächen, in uneingeschränkten Mengen, so daß also selbst die größte Nachfrage höchstens momentan eine kleine Preissteigerung des Brennmaterials verursachen kann, während die Holzkohlenhochöfen die für jeden einzelnen zur Beschaffung des Holzes nothwendige Bodenfläche nach Quadratmeilen messen müssen, und die beschränkten Quantitäten, welche zur Disposition sind, bei gesteigerter Nachfrage sofort zu unverhältnißmäßigem Steigen der Kohlenpreise Veranlassung geben. Zwischen den Selbstkosten des Roheisens auf einer Coakshütte, die unmittelbar neben den Steinkohlen- und Erzlagern errichtet ist, und denen eines Holzkohlenhochofens, welcher sich die Eisensteine und Holzkohlen auf meilenweite Entfernungen und auf schlechten Gebirgswegen herbeiholen muß, liegt ein solcher Abstand, daß man in einem Gebiet wie der Zollverein, wo alle Uebergänge aus dem einen Extrem ins andere repräsentirt sind, vergebens nach Durchschnittszahlen sucht. Aber nicht bloß in dem Fracht-Coëfficienten, so bedeutend derselbe auch auf die Selbstkosten einwirkt, sondern auch in den Preisen der Rohmaterialien selbst, liegen die enormsten Differenzen. Hier ein armes Mineral, das durch schwierigen Bau aus dem festen Gestein gewonnen wird, dort ein reichhaltiges, welches nur höchst geringe Förderungskosten in Anspruch nimmt; hier Kohlen, die ohne die Eisenhütte gar nicht zu verwerthen wären, und deren Preise bis auf den Betrag der Schlag- und Köhlerlöhne herabgedrückt werden können, dort ein Holzpreis, der von dessen Verwendung für andere Zwecke abhängig ist, und den also die sinkenden Eisenpreise wenig oder gar nicht berühren können. Berücksichtigt man alles dies und noch dazu die sonstigen Ungleichheiten in den Nebenposten der Produktionskostenberechnung, und dann andererseits wieder die Preisverschiedenheit, welche die geographische Lage der Hüttenwerke und der Unterschied der Qualitäten bedingen, so leuchtet ein, daß es ganz bedeutungslos und oberflächlich sein würde, eine Durchschnittsberechnung der Selbstkosten deutschen Roheisens aufstellen zu wollen. Bei Schottland oder Wales war so Etwas eher möglich, denn hier findet mitunter auf einigen Quadratmeilen und unter ganz gleichartigen Verhältnissen, eine jährliche Eisenproduktion von mehr denn 4 Millionen Centner statt, wie sie im Zollverein auf den aller ungleichartigsten Grundlagen über 8500 Quadratmeilen zersplittert ist.

Eine Vergleichung der Lage unserer Eisenindustrie mit der des Auslandes, muß also nothwendig in die Verhältnisse der einzelnen Haupteisendistrikte eingehen, in deren Innerem die Verschiedenheiten immer noch sehr groß sind. Wir beginnen mit der preußischen Eisenindustrie.

## 1. Preußen.

a. Was zuerst die geringfügige Produktion des brandenburgisch-preußischen Distriktes betrifft, so hat es kaum einen Zweck, deren Verhältnisse zur ausländischen Conkurrenz zu untersuchen, indem handelspolitische Maaßregeln nur auf allgemeinere Grundlagen gestellt werden können.

b. Dagegen findet sich im schlesischen Hauptbergdistrikt und namentlich in Oberschlesien, eine großartige Eisenerzeugung konzentrirt, deren Verhältnisse bei der Entscheidung der Eisenzollfrage sehr in Anschlag zu bringen sind. Wie bereits oben (§. 8.2.) bemerkt, besteht ungefähr $\frac{3}{4}$ der Beschickung schlesischer Hochöfen aus mulmigen Brauneisensteinen, vorzüglich aus den Kreisen Tarnowitz und Beuthen, die sehr leicht zu gewinnen sind, während das übrige Viertel aus verschiedenen Arten Thon- und Spatheisenstein u. s. w. gebildet wird, deren Förderung schwieriger ist.

Nach den Enquêten des volkswirthschaftlichen Ausschusses der National-Versammlung stellen sich die Preise der Brauneisensteine auf verschiedenen Hüttenwerken folgendermaßen) die Tonne dieser Erze wiegt etwa 5 Ctr. und der Eisengehalt wechselt von 20 bis 30 Prozent):

| | | | | |
|---|---|---|---|---|
| Malapane | 20 bis 21 | Sgr. | pro | Tonne, |
| Gleiwitz | 20 „ 21 | „ | | „ |
| Laurahütte | 20 „ 22 | „ | | „ |
| Herz. Ratibor'sche Werke | 19 „ 33 | „ | | „ |
| Slawentziter Werke | 26 | „ | | „ |
| Schreckendorfer Hütte | 27 | „ | | „ |
| Durchschnitt | 22,9 | Sgr. | pro | Tonne. |

Die als Zusatz verhütteten 30 bis 45 prozentigen Thoneisensteine kosten pro Tonne (à $6\frac{1}{2}$ Ctr.) zwischen 1 Thlr. und 1 Thlr. 15 Sgr., also im Durchschnitt 1 Thlr. $7\frac{1}{2}$ Sgr.

Die Erze würden nach dem angegebenen Mischungsverhältniß gegen 17 Sgr. auf den Ctr. Roheisen kosten. Dieß ist etwas höher, als die amtlichen Angaben. Hiernach hatte im Durchschnitt der fünf Jahre $18\frac{44}{49}$ die Hochofenproduktion 983,137 Ctr. jährlich betragen, während der Werth des geförderten Erzes an der Grube nach demselben Durchschnitt zu 239,849 Thlr. angegeben wird. Hiernach betrugen die Kosten für den Eisenstein auf den Centner Roheisen 7,32 Sgr; da nun in Schlesien nach v. Carnall*) die Erzfracht nach den Hütten im Minimum auf $1\frac{1}{2}$ Sgr. pro Ctr. Erz, oder 6 Sgr. pro Ctr. Roheisen anzunehmen ist, so würden sich diese 7,32 Sgr. auf $13\frac{1}{3}$ Sgr. erhöhen. Abgesehen davon, daß diese Erzfracht wohl zu gering gegriffen ist (Malapane giebt an: 8 bis 30 Sgr., Gleiwitz 7 bis 13 Sgr., Slawentzig 5 bis 30 Sgr. pro Tonne; Laurahütte

*) Die Bergwerke in Preußen und deren Besteuerung. Von R. v. Carnall. Berlin, 1850. S. 22.

2 Sgr., die Herzogl. v. Ratibor'schen Werke 2 bis 3 Sgr. pro Ctr. Erz) und im Durchschnitt gewiß 7 Sgr. (der Hüttenpreis des Erzes auf den Ctr. Roheisen folglich $14\frac{1}{3}$ Sgr.) beträgt, so richtet sich der amtliche Tarpreis mehr nach den wirklichen Förderungskosten, und läßt die Verkaufspreise unberücksichtigt. Letztere betragen nach v. Carnall bei den maaßgebenden Brauneisenerzen im Durchschnitt 9 bis 10 Sgr. pro Tonne auf der Grube, also gegen 16 bis 17 Sgr. auf der Hütte, was mit obiger Berechnung stimmt. Da nicht alle Hütten eigene Eisensteingruben besitzen, so muß — wenn man den Thatbestand der gegenwärtigen Lage feststellen will, — dieß Verhältniß mit in Anschlag kommen. Während also, wo Hütten und Gruben vollständig in einer Hand sind, wo also kein besonderer Gewinn auf die Erzförderung berechnet wird, das zu einem Centner Roheisen erforderliche Erz in der Regel nur $14\frac{1}{3}$ Sgr. kosten mag, wird man doch im Durchschnitt mindestens 16 Sgr. annehmen müssen, da gegen $\frac{1}{3}$ des verhütteten Erzes angekauft wird. Die günstigst belegenen Werke und Gruben stehen nicht unbedeutend unter jenem Durchschnitt. Auf Königshütte z. B. kostete, nach den der Conferenz von 1842 gemachten amtlichen Mittheilungen, das Schmelz-Material auf den Centner Roheisen im Durchschnitt der drei Jahre $18\frac{32}{41}$ 11 Sgr. 9 Pf. (gegenwärtig wohl nur 10 Sgr. mehr), während es auf einem großen Theil der ober- und niederschlesischen Werke bis 20 Sgr. und darüber zu stehen kommt. Nach der Enquête von 1848 kosteten auf Laurahütte die zu 1 Centner Roheisen verwandten 3 verschiedenen Erzsorten 14 Sgr. 5 Pf., und mag dieß darthun, wie jener Durchschnittpreis von 16 Sgr. eher zu niedrig, als zu hoch gegriffen ist, indem Laurahütte weit besser liegt, als der größere Theil der schlesischen Werke. — Die Holzkohlenhochöfen haben durchschnittlich die Erze noch theurer als die Coakshochöfen.

Der schlesische Eisensteinbergbau ist durch besondere Abgaben nicht belastet.

Was nun die Kosten des Brennmaterials betrifft, so haben wir zwischen Holzkohlen und Coaks zu unterscheiden. Bei ersteren, wobei immer noch der größte Theil des schlesischen Roheisens erblasen wird, hat es die größten Schwierigkeiten, einen Durchschnittspreis anzugeben. Nicht bloß in der außerordentlich verschiedenen Höhe der Frachten, sondern auch in dem Umstand, ob der Hüttenbesitzer die Kohlen kaufen muß oder ob er zugleich Waldbesitzer ist, und in letzterem Falle wieder, ob und zu welchem Preise er Gelegenheit hat, das Holz anders zu verwerthen, liegen ganz außerordentliche Differenzen.

Die Holzkohlen-Preise, welche der mehrerwähnten Enquête zufolge im Durchschnitt der letzten 10 Jahre von verschiedenen schlesischen Hüttenwerken bezahlt, beziehungsweise verrechnet wurden, stellten sich im Durchschnitt auf 12 Sgr. pro Tonne Nadelholzkohlen. Dieser Preis befindet sich in ungefährer Uebereinstimmung mit einem Holzpreis von $1\frac{2}{3}$ Thlr. bis 2 Thlrn. pro Klafter, was etwa einen Ertrag von 25 Sgr. bis 1 Thlr. für den Morgen Waldboden gleich käme. Als die äußersten Grenzen der Holzpreise Schlesiens darf man 1 Thlr. bis 3 Thlr. pro Klafter annehmen. Zwei Tonnen Nadelholzkohlen (120 Pfd.) auf den Centner Roheisen gerechnet (die meisten Werke verbrauchen $2\frac{1}{4}$ bis $2\frac{1}{2}$), macht 24 Sgr. Zuzüglich 16 Sgr. für den Eisenstein und 10 Sgr. für Generalkosten*), Hüttenlöhne, Zuschläge, Unterhaltung und Abnutzung der Maschinen, Verwaltung, Zinsen des Anlage- und Betriebskapitals u. s. w., würden sich hiernach die durchschnittlichen Selbstkosten des schlesischen Holzkohlenroheisens auf 1 Thlr. 20 Sgr. pro Ctr. stellen, wozu aber nur die Werke produziren können, welche in der technischen Einrichtung und Betriebsführung nicht zurückgeblieben sind.

Auf der Conferenz von 1842 berechneten die schlesischen Hüttenbesitzer diese Selbstkosten zu Thlr. 1. 26. 5 Pf. Auf der landesherrlichen Hütte Malapane standen sie im Durchschnitt von $18\frac{40}{41}$ auf Thlr. 1. 27. 2 Pf., und auf den verschiedenen v. Brandenburgischen Werken von Thlr. 1. 23. 9 Pf. bis zu Thlr. 2. 1. 10 Pf. Die mit am billigsten produzirenden Slawentziger

*) Die von den verschiedensten Hüttenwerken uns vorliegenden Berechnungen der nach Abzug der Erz- und Kohlenpreise in den Selbstkosten des Roheisens enthaltenen Nebenposten, müssen natürlich bedeutend von einander abweichen, je nach dem Umfange der Produktion und der Dauer der Campagnen, Art der Verwaltung, Betrieb mit Dampf- oder Wasserkraft, Preis der Zuschläge u. s. w. Die niedrigsten geben 8 bis 9, die höchsten (die ärarischen Werke) 11 bis 12 Sgr. an, wonach 10 Sgr. als der ungefähre Durchschnitt gelten mag.

Hochöfen liefern den Centner wohl zu Thlr. 1. 17 Sgr. oder noch billiger.

Abgesehen davon, daß seit jenem Zeitraum die allgemeinere Einführung der heißen Gebläseluft (die übrigens, wie schon §. 2. erwähnt, bei den in Deutschland vorhandenen Grundlagen der Eisenerzeugung weit geringere ökonomische Erfolge mit sich bringen mußte als in England) und andere technische Fortschritte die Selbstkosten nicht unbedeutend und sicherlich um 4—5 Sgr. pro Centner erniedrigt haben, so kann selbst der vorstehend ermittelte Satz von Thlr. 1. 20 Sgr. noch nicht als die äußerste Grenze angesehen werden, bis wohin sich die Erzeugungskosten reduziren lassen würden. Bei einem Werke, welches alle Kohlen kaufen muß, ist vielleicht die Möglichkeit einer solchen Herabbringung der Selbstkosten ganz abgeschnitten, wenn nämlich der Waldbesitzer Gelegenheit hat, den Preis, welchen er von dem Hüttenwerk erhielt, auch bei anderen Verwendungsarten des Holzes zu erzielen. Wo aber — wie dies in Schlesien sehr häufig ist — Hüttenwerk, Wald und wo möglich die Erzgruben noch dabei in einer Hand sind, und die Eisenproduktion gleichsam nur das Vehikel zur Verwerthung des sonst werthlosen Holzes bildet, da können die Eisenpreise noch unter jenen Satz herabgehen, ehe man die Hochöfen kalt legt. Denn man wird selbst die geringste Wald-Rente lieber mitnehmen, als gar keine. Es ergiebt sich aber hieraus, daß die ganze Eisenzollangelegenheit ebensowohl eine Frage für den Grund- und Waldbesitzer, — also für die Agrikultur — wie für den Eigenthümer der Hütten ist.

Daß es unter diesen Verhältnissen sehr schwierig wäre, einen bestimmten Preis für schlesisches Holzkohleneisen festzustellen, und aus dessen Vergleichung mit den brittischen Eisenpreisen die Höhe des erforderlichen Schutzzolles zu bestimmen, leuchtet ein. Denn die gefundenen Selbstkosten von Thlr. 1. 20 Sgr. haben nur eine relative Richtigkeit, indem sie einen willkürlich gegriffenen Holzpreis von $1\frac{2}{3}$ bis 2 Thlrn. pro Klafter voraussetzen. Auch kann es in erster Ordnung der Zweck des Schutzzolls nicht sein, allen Capitalien, welche gegenwärtig der Hütten-, Gruben- und Waldbesitz repräsentirt, einen bestimmten Werth und eine bestimmte Rente für alle Zukunft sichern zu wollen. Der Zweck einer solchen Maaßregel geht vielmehr direkt nur auf Erhaltung und Weiterbildung der Eisenindustrie im Allgemeinen, und da überdies im Betrieb bei Coaks die Zukunft des Eisenhüttengewerbes liegt, so stellt sich auch deren Entwicklung als Zweck dar, und die Beschränkung der Holzkohleneisenindustrie, welche als Folge der inneren Konkurrenz und zu Gunsten der steigenden inländischen Coakseisenerzeugung eintritt, darf nicht beklagt werden. Der Schutzzoll wäre vielmehr gerichtet, wenn es seine Tendenz oder Wirksamkeit wäre, den technischen und ökonomischen Fortschritt zu hemmen. Es liegt aber auch gar nicht im Bereich der Wirksamkeit mäßiger Schutzzölle, den inneren Verlauf eines solchen Prozesses aufzuhalten, selbst wenn dies die Absicht des Gesetzgebers oder die Hoffnung der Betheiligten gewesen wäre. So gestattet z. B. die innere Konkurrenz dem schlesischen Holzkohleneisen nicht, sich durchschnittlich mehr als 5 Sgr. pro Centner über dem Preis des Coaksroheisens zu halten; keine Zollbestimmung, selbst keine Prohibition würde dieses Verhältniß mehr ändern können. Allerdings verknüpft man mit dem Schutzzoll auch die weitere Absicht, eine Industrie vorzugsweise den Gegenden zu erhalten, wo sie bisher sich eingebürgert hatte. Allein hierauf kann eine Maaßregel der äußeren Handelspolitik immer nur indirekt wirken. So haben unsere Holzkohleneisendistrikte, wo die Produktionskosten nicht bereits so niedrig sind oder die Qualität des Eisens so hoch bezahlt wird, daß der Fortbetrieb auf die Dauer ohnedies gesichert erscheint, von dem Schutzzoll zunächst nur das zu erwarten, daß der Betrieb fortgesetzt werden kann, bis diejenigen Einrichtungen, Wege- oder Eisenbahnbauten u. dgl. durchgeführt sind, welche ihnen die Möglichkeit gewähren, bei Holzkohlen fortzuhütten oder auf den Betrieb mit Coaks überzugehen, oder wenn beides nicht geht, mit möglichst geringem Verlust die Kapitalien aus dem Eisengewerbe herauszuziehen und ein anderes Gewerbe zu ergreifen. Und selbst diesen indirekten Einfluß auf die Lage unserer Holzkohleneisenindustrie ist der Schutzzoll nur auf eine beschränkte Zeit zu üben im Stande. Man kann den Zweck und die Wirkung des Schutzzolls in Bezug auf die Holzkohleneisenindustrie dahin erläutern, daß er ihre nöthige Umgestaltung, Beschränkung u. s. w. durch die Konkurrenz des inländischen und nicht des ausländischen Coakseisens bewirken will. Die Eisenindustrie des Zollvereins naht sich mit starken Schritten dem Stadium, wo die Holzkohlenhütten die Durchführung der Maaßregeln, wodurch ihre Selbstkosten erniedrigt werden können, dringender um der inneren als um der äußeren Konkurrenz willen bedürfen. Wir kommen überhaupt später darauf zurück, wie wenig einem großen Theil unserer Eisenindustrie mit dem Schutzzoll allein geholfen ist.

Von dieser Abschweifung auf das allgemeine Gebiet zu den konkreten Verhältnissen Schlesiens zurückkehrend, so ergiebt sich, daß die Höhe des erforderlichen Schutzes vernehmlich auch auf die Verhältnisse seiner Coakseisenerzeugung gegründet werden muß, welche allein für die Zukunft seines Holzkohlenhüttenbetriebs maaßgebend ist. Einzelne Distrikte Niederschlesiens ausgenommen, darf im Allgemeinen von der schlesischen Eisenindustrie gesagt werden, daß sie verhältnißmäßig sehr günstig situirt ist, um denselben Gegenden, wo die Holzkohleneisenerzeugung untergeht oder beschränkt werden muß, in der steigenden Coakseisenerzeugung ein Aequivalent bieten zu können.

Wie bereits oben (§. 8. 2.) erwähnt, sind die schlesischen Steinkohlen meist sehr mager, so daß, in Verbindung mit den geringhaltigen Eisenerzen, auf einen Centner Roheisen ungefähr doppelt soviel (nämlich gegen $2\frac{1}{2}$ Centner) Coaks erforderlich sind, als z. B. an der Ruhr. Dabei sind indeß die Förderungskosten in Schlesien nicht hoch. Die am günstigsten belegene Königshütte verbrauchte nach dem Durchschnitt von $18\frac{39}{41}$ an Brennmaterial für $9\frac{1}{2}$ Sgr. auf den Centner Roheisen. Die Enquête von 1848 ergab Preise von $9\frac{1}{2}$ bis $13\frac{1}{3}$ für die Tonne Coaks auf die Hütte, wobei Frachten von $\frac{1}{4}$ bis $4\frac{1}{2}$ Sgr. eingeschlossen sind. Die Tonne Coaks wiegt in Oberschlesien gegen 240 Pfd.; $1\frac{1}{5}$ Tonnen kann man als Durchschnittssatz für einen Centner Roheisen annehmen, deren Mittelpreis auf den Hütten mindestens zu 13 Sgr. zu veranschlagen ist. Der größere Theil der Werke zahlt mehr.

Die durchschnittlichen Selbstkosten von einem Centner bei Coaks erblasenem Roheisen betragen demnach:

| | | | | |
|---|---|---|---|---|
| Für Erze . . . . . . . . . | Thlr. | —. | 16 | Sgr. |
| „ Coaks . . . . . . . . . | „ | —. | 13 | „ |
| „ Generalkosten 2c. . . | „ | —. | 10 | „ |
| Summa . . . | Thlr. | 1. | 9 | Sgr. |

Zur Vergleichung diene die Selbstkostenberechnung der landesherrlichen Königshütte, welche am günstigsten unter allen deutschen Hüttenwerken gelegen ist. Nach dem Durchschnitt von $18\frac{39}{41}$ und unter Hinzurechnung von $2\frac{1}{2}$ Sgr. für die nicht angesetzten Zinsen des Anlage- und Betriebskapitals, kostete der Centner Coaksroheisen Thlr. 1. $3\frac{1}{4}$ Sgr., und zu Gleiwitz Thlr. 1. 11 Sgr., 1848 standen sie in Königshütte Thlr. 1. 5. 5 Pf. Die Produzenten berechneten auf der Conferenz von 1842 die Selbstkosten auf Thlr. 1. 22. 2 Pf.; v. Oynhausen nahm Thlr. 1. 15 Sgr. an. Diese Daten mögen dafür sprechen, daß die aufgestellte Selbstberechnung die unterste Grenze hält, wozu Schlesien gegenwärtig mit aller Anstrengung zu produziren im Stande ist, und zwar nur auf denjenigen Hütten, welche gut gelegen und eingerichtet sind und ökonomisch betrieben werden.

Um nun das Schutzbedürfniß der vereinsländischen, gegenüber der großbritannischen Eisenindustrie in Zahlen auszudrücken, wählte man vor 1844 den Weg: auf bestimmten Konkurrenzorten, z. B. Berlin, Breslau, Cöln, die beiderseitigen Preise, unter Hinzufügung der Frachtbeträge zu den Produktionskosten, festzusetzen, deren Differenz nach Abzug des Mehrwerthes für bessere Qualität des inländischen Eisens, den nöthigen Zollschutz ausdrücken sollte. Es fußte diese Ermittlungsmethode auf der Voraussetzung, daß der Zollsatz dem inländischen Eisen gestatten würde, sich um diesen Betrag höher im Preise zu halten, wenn das ausländische Eisen auf die Selbstkosten herabgesunken sei. Diese Voraussetzung hat sich nur beim Coaksroheisen einigermaßen, beim Holzkohleneisen dagegen fast gar nicht bewahrheitet. Denn thatsächlich besteht seit 4 Jahren ungefähr dieselbe Differenz der in- und ausländischen Loco-Preise wie 1843, obgleich die letzteren seitdem durch den Zoll vertheuert worden sind. Wir brauchen aber um so weniger gegenwärtig an der früheren Methode zur Ermittlung des Schutzbedürfnisses festzuhalten, als es sich jetzt nicht um Einführung eines neuen Zolls, sondern um Constatirung des thatsächlichen Einflusses eines bestehenden Zolles handelt. Die Vergleichung kann im vorliegenden Falle um so sicherer angestellt werden, als die maaßgebenden Preise Schottlands seit 4 Jahren durchschnittlich auf 7 Thlr. pro 1000 Pfd., was wir als Niveau der Produktionskosten bezeichneten, gestanden haben.

Bei diesen Preisen, erhöht durch den Eingangszoll von 10 Sgr. pro Centner (Thlr. 3. 3. 5 Pf. pro 1000 Pfd.), hat sich nun allerdings das schlesische Coaksroheisen zu Loco-Preisen von durchschnittlich Thlr. 1. 10 Sgr., das Holzkohlenroheisen aber nur zu Thlr. 1. 15 Sgr. erhalten können. 1843 standen die Preise in Schottland und Schlesien ganz ebenso. Der im Jahr 1844 aufgelegte Zoll hat also thatsächlich keine absolute Vertheuerung verursacht, wohl aber dürfte er ein weiteres Sinken verhütet haben, als ohne Zoll seit 1848 eingetreten sein würde. Indem der Satz von 10 Sgr. also das Festhalten eines Preisverhältnisses gestattete, wobei (die zu ungünstig gelegenen oder schlecht eingerichteten Hütten abgerechnet) noch ohne effektiven Schaden produzirt werden konnte, darf man ihn, als für die Verhältnisse Schlesiens genügend, ansehen. Allerdings ist es nicht möglich gewesen, selbst zu diesen niedrigen Preisen gehörigen Absatz zu erzwingen. Allein dies war offenbar Folge der Verbrauchsverminderung und überhaupt der Geschäftsstörung, welche die politischen Unruhen von 1848 im Gefolge gehabt haben. Niemand aber wird von einer handelspolitischen Maaßregel erwarten, daß sie derartige Handelskrisen abhalten oder ihre Folgen vollständig paralysiren könne. Jedenfalls wird die Wiederkehr günstiger Handelsverhältnisse die traurige Lage der schlesischen Eisenindustrie in ungleich höherem Maaße verbessern, als Zollerhöhungen dazu im Stande sein würden.

Am Schlusse dieser Schrift wird übrigens erörtert werden, wie sehr gerade bei der schlesischen Eisenindustrie die geographische Lage des Produktionsgebietes an den Grenzen zweier dichtverschlossenen Gebiete — Oesterreich und Rußland — ihr Schutzbedürfniß steigert, und wie sich hier gerade durch handelspolitische Maaßregeln, die in entgegengesetzter Richtung von Zollerhöhungen liegen, eine ungemeine Besserung ihrer Verhältnisse erzielen ließe.

Es muß hier schließlich noch bemerkt werden, daß es eine Täuschung wäre, der Frage des Roheisenzolls in Schlesien eine geringere Wichtigkeit beizulegen, wie für andere, z. B. die rheinischen und westphälischen Eisendistrikte. Allerdings bringt Schlesien verhältnißmäßig wenig Roheisen in den Handel; der bei weitem größte Theil wird auf den mit den Hüttenwerken verbundenen Gießereien, Holz- und Steinkohlenfrischereien weiter verarbeitet, und kommt also als Gußwaare, Stabeisen, Blech und dergleichen zum Verkauf. Man hat hieraus schließen wollen, daß Schlesien zunächst nur an den Zöllen für diese Artikel ein näheres Interesse habe. Allein die Konkurrenz, welche von den rheinischen und westphälischen Puddlingwerken aus in den früheren Absatzkreis des schlesischen Eisens eingedrungen ist und die einzig durch den billigen Bezug schottischen uns insbesondere belgischen Roheisens möglich wurde, giebt einen thatsächlichen Fingerzeig, daß es auch für Schlesien in erster Ordnung die Roheisenzölle sind, wovon das Schicksal seiner gesammten Eisenindustrie abhängt und daß z. B. der belgische Vertrag, obgleich er auf der ganzen nördlichen Grenze den Normalzoll von 10 Sgr. unberührt ließ, seine nachtheiligen Einwirkungen auf die inländische Eisenproduktion indirekter Weise auch bis nach Schlesien fühlbar werden ließ.

Als Resultat dieser Erörterung ergiebt sich also, daß der Zoll von 10 Sgr. auf Roheisen für die schlesischen Verhältnisse genügt, aber auch nicht eher erniedrigt werden darf, als bis dort breitere Grundlagen zu einer wohlfeileren Eisenerzeugung gewonnen sind. Wir kommen darauf zurück, ob und wie dies zu erreichen möglich ist.

Bei Besprechung der Lage der folgenden Haupteisendistrikte werden wir den gleichen Gang verfolgen, können uns aber, auf die stattgefundenen Erörterungen verweisend, kürzer fassen.

c. Den dritten preußischen Hauptbergdistrikt, den sächsisch-thüringischen betreffend, so gestatten seine Verhältnisse im Allgemeinen der dortigen Eisenindustrie keine günstigen Aussichten in die Zukunft, da ihr die innere Konkurrenz von Schlesien und den Rheinlanden her zu mächtig wird und bereits eine verhältnißmäßig bedeutendere Einschränkung des Hüttenbetriebs verursachte (siehe die Tabelle §. 8. 3.), als in irgend einem andern deutschen Eisenreviere. Es rührt dies zum Theil auch von der in Aufnahme gekommenen Verwendung des Puddlingeisens zur Gewehrfabrikation her, wozu früher nur thüringisches Material — namentlich das Erzeugniß der Blauöfen — benutzt wurde. Von 109,229 Centnern im Jahr 1845 ist die Produktion auf 53,560 Centner im Jahre 1849 gesunken. Im Durchschnitt der fünf Jahre 18$\frac{45}{49}$ wurden dort 83,556 Centner Roheisen und Gußwaaren aus Erzen erblasen; die dazu erforderlichen Erze kosteten, den amtlichen Angaben zufolge, nach dem gleichen Durchschnitt, 44,524 Thlr. oder 15,89 Sgr. pro Centner Roheisen, was mehr als das Doppelte des schlesischen Haldenpreises ausmacht. Dazu sind die Erze mit Abgaben belastet, denen die schlesischen nicht unterliegen und stehen die Frachten nach den Hüttenwerken fast eben so hoch. Allerdings sind auch die Erze des Harzwaldes und Thüringens reicher als die schlesischen. Wenige Werke werden ihr Schmelzmaterial unter 20 Sgr. auf den Centner Roheisen beschaffen können. Dabei sind die Holzkohlen nicht wohlfeil und ein Uebergang auf Coaksbetrieb ist unmöglich. Auch ist kein solches Sinken der Holzpreise zu erwarten, wie dies in Schlesien eintreten wird, ehe man die Produktion bei Holzkohlen ganz aufgiebt, indem in dem dichtbevölkerten Sachsen und in Thüringen das Holz durch andere Verwendungen zu hoch im Werthe gehalten wird. Die Produktionskosten der dortigen Eisenwerke stehen zwischen Thlr. 1. 20 Sgr. und 2 Thlr. pro Centner, und werden trotz aller Anstrengungen nicht sehr tief unter diesen Betrag herabzubringen sein. Dabei sind sie der Konkurrenz Großbritanniens und Belgiens noch mehr ausgesetzt als Schlesien, und wenn auch die Qualität des Eisens vorzüglich ist und es mindestens um 3—4 Thlr. höher als schottisches Roheisen bezahlt wird, so leuchtet doch ein, daß es zur völligen Gleichstellung mit der fremden Konkurrenz eines höheren Zolles als 10 Sgr. bedürfen würde. Dies gilt selbst von den besser gelegenen und vorzüglich eingerichteten Hütten am Harze; Ansprüche, die sich auf die Eisenerzeugung der veralteten Blauöfen im Thüringischen stützen wollten, würden noch viel weiter zu gehen haben. — Ueber Thlr. 1. 20 Sgr. pro Centner Roheisen, was die unterste Grenze der Produktionskosten auf den am günstigsten gelegenen Werken ist und wobei der größte Theil effektiven Schaden leidet, sind in den letzten 4 Jahren dort nicht zu erlangen gewesen. Der Zoll von 10 Sgr. möchte dürftig schützen; allein die Einwirkung der Konkurrenz des zu 5 Sgr. eingehenden belgischen Eisens beeinträchtigte dessen Wirksamkeit hier schon allzusehr.

d. Im vierten, dem westphälischen Hauptbergdistrikt betrug die Produktion im Durchschnitt der fünf Jahre 18$\frac{45}{49}$

180,860 Centner. Von dem zu 32,270 Thlr. angegebenen Werth der im Distrikt geförderten Eisensteine (meistens Rasenerz) läßt sich indeß noch kein Schluß auf die Kosten des zu 1 Centner Roheisen erforderlichen Erzes ziehen, indem fast die gleichen Quantitäten an Braun- und Rotheisensteinen von der Lahn und dem Rhein her bezogen wurden.

Die wenigen in dem östlichen Theile des Bergdistrikts zerstreuten Holzkohlenhochöfen arbeiten unter sehr verschiedenen, durchschnittlich indeß nicht unvortheilhaften, Verhältnissen. In dem westlichen Theile, namentlich an der Köln-Mindener Eisenbahn und der untern Ruhr, wo mit Coaks oder gemischtem Brennmaterial gehüttet wird, ist aber offenbar eine der vortheilhaftesten Lagen, welche die Eisenindustrie in Deutschland hat. Es ist dies oben (§. 8. d.) schon im Allgemeinen dargethan worden. Abgesehen von den Kohleneisensteinen, die in den letzten Jahren im Hangenden und Liegenden der Kohlenflötze selbst entdeckt worden sind, so wie von den Rasenerzen, Braun- und Thoneisensteinen, die sich in der Nähe finden, liegt auch in dem billigen Bezug der reichen nassauischen Erze, das genügendste Fundament für eine großartige Coakseisenindustrie. An den gelegensten Stellen des Ruhrkohlenreviers können jetzt bereits diese Erze zu 13—15 Sgr. auf den Centner Roheisen bezogen werden. Dabei eignen sich die Ruhrkoaks außerordentlich gut zum Verhütten und erfordern ohnedies die reichhaltigen, leicht schmelzbaren Lahnerze wenig Brennmaterial. Wenn also auch an der Ruhr die Fettkohle etwas mehr kostet, als die magere Kohle Oberschlesiens, so ist auch in letzterem Distrikt eine ganze, an der Ruhr etwa nur $\frac{1}{2}$ Tonne Steinkohlen auf 1 Centner Roheisen erforderlich, so daß das Brennmaterial bedeutend billiger als in Schlesien kommt. Unter diesen Umständen bedarf es keiner besondern Berechnung, um nachzuweisen, daß der Zoll von 10 Sgr. für die Verhältnisse des westphälischen Bergdistriks vollkommen genügt. Ja, wenn es sich im Zollverein blos um diesen Distrikt handelte und weiter keine Verhältnisse zu berücksichtigen wären, so könnte sogar der Satz von 5 Sgr., wie er bis 1. Januar 1852 gegen Belgien bestand, als genügend erachtet werden.

e. Der fünfte preußische Hauptbergdistrikt, der rheinische, produzirte im Durchschnitt der fünf Jahre 18$\frac{45}{49}$ 1,108,785 Ctr.

an Roheisen, Rohstahleisen und Gußwaaren aus Erzen. Sehen wir von der verhältnißmäßig geringen Ein- und Ausfuhr von Erzen ab, so hat jene Hochofenproduktion nach der amtlichen Schätzung für 334,382 Thlr. Erze jährlich konsumirt, was 11,57 Sgr. auf den Centner Roheisen ausmacht. Nach einer Durchschnittsberechnung erhöht sich dieser Betrag durch eine Erzfracht von 6 Sgr. auf 17¾ Sgr. Eine Schätzung des Ober-Bergamtes zu Bonn vom Jahre 1848 stimmt hiermit überein, indem sie 18¾ Sgr., mit Einschluß der Bergwerksbesteuerung, annahm, die bis zum 1. Februar 1851 mindestens 1 Sgr. und jetzt etwa noch ½ Sgr. auf den Centner Roheisen ausmacht. Mit dem ihm an Bedeutung zunächst stehenden Bergdistrikt, dem schlesischen verglichen, stellt sich sowohl der Preis des Erzes als auch der Kohlen etwas höher, allein dies wird ungefähr durch die bessere Qualität und verhältnißmäßig höheren Preis, sowie durch die günstigere kommerzielle Lage ausgeglichen, so daß von einer nachtheiligeren Stellung im Allgemeinen wohl nicht die Rede sein kann. Mindestens liegt in den ökonomischen Grundlagen der rheinischen und schlesischen Eisenindustrie kein solcher Unterschied begründet, wenn erstere auch thatsächlich durch handelspolitische Maaßregeln, — den belgischen Vertrag — in stärkerem Grade benachtheiligt worden ist als letztere.

Der rheinische Bergdistrikt ist indeß so ausgedehnt und die Lage der einzelnen eisenerzeugenden Gegenden so verschieden, daß eine allgemeine Vergleichung kaum zulässig erscheint.

Wir beginnen demgemäß mit dem Bergamtsbezirk Siegen.

Bis vor 12 Jahren, wo die Konkurrenz des ausländischen Coakseisens sich fühlbar zu machen begann, war die Lage des Holzkohleneisendistriktes der Kreise Siegen, Olpe und Altenkirchen eine der besten in Deutschland. Dies Verhältniß hat sich seitdem bedeutend geändert und in den kritischen Jahren 1842 bis 1844 machte sich die Nothwendigkeit einer Roheisenbesteuerung hier um so stärker geltend, als mit dem allmäligen Eingehen der Holzkohlenfrischerei fast die ganze Produktion als Roheisen nach den Puddlingwerken des Ruhrkohlenreviers verführt werden mußte, wo sie auf's Schärfste mit dem schottischen und belgischen Coakseisen zu konkurriren hatte. Erst in den letzten Jahren ist durch die Errichtung von Puddlingöfen die Stabeisenproduktion und damit der Roheisenverbrauch im Siegnischen selbst wieder gestiegen. Soweit übrigens durch Zollmaaßregeln dem Gewerbe einer Gegend geholfen werden kann, ist der Satz von 10 Sgr. als genügend für diesen Distrikt anzusehen. Wie bei allem Holzkohleneisen, ist es auch hier sehr schwierig, die reinen Produktionskosten zu berechnen, da die Kohlenpreise zwischen 20—30 Thlr. pro Wagen, à 25 Tonnen, wechseln*). Dabei fällt und steigt wohl der Preis der Kohlen mit dem des Eisens; allein das Fallen hat wieder seine bestimmte, schwer festzustellende Grenze, wo es durch den Werth des Holzes für andere Verwendungszwecke aufgehalten wird. — Nach ziemlich übereinstimmenden Angaben darf der Preis des zu einem Centner Roheisen erforderlichen Erzes auf 17 Sgr. angenommen werden; die Grenzen der Erzpreise sind von 20 Sgr. bis 2 Thlr. pro Tonne. Als Mitteldurchschnitt der Kohlenpreise in den letzten 10 Jahren sind 25 Thlr. pro Wagen, à 25 Tonnen, oder 1 Thlr. pro Tonne anzunehmen, was einem Holzpreis von etwa 2 Thlrn. pro Klafter Eichen- und Buchenholz entspricht. Die Tonne Laubholzkohlen zu 100 bis 104 Pfund genügt nun, bei der außerordentlichen Leichtschmelzbarkeit und Reichhaltigkeit der siegnischen Erze, zum Schmelzen von 1 Centner Roheisen. Die Generalkosten sind im Siegnischen, soweit die Verwaltung auf gemeinschaftliche Rechnung geht, sehr niedrig, außerordentlich hoch dagegen, wenn die Zinsen der Anlage- und Betriebskapitale und die Aufsichtskräfte der Einzelnen mit in Anschlag kommen, indem jeder Betheiligte die Förderung und Anfuhr der Erze, den Ankauf der Kohlen, die Beaufsichtigung des Betriebs während seiner Hüttenzeit und den Verkauf des Produktes auf eigne Rechnung betreibt. 10 Sgr. pro Centner dürften nicht genügen. Die Selbstkosten stellen sich hiernach bei einem Preis von 25 Thlrn. pro Wagen Holzkohlen auf

*) Auf der Hainer Hütte, in der Mitte des siegnischen Eisendistriktes belegen, sind folgende Holzkohlenpreise pro Wagen à 25 Tonnen (gegen 2500 Pfd.) Laubholzkohlen gezahlt worden:

| | | | | | |
|---|---|---|---|---|---|
| 1836 . . . | 18 Thlr. | 1841 . . . | 26 Thlr. | 1846 . . . | 29 Thlr. |
| 1837 . . . | 25 „ | 1842 . . . | 24 „ | 1847 . . . | 28 „ |
| 1838 . . . | 23½ „ | 1843 . . . | 22 „ | 1848 . . . | 20 „ |
| 1839 . . . | 24 „ | 1844 . . . | 23 „ | 1849 . . . | 20 „ |
| 1840 . . . | 25 „ | 1845 . . . | 25 „ | 1850 . . . | 22 „ |

Thlr. 1. 27 Sgr. pro Centner oder Thlr. 17. 8 Sgr. pro 1000 Pfund. Klein und Börner (Abth. II. S. 20. des mehrerwähnten Werks) nehmen Thlr. 17. 15. 6 Pf. an. Die bei der Konferenz von 1842 gelieferten Berechnungen wechselten für die einzelnen Hüttenwerke des Bergamtsdistrikts zwischen Thlr. 18. 8½ Sgr. und Thlr. 20. 23½ Sgr. pro 1000 Pfund. v. Carnall berechnet sie für jenes Jahr übereinstimmend mit der aufgestellten Rechnung zu Thlr. 1. 27¼ Sgr., wobei die Hüttenkosten etwas geringer, die Kohlen, deren damals noch mehr verbraucht wurden, etwas höher gegriffen sind.

Nach den Erfahrungen der Jahre 1842 und 1843, sowie von 1848 bis jetzt, läßt sich nun der Kohlenpreis durch die Eisenpreise nicht weiter als bis etwa 20 Thlr. pro Wagen herabbringen. Bei 20 Thlr. statt 25 Thlr. pro Wagen würde sich also der Centner Roheisen auf etwa Thlr. 1. 19½ Sgr. pro Centner oder 15 Thlr. pro 1000 Pfund stellen; nur wenige Hütten dürften in den letzten Jahren noch etwas billiger produzirt haben.

Die Konkurrenz mit dem Ausland konzentrirt sich für das Siegerland auf den Puddlingwerken der oberen Ruhr. Die Fracht dorthin nur zu Thlr. 2. 15 Sgr. pro 1000 Pfund gerechnet, erhöht jenen niedrigsten Selbstkostenpreis auf Thlr. 17. 15 Sgr. Das schottische Eisen zu 7 Thlr. hat nun bis dahin eine durchschnittliche Fracht von Thlr. 4. 10 Sgr. zu tragen (3¼—3⅔ Thlr. bis Ruhrort und 20 Sgr. bis 1 Thlr. bis an die obere Ruhr) und kommt also der Preis zuzüglich des Zolles von Thlr. 3. 3½ Sgr. auf Thlr. 14. 13½ Sgr. Das siegensche Eisen steht also noch etwa 3 Thlr. im Nachtheil, wird aber auch seiner Qualität wegen um ungefähr soviel höher bezahlt. Bei einem Zoll von 10 Sgr. pro Centner ist es also, wie oben erwähnt, diesen Eisendistrikten in ihrer gegenwärtigen Lage möglich, mit Schottland zu konkurriren, und wäre die Bedeutung jenes Zolles nicht durch den belgischen Vertrag zum größten Theil aufgehoben, so würde ihre Lage nicht so außerordentlich gedrückt sein, als sie seit 1848 war. Es ist speziell den Wirkungen der belgischen Konkurrenz beizumessen, wenn seit 4 Jahren das Maximum des Loco-Preises für 1000 Pfund siegensches Holzkohleneisen 14 Thlr., der Durchschnitt Thlr. 13. 15 Sgr. (Thlr. 1. 15 Sgr. pro Centner) war, ein Preis, wobei selbst die günstigst gelegenen Hütten keine Zinsen des Geschäftskapitals mehr erzielten und alle übrigen effektiven Schaden litten.

Ein höherer Zoll als 10 Sgr. würde übrigens diesen Eisendistrikten nichts mehr helfen.

Nur eine Eisenbahnverbindung mit der Ruhr, die ihr die Kohlen wohlfeil zuführt und den Uebergang auf Coaksbetrieb möglich macht, kann der siegnischen Eisenindustrie eine Zukunft sichern.

Die bisherigen Erörterungen galten zunächst den 3 Kreisen Siegen, Olpe und Altenkirchen. Von den übrigen Hütten im Bergamtsbezirk Siegen sind mehrere der im Herzogthum Westphalen liegenden, durch billige Erze und billige Kohlen nicht unvortheilhaft gestellt. Die nach dem Rhein zu belegenen Werke haben jedoch außergewöhnlich hohe Kohlenpreise, welche sich weit weniger als sonstwo nach den sinkenden Eisenpreisen richten, da in jenen dichtbevölkerten Gegenden und an einer so bedeutenden Wasserstraße zu vielfache Gelegenheit ist, das Holz für andere Zwecke zu verwerthen.

Dort liegt auch auf der Königl. Saynerhütte bei Coblenz der einzige Coakshochofen des Bergamtsbezirks Siegen. Die Coaks werden von der Saar bezogen. Im Jahr 1847 verbrauchte man auf 1 Centner Roheisen gegen 208 Pfund Coaks, die etwas über 1 Thlr. kosteten; gegenwärtig wird man dafür 25 Sgr. rechnen können. Die Betriebsverhältnisse sind also ziemlich ungünstig.

Noch ist in dem genannten Bergamtsbezirk des Rohstahleisens zu erwähnen, wovon der überwiegende Theil der gesammten zollvereinsländischen Produktion hier erzeugt wird. Bei den Eigenthümlichkeiten dieses Produkts und der darauf gegründeten Methode der Stahlbereitung durch den Holzkohlen-Frischprozeß wurde es früher durch die Konkurrenz des ausländischen Roheisens verhältnißmäßig weniger berührt. Es waren weit mehr die sehr ungenügenden Zölle auf fertigen Stahl, welche auf Preis- und Absatzverhältnisse des Rohstahleisens wirkten. In der letzteren Zeit jedoch hat die in Westphalen aufgekommene und bereits zu nicht unbedeutender Ausdehnung gelangte Methode der Stahldarstellung durch den Puddlingfrischprozeß bei Steinkohlen, das Rohstahleisen mit dem ausländischen Roheisen in direkte Konkurrenz gebracht, indem auch graues Coakseisen und insbesondere auch Wales Anthraciteisen verpuddelt worden sind. Offenbar ist nun der Puddelstahl aus Rohstahleisen ein weit vorzüglicheres und werthvolleres Fabrikat als der aus den letzterwähnten Roheisensorten dargestellte. Allein nach Analogie so vieler Industrien, deren theureres Fabrikat trotz der ungleich besseren Qualität den Kampf mit dem geringeren aber wohlfeileren Produkte nicht bestehen konnte, ist hier wohl genügender Grund zu der Besorgniß vorhanden, daß die Rohstahleisenerzeugung in Zukunft von der Konkurrenz des ausländischen Roheisens noch mehr als von der des fertigen Stahls bedrängt werden dürfte, und wenn sich auch bei der Neuheit der Puddlingstahlfabrikation die Verhältnisse noch nicht vollständig übersehen oder in Zahlen feststellen lassen, so fordern doch die Erfahrungen der jüngsten Zeit auf's Dringendste auch vom Standpunkte der Rohstahleisenproduktion zur Erhaltung des Roheisenzolls auf.

Auf dem linken Rheinufer haben wir im rheinischen Hauptbergdistrikt der Dürener und Saarbrücker Eisenbezirke zu erwähnen.

Im Dürener Bezirk liegen für die Roheisenerzeugung die Verhältnisse ganz ähnlich wie im Siegenschen Distrikt, nur stehen die Kohlenpreise wohl durchschnittlich um 4 bis 5 Sgr. pro Tonne oder pro Centner Roheisen billiger. Dort wie hier beruht die ganze Zukunft der Industrie auf der Erbauung einer Eisenbahn nach den Steinkohlendistrikten, um auf den Betrieb mit Coaks übergehen oder die Erze nach den Steinkohlen des Inde- und Wormreviers verführen zu können. Bis diese ausgeführt ist, genügt wohl ein Zoll von 10 Sgr. pro Centner zur Erhaltung des gegenwärtigen Bestandes, allein bei der geographischen Lage zu Belgien hat dieser Normalzoll nie die mindeste Bedeutung für die Eisenindustrie des Dürener Distriktes gehabt. Daß aber der Zoll von 5 Sgr., wie er gegen Belgien besteht, die Wirkung eines Schutzzolles vollständig verfehlt hat, dies beweist erstens der Rückschritt der Holzkohleneisenerzeugung, und zweitens das gänzliche Zurückbleiben des Coakshüttenbetriebs, wofür doch — selbst abgesehen von den Bezirken, wo bis jetzt mit Holzkohlen gehüttet wird — im Stollberger Kohlenrevier die vorzüglichsten Grundlagen vorhanden sind. Das Schleidener

Roheisen hat in den letzten 4 Jahren höchstens Thlr. 1. 15 Sgr. für sein Roheisen erzielt, ein Preis, zu dem nur einzelne, wenige Werke im Stande gewesen sind, ohne reinen Schaden zu produziren. Dabei stockte der Absatz ganz außerordentlich, so daß die Lage des Distrikts eine der allertraurigsten ist.

Mit dem Saarbrücker Eisendistrikt, dessen Hauptwerke an der Saar und Mosel liegen, gelangen wir nächst Ober-Schlesien und der unteren Ruhr zu dem dritten Steinkohlenrevier in Preußen, wo Roheisen bei Coaks erzeugt wird und eine großartigere Ausdehnung dieser Industrie zu erwarten steht. Die Grundlagen der Eisenindustrie, wodurch die Selbstkosten bedingt werden, sind hier nicht ungünstiger als in Oberschlesien; die Coaks sind zwar (trotz der Ermäßigung von etwa 22 Prozent, welche den Hüttenbesitzern von den Taxpreisen der Königl. Gruben gewährt wird) etwas theurer als dort*), dagegen ist der Verbrauch zur Eisenerzeugung auch geringer. Für den Coakshüttenbetrieb, der an der Mosel und Saar fast ausschließlich mit Puddlingfrischerei verbunden ist, genügt ein Roheisenzoll von 10 Sgr. vollkommen; erfahrungsmäßig hat sich aber gezeigt, daß das Stabeisen mit demjenigen nicht zu konkurriren vermag, welches auf den Werken der rheinischen Eisenbahn aus belgischem, nur mit 5 Sgr. besteuertem Roheisen dargestellt wurde. Daher auch die verhältnißmäßig geringe Ausdehnung, welche die Coakseisenerzeugung hier noch gewonnen hat. — Die in den Gebirgen des südlichen Theils der Rheinprovinz zerstreut liegenden Eisenwerke mischen gegenwärtig die Holzkohlen meistens mit Coaks. Ihre Lage ist weit bedrängter als die der Coakshütten an der Saar und Mosel, der hohen Kohlenpreise und Frachten halber. Allerdings hat in letzterer Zeit die Eisenbahn von Saarbrücken nach der baierischen Pfalz mehreren Hütten im Hundsrück wesentliche Vortheile gebracht.

Wir hätten hiermit die gegenwärtigen Produktionsverhältnisse in den einzelnen Eisendistrikten des Königreichs Preußen erörtert. Hiernach wechseln in den Selbstkosten von einem Centner Roheisen die Kosten für den Eisenstein von etwa 12 bis zu

*) Wir hören (Anfang 1852), daß das Königl. Preuß. Handelsministerium beabsichtige, in der Kürze eine bedeutendere Reduktion der dortigen Kohlenpreise eintreten zu lassen.

20 Sgr., und für Brennmaterial von 10 Sgr. bis 1 Thlr.; auch in den Generalkosten (worunter hier überall die Kosten für Flußmittel, für Rösten der Erze, die Löhne, Zinsen u. s. w. einbegriffen sind) liegen Differenzen von 8 bis zu 12 Sgr., je nach der Ausdehnung der Werke. Vielfach trifft nun allerdings mit den höheren Selbstkosten auch eine bessere Qualität des Roheisens zusammen, die aber höchstens eine Ausgleichung bis zu 7½ Sgr. pro Ctr. bewirken kann. Als Resultat ergiebt sich, daß der Normalsatz von 10 Sgr. bei gleichmäßiger Geltung genügt haben würde, daß aber unter Einwirkung der niedrigeren Besteuerung belgischen Eisens die Holzkohleneisenerzeugung in den letzten 4 Jahren fast durchgängig mit effektivem Schaden betrieben worden ist, während für die Coakseisenindustrie mindestens der Anreiz zur weiteren Ausdehnung abgeschnitten wurde.

Ebenso wenig wie aber unsere Zollgesetzgebung in der angeordneten Besteuerung des Roheisens von 10 Sgr. pro Ctr., über die durchschnittliche Gleichstellung der in- und ausländischen Conkurrenz hinausgegangen ist, ebenso wenig hat sie die Tendenz verfolgt, der inländischen Produktion auch in den Gegenden des Zollgebiets den Absatz zu sichern, welche für den Bezug vom Ausland besonders günstig und für die inländischen Eisendistrikte besonders ungünstig liegen. Hierhin gehören im Zollverein ganz besonders die Provinzen Pommern, Ost- und Westpreußen, wo es natürlicherweise eines weit höheren Zolles als 10 Sgr. bedürfen würde, um schlesisches mit britischem Roheisen gleichzustellen.

## 2. Baiern.

Gehen wir nach dieser Besprechung der Eisenerzeugung Preußens zu den übrigen Vereinsstaaten über, so finden wir, daß sie zwar in ihrer geographischen Lage und der dadurch bedingten höheren Fracht des ausländischen Eisens, einen stärkeren Schutz gegen die Mitbewerbung Großbritanniens und Belgiens genießen, daß dieser Vorzug sich aber im Ganzen durch ungünstigere Produktionsverhältnisse mehr als ausgleicht.

Es ist um so schwieriger, die Lage der Eisenindustrie in den außerpreußischen Vereinsstaaten zu untersuchen, als sie sich sehr selten in bestimmten Distrikten konzentrirt findet. Die meisten

Werke liegen vielmehr ganz zerstreut im Lande umher, wie sie gerade der Holzüberfluß oder das örtliche Bedürfniß zu einer Zeit hervorgerufen haben, wo noch von einer ausländischen Concurrenz keine Rede war, und in den schlechten Kommunikationsmitteln für jedes einzelne Werk gleichsam ein Schutzzoll gegen die Mitbewerbung anderer inländischer Werke lag.

Die Verhältnisse der Eisenerzeugung in Baiern rechts des Rheins sind bereits oben kurz besprochen. Die Hüttenwerke in Mittel- und Ober-Franken und Oberpfalz arbeiten theilweise nicht unter ungünstigen Verhältnissen, und haben namentlich die Holzkohlen nicht übertheuer (die Holz-Preise sind allerdings im Steigen begriffen), allein die technischen Einrichtungen sind mit Ausnahme weniger Werke ziemlich zurückgeblieben, so daß die Selbstkosten des Produkts doch sehr hoch kommen. Von manchen Hütten ist zu erwarten, daß ihre Besitzer sie mit der Zeit eingehen lassen werden, anstatt sie mit großen Kosten umzubauen, und dürfte zu Letzterem auch nicht überall zu rathen sein, indem bei der Unmöglichkeit, auf Coaksbetrieb überzugehen und bei voraussichtlichem weiteren Steigen der Holzpreise, auch bei den größten Anstrengungen und unter Voraussetzung der besten Einrichtungen und der vorzüglichsten Leitung, die Fortsetzung des Betriebs nicht allen Werken möglich sein wird. Berechnungen über die Höhe des Schutzbedürfnisses würden auf einem so ungleichen Boden ohnedieß schwierig sein. Wir verzichten indeß speziell darauf, um nicht den Vorwurf zu verdienen, Verhältnisse zum Anhaltpunkt genommen zu haben, die zu einem guten Theil durch ein Zurückbleiben hinter den technischen Anforderungen der Neuzeit verschuldet worden sind.

In Baiern links des Rheins sind die Werke fast ohne Ausnahme nach den neuesten Methoden eingerichtet. Das Schmelzmaterial kommt hier durchschnittlich sehr theuer; die ziemlich mageren Thoneisensteine der Pfalz kosten auf den Hütten durchschnittlich 7½ Sgr. pro Ctr., und die nassauischen Rotheisensteine, die man zur Verbesserung der Qualität zusetzt, bis zu 13 Sgr. pro Ctr. Es folgt hieraus, daß das Schmelzmaterial im Durchschnitt gegen 24 Sgr. und noch mehr auf den Centner Roheisen kosten muß. Dazu hat kein Werk die Holzkohlen unter 20 Sgr. auf den Centner Roheisen, so daß man die Selbstkosten im Minimum auf Thlr. 1. 24 Sgr. pro Centner oder Thlr. 16. 11 Sgr. pro 1000 Pfd. annehmen kann. Diesen Preis hat aber kein rheinpfälzisches Werk seit 4 Jahren erzielen können; ja im Durchschnitt kaum 15½ Thlr., trotz seiner guten Qualität. Allerdings konkurrirt die baierische Pfalz, sowie überhaupt ganz Süddeutschland weniger direkt mit dem ausländischen Eisen; auch wird ihr Fabrikat nur ausnahmsweise als Roheisen auf den Markt gebracht, in der Regel aber auf den Hüttenwerken selbst zu Gußwaaren oder Stabeisen weiter verarbeitet. Allein nichtsdestoweniger ist es nicht der Zoll auf Stabeisen, sondern in erster Linie der Roheisenzoll, welcher die dortige Conjunktur bestimmt, indem hiervon der Preis des in Süddeutschland hauptsächlich konkurrirenden aus ausländischem Roheisen dargestellten rheinischen und westphälischen Puddlingeisens zunächst abhängt. Es zeigt sich also auch hier, daß für die Produktion des Stabeisens aus inländischem Roheisen der Stabeisenzoll erst dann eine Bedeutung hat, wenn er von einem genügenden Roheisenzoll begleitet auftritt. Ganz das Gleiche gilt von der Erzeugung der Gußwaaren aus Erzen; später wird nochmals die Rede darauf kommen.

Wenn wir aber in Rheinbaiern einen der Eisendistrikte sehen, welche bis jetzt mit am theuersten produziren und wofür der Roheisenzoll von 10 Sgr. als das Aeußerste erscheint, wobei die Werke bestehen können, wo also auch die Herabsetzung des Normalzolles durch den belgischen Vertrag die schädlichsten Wirkungen äußern mußte, so dürfte doch gerade die Eisenindustrie dieser Gegend mehr wie die irgend eines andern Distriktes von Süddeutschland zu einer künftigen Entwicklung befähigt sein. Den Träger dieser Entwicklung bildet die Eisenbahn, welche den Eisendistrikt der Pfalz auf der einen Seite mit dem Steinkohlenrevier der Saar, auf der andern mit Mannheim und dem Rhein in Verbindung setzt und so den Uebergang vom Betrieb bei Holzkohlen auf Coaks ermöglicht, und nicht bloß die Frachten aller Rohmaterialien bedeutend erniedrigt, sondern auch die des fertigen Produkts. Bereits ist die Frischerei bei Steinkohlen als Vorläufer der Einführung des Hochofenbetriebs bei Coaks in ziemlicher Ausdehnung zur Anwendung gebracht. Auch setzen einige Hochöfen schon Coaks den Holzkohlen zu.

## 3. Sachsen.

Im Königreich Sachsen befindet sich die Holzkohleneisenerzeugung in einer noch ungünstigeren Lage, als in Süddeutschland, und nur der Umstand, daß sich hier die Einwirkungen des belgischen Vertrags und die innere Conkurrenz von Rheinland und Westphalen empfindlicher geltend machten als in Sachsen, hat dieß bisher weniger sichtbar hervortreten lassen. Die Holzkohlen stehen zwar in dem Erzgebirge ziemlich niedrig und kommen durchschnittlich nicht über 20 Sgr. pro Centner Roheisen, auf den mit Kohlholzabgabe aus Staatsforsten konzessionirten Hütten; dagegen sind die Erze ganz außerordentlich theuer, theils der schwierigen Förderung und des zersplitterten Grubenbetriebs, theils der hohen Frachten auf schlechten Gebirgswegen und der enormen Besteuerung halber. Das Fuder (25 Cubikfuß oder 15 bis 22 Ctr.) Roth- und Brauneisensteine von etwa 33⅓ pCt. Ausbringen kommt den Hüttenwerken auf 4 Thlr. bis Thlr. 5. 15 Sgr. zu stehen, so daß man auf den Centner Roheisen den hohen Betrag von ungefähr 25 Sgr. für Schmelzmaterial rechnen kann. Thlr. 1. 25 Sgr. pro Centner oder Thlr. 16. 20 Sgr. pro 1000 Pfd. ist die geringste Schätzung der Selbstkosten des sächsischen Holzkohleneisens, welche gegenwärtig angenommen werden darf. Es kommt wenig sächsisches Roheisen in den Handel, sondern wird meist von den Hüttenbesitzern weiter verarbeitet. Die für Gußwaaren und Stabeisen seit 4 Jahren erzielten Preise, gestatten es aber nicht den darin enthaltenen Roheisenpreis höher als 15 Thlr. bis höchstens 15½ Thlr. anzunehmen. Nach Leipzig z. B. kann schottisches Roheisen bei 10 Sgr. Zoll um etwa 4 Thlr. pro 1000 Pfd. billiger geliefert werden, als obererzgebirgisches Holzkohleneisen, welche Differenz durch den Mehrpreis der bessern Qualität bei weitem nicht ausgeglichen wird. Nur der örtliche Absatz im Erzgebirge, wobei ein ziemlich beträchtlicher Theil gleich zu Eisenfabrikaten weiter verarbeitet wird, konnte unter Krisen wie die seit 1848 eingetretene, die sächsische Eisenproduktion erhalten. Das Gutachten des Freiburger Bergamts im Jahre 1848, daß ein Roheisenzoll von 15 Sgr. zur Erhaltung der sächsischen Eisenindustrie nothwendig sei, rechtfertigt sich hierdurch; überhaupt hat sich fast aus keinem Theile des Zollvereins der Ruf nach Erhöhung der Roheisenzölle dringender vernehmen lassen, als aus dem sächsischen Erzgebirge. Dagegen wird kein Schutzzoll auf die Dauer etwas helfen, wenn nicht die Eisenbahn nach dem Zwickauer Steinkohlenrevier baldigst zur Ausführung gelangt.

Nach vielfach gescheiterten Bemühungen darf man es jetzt als entschieden ansehen, daß in den Steinkohlenrevieren selbst, insbesondere in der Umgegend von Zwickau, eine sächsische Coakseisenindustrie festen Fuß fassen wird. Allerdings lag der Hauptgrund von der bedrückten Lage der Holzkohleneisenindustrie weniger in den Kohlen-, als in den Erz-Preisen. Allein auch in Bezug auf die Erze sind vielfache neue günstige Aufschlüsse in größerer Nähe des Steinkohlenreviers gemacht worden. Die neuen Coakshochöfen beziehen die zu einem Centner Roheisen erforderlichen Erze zu 15 Sgr. und die Coaks zu 17½ Sgr., so daß also die Produktionskosten auf etwa Thlr. 1. 12½ Sgr. oder 3½ Sgr. mehr als in Schlesien kommen. Dagegen ist die Lage Sachsens mindestens um den gleichen Betrag günstiger für den Absatz, als die Oberschlesiens, so daß die innere Concurrenz der größeren Entwicklung einer sächsischen Coakseisenindustrie nichts in den Weg stellen wird. Auch schützt der Zoll von 10 Sgr. diese Entwicklung in ganz genügender Weise, und nur für die Holzkohleneisenerzeugung erscheint er nicht ganz zureichend.

## 4. Würtemberg.

Im Königreich Würtemberg ist wie oben (§. 15.) erörtert der ganze Hüttenbetrieb in den Händen des Aerars. Als Brennmaterial werden bloß Holzkohlen verwandt; da es nicht unwahrscheinlich ist, daß die Holzkohlenpreise mit der Zeit noch mehr steigen werden, als dies bisher in dem dichtbevölkerten Lande bereits statt fand, ein Uebergang auf Coaks aber bei den großen Entfernungen von den rheinischen Steinkohlenbezirken nicht möglich ist, so erscheint die Zukunft des würtembergischen Hüttenbetriebs allerdings etwas gefährdet. Die würtembergischen Hüttenwerke sind bekanntlich gang vorzüglich und nach den neuesten Methoden eingerichtet, und werden sehr gut verwaltet und betrieben. Wenn dennoch in den letzten Jahren mit Schaden gearbeitet worden ist, so beweist dieß mindestens die Unzulänglichkeit der Besteuerung des belgischen Roheisens von nur 5 Sgr. pro Centner. Auf ihre Betriebsresultate gestützt, hält die würtembergische Regierung selbst den Normalzoll von 10 Sgr. pro Centner für zu niedrig, und hat wiederholt auf fast allen Conferenzen dessen Erhöhung auf 15 Sgr. beantragt. Aus den officiellen Daten, die über die würtembergische wie über die badische ärarische und standesherrliche Produktion zu Gebote stehen, ergiebt sich überhaupt, daß die Schutzbedürftigkeit der süddeutschen Eisenindustrie, obgleich durch ihre geographische Lage der Concurrenz Englands und Belgiens weniger ausgesetzt, dennoch größer ist als die der meisten norddeutschen Eisendistrikte, und daß also ein Zoll, der hier vollkommen genügt, in Süddeutschland nur mühsam das einstweilige Fortbestehen der Werke sichert. Anderseits muß wieder bemerkt werden, daß auch bei einem höheren Zoll die Concurrenz des inländischen Coakseisens den süddeutschen Werken schwerlich mehr eine Erhöhung der jetzigen Preise oder eine Erweiterung ihres Absatzes gestatten würde.

## 5. Baden.

Im Großherzogthum Baden bieten die offiziellen Daten, welche uns über den Betrieb der landes- und standesherrlichen Werke zu Gebot stehen, einen weiteren Anhaltpunkt zur Bestätigung des ausgesprochenen Urtheils über die schwierige Lage der süddeutschen Eisenindustrie, dem um so mehr Gewicht beizulegen ist, als anerkanntermaßen die badischen Eisenwerke vorzüglich geleitet werden und mit den neuesten und besten Betriebsvorrichtungen versehen sind.

Auf den fünf ärarischen Hüttenwerken stellten sich, offiziellen Mittheilungen zufolge, die Selbstkosten des Centners Roheisen *) im Durchschnitt folgendermaßen:

*) Ein badischer Centner ist gleich einem Zoll-Centner = 106,9 preußische Pfund.

| | | | |
|---|---|---|---|
| 1834 . . | Fl. 3. 42,12 Kr. | 1842 . . | Fl. 4. 37,07 Kr. |
| 1835 . . | „ 3. 43,14 „ | 1843 . . | „ 4. 38,21 „ |
| 1836 . . | „ 4. 4,63 „ | 1844 . . | „ 4. 31,75 „ |
| 1837 . . | „ 4. 26,06 „ | 1845 . . | „ 4. 32,35 „ |
| 1838 . . | „ 4. 35,66 „ | 1846 . . | „ 4. 31,22 „ |
| 1839 . . | „ 4. 35 „ | 1847 . . | „ 4. 30,55 „ |
| 1840 . . | „ 4. 20,60 „ | 1848 . . | „ 4. 28,45 „ |
| 1841 . . | „ 4. 28,74 „ | 1849 . . | „ 4. 23,58 „ |

Durchschnitt von 18$\frac{34}{49}$: Fl. 4. 23,07 Kr. oder Thlr. 2. 15. 2 Pf. pro Zoll-Centner oder Thlr. 23. 25. 5 Pf. pro 1000 Pfd.

Das günstigst gelegene Werk (Kandern) hat nach diesem Durchschnitt zu Fl. 3. 41,95 Kr. oder Thlr. 2. 3. 5 Pf., das ungünstigst gelegene (Albruck) zu Fl. 5. 10,10 Kr. oder Thlr. 2. 28. 7 Pf. produzirt. Im Durchschnitt von 18$\frac{47}{49}$ betrugen die Selbstkosten von Kandern Fl. 3. 44,6 Kr. oder Thlr. 2. 4. 2 Pf., in welcher Rechnung die Erze mit Fl. 1. 33,07 Kr. oder 26 Sgr. 7 Pf., die Holzkohlen mit Fl. 1. 57,54 Kr. oder Thlr. 1. 3 Sgr, 7 Pf. aufgeführt sind, wonach 14 Kr. oder 4 Sgr. für Zuschläge und Generalkosten übrig bleiben. Unter denselben sind nicht einmal die Zinsen des Anlage- und Betriebskapitals und die Verwaltungskosten mit eingerechnet, um deren Betrag mit etwa 5 Sgr. also die mitgetheilten Selbstkostenbeträge noch erhöht werden müssen.

Es muß übrigens bei diesen Berechnungen wiederholt darauf hingewiesen werden, was oben bei Schlesien über Selbstkostenberechnungen von Holzkohleneisen gesagt ist, daß nämlich die Holzkohlenpreise, da wo ihre Höhe lediglich oder doch hauptsächlich durch die Eisenpreise bedingt wird, nicht als feststehende Rechnungsfaktoren behandelt werden dürfen. Von den ärarischen Hüttenwerken Badens wird z. B. ein Theil des Holzbedarfs aus herrschaftlichen Wäldern bezogen, dessen Preise noch weit niedriger normirt werden könnten, ehe man von wirklichem Schaden bei der Eisenerzeugung sprechen dürfte und den Betrieb einstellen würde. Andere Werke dagegen müssen das Holz aus Privatwaldungen kaufen; durch die steigenden Preise desselben erhöhen sich also die Selbstkosten in der That.

Die Fürstlich Fürstenbergischen Eisenwerke sind im Ganzen, was die Kohlen betrifft, günstiger gelegen, als die ärarischen

Werke. Denn in den tiefen Wäldern des Schwarzwaldes wäre das Holz meistens gar nicht zu verwerthen, und bilden hier, ähnlich wie in Oberschlesien, Luxemburg u. s. w., die Hochöfen nur das Mittel zu jenem Zweck. Die ärarischen Werke sind dagegen meist an Orten belegen, wo auch ohne die Eisenindustrie das Holz seinen Preis — wenn auch einen niedrigern als jetzt — haben würde.

Nimmt man an, daß die mitgetheilten Selbstkosten der ärarischen Werke durch billigere Berechnung des herrschaftlichen Kohlholzes auch von Thlr. 23. 25. 5 Pf. auf etwa 20 Thlr. pro 1000 Pfd. zu reduziren seien, so ergiebt sich doch immer noch die außerordentlich ungünstige Lage der badischen Eisenindustrie, indem schottisches Roheisen zu 7 Thlr., beim Zoll von Thlr. 3. 3½ Sgr. pro 1000 Pfd. (10 Sgr. pro Ctr.), und einer durchschnittlichen Fracht von Thlr. 5. 15 Sgr., bis in die Mitte des ihres Absatzbezirkes zu Thlr. 15. 18½ Sgr. geliefert werden kann, und die Konkurrenz von Rheinland und Westphalen her verhältnißmäßig wohl noch schärfer ist Allerdings ist die Qualität des badischen Eisens ganz vorzüglich, und es erzielt stets die höchsten Preise. Allein so bedeutende Unterschiede, wie sie bei den meisten Eisenwerken jener Gegend — namentlich den ärarischen — vorliegen, vermag der Mehrpreis doch nicht auszugleichen. Es ist hier übrigens, wie überhaupt bei fast allen süddeutschen Eisenwerken, zu bemerken, daß sehr wenig Roheisen als solches in den Handel kommt, sondern entweder aus dem Hochofen vergossen oder auf den mit den Werken verbundenen Frischereien weiter verarbeitet wird.

Ein Uebergang auf den Betrieb mit Coaks steht in Baden wohl nicht zu erwarten, obgleich die elsäßischen Kohlenreviere manchen Werken nicht allzufern liegen.

Im Allgemeinen ergiebt sich, daß Baden wohl von allen Vereinsstaaten am meisten des Roheisenzolles bedarf und am dringendsten eine Erhöhung des bestehenden Satzes wünschen müßte. Eine besondere Benachtheiligung gegen jene Länder lag noch für Baden in den Umstand, daß es den Wirkungen des belgischen Vertrags weit stärker ausgesetzt war; ohne die Konkurrenz von Belgien aus, dürften auch in den letzten Jahren die badischen Eisenpreise auf dem Niveau der Selbstkosten geblieben sein.

## 6. Churhessen.

Die wenigen landes- und standesherrlichen Werke in Churhessen arbeiten unter sehr verschiedenen Verhältnissen. Einzelne davon, z. B. die im Spessart belegenen, erzeugen sicherlich ein so wohlfeiles Eisen, wie wenige Holzkohlenhütten des Continents und wären befähigt, auch unter einer weit stärkeren Konkurrenz des fremden Coakseisens den Betrieb fortzusetzen. Andere dagegen, namentlich die im nördlichen und westlichen Theil belegenen, haben theurere Erze und Kohlen, so daß selbst bei der vorzüglichsten Leitung der Zoll von 10 Sgr. vor der Hand eine nothwendige Bedingung ihres Fortbetriebs ist. Daß er soeben genügt, beweist der Umstand, daß auch in den letzten Jahren, wenn auch mit höchster Anstrengung, noch ein kleiner Gewinn von dem Betrieb der ärarischen Werke erübrigt ward, obgleich die Roheisenpreise pro 1000 Pfd. um 1 bis 1½ Thlr. tiefer gesunken sind, als sie selbst in dem kritischen Jahre 1843 standen. Der Uebergang auf den Hüttenbetrieb bei Coaks ist voraussichtlich für Churhessen undurchführbar.

## 7. Großherzogthum Hessen.

Im Großherzogthum Hessen haben die Eisenwerke der Provinz Oberhessen meistens große Vortheile in den außerordentlich reichhaltigen leichtschmelzbaren Roth- und Brauneisensteinen, die in dem Lande selbst oder in dem benachbarten Nassauischen gefördert werden. Die Kosten der Erze auf den Centner Roheisen mögen durchschnittlich nicht über 14 Sgr., bei einzelnen nicht über 10 Sgr. kommen. In dieser Beziehung sind also wenige Werke in Deutschland gleich günstig gestellt. Die Holzkohlen dagegen sind theuer und kommen gewöhnlich bis zu 1 Thlr. pro Centner Roheisen; einzelne Werke im hessischen Hinterland bezahlen als Minimum etwa 22½ Sgr. Die Erze zu 13 Sgr., Kohlen zu 26 Sgr. und sonstige Kosten zu 10 Sgr. angenommen, betragen also die durchschnittlichen Selbstkosten eines Centners Roheisen Thlr. 1. 19 Sgr., welcher Preis aber seit 1849 nicht mehr erzielt worden ist. Allerdings stehen seit jener Zeit auch die Holzkohlen billiger, so daß die Selbstkosten nur zu Thlr. 1. 17 Sgr. anzunehmen sind; allein auch hierzu konnte nur ausnahmsweise verkauft werden. Die hessischen Werke setzen das Eisen, was nicht in näherer Umgebung verbraucht wird, in derselben Richtung — nach der Mark und dem Bergischen — ab, wie der oben besprochene siegensche Eisendistrikt. Durch die Mehrfracht dorthin gleicht sich wieder aus, was sie sonst in den reinen Produktionskosten vor dem Siegerland voraus haben, so daß sie sich in Beziehung zur Zollfrage mit diesem Distrikt ungefähr auf gleichem Boden befinden. 10 Sgr. pro Centner wäre genügend; 5 Sgr. dagegen, wie sie der belgische Vertrag stipulirt hat, durchaus unzureichend.

Im südlichen Theil von Hessen befindet sich blos das Michelstadter Hüttenwerk. Die Erze sind hier ganz bedeutend theurer als im Oberland; die Thoneisensteine des Odenwalds kommen auf der Hütte etwa 20 Kr., die nassauischen Braun- und Rotheisensteine, welche den größten Theil der Beschickung bilden, sogar zu 45 Kr. pro Zoll-Centner. Auf einen Centner Roheisen kommen somit gegen Fl. 1. 40 Kr. oder 28½ Sgr. für das Schmelzmaterial, also das Doppelte wie in Oberhessen. Dagegen sind die Holzkohlen im Odenwald weit billiger, und kommen kaum auf 20 Sgr. auf den Centner Roheisen. Die Schutzbedürftigkeit ist hier offenbar noch größer als in Oberhessen und ganz ähnlich wie in Rheinbaiern.

## 8. Braunschweig.

Im Herzogthum Braunschweig ist wie in Sachsen und Thüringen die Förderung der Erze kostspielig, und kommt deren Preis auf 20 bis 25 Sgr. für den Centner Roheisen. Die Kohlen sind bis jetzt in den Harzwaldungen verhältnißmäßig billig und stehen nicht viel über 20 Sgr., der Centner Roheisen im Ganzen also etwa auf Thlr. 1. 20 Sgr., oder die 1000 Pfd. auf Thlr. 15. 4½ Sgr. Dagegen ist ein ferneres Steigen der Holzpreise wahrscheinlich. Die in den letzten Jahren erzielten Preise haben kaum gestattet, den Betrieb ohne reinen Schaden fortzusetzen, indem Schottisches Roheisen zu Thlr. 7. mit Thlr. 4. Fracht und Thlr. 3.

3½ Sgr. Eingangszoll, in Braunschweig etwa Thlr. 14. 3½ Sgr. stand, wo das Eisen aus dem Harz durch die Fracht erhöht mindestens 18 Thlr. kostet. Ein Zoll von 10 Sgr. muß also für die Braunschweiger Verhältnisse als Minimum angesehen werden.

## 9. Nassau.

Die Eisenerzeugung des Herzogthums Nassau ist gleichfalls nur auf die Verwendung der Holzkohle beschränkt. Die im nördlichen Theile, im Dillthale, gelegenen Hütten arbeiten unter ähnlichen Verhältnissen wie das Siegerland und Oberhessen, und verführen auch den größten Theil ihrer Produktion an Masseleisen nach der gleichen Richtung, nämlich den Puddlingwerken der Ruhr. Die Erze sind hier durchschnittlich billiger; dagegen ist die Lage in Bezug auf den Absatz ungünstiger als die von Siegen, indem durchschnittlich 4 bis 5 Meilen Landfracht mehr zu tragen sind. Der vorzüglichen Qualität des nassauischen Eisens halber zahlen indeß die Abnehmer in der Regel denselben Loco-Preis wie in Siegen. Ja auf den Werken näher am Rhein, von wo die Frachten niedriger sind, erhält der Produzent wohl noch 1 Thlr. pro 1000 Pfd. mehr als in Siegen.

Die Hütten im südlichen und westlichen Theil, namentlich an der Lahn, haben hohe Holzkohlenpreise. Dabei bringt es ihre Lage in der Nähe schiffbarer Flüsse und in dichtbevölkerten Gegenden mit sich, daß die Kohlenpreise sich sehr wenig nach den sinkenden Eisenpreisen richten, indem der Preis des Holzes von den sonstigen zahlreichen Verwendungszwecken bestimmt wird und ziemlich stabil ist. In Siegen z. B., wo die Forstkultur zu einem großen Theil auf den Hüttenbetrieb fußt, besteht eine weit größere Elasticität der Holzkohlenpreise. Bei steigenden Preisen steigen sie allerdings, und lassen so dem Hüttenbesitzer einen verhältnißmäßig geringeren Nutzen, allein bei sinkenden Eisenpreisen fallen sie ebenfalls — wenn auch nur bis zu einem gewissen Punkt — und lassen den Haubergbesitzer den Schaden mit dem Hüttenbesitzer theilen. In diesen Verhältnissen ist es hauptsächlich begründet, wenn man die Lage der nassauischen Hütten, trotz der sehr billigen und reichhaltigen Eisensteine, für nachtheiliger erklären muß, als die der benachbarten preußischen Eisendistrikte, und daß die von Nassau ausgegangenen Anträge auf Erhöhung des Roheisenzolls in den Verhältnissen wohl begründet waren. In den letzten Jahren war die Lage der nassauischen Roheisenproduzenten um so trauriger, als die Einwirkung der belgischen Konkurrenz ihnen nicht blos die Preise enorm herabdrückte, sondern auch das gewohnte Absatzgebiet nach den rheinischen Puddlingwerken fast ganz abschnitt. Dieser Nothstand hat im vorigen Jahre zur Gründung eines nassauischen Roheisenvereins geführt, von dem sich die Theilhaber günstige Einwirkungen auf den Absatz und die Erzielung eines Preises versprechen, der wenigstens die Selbstkosten deckt.

## 10. Luxemburg.

Im Großherzogthum Luxemburg sind die Grundlagen der Holzkohleneisenerzeugung im Allgemeinen denen ähnlich, welche in dem belgischen Theile des Großherzogthums bestehen. Die Gewinnung der Erze kostet sehr wenig. Nur stehen die Holzkohlen im deutschen Theile bedeutend höher als dort, indem bei dem geringen Ausfuhrzoll von 2½ Sgr. pro Centner der Export nach Frankreich sehr bedeutend geworden ist und die Preise gesteigert hat. Auch sind überhaupt in dem belgischen Theil von Luxemburg größere und dichtere Wälder, bei verminderter Gelegenheit das Holz zu verwerthen. Der deutsche Theil ist überdies höchst ungünstig in Bezug auf Absatz seines Fabrikats gelegen, und da nun auch das luxemburgische Eisen aus den minerais d'alluvion seiner Qualität halber geringer bezahlt wird, als sonst bei Holzkohleneisen durchschnittlich der Fall ist, so steht die Eisenproduktion im deutschen Theile des Großherzogthums, trotz des Zolles von 5 Sgr., keineswegs günstiger als im belgischen Theile, wo sie mit dem Coakseisen frei konkurriren muß. Die Preise standen 1845 bis 1850 für fer fort 14 Fr. pro 100 Kil. (Thlr. 17. 13 Sgr. pro 1000 Pfd.) und fer tendre Fr. 11. 40 Cent. (Thlr. 14. 5 Sgr. pro 1000 Pfd.); im Jahre 1851 noch niedriger. Nur wenige Werke vermögen dazu das Roheisen herzustellen. Dabei war nicht einmal Absatz zu finden, so daß man sogar zu weit billigern Preisen bis nach Westphalen hin verkauft hat, während sonst die Saar und Mosel die Hauptabsatzpunkte sind. Ein Zoll von 10 Sgr. würde dagegen für die luxemburgischen Verhältnisse vollkommen genügen.

### 11. Thüringen.

Die in den thüringischen Fürstenthümern zerstreute Holzkohleneiseninduſtrie hat durchschnittlich theuere Erze, und der Preis der Holzkohlen, obgleich früher billig, ist im Steigen begriffen. Der dortige Hüttenbetrieb erhielt sich bisher hauptsächlich durch seine Verbindung mit dem lokalen Bedarf der Eisen- und Stahlwaaren und Gewehrfabrikation. Augenscheinlich ist die thüringische Eisenindustrie in ihrer gegenwärtigen Lage im höchsten Grade schutzbedürftig. Eine Berechnung soll aber auf deren Verhältnisse nicht basirt werden, indem meistens ein höchst unökonomischer Betrieb bei ganz veralteten Einrichtungen stattfindet. Gut eingerichtete Hochöfen produziren keineswegs unter ungünstigeren Verhältnissen als Schlesien oder die Rheinprovinz, und können beim Zoll von 10 Sgr. bestehen. — Es ist schon oben erwähnt, daß uns keine sicheren Data zu Gebote stehen, um über die Verhältnisse einer in Thüringen ins Leben zu rufenden Coakseisenindustrie urtheilen zu können. In kommerzieller Beziehung wenigstens wäre ihre Lage sehr günstig.

### 12. Die übrigen Gebiete.

Von der geringen Produktion der übrigen kleinen Staaten des Zollvereins, Waldeck, Anhalt, Birkenfeld u. s. w., kann im Allgemeinen gesagt werden, daß ihre Verhältnisse keineswegs günstig, indeß auch nicht vorwiegend ungünstig sind.

---

Hiermit die Erörterungen über die gegenwärtige Lage der verschiedenen vereinsländischen Eisendistrikte schließend, wird jeder mit den Verhältnissen Vertraute anerkennen müssen, daß alle Berechnungen der inländischen Selbstkosten eher zu niedrig als zu hoch gegriffen sind, und daß nirgends auf die Concurrenzunfähigkeit Rücksicht genommen ist, die in schlechtem Betrieb oder veralteten Einrichtungen ihren wesentlichsten Grund hat; daß ferner die Ansprüche auf Schutz, nie über das Maaß der bloßen Gleichstellung mit der ausländischen Konkurrenz hinausgeführt sind. Rekapituliren wir nun die Resultate dieser Erörterungen, so ergiebt sich, daß der Zoll von 10 Sgr. pro Centner überall als genügend für die Entwicklung und Beschützung einer inländischen Coakseisenindustrie, für die Holzkohleneisenindustrie aber nur als die unterste Grenze des absolut nothwendigen Schutzes angesehen werden kann. Namentlich hätten die Verhältnisse Süddeutschlands, Sachsens und Nassaus dringend wünschen lassen, daß der Zoll von vorn herein auf 15 Sgr. normirt worden wäre, während es gegenwärtig zweifelhaft ist, ob eine solche Erhöhung noch von fühlbarer Wirkung begleitet sein dürfte, indem die innere Konkurrenz des Coakseisens bereits zu weit gediehen ist.

### 3. Das Konkurrenzverhältniß der vereinsländischen zur belgischen Eisenindustrie und der Vertrag vom 1. September 1844.

§. 47. Die vorausgegangene Erörterung fußte auf den Verhältnissen der inländischen zur schottischen Eisenindustrie, welche die wohlfeilst produzirende ist. Wenn sich nun hier ein Zoll von 10 Sgr. pro Centner als das äußerste Maaß darstellte, wobei die inländische Eisenindustrie bestehen und ihre Entwickelung vollenden kann, so bedarf es keiner näheren Auseinandersetzung wie schädlich jede Zollmaaßregel wirken mußte, die jenen Normalzoll in seiner Bedeutung beeinträchtigte und dem inländischen Eisen eine noch stärkere Konkurrenz bereitete.

Eine solche Maaßregel aber war, wie wir im Allgemeinen schon im vorigen Paragraphen gefunden haben, der Art. 19. des Vertrages vom 1. Sept. 1844 zwischen dem Zollverein und Belgien, welcher gleichzeitig mit dem gesetzlich angeordneten Normalzoll von 10 Sgr., einen Ausnahmesatz von nur 5 Sgr. für Roheisen belgischen Ursprungs einführte.*)

*) Die in der folgenden kurzen Erörterung enthaltenen Daten sind einer im Juli v. J. als Manuskript gedruckten ausführlichen Denkschrift entnommen,

Man kann als unbestritten annehmen, daß es bei dem Vertragsschluß keineswegs die Absicht der Zollvereinsregierungen war, dem inländischen Eisengewerbe durch diesen Unterschiedszoll eine stärkere Konkurrenz von Seiten Belgiens zu bereiten, als das schottische Eisen zum Normalzoll eingehend ausübt. Es sollte darin vielmehr nur eine Ausgleichung für die höheren Erzeugungskosten Belgiens liegen, um dasselbe auf dem vereinsländischen Markte mit Großbritannien gleichzustellen. Man sah diese Zollermäßigung als eine Belgien gewährte Begünstigung an, die wohl unsere Zolleinnahme schmälern, nicht aber die Entwicklung und den Bestand der inländischen Industrie gefährden könne.

Obgleich nun für Belgien schon in der durch die geographische Lage bedingten Frachtersparniß ein Vorsprung von etwa 2 Thlr. pro 1000 Pfd. gegen die großbritannische Konkurrenz — mindestens für die Versorgung des westlichen und südlichen Theils des Vereinsgebiets — gelegen ist, so darf doch zugegeben werden, daß sich zur Zeit des Vertragsschlusses die Preis- und Produktionsverhältnisse Belgiens noch nicht derartig entwickelt hatten, um bei einer geringfügigen Begünstigung des über die Landgrenze eingeführten belgischen Eisens große Gefahr für die inländische Industrie erwarten zu dürfen. Der Unterschied der schottischen und belgischen Eisenpreise war damals weit größer als jetzt. Allein nicht bloß wurde die ursprünglich bewilligte Begünstigung der Einfuhr über die Landgrenze, auch auf die Einfuhren über Maas und Rhein ausgedehnt, sondern es sind auch im Laufe des Vertrags die belgischen Produktionskosten und Preise in Folge der stattgehabten, durch den Vertrag selbst wesentlich geförderten, Entwicklung der dortigen Eisenindustrie bedeutend gesunken, so daß gegenwärtig, selbst bei vollkommen gleichen Zöllen, das belgische Eisen mit dem schottischen in Rheinland und Westphalen konkurriren kann.

Ein Blick in die Statistik und Geschichte des Vertrags wird diese Behauptungen bestätigen.

In den 3 dem Vertrage vorhergehenden Jahren*), betrug

---

die den Titel führt: „Denkschrift über den Vertrag des Zollvereins mit Belgien und die Lage der vereinsländischen Eisenindustrie. Von W. Oechelhaeuser. Frankfurt a. M. Gedruckt bei Horstmann 1851.“

*) Von dem Verkehr im letzten Quartal 1844, wo der Vertrag schon in Kraft war, ist hier abgesehen.

die gesammte Eingangsverzollung an Roheisen und der Antheil Belgiens daran

| | Gesammteinfuhr: | Darunter aus Belgien: | |
|---|---|---|---|
| 1842 . . . | 1,195,925 Ctr. | 200,080 Ctr. | oder 16 pCt. |
| 1843 . . . | 2,658,555 „ | 477,060 „ | „ 18 „ |
| 1844 . . . | 1,416,948 „ | 440,060 „ | „ 31 „ |
| Durchschnitt . | 1,757,143 Ctr. | 372,400 Ctr. | oder 22 pCt. |

Die Angabe der Einfuhr ist den belgischen Exportlisten entnommen, und ungefähr um 12,000 Centner (Transit nach der Schweiz und Frankreich) höher als wirklich im Zollverein verbraucht worden sind. Der Durchschnitt des von uns in den Jahren $18\frac{42}{44}$ konsumirten belgischen Roheisens reduzirt sich darnach auf 360,000 Centner oder 20 pCt. der Gesammteinfuhr.

In den 6 Jahren, die dem Vertragsschluß nach den Commerzialnachweisungen folgten, war das Verkehrsverhältniß des Zollvereins folgendes:

| | Gesammteinfuhr: | Darunter aus Belgien: | |
|---|---|---|---|
| 1845 . . . | 427,430 Ctr. | 247,690 Ctr. | oder 58 pCt. |
| 1846 . . . | 1,577,716 „ | 356,917 „ | „ 22 „ |
| 1847 . . . | 2,298,705 „ | 985,392 „ | „ 42 „ |
| 1848 . . . | 1,424,865 „ | 595,906 „ | „ 42 „ |
| 1849 . . . | 829,839 „ | 426,942 „ | „ 51 „ |
| 1850 . . . | 2,217,726 „ | 1,517,132 „ | „ 69 „ |
| Durchschnitt . | 1,462,713 Ctr. | 688,329 Ctr. | oder 47 pCt. |

Die Zufuhr von belgischem Roheisen hat sich also absolut um 328,329 Centner jährlich, und relativ um etwa das $2\frac{1}{2}$ fache des früheren Antheils an der Gesammteinfuhr vermehrt. Ja die Verdrängung des englischen Eisens tritt noch augenfälliger hervor, wenn man bloß die Einfuhr in die westlichen Landestheile betrachtet, auf welche sich die Bevorzugung belgischen Eisens beschränkt. 1850 wurden über den Rhein und die belgische Grenze eingeführt im Ganzen 1,733,639 Centner (also über $\frac{3}{4}$ der Gesammteinfuhr in Roheisen); von dieser Menge entfielen 1,517,132 Centner auf die belgische und nur 216,507 Centner oder 14 pCt. auf die britische Erzeugung. Man kann sagen, daß Letzteres von dem belgischen Eisen, bis auf den Absatz an die Gießereien, vom Zollvereinsmarkt verdrängt worden ist. Nur der außerordentliche

Preisabschlag in Schottland im Jahre 1851, hat die Zufuhren von dort wieder etwas gehoben.

Wie bedeutend aber die Wirkung des belgischen Vertrags durch das ursprünglich gar nicht darin aufgenommene, und erst nachträglich ohne alle Gegenleistung Belgiens gemachte Zugeständniß einer Ausdehnung jener Begünstigung auf die Einfuhren über Maas und Rhein verstärkt worden ist, zeigt folgende Tabelle:

Einfuhr belgischen Roheisens.

| | Ueber die Landgrenze: | Ueber Maas und Rhein: |
|---|---|---|
| 1845 ..... | 212,023 Ctr. | 35,667 Ctr. |
| 1846 ..... | 288,100 " | 68,817 " |
| 1847 ..... | 862,136 " | 123,256 " |
| 1848 ..... | 400,009 " | 195,897 " |
| 1849 ..... | 292,149 " | 130,684 " |
| 1850 ..... | 920,467 " | 594,665 " |
| Durchschnitt .... | 495,814 Ctr. | 191,498 Ctr. |

Von 14 Prozent der ganzen Einfuhr belgischen Roheisens im Jahr 1845 ist also die Einfuhr über Maas und Rhein auf 39 Prozent im Jahr 1850 gestiegen. Nur durch dieses Zugeständniß ist dem belgischen Eisen die Verdrängung des schottischen Eisens auch auf dem rechten Rheinufer und nach Westphalen möglich geworden, indem der Unterschied in den Frachten von Lüttich nach Ruhrort über Maas und Rhein und über die rheinische Eisenbahn gegen 1 Thlr. pro 1000 Pfund zu Gunsten ersteren Bezugswegs beträgt.

Das aus den mitgetheilten Zahlen ersichtliche relative und absolute Steigen der belgischen Einfuhr innerhalb der Vertragsperiode, beweist schon an und für sich die seit dem Abschluß desselben wesentlich veränderte Bedeutung der belgischen Konkurrenz im Vergleich zur schottischen. Ein Blick auf die wirklichen Preisverhältnisse wird dies bestätigen. Eine Vergleichung ist hier um so leichter möglich, als einestheils die schottischen, belgischen und deutschen Eisenpreise seit ungefähr 4 Jahren fast ganz stabil geblieben sind und anderntheils das ausländische Coakseisen — soweit es zum Verfrischen bestimmt ist — fast ausschließlich auf zwei Punkten des Vereinsgebietes zur Verarbeitung gelangt. Diese beiden Punkte sind die Gruppen von Puddlingwerken, welche links des Rheins an der rheinischen Eisenbahn und rechts des Rheins im Steinkohlenrevier der Ruhr liegen.

Vor dem Vertrage von 1848 ging belgisches Roheisen nur in höchst unbedeutenden Quantitäten nach dem rechten Rheinufer. Die Puddlingwerke an der rheinischen Eisenbahn verarbeiteten es aber damals schon fast ausschließlich und es war mehr Ausnahme als Regel, wenn schottisches Eisen wohlfeiler dorthin zu beziehen war als belgisches von Lüttich. Schon die geographische Lage gewährte also Belgien einen Vorzug in der Versorgung dieser Werke, so daß es keines besonderen Unterschiedszolles bedurfte, um es hier mit der britischen Konkurrenz gleich zu stellen. Auf dem Wege über Antwerpen möchte schottisches Eisen allerdings besser konkurrirt haben, allein diesen Bezug verhinderte das höchst ungerechtfertigte belgische Transitverbot fremden Eisens, so daß die erwähnten Puddlingwerke britisches Eisen nur über Köln beziehen konnten.

Was dagegen die Puddlingwerke auf dem rechten Rheinufer betrifft, so kam denselben vor 1844, im Vergleich zu den linksrheinischen Puddlingwerken, das belgische Eisen um so viel theurer und das schottische um so viel wohlfeiler, daß sich im Durchschnitt eine Differenz von 1 Thlr. bis Thlr. 1. 15 Sgr. zu Gunsten des letzteren herausstellte.

Wie also zur Zeit des Vertragsschlusses das Sachverhältniß lag, mußte die vorgenommene Begünstigung belgischen Roheisens demselben sofort für den Absatz nach dem linken Rheinufer einen unbedingten Vorzug und zwar um den vollen Betrag des Unterschiedszolles von 5 Sgr. pro Centner (oder Thlr. 1. 16¾ Sgr. pro 1000 Pfund) vor der britischen Mitbewerbung sichern, während für den Absatz rechts des Rheins diese Begünstigung die Konkurrenzverhältnisse ungefähr ins Gleichgewicht brachte oder doch Belgien nur unbedeutend bevorzugte.

Die drei ersten Jahre, welche dem Vertragsschluß folgten, waren der Eisenindustrie günstig. Die Wirkungen des Vertrags ließen sich zwar augenscheinlich in dem steigenden Verhältniß der Zufuhren aus Belgien erkennen, allein da die Eisenpreise im Allgemeinen hoch standen, so hatte dies auf die Entwicklung und kommerzielle Lage der diesseitigen Eisenindustrie keine nachtheilige Einwirkung.

Die Gelegenheit zur Probe, ob der Vertrag vom 1. September 1844 der inländischen Eisenindustrie keine wesentlich schärfere und ihre Entwicklung beeinträchtigende Konkurrenz bereitet habe als sie von Schottland beim Zoll von 10 Sgr. ausgeht, gab aber bald darauf das Jahr 1848, wo die Preise wieder auf das ungefähre Niveau des Jahres 1843 fielen. Die Erfahrung hat nun unwiderlegbar bewiesen, daß die Unterstellungen, welche jene Begünstigung belgischen Eisens motivirt hatten, unrichtig waren, beziehungsweise daß sich eine thatsächliche Aenderung der früheren Verhältnisse der belgischen Konkurrenz zur schottischen entwickelt hat.

Betrachten wir die Preisverhältnisse, wie sie seit 4 Jahren bestehen. Belgische fonte d'affinage kostet frei in Lüttich auf die Waggons gelegt 7¼ bis 7½ Fr. pro 100 Kil. oder Thlr. 9. 1 Sgr. bis Thlr. 9. 16 Sgr. pro 1000 Pfd. Zuzüglich des Eingangszolls von Thlr. 1. 16¾ Sgr., und einer durchschnittlichen Fracht (nebst Spedition, Abladekosten u. s. w.) von 26 Sgr., stellte sich demnach das Roheisen auf den Puddlingwerken der rheinischen Eisenbahn von Thlr. 11. 13¾ Sgr. bis Thlr. 11. 28¾ Sgr. pro 1000 Pfd. Als Durchschnittspreis, der seit 3 bis 4 Jahren von jenen Werken gezahlt worden ist, darf man Thlr. 11. 20 Sgr. annehmen. — In Glasgow wechselten seit Anfang 1848 bis Februar 1851 (seitdem stehen sie niedriger) die Preise für gemischte Nummern von 42 bis 46 sh. pro Ton oder von Thlr. 6. 19 Sgr. bis Thlr. 7. 8 Sgr. pro 1000 Pfd. Die Frachten von dort nach Holland haben in den letzten Jahren von 12½ bis 18 sh. pro Ton, und von Holland nach Cöln (Rheinoctroi einbegriffen) von 5 Fl. bis 9 Fl. von der Last gewechselt. Nimmt man dort 14 sh. und hier 6 Fl. als Durchschnitt, und rechnet ungefähr 10 Sgr. pro 1000 Pfd. für holländische Speesen, Assekuranz u. s. w. hinzu, so stellt sich die Beförderung von Glasgow nach Cöln auf etwa Thlr. 3. 12½ Sgr., und nach den Puddlingwerken an der rheinischen Eisenbahn auf mindestens Thlr. 4. 5 Sgr. pro 1000 Pfd. Zuzüglich des Eingangszolls von Thlr. 3. 3½ Sgr. (10 Sgr. vom Zoll-Centner) stellte sich also hier das schottische Roheisen auf Thlr. 13. 27½ Sgr. bis Thlr. 14. 16½ Sgr., oder im Durchschnitt auf etwa Thlr. 14. 7½ Sgr. Da nun belgisches Roheisen, wie vorerwähnt, gleichzeitig nur Thlr. 11. 20 Sgr. kostete, so beträgt der Unterschied zu Gunsten des letzteren auf Thlr. 2. 17½ Sgr. oder etwa noch 1 Thlr mehr als der Unterschiedszoll (Thlr. 1. 16¾ Sgr pro 1000 Pfd.) ausmacht, während man vor 1844 die Begünstigung nur auf den einfachen Betrag der Zolldifferenz veranschlagen konnte.

Ein entsprechender Wechsel der Verhältnisse ergiebt sich aus einem Preisvergleich in Ruhrort, dem Stapelplatz des ausländischen Roheisens für die Puddlingwerke rechts des Rheins im Ruhrkohlenrevier. Die Fracht von Lüttich über Maas und Rhein, einschließlich der holländischen Durchgangs- und Flußzölle, betrug in den letzten Jahren 10 Fl. pro Last oder Thlr. 1. 12½ Sgr. pro 1000 Pfd., wozu etwa 7½ Sgr. für Spedition, Assekuranz ꝛc. hinzutreten. Zuzüglich des erniedrigten Eingangszolls von Thlr. 1. 16¾ Sgr., erhöhen sich demnach die vorbemerkten Lütticher Preise von Thlr. 9. 1 Sgr. bis Thlr. 9. 16 Sgr., in Ruhrort auf Thlr. 12. 7½ Sgr. bis Thlr. 12. 22½ Sgr. pro 1000 Pfd. Zu dem Durchschnittspreis von Thlr. 12. 15 Sgr. übernehmen die belgischen Werke schon seit längerer Zeit die Lieferung frei aufs Lager in Ruhrort. — Für schottisches Roheisen betrugen die Bezugskosten (nach ähnlicher Berechnung wie oben bei Cöln) Thlr. 3. 10 Sgr.; mit dem vollen Zoll von Thlr. 3. 3½ Sgr erhöhen sich also die Glasgower Preise von Thlr. 6. 19 Sgr. bis Thlr. 7. 8 Sgr., in Ruhrort auf Thlr. 13. 2½ Sgr. bis Thlr. 13. 21½ Sgr. pro 1000 Pfd. Als Durchschnitt der letzten Jahre kann schottisches Roheisen in gemischten Nummern loco Ruhrort zu Thlr. 13. 15 Sgr. angenommen werden. Für belgisches fanden wir den Preis von Thlr. 12. 15 Sgr.; es ergiebt sich also gegenwärtig eine Differenz zu Gunsten des letzteren von 1 Thlr. pro 1000 Pfd., während vor der Zeit des Vertrages die Zollermäßigung von 5 Sgr pro Centner nur eine ungefähre Gleichstellung bewirken konnte. Das nämliche Verhältniß fand und findet natürlich auf allen Verbrauchsorten statt, welche sich der gleichen Bezugswege für das belgische und schottische Roheisen bedienen.

Das belgische Roheisen kostete demnach in den letzten Jahren auf den Puddlingwerken links des Rheins Thlr. 2. 17½ Sgr. und rechts des Rheins 1 Thlr. pro 1000 Pfd. weniger, als schottisches Roheisen von gleicher Qualität. Im Durchschnitt stellt sich diese Bevorzugung auf Thlr. 1. 23½ Sgr., also selbst noch

$6\frac{3}{4}$ Sgr. mehr, als der Differenzzoll von Thlr. 1. $16\frac{3}{4}$ Sgr. pro 1000 Pfd. ausmacht. Würde man denselben gänzlich aufheben, und den Normalzoll von 10 Sgr. gleichmäßig einführen, so stände nach den Preisverhältnissen der letzten Jahre Belgien für den Absatz links des Rheins immer noch um etwa 1 Thlr. im Vortheil, rechts des Rheins dagegen um etwa 15 Sgr. im Nachtheil. Selbst bei gleicher Besteuerung würde also durchschnittlich die belgische Konkurrenz immer noch schärfer wirken als die schottische. Erst durch den noch weitergehenden Preisabschlag in Glasgow, seit Frühjahr 1851, der indeß nicht von Dauer sein kann, stellt sich bei gleichen Zollsätzen die Konkurrenz Belgiens und Schottlands ungefähr aufs gleiche Niveau.

Diese Aenderung der früheren Konkurrenzverhältnisse erklärt sich einfach durch den Hinblick auf die zur Zeit des Vertragsschlusses noch mitten in der Entwicklung begriffene Eisenindustrie Belgiens. In Schottland hatte sie dagegen diese Entwicklungsperiode bereits durchgemacht, und war zu einem Ruhepunkt gediehen. Die bedeutende Zollerhöhung vom April 1843 (von Fr. 2. 5 Cent. pro 100 Kil. auf 5 Fr.) war unbestreitbar das Hauptmoment, wodurch in Belgien jene Entwicklung gefördert wurde. Der sichtbare Einfluß, den diese Maaßregel hauptsächlich auf Bildung großer Aktiengesellschaften und Erweiterung der Thätigkeit aller Eisenwerke ausübte, ist ganz unmöglich in Abrede zu stellen. Dazu traten anderweitige direkte und indirekte Unterstützungen von Seiten der belgischen Regierung, z. B. schnelle Vollendung der vorzüglichsten Kommunikationsmittel, Herabsetzung der Frachtsätze auf den Staatsbahnen, Abschluß des in Rede stehenden Vertrags, wodurch sich der Export verdoppelte u. s. w. Die immer fortschreitende Vereinigung der Hüttenwerke mit der Ausbeutung von Kohlen- und Erzlagern durch die gleichen Gesellschaften, ließen überdies immer weitergehende Preisermäßigungen zu, und ermöglichten den Fortbetrieb, selbst wenn ein einzelner Zweig des Geschäfts für sich nicht einmal die Zinsen abwarf. Dann produziren viele Werke billiger, weil ein großer Theil des Anlagekapitals getilgt, oder doch abgeschrieben wurde, andere, weil die Aktien zu niederen Kursen in die Hände ihrer jetzigen Besitzer gelangt sind, wodurch also die Produktion nur noch von einem Theil der Zinsen des ursprünglich verwandten Kapitals belastet wird. Zudem sind in den letzten Jahren neue mächtige Eisensteinlager näher bei den Kohlendistrikten entdeckt worden, wodurch eine große Anzahl von Werken zu billigeren und reicheren Eisensteinen gelangte, und von den schwankenden Preisen der durch Gräberarbeit gewonnenen Erze unabhängig ward. So erklärt sich jene gesteigerte Konkurrenz Belgiens auf ganz natürliche Weise.

Ihre Einwirkung auf den Umfang der diesseitigen Produktion und die Rentabilität des Betriebs konnte nicht ausbleiben. Seit 4 Jahren muß das rheinische, westphälische und nassauische Holzkohleneisen zu Preisen von 13½ bis 14½ Thlr. pro 1000 Pfd. verkauft werden, wozu es nach den gelieferten Produktionsnachweisen unmöglich, oder doch nur von einzelnen ganz ausnahmsweise günstig gelegenen Werken dargestellt werden kann. Obgleich nun, wie später noch genauer nachgewiesen werden soll, die Preise des inländischen Eisens, namentlich der besten Sorten, keineswegs um den Betrag der Zölle vom 1. September 1844 höher als die des Auslands gehalten werden, so liegt es doch auf der Hand, daß beim Normalzoll von 10 Sgr. ein so abnormes Sinken der Preise und eine solche Absatzverminderung nicht hätte stattfinden können, wie sie seit 4 Jahren eingetreten sind. Wäre die Wirkung des Zolls von 10 Sgr. nicht durch den belgischen Differentialzoll größtentheils illudirt worden, so konnte unmöglich ein Preisverhältniß des inländischen Eisens zum ausländischen wiederkehren, wie es vor dem Zoll bestand. Dies ist aber thatsächlich der Fall. Seit 1848 stehen die inländischen Eisenpreise noch niedriger als 1843, obgleich das schottische Eisen seitdem um den Betrag des Zolls vertheuert worden ist, und in Glasgow eher höher als niedriger wie 1843 stand.

Was also im vorigen Paragraphen aus einer Berechnung der Erzeugungskosten hergeleitet worden, bestätigt sich auch durch einen Blick auf die thatsächlichen Preisverhältnisse, daß nämlich jede Konkurrenz, die intensiver ist als die des schottischen Eisens bei einer Besteuerung von 10 Sgr., eine inländische Eisenerzeugung nicht mehr mit Nutzen zu betreiben gestattet, und auf die ganze Entwicklung des Gewerbes den nachtheiligsten Einfluß haben muß. Wenn auch Zollmaaßregeln nicht im Stande sind, alle Krisen von einem Geschäfte fern zu halten, so vermögen sie doch vielfach helfend einzugreifen. So lag in der seit 1848 über die Eisenindustrie hereingebrochenen Krisis eine Hülfe allerdings im Bereiche der Möglichkeit. Trotz des im Ganzen so bedeutend zurückgegangenen Eisenverbrauchs, wurden doch von Roheisen im Durchschnitt von $18\frac{48}{50}$ 1,488,733 Ctr. jährlich eingeführt. Hätte nun der belgische Differentialzoll die Wirkung des Normalzolls von 10 Sgr. nicht beeinträchtigt, so würde, statt der 844,624 Ctr., die von jener Gesammteinfuhr auf Belgien entfallen, höchstens die Hälfte eingeführt worden sein, und die inländische Produktion hätte sich, trotz der gesunkenen Consumtion, auf ihrer Höhe vollständig erhalten, ja noch ausdehnen können. Es würde aber eine große Täuschung sein, wollte man, wie unsere Gegner rechnen, den Gewinn aus der Einfuhr billigeren Eisens gegen jene Einbuße an der inländischen Erzeugung als ausgeglichen betrachten. Dies möchte der Fall sein, wenn anzunehmen wäre, daß die durch Einschränkung der Eisenproduktion überflüssig gewordenen Kapital- und Menschenkräfte sofort und bis zur Beendigung der Krisis auf einen anderen Zweig der Gütererzeugung übergegangen wären. War dies aber etwa der Fall, oder liegt so Etwas nur im Bereiche der Möglichkeit? Sicherlich nicht. Diese Verminderung der Gütererzeugung war also ein reiner Ausfall in dem jährlichen Einkommen der Nation, und selbst wenn sich der Gewinn, den Andere an der vermehrten Einfuhr ausländischen Eisens machten, vollständig dagegen kompensirte, so bliebe es immer noch zu bedauern, daß der Gewinn denjenigen nicht zufloß, deren Kapital und Thätigkeit einmal in der inländischen Eisenproduktion fest liegen.

Es wird sich in einem späteren Abschnitt aus einer Betrachtung, welche die Zollmaaßregeln auf die Ausdehnung und Entwickelung der inländischen Produktion gehabt haben, noch klarer herausstellen, wie traurig der belgische Vertrag eingewirkt hat. Aus der oben stattgehabten Erörterung über die bestehenden Preisverhältnisse, in Verbindung mit den gelieferten Nachweisen über die untere Grenze der Selbstkosten, geht aber schon soviel hervor, daß die vollständige und nicht blos theilweise Beseitigung der Begünstigung belgischen Eisens eine dringende Nothwendigkeit für unsere Eisenindustrie ist, und daß die am 1. Januar 1852 vorgenommene Erhöhung von 5 auf $7\frac{1}{2}$ Sgr. zwar dankbar anerkannt, aber dennoch nur als eine ungenügende Maaßregel betrachtet werden muß.

Sollte aber auch Belgien lieber den Vertrag auflösen wollen, als in eine Aufhebung der bisherigen Begünstigung belgischen Eisens willigen, so wäre erstere Eventualität dem diesseitigen Interesse ungleich mehr angemessen, als die Fortdauer eines Verhältnisses, das eine unserer ältesten und wichtigsten Industrien aufs stärkste beeinträchtigt, ohne anderen dagegen Nutzen zu bringen.

Der eventuellen gänzlichen Aufhebung des Vertrags dürften um so weniger ernstliche Bedenken entgegenstehen, als die bisherigen Gegenzugeständnisse Belgiens weder für die Industrie, noch den Handel des Zollvereins irgend eine Bedeutung hatten, theils weil die Begünstigungen der Einfuhr diesseitiger Erzeugnisse zu unbedeutend sind, theils weil sie von Belgien auch auf die Einfuhren aus Frankreich ausgedehnt wurden, theils weil viele Bestimmungen (z. B. hinsichtlich der Transitfreiheit, Rückerstattung des Scheldezolls u. s. w.) eigentlich gar keine speziellen Zugeständnisse sind, sondern bereits von dem Vertrag als Akte der inneren Gesetzgebung Belgiens ins Leben getreten waren.

Das Mißverhältniß im Gewicht der beiderseitigen Zugeständnisse ergiebt sich am deutlichsten aus folgender Zusammenstellung des Verkehrs in den begünstigten Artikeln, nach dem Durchschnitt der 3 Jahre vor und der 6 Jahre nach dem Vertragsschluß.

1) Zugeständnisse des Zollvereins an Belgien.

Jährliche Durchschnittswerthe:

a) der begünstigten Einfuhr im Zollverein.

| | Vor dem Vertrag. | Während d. Vertrags. |
|---|---|---|
| Roheisen. . . . | 2,430,000 Fr. | 4,539,000 Fr. |
| Stabeisen . . . | 922,000 „ | 793,000 „ |
| Käse . . . . . | 82,600 „ | 106,800 „ |
| | 3,434,600 Fr. | 5,438,800 Fr. |

b) der begünstigten Ausfuhr aus dem Zollverein.

| | | |
|---|---|---|
| Wolle . . . . . | 4,133,200 Fr. | 4,476,200 Fr. |
| Summa . | 7,567,800 Fr. | 9,915,000 Fr. |

Zunahme der begünstigten Verkehrsbewegung 2,347,200 Fr. oder 31 Prozent.

2) Gegenzugeständnisse Belgiens.

Jährliche Durchschnittswerthe:

a) der begünstigten Einfuhr in Belgien.

| | Vor dem Vertrag. | Während d. Vertrags. |
| --- | --- | --- |
| Weine . . . . . . . . | 315,400 Fr. | 273,700 Fr. |
| Seidenwaaren . . . . | 1,260,000 „ | 1,257,000 „ |
| Nürnbergerwaaren . . | 128,800 „ | 129,300 „ |
| Werkzeuge . . . . . . | 35,500 „ | 28,300 „ |
| Modewaaren . . . . . | 152,000 „ | 92,500 „ |
| Baumwollwaaren. . . | 136,000 „ | 172,000 „ |
| Leinengarn . . . . . . | 185,100 „ | 102,900 „ |
| | 2,212,800 Fr. | 2,055,700 Fr. |

b) der begünstigten Ausfuhr aus Belgien.

| | | |
| --- | --- | --- |
| Lohrinde . . . . . . . . | 195,600 Fr. | 279,900 Fr. |
| Summa . . | 2,408,400 Fr. | 2,335,600 Fr. |

Abnahme der begünstigten Verkehrsbewegung 72,800 Fr. oder 3 Prozent.

## 4. Die Besteuerung des raffinirten Roheisens.

§. 48. Wir beschließen die Erörterung der Roheisenzollfrage mit einem Hinblick auf die Besteuerung des sogenannten Feinmetalls.

Als Produkt eines Verfeinerungsprozesses zwischen dem Roheisen und Stabeisen stehend, müßte es konsequenterweise auch zu einer höheren und dem Mehrwerthe entsprechenden Besteuerung herangezogen werden, wie dieß seit langen Jahren der Antrag verschiedener Regierungen auf den Zollvereinskonferenzen und die Bitte der bedrängten Hüttenbesitzer von Rheinland, Westphalen, Nassau, Hessen und Süddeutschland gewesen ist.

Aus der Vergleichung der diesseitigen mit den ausländischen Selbstkosten ging hervor, daß das inländische dem größten Theile nach bei Holzkohlen erblasene Roheisen, stets einen Mehrwerth gegen das ausländische Coakseisen behauptet. Es sind also verschiedene Sorten, die hier mit einander konkurriren; von derselben ordinären Qualität, wie das belgische Coakseisen und namentlich wie das schottische bei roher Steinkohle erblasene Eisen, wird noch sehr wenig im Zollverein erzeugt. Nun ist es einerseits klar, daß wie in allen Waarenkategorien, so auch hier das billige Fabrikat dem theueren in Preis und Absatz Eintrag thut, selbst wenn der Qualitätsabstand weit größer ist als die Werthdifferenz. Indem sich also das billige, wenn auch schlechte ausländische Coakseisen in den Verwendungskreis des inländischen Holzkohleneisens eindrängte, verringerte sich die Nachfrage nach letzterem, und um Absatz zu behalten, mußte sein Preis herabgehen. Allein der Einwirkung einer solchen Konkurrenz bleibt immer doch in den Bedürfnissen des Verbrauchs eine bestimmte Grenze gezogen, indem die Verwendung des schlechten wohlfeilen Eisens an der Stelle des besseren theueren nicht vollkommen willkürlich geschehen kann, und für viele Verbrauchszwecke schon deshalb das letztere genommen werden muß, weil ein schlechtes Eisen die erforderliche Bearbeitung nicht aushalten würde. Es ist daher klar, daß eine Konkurrenz in den besseren Qualitäten weit direkter auf Verdrängung des inländischen Holzkohleneisens und Herabsetzung seiner Preise hinwirken muß, als die Mitbewerbung der schlechteren Roheisensorten. Nun ist zwar das schottische und belgische Feinmetall an Qualität unserem Holzkohleneisen noch keineswegs gleichzustellen, allein es wird thatsächlich an dessen Stelle verbraucht, ja mitunter vorgezogen, weil es sich sehr gut im Puddelofen verarbeitet. Die allmählig stattgefundene bedeutende Verminderung der früheren Preisdifferenz zwischen ausländischem und inländischem Roheisen kommt hauptsächlich auf Rechnung des Feinmetalls. Noch vor 10 Jahren wurde das beste Holzkohleneisen auf unsren Puddlingwerken bis zu 6 Thlr. höher als belgisches oder schottisches Coaksroheisen, und 3 Thlr. höher als Feinmetall bezahlt, während gegenwärtig jener Unterschied um fast die Hälfte heruntergegangen und dieser beinahe ganz verschwunden ist; ja das Holzkohleneisen hat mitunter in den letzten Jahren um nur Absatz zu finden zu noch billigeren Preisen als ausländisches Feinmetall weggegeben werden müssen. Welchen Antheil man auch an der Verminderung der Werthdifferenz zwischen den guten und schlechten Sorten der Krisis der letzten Jahre zuschreiben will, immer muß die Hauptursache in der Mitbewerbung des Feinmetalls gesucht werden, welches durchschnittlich nur um $2\frac{1}{2}$ bis 3 Thlr.

höher steht als die entsprechende Sorte ausländischen Roheisens. Die Quantitäten, welche davon eingehen, sind sehr bedeutend; sie betragen mindestens 15 Prozent von den Einfuhren über den Rhein und die belgische Grenze, also etwa 150,000 Centner jährlich. Der Verbrauch geschieht fast ausschließlich auf den Puddlingwerken von Rheinland und Westphalen; was davon in die östlichen Theile des Zollvereins eingeht, ist unbedeutend. Der größte Theil des Feinmetalls kommt bis jetzt aus Belgien, also seither zum Zoll von 5 Sgr., und von jetzt an zu 7½ Sgr. pro Centner. Die nachtheiligen Wirkungen des Zollsatzes von 5 Sgr. mußten sich zwar auch dann geltend machen, wenn das Feinmetall ausgeschieden und höher besteuert worden wäre, allein sicherlich in geringerem Grade.

Eine höhere Besteuerung des Feinmetalls erscheint daher prinzipiell gerechtfertigt und geboten.

Allein wir dürfen dabei nicht verkennen, daß sich, vom Standpunkt der Zollabfertigung aus, Bedenken gegen eine solche Trennung zwischen Feinmetall und Roheisen geltend machen, die in der That nicht leicht zu entkräften sind. Bis jetzt werden beide in Formen eingeführt, die sich wohl äußerlich erkennen und unterscheiden lassen. Allein eine Differenz in den Zollsätzen würde die ausländischen Produzenten sofort veranlassen, das Feinmetall in solche Formen zu gießen, daß es sich äußerlich nicht mehr mit Sicherheit vom Roheisen unterscheiden ließe. Sobald man diese Möglichkeit zugiebt, muß eine Trennung für die praktische Zollabfertigung als äußerst schwierig erscheinen. Allerdings bietet eine frische Bruchfläche ziemlich sichere Criterien der Unterscheidung dar, nämlich den feinkörnigen, weißglänzenden, strahligen Bruch, und die Poren und Blasen unter der Oberfläche. Aber es würde beim bisherigen Abfertigungsmodus des Roheisens schwierig bleiben, bei so groben, in außerordentlich großen Mengen eingehenden Gegenständen, die Bruchfläche der einzelnen Stäbe untersuchen zu wollen. Nicht leichter, nur noch schwieriger würde die Aufgabe, wollte man — wie dieß der Antrag der meisten rheinischen, westphälischen und süddeutschen Hüttenbesitzer gewesen ist — außer dem Feinmetall auch alles weiße und halbirte, somit alles zum Verfrischen bestimmte Roheisen, ausscheiden und höher besteuern. Denn der Uebergang von grauem auf halbirtes und weißes Roheisen ist so allmählig, daß die Aufstellung bestimmter Anhaltspunkte für eine solche Unterscheidung rein unmöglich erscheint.

Allerdings findet eine solche Trennung zwischen Feinmetall und Roheisen auch in den Tarifen Belgiens und Frankreichs statt, deren Notes explicatives überdieß sehr treffende Bemerkungen über die beiderseitigen Unterscheidungsmerkmale enthalten. Es wäre höchst wünschenswerth, wenn diesem Gegenstand von Seiten unsrer Behörden Aufmerksamkeit geschenkt und ein Auskunftsmittel getroffen würde. Es würde, wenn sich eine solche Ausscheidung mit Sicherheit bewerkstelligen ließe, um soviel früher an eine Reduzirung des normalen Roheisenzolls gedacht werden können. So lange sich aber nicht absehen läßt, wie die Ausscheidung und höhere Besteuerung des Feinmetalls praktisch durchführbar zu machen ist, so wird wenigstens zugegeben werden müssen, daß der Zoll von 10 Sgr. um somehr als das Minimum des dringend nothwendigen Schutzes für unsere Eisenindustrie festzuhalten ist, als so bedeutende Quantitäten eines verfeinerten Produkts zu dem gleichen Satze mit eingehen.

## II. Der Stabeisenzoll.

§. 49. Wir gehen zu der Frage vom Stabeisenzoll über. Es liegt auf der Hand, daß man behufs dessen Festsetzung nicht in das Detail von Produktionsberechnungen eingehen kann, die sich schon beim Roheisen schwierig, aber doch immer noch mit einiger Zuverlässigkeit aufstellen ließen. Denn beim Stabeisen ist die Zahl der theilweise unbestimmbaren Rechnungsfaktoren noch viel größer, und außerdem zersplittert sich je nach Qualität oder Form das Fabrikat in so viele Sorten von den verschiedensten Preisen, daß eine Vergleichung äußerst schwierig wird. Als Anhaltspunkt ist jedoch zunächst das Stabeisen in den gewöhnlichen Dimensionen (etwa $\frac{3}{4}$ bis 2″ kantig oder rund), festzuhalten.

Wie das Roheisen von Glasgow, so sind es das Stabeisen und die Eisenbahnschienen von Wales, welche zunächst auf die diesseitigen Eisenpreise einwirken. Das einmal geschweißte Wales Stabeisen ist von außerordentlich geringer Qualität und kann nur da gebraucht werden, wo es bloß auf den Körper, die Masse und weniger auf die absolute Festigkeit ankommt, und wo es sich nicht um Weiterverarbeitung handelt; dennoch hat es, analog den oben beim Roheisen entwickelten Verhältnissen, den entscheidendsten Einfluß auf die Preise im Allgemeinen, sowie insbesondere auf Verminderung der Preisdifferenz zwischen gutem und schlechtem Eisen gehabt. Das gewöhnliche englische Kaufmannseisen aus Staffordshire, Shropshire und dem Norden kostet etwa 1 £. pro Ton mehr als Waleseisen, ist aber immer noch bei weitem nicht so gut als das in Deutschland im Handel befindliche gewöhnliche Puddlingeisen aus einer Mischung von ausländischem Coaksroheisen und inländischem Holzkohleneisen; noch viel weniger kann es den Vergleich mit unserem reinen Holzkohleneisen aushalten.

Wie oben beim Roheisen, so lassen wir auch hier beim Stabeisen die Durchschnitts-Preise seit 1830 folgen, und zwar von den drei Sorten, Wales-Eisen, gewöhnliches englisches Kaufmannseisen (english merchant bars) und Wales-Eisenbahnschienen (schweres T-Modell), welche den Eisenmarkt hauptsächlich bestimmen.*) Die Preise verstehen sich frei an Bord in den nächstgelegenen Häfen.

| | Wales Stabeisen. Ton. | Englisches Stabeisen. Ton. | Wales Eisenbahnschienen. Ton. |
|---|---|---|---|
| 1830 . . . | £ 5. 10 sh. | £ 6. 12 sh. | £ 7. 5 sh. |
| 1831 . . . | „ 5. 5 „ | „ 6. 5 „ | „ 6. 18 „ |
| 1832 . . . | „ 5. — „ | „ 6. 5 „ | „ 6. 15 „ |
| 1833 . . . | „ 6. — „ | „ 6. 5 „ | „ 7. 10 „ |
| 1834 . . . | „ 6. 10 „ | „ 7. 15 „ | „ 8. — „ |
| 1835 . . . | „ 5. 15 „ | „ 6. 10 „ | „ 7. 10 „ |
| 1836 . . . | „ 10. — „ | „ 10. 10 „ | „ 11. 15 „ |
| 1837 . . . | „ 8. 15 „ | „ 10. — „ | „ 10. — „ |
| 1838 . . . | „ 8. 15 „ | „ 9. 15 „ | „ 10. 10 „ |

*) Diese Preisnotizen sind theils Scrivenor, Mac Gregor und Porter, theils den kaufmännischen Cirkularen bedeutender Eisengrossisten entnommen; es ist übrigens klar, daß dergleichen Durchschnittszahlen, trotz aller Gewissenhaftigkeit des Compilators immer nur annähernd als richtig gelten können, namentlich bei einer Waare, die sich, wie Stabeisen, in soviele Sorten und Qualitäten zersplittert.

| | Wales Stabeisen. Ton. | Englisches Stabeisen. Ton. | Wales Eisenbahnschienen. Ton. |
|---|---|---|---|
| 1839 . . . | £ 9. — sh. | £ 10. 5 sh. | £ 10. 10 sh. |
| 1840 . . . | „ 8. — „ | „ 9. — „ | „ 9. 12 „ |
| 1841 . . . | „ 6. 10 „ | „ 8. — „ | „ 8. — „ |
| 1842 . . . | „ 6. — „ | „ 6. 10 „ | „ 7. 15 „ |
| 1843 . . . | „ 5. — „ | „ 5. 5 „ | „ 6. 10 „ |
| 1844 . . . | „ 4. 10 „ | „ 4. 15 „ | „ 5. 15 „ |
| 1845 . . . | „ 6. — „ | „ 6. 10 „ | „ 8. — „ |
| 1846 . . . | „ 8. 10 „ | „ 9. 15 „ | „ 11. 10 „ |
| 1847 . . . | „ 8. 15 „ | „ 10. — „ | „ 11. — „ |
| 1848 . . . | „ 6. 10 „ | „ 8. — „ | „ 8. — „ |
| 1849 . . . | „ 5. 5 „ | „ 6. — „ | „ 7. — „ |
| 1850 . . . | „ 5. — „ | „ 5. 15 „ | „ 6. — „ |

Gehen wir bis Anfang dieses Jahrhunderts zurück, so stellen sich die Stabeisenpreise in der mittleren Sorte nach fünfjährigen Durchschnitten folgendermaßen:

| | |
|---|---|
| $18\frac{01}{05}$ . . . . | £ 16. 10 sh. |
| $18\frac{06}{10}$ . . . . | „ 15. 14 „ |
| $18\frac{11}{15}$ . . . . | „ 13. 13 „ |
| $18\frac{16}{20}$ . . . . | „ 11. 7 „ |
| $18\frac{21}{25}$ . . . . | „ 9. 13 „ |
| $18\frac{26}{30}$ . . . . | „ 8. 18 „ |

Man sieht hieraus die enorme Preisreduktion seit 50 Jahren und gleichzeitig die großen Schwankungen, welche in oben erörterter Weise durch die Wechselwirkung des plötzlich eröffneten Absatzes an Eisenbahnschienen, und der hierdurch angeregten kolossalen Steigerung der Eisenproduktion verursacht wurden.

v. Oynhausen berechnete bei der Conferenz von 1842 die englischen Produktionskosten von 1 Centner ord. Stabeisen auf 1 Thlr. pro Centner höher als den Preis des dazu verwandten Roheisens. Beim oben angenommenen Normalpreis des letzteren von 7 Thlrn. pro 1000 Pfd., würde Stabeisen also etwa 16 Thlr. kosten. Nun ist es Thatsache, daß in den Jahren 1843 und 1844, wo Stabeisen auf oder unter 5 £. pro Ton stand, alle Puddlingwerke mit Schaden gearbeitet haben; die große Einschränkung des Betriebs beweist dieß hinlänglich. Eine gleiche Einwirkung macht sich bemerklich seit Mitte vorigen Jahres, wo die Preise wieder auf 5 £ gesunken sind. Jedenfalls ist dieser Satz als die unterste Grenze anzunehmen, wozu nur die günstigst gelegenen Werke in Wales oder Schottland das ordinaire Stabeisen herzustellen vermögen. 5 £ pro Ton macht Thlr. 15. 23 Sgr. pro Ton, was so mit obiger Angabe v. Oynhausen's fast genau stimmt. Zuzüglich 4 Thlr. Fracht als Mittelsatz für die Hauptkonsumtionsorte des Zollvereins ist also Wales Stabeisen gegenwärtig für etwa 20 Thlr. pro 1000 Pfd. zollfrei zu beziehen.

Wenden wir uns zu den Verhältnissen der deutschen Stabeisenproduktion, so bedarf es nur einer einfachen Rekapitulation der vorhergegangenen Berechnungen über die Selbstkosten des Roheisens, um darzuthun, wie weit wir noch von dem Ziele entfernt sind, ein so billiges Stabeisen zu erzeugen, wie es in England den Gegenstand des massenhaftesten Verbrauchs bildet und auf die Preis- und Absatzverhältnisse der feineren Sorten den wesentlichsten Einfluß übt.

Die Schutzbedürftigkeit der Stabeisenfabrikation liegt also zunächst schon in dem theureren inländischen, beziehungsweise dem durch Zoll und Fracht vertheuerten ausländischen Roheisen. Dieselben Ursachen aber, welche die Selbstkosten des Roheisens zur Zeit noch höher halten (theureres Brennmaterial, höhere Frachten, Besteuerung u. s. w.) kommen bei seiner Verwandlung in Stabeisen oder sonstige Eisenfabrikate abermals zur Sprache, so daß der Stabeisenzoll nothwendig eine weit höhere Potenz des Roheisenzolls darstellen muß.

Wie schon vorerwähnt, muß es indeß aufgegeben werden, einen Ausgleichungszoll für Stabeisen in ähnlicher Weise durch die Ermittlung der beiderseitigen Produktionskosten aufzufinden, wie wir dieß beim Roheisen versuchten. Auch kann dieses Fabrikat, das nur zu einem Theil als Halbfabrikat für weitere Verarbeitung dient, nach den Prinzipien unserer Zollgesetzgebung sicherlich einen genügenderen und nicht bloß wie Roheisen die äußerste Grenze des nothdürftigen Schutzes beanspruchen. Dieser Grundsatz ist auch stets bei uns leitend gewesen, und hat der von 1818 bis 1844 bei freier Einfuhr des Roheisens gültige Stabeisenzoll von 1 Thlr. einen ebenso genügenden und vollständigen Schutz gewährt, als der gegenwärtige Satz von Thlr. 1. 15 Sgr. beim Roheisenzoll von 10 Sgr.

In ihrer Stellung zur Zollfrage muß man wesentlich zwischen zwei Branchen der inländischen Stabeisenfabrikation unterscheiden:

1. diejenige, welche durch geographische Lage oder Besitzverhältnisse auf die Verarbeitung inländischen Roheisens hingewiesen ist und
2. diejenige, welche ausschließlich oder doch vorzugsweise ausländisches Roheisen verfrischt.

Die erstere Klasse zerfällt wieder in drei bestimmt getrennte Unterabtheilungen:

a. Frischerei inländischen Holzkohlenroheisens bei Holzkohlen;
b. Frischerei inländischen Holzkohlenroheisens bei Steinkohlen;
c. Frischerei inländischen Coaksroheisens bei Steinkohlen.

So sehr diese drei Unterabtheilungen unter sich in ökonomischen und technischen Verhältnissen und damit im Grade der Schutzbedürftigkeit verschieden sind, so laufen doch die Interessen der gesammten auf inländisches Roheisen basirten Stabeisenfabrikation darin zusammen, daß für sie der Stabeisenzoll erst wirksam und bedeutungsvoll wird, wenn er von einem angemessenen Roheisenzoll begleitet ist. Wir deuteten dieß oben schon an. Der Roheisenzoll muß den Regulator der Konkurrenz zwischen der auf inländisches und ausländisches Roheisen basirten Stabeisenfabrikation bilden, und wie früher, ehe man die Puddlingwerke hatte und ausländisches Roheisen verfrischte, in dem Stabeisenzoll ein Schutz für die inländische Roheisenerzeugung lag, so bildet umgekehrt der Roheisenzoll gegenwärtig das Fundament des Schutzes für die eigentliche inländische Stabeisenfabrikation. Bei dem Zoll von nur 5 Sgr. für belgisches Roheisen ist nun thatsächlich die innere Konkurrenz der Werke, welche sich dieses Rohmaterials bedienten, eine überwiegende gewesen; im Zoll von 10 Sgr. dagegen dürfte sowohl für die inländische Roheisenerzeugung eine Ausgleichung gegen die direkte Konkurrenz des Auslandes liegen, als er auch die auf inländisches Roheisen basirte Stabeisenfabrikation auf ungefähr gleichen Fuß mit den Puddlingwerken, die ausländisches Roheisen verarbeiten, bringen wird.

Die zweite Klasse, nämlich die inländischen Puddlingwerke

welche ausländisches Roheisen verarbeiten, haben jenes direkte Interesse am Roheisenzoll nicht. Ja es hat auf den ersten Blick den Anschein, als wäre derselbe ihrem Interesse entgegen, indem die freie Einfuhr des inländischen Roheisens sie in Stand setzen würde, desto leichter mit dem in- und ausländischen Stabeisen zu konkurriren. Wir werden übrigens weiter unten erörtern, wie kurzsichtig eine derartige Auffassung wäre, indem die Zukunft der Werke, welche bis jetzt ausländisches Roheisen verarbeiten, lediglich in ihrer unmittelbaren Verbindung mit der Roheisenerzeugung zu suchen ist. Allerdings bleibt aber das Interesse der ersten Klasse in weit intensiverer Weise mit dem Roheisenzoll verbunden als das der zweiten.

Daß nun der Stabeisenzoll von Thlr. 1. 15 Sgr. bei einem Roheisenzoll von 10 Sgr. vollkommen genügt, ja, daß er unverhältnißmäßig höher schützt, bedarf nicht erst der Erörterung.

Die rasche Entwickelung unserer Stabeisenfabrikation und ihr Vorauseilen über den durch die inländische Roheisenerzeugung bedingten Umfang bezeugt dieß im Allgemeinen. Als ein charakteristischer Beleg dafür, ist auch das Aufkommen der Steinkohlenfrischerei in vielen Holzkohleneisendistrikten zu betrachten, während der Uebergang zum Coakshüttenbetrieb dort noch nicht stattfinden konnte. Allerdings ist hierbei zu berücksichtigen, daß neue Hochofenanlagen nicht so schnell entstehen können als Frischereien, und daß dieser Umstand ebenfalls auf das langsame Fortschreiten der ersteren eingewirkt hat.

Es sind Gründe genug vorhanden, die es bedauern lassen, daß man nicht schon im Jahre 1844, oder schon früher, durch höhere Normirung des Roheisenzolls der Entwickelung der Eisenindustrie eine veränderte Richtung zu geben suchte, indem es weit naturgemäßer erscheinen muß, den Hochofenbetrieb bei Coaks der Steinkohlenfrischerei voranschreiten zu lassen, als umgekehrt. Allein da unsere ganze Vertheidigung der Eisenzölle gerade das Gegebene, Vorhandene zur Voraussetzung hat, so können wir die Argumente auch nur den thatsächlichen Verhältnissen entlehnen. Wie sich nun in Folge des bestehenden Verhältnisses zwischen dem Roh- und Stabeisenzoll die Roh- und Stabeisenerzeugung in der That entwickelt haben, läßt sich nicht in Abrede stellen, daß gegenwärtig (natürlich unter vollständiger Beseitigung des belgischen

Differentialzolles) das Festhalten an dem status quo der normalen Eisentarifirung, welche die stattgehabte Entwickelung getragen hat, als das Räthlichste erscheinen muß.*)

Es muß übrigens für jetzt noch als ebenso unräthlich erscheinen, durch Herabsetzung des Stabeisenzolles ein anderes Verhältiß zum Roheisenzoll herstellen zu wollen. Betrachten wir zu dem Ende die Lage der Puddlingwerke, welche ausländisches Roheisen verarbeiten, zu dem bestehenden Stabeisenzoll.

Es ist klar, daß die Produktion dieser Werke gegen die der ausländischen mit Hochofenanlagen unmittelbar vereinigten Puddlingwerke im Nachtheil steht:

a) um den Betrag des Eingangszolls vom Roheisen;

b) um den Mehrbetrag der Roheisenfracht gegen die des fertigen Stabeisens und

c) um die sonstigen Mehrkosten (theureres Brennmaterial rc.) bei der Verwandlung des Roheisens in Stabeisen.

| | | |
|---|---|---|
| ad a. | 1400 Pfd. britisches Roheisen auf 1000 Pfd. Stabeisen gerechnet, so beträgt der Zoll zu 10 Sgr. vom Centner | Thlr. 4. 10 Sgr. |
| ad b. | Die Durchschnittsfracht von Schottland nach unsren Hauptverbrauchsplätzen wie oben zu 4 Thlr. gerechnet, so macht die Mehrfracht von 1400 Pf. Roheisen gegen 1000 Pfd. Stabeisen . . . . . | " 1. 18 " |
| ad c. | Diese Kosten für das gewöhnliche Stabeisen in Großbritannien zu 9 Thlr. angenommen, stehen bei uns selbst auf den bestgelegensten Puddlingwerken mindestens auf 9 Thlr., also Mehrkosten . | " 3. — " |
| | | Summa Thlr. 8. 28 Sgr. |

Da nun der Zoll Thlr. 1. 15 Sgr. pro Centner oder Thlr. 14. pro 1000 Pfd. beträgt, so schien es hiernach als ob

*) Die am 5. Mai 1851 in Kassel gestiftete große Vereinigung der Vertreter aller Zweige der vereinsländischen Eisenindustrie sprach sich in gleichem Sinne für vollständige Beseitigung aller Begünstigungen Belgiens und Wiederherstellung der normalen Tarifirung aus.

die Produktion unsres Puddlingeisens aus ausländischem Roheisen schon mit etwa 9 Thlrn. pro 1000 Pfd. oder 1 Thlr. pro Centner hinlänglich gegen die ausländische Konkurrenz geschützt wäre.

Allein hierbei kommt noch Zweierlei in Betracht. Erstens wird das englische Stabeisen zu 4 Thlrn. Fracht auf die inländischen Hauptverbrauchsplätze geliefert, während das dazu verwandte Roheisen mit Thlr. 5. 18 Sgr. Fracht erst bis zu den Puddlingwerken gelangt ist. Von hier kann man aber für das daraus gefertigte Stabeisen mindestens noch einen Frachtbetrag von 2 Thlrn. pro 1000 Pfd. bis nach denselben Consumtionsorten rechnen, wohin das englische Stabeisen direkt zu Thlr. 4. geliefert wird. Das Zollbedürfniß erhöhte sich also hierdurch noch um weitere 2 Thlr. also auf etwa 11 Thlr. — Zweitens ist in Betracht zu ziehen, daß die ausländischen Puddlingwerke fast ohne Ausnahme unmittelbar mit Hochofenanlagen vereinigt sind, also das Roheisen regelmäßig zum Selbstkostenpreise haben. Bei den in Rede stehenden inländischen Puddlingwerken ist dieß Verhältniß natürlicherweise ein ganz anderes, indem sie ihr Roheisen in Belgien oder Schottland zum laufenden, die dortigen Selbstkosten oft um das 2 bis 3fache überschreitenden Preise kaufen müssen, woraus schon folgt, daß unsre Werke bei hohen Stabeisenpreisen keineswegs solche Gewinne erzielen können, als jene ausländischen Puddlingwerke, während sie in den Krisen gleich viel, oder noch mehr zu leiden haben. Nun würde dieser Umstand allerdings nicht auf die Zollfrage influiren, wenn das Verhältniß zwischen den ausländischen Roh- und Stabeisenpreisen immer dasselbe blieb, wenn das Fallen oder Steigen immer gleichmäßig und gleichzeitig vor sich ginge. Allein dieß ist keineswegs der Fall, wie schon ein Blick auf die mitgetheilten Tabellen der Roh- und Stabeisenpreise zeigt. Eine gewisse Uebereinstimmung wird sich zwar naturgemäß über kurz und lang immer wieder herausstellen, allein die Roheisenerzeugung wird, namentlich in Schottland, in zu großer Ausdehnung ohne Verbindung mit Stabeisenproduktion betrieben, um nicht anderseits eine gewisse Selbstständigkeit der Conjunktur zu begründen. Die oben mitgetheilten Preise von Schottischem Roh- und Wales Stabeisen differiren z. B. in den letzten 10 Jahren pro Ton um:

| | | | |
|---|---|---|---|
| 1841 . . . . | 70 sh. | 1846 . . . . | 98 sh. |
| 1842 . . . . | 70 „ | 1847 . . . . | 110 „ |
| 1843 . . . . | 60 „ | 1848 . . . . | 86 „ |
| 1844 . . . . | 35 „ | 1849 . . . . | 59 „ |
| 1845 . . . . | 44 „ | 1850 . . . . | 56 „ |

Durchschnitts-Differenz 69 sh. pro Ton oder Thlr. 10. 23 Sgr. pro 1000 Pfd.

Diese Verhältnisse sind für unsre Puddlingwerke die entscheidenden, indem sie das ausländische Roheisen zu den laufenden Preisen einkaufen müssen. Die Differenz stellt sich aber für den brittischen Stabeisenproduzenten der zugleich Hochöfen besitzt, ganz anders. Bei ihm kommen keine oder (je nach dem Stande der Löhne für die Grubenarbeiter u. s. w.) doch nur unbedeutende Schwankungen der Selbstkosten des Roheisens vor. Nehmen wir dieselben wie oben zu Thlr. 7. pro 1000 Pfd. oder etwa 44 sh. pro Ton an, so stellt sich die Differenz zwischen dem festen Produktionspreise und dem Glasgower Marktpreise des Roheisens wozu es der diesseitige Puddlingwerkbesitzer kaufen muß, zu Ungunsten des letztern folgendermaßen:

| | | | |
|---|---|---|---|
| 1841 . . . | 16 sh. | 1846 . . . . | 28 sh. |
| 1842 . . . | 6 „ | 1847 . . . . | 21 „ |
| 1843 . . . | — „ — 4 sh. | 1848 . . . . | 0 „ |
| 1844 . . . | 11 „ | 1849 . . . . | 2 „ |
| 1845 . . . | 32 „ | 1850 . . . . | 0 „ |

Durchschnitts-Differenz 11 sh. pro Ton oder Thlr. 1. 22 Sgr. pro 1000 Pfd.

Da nun 140 Pfd. Roheisen zu 100 Pfd. Stabeisen erforderlich sind, so steigern sich diese Thlr. 1. 22 Sgr. auf Thlr. 2. 13 Sgr., um welche der deutsche Puddler im Durchschnitt der letzten 10 Jahre das zu 1000 Pf. Stabeisen erforderliche Roheisen theurer bezahlt hat als der brittische Puddler, welcher selbst Hochöfen besitzt.

Wenn also auch unter normalen Verhältnissen ein geringerer Zoll wie 14 Thlr. (etwa die vorstehend berechneten 11 Thlr.) schon jetzt für unsre inländischen Puddlingwerke genügen würde, so reicht dieß doch für solche Perioden nicht aus, wo der Marktpreis des ausländischen Stabeisens verhältnißmäßig niedrig und der des Roheisens verhältnißmäßig hoch steht. Erst wenn unsre

Puddlingwerke mit Hochofenanlagen verbunden sein werden fällt diese Ursache der Schutzbedürftigkeit hinweg und wird überhaupt die Periode eintreten, wo wesentliche Ermäßigungen des bisherigen Stabeisenzolls von 14 Thlrn. durchgeführt werden können. Hierin liegt auch die Ursache, weshalb die Ausdehnung der inländischen Coakshütterei so sehr im Interesse auch derjenigen Puddlingwerke ist, die bisher ausländisches Roheisen verfrischen, weshalb folglich der Roheisenzoll ihnen nicht feindlich ist, sondern erst die Möglichkeit gewährt, eine sichere Basis der Konkurrenzfähigkeit für alle Zukunft zu gewinnen, die sie bis jetzt keineswegs besitzen.

Indem wir nachgewiesen haben, daß der Stabeisenzoll von 14 Thlrn. selbst für jene Puddlingwerke nicht überflüssig hoch ist, bedarf es keiner besonderen Vergleichung mehr mit den Verhältnissen der auf inländisches Roheisen gegründeten Stabeisenproduktion, denn die in Schlesien und an der Saar gelegenen mit Coakshochöfen verbundenen Puddlingwerke haben thatsächlich theurer produzirt als die vorher in Rede stehenden Werke, so lange dieselben belgisches Roheisen zu 5 Sgr. Zoll und zu so außerordentlich niedrigen Preisen wie seit 1848 beziehen können; erst mit dem gleichmäßigen Zoll von 10 Sgr. wird für beide eine gleichmäßige Grundlage erreicht sein. Daß aber die Puddlingwerke in den Holzkohleneisendistrikten und überdieß die Holzkohlenfrischereien, die im außerpreußischen Zollverein immer noch das Uebergewicht haben, in noch nachtheiligerer Lage sind, liegt auf der Hand. Hierbei steigen die Erzeugungskosten noch bis zu 5 Thlrn. vom Centner und wenn das Holzkohlenstabeisen auch weit theurer bezahlt wird, ja bei Zollfreiheit in gleicher Qualität nicht wohlfeiler vom Auslande bezogen werden könnte, so schmälert ihm doch schon die innere Konkurrenz des Puddlingeisens dergestalt den Absatz, daß die Frischfeuerzahl sich täglich vermindert. Bei dem außerordentlich mäßig zugemessenen Roheisenzoll von 10 Sgr. geht diese Auflösung einer uralten Industrie ohnedieß so rasch vor sich, daß es unverantwortlich wäre, durch einen ungenügenden Stabeisenzoll diesen Prozeß noch mehr zu beschleunigen.

Es ist übrigens durch die Preisverhältnisse gerechtfertigt, die Eisenbahnschienen in diese Categorie aufzunehmen, wiewohl das sonstige façonirte Eisen 3 Thlr. zahlt.

Wir haben hier schließlich noch des Differentialzolles auf Stabeisen zu erwähnen, welchen der mehrerwähnte **Vertrag mit Belgien** vom 1. September 1844 festsetzte. Der Herabsetzung des Roheisenzolls von 5 Sgr. entsprechend, ist der Zoll für belgisches Stabeisen gleichfalls von Thlr. 1. 15 Sgr. auf Thlr. 1. 7½ Sgr. ermäßigt worden. Stehen auch diese Herabsetzungen beider Zölle an sich in ungefähr richtigem Verhältniß, so liegt es doch auf der Hand, daß die absolute Höhe der stehengebliebenen Zollsätze von 5 Sgr. und Thlr. 1. 7½ Sgr. außer allem Verhältniß ist, indem der erstere fast gar nicht, der letztere überflüssig schützt.

Die Einfuhr belgischen Stabeisens liefert dafür den Beweis. Sie betrug in den drei Jahren vor dem Vertrag:

| | | |
|---|---|---|
| 1842 . . . . . . | 540 | Centner. |
| 1843 . . . . . . | 440 | " |
| 1844 . . . . . . | 186,600 | " |

und in den Jahren seit dem Vertragsschluß:

| | | |
|---|---|---|
| 1845 . . . . . . | 119,863 | Centner. |
| 1846 . . . . . . | 72,314 | " |
| 1847 . . . . . . | 114,672 | " |
| 1848 . . . . . . | 866 | " |
| 1849 . . . . . . | 3,533 | " |
| 1850 . . . . . . | 10,812 | " |

Im Durchschnitt macht die Einfuhr aus Belgien seit 1845 gegen 6 Prozent der Gesammteinfuhr an Stabeisen aus. Die Ermäßigung des Stabeisenzolls hat also nicht einmal annähernd zu solchen nachtheiligen Resultaten geführt, wie die des Roheisenzolls, obgleich die Entwicklung der belgischen Stabeisenfabrikation in gleichem Maaße fortgeschritten ist. Nach den Verkaufspreisen der letzten Jahre läßt sich schließen, daß die ordinärste Sorte von belgischem Stabeisen (dem Walliser an Qualität etwa gleichstehend) zu 15 Fr. pro 100 Kil., oder etwa 19 Thlr. pro 1000 Pfd. hergestellt werden kann, da die Preise theilweise noch niedriger standen. Mag man nun auch in Wales noch um etwa 3 Thlr. billiger produziren, so ist doch Belgien für einen großen Theil des Vereinsgebiets in den Frachten im Vortheil, so daß, wie beim Roheisen so auch beim Stabeisen, die belgische Konkurrenz an Intensität der britischen ungefähr gleich steht, folglich auch hier ein gleicher Zollsatz gegen beide Länder sich empfiehlt. Seit dem 1. Januar 1852 ist der Stabeisenzoll gegen Belgien auf Thlr. 1. 11¼ Sgr. erhöht, steht also jetzt nur noch 3¾ Sgr. niedriger als der Normalsatz.

Indem wir also die vorläufige unveränderte Beibehaltung des bestehenden Stabeisenzolls für die gegenwärtige Entwicklungsperiode als gerechtfertigt erachten, wollen wir schließlich noch auf eine Anomalie in der jetzigen Tarifirung aufmerksam machen. Es betrifft dies das alte Schmiedeeisen, welches bisher wie Roheisen nur 10 Sgr. zahlt, während doch Luppeneisen den vollen Stabeisenzoll von Thlr. 1. 15 Sgr. trägt. Seit die alten zum Umwalzen bestimmten Schienen in so bedeutenden Mengen vorkommen, erscheint es nothwendig und folgerecht, das alte Schmiedeeisen ebenfalls mit dem Satz für Stabeisen zu besteuern, falls man ihm nicht etwa mit dem Luppeneisen (wovon indeß nur sehr unbedeutende Einfuhr stattfindet) eine Mittelstellung zwischen Roh- und Stabeisen, anweisen will.

## III. Die Besteuerung der übrigen Eisenfabrikate.

§. 50. Obgleich das Hauptinteresse der Produzenten sowohl als der Consumenten sich auf die Roh- und Stabeisenzölle beschränkt, soll doch die sonstige Besteuerung der Eisenfabrikate ebenfalls kurz besprochen werden.

Was zuerst das Kleineisen unter ½ Quadratzoll Querschnitt betrifft, das seit dem 1. September 1844 Thlr. 2. 15 Sgr. zahlt, während es früher bald mit dem Grobeisen nur 1 Thlr., bald mit dem Façoneisen 3 Thlr. zahlte, so bedarf es keiner weiteren Erörterung, daß dieser Zollsatz überflüssig hoch ist und verhältnißmäßig noch weit mehr als der Stabeisenzoll schützt.

Umgekehrt verhält es sich mit den Zöllen auf Stahl. Daß alle Sorten, vom Rohstahl an, der etwa das Doppelte, bis zum feinen Gußstahl, der das Vier- bis Sechsfache des gewöhnlichen Stabeisens kostet, den gleichen Zollsatz mit diesem tragen, ist an und für sich die größte Inkonsequenz. Vollkommen widersinnig wird es aber, den Stahl in kleineren Dimensionen von der vorgenommenen Ausscheidung und Zollerhöhung des Kleineisens auszunehmen, folglich niedriger selbst als Eisen zu besteuern. Wie schon im §. 43. bemerkt, sind fast auf allen Zollkonferenzen Anträge gestellt worden, diesen schreienden Mangel unserer Zollgesetzgebung zu ergänzen, allein sie sind an dem unbegreiflichen Widerspruche Baierns gescheitert.

Die Erfahrungen der neuesten Zeit, die auf der Londoner Industrie-Ausstellung allgemein bewunderten Fortschritte unserer Stahlfabrikation, die folgenschwere Erfindung der Stahlerzeugung im Wege des Puddlingfrischprozesses, verbunden mit dem vorzüglichen, Deutschland eigenthümlichen Rohstoffe, dem Rohstahleisen, sollten sicherlich überall die Ueberzeugung erwecken, daß der Zollverein ein passender Boden für die Entwicklung einer großartigen Stahlproduktion sei, wenn man auch England vor der Hand noch die Superiorität in einzelnen Sorten, zu deren Herstellung das Dannemora-Eisen besonders geeignet ist, zugestehen muß. Daß diese Entwicklung bisher so langsam vor sich ging, muß hauptsächlich dem ganz unbedeutenden Zolle zugeschrieben werden. Der doppelte Satz könnte ohne Bedenken für die Consumtion angenommen werden. Denn auf Steigerung der inländischen Preise hätte dies sicherlich nicht den mindesten Einfluß, so wenig der bestehende Zoll von Thlr. 1. 15 Sgr. den Preis des deutschen Stahls über dem Niveau des ausländischen hält. Im Gegentheil würde der erweiterte Markt sofort zu einer größeren Ausdehnung der Produktion und damit Verstärkung der inneren Konkurrenz und Verminderung der Selbstkosten führen.

Die Zölle auf façonirtes Eisen mit 3 Thlrn. pro Centner sind ganz genügend, namentlich für Walzeisen; desgleichen genügen sie für roh vorgeschmiedete Maschinentheile in Stücken über 1 Centner. Was davon eingeht, sind meistens Stücke von ungewöhnlichen Dimensionen, wofür in Deutschland aus dem einfachen Grunde die Betriebsvorrichtungen fehlen, weil der Verbrauch verhältnißmäßig noch zu gering ist, als daß sich solche Anlagen rentiren könnten.

Schwarzblech ist gleichfalls mit 3 Thlrn. hinlänglich besteuert, mit Ausnahme etwa der ganz dünnen Knopfbleche unter ½ Pfund pro Quadratfuß, sowie der dünnen Stahlbleche.

Weißblech hat beim Zoll von 4 Thlrn. immer noch eine

starke Konkurrenz von England her auszuhalten; dennoch muß der Zollsatz mäßigen Anforderungen genügen. Hierbei ist übrigens zu bemerken, wie außerordentlich nachtheilig es im Jahre 1842 eingewirkt hat, daß beim Anschlusse Braunschweigs das Weißblech und überhaupt die Eisenfabrikate aus dem Nachsteuertarif weggelassen worden waren. Bei der großen Differenz der Steuervereins- und Zollvereinstarife konnte es nicht fehlen, daß große Mengen auf Spekulation eingeführt wurden. Daß die Rechnungen der Spekulanten theilweise fehlschlugen und die Preise um mehr als die Differenz der Zollsätze herabgingen, vermehrte nur die traurige Lage der diesseitigen Weißblechfabrikation, indem ihr Absatz und Preise auf lange Zeit hin verdorben wurden. Wir bringen dieses Faktum umsomehr hier in Erinnerung, als mit dem Anschluß Hannovers, wo von jeder Nachsteuer auf gemeinschaftliche Rechnung Abstand genommen ist, ein gleicher Nachtheil für unsre Finanzen und unser Gewerbe in noch erhöhtem Maaße wiederkehren kann, falls nicht Mittel ergriffen werden, der massenhaften Anhäufung englischer Fabrikate im Steuervereinsgebiet zuvorzukommen. Denn der Abstand der bisherigen Besteuerung — gegen Thlr. 3. 7½ Sgr. pro Centner Weißblech — ist zu groß, um nicht zu derartigen Spekulationen zu reizen.

Für Draht ist der Zollsatz von 4 Thlrn. genügend, mit Ausnahme des feinen Kratzendrahtes und Stahldrahtes, wo der Schutz bei den feineren Nummern keine 10 Prozent des Werthes mehr beträgt. Insbesondere dürften die Fortschritte der Fabrikation feinerer Drähte in Altena, Gemünd u. s. w. genügende Veranlassung bieten, die bisherige, auf privative Rechnung gewährte, Ermäßigung des Eingangszolls auf Kratzen- und Stahldrähte aufzuheben.

Der Zoll auf grobe Gußwaaren mit 1 Thlr. pro Centner ist zwar, bei gleichem Werth dieser Artikel mit Stabeisen, verhältnißmäßig weit geringer. Allein bei der Natur dieser Erzeugnisse ist auch die Konkurrenz des Auslandes hauptsächlich nur in solchen Artikeln zu fürchten, die, wie z. B. Schienenstühle, in sehr großen Quantitäten verbraucht werden, während im Uebrigen die Gußwaare sich in unzählige Sorten und Formen zersplittert, auch der Absatz der Gießereien größtentheils auf lokalen Verhältnissen beruht und die Nähe derselben für die Consumtion in der Regel ein solches Bedürfniß ist, daß selbst bei größeren Preisunterschieden dennoch kein starker Bezug aus dem Ausland erfolgen würde.

Bei den Gußwaaren stellt sich übrigens wieder ganz dasselbe Verhältniß zur Zollfrage heraus, welches wir bei den zwei Klassen der Stabeisenfabrikation erörterten. Hierbei stehen sich nämlich gegenüber:

1) die Gießereien, welche inländisches Eisen verbrauchen, und zwar entweder:
   a) unmittelbar aus den Erzen (Hochofengußwaaren), oder
   b) durch Umschmelzung inländischen Roheisens;
2) die Gießereien welche ausländisches Roheisen verbrauchen.

Es ist klar, daß das Interesse der Anstalten sub 1. in erster Ordnung einen genugenden Roheisenzoll erfordert. Denn selbst der höchste Zoll auf Gußwaaren würde sie nicht schützen, wenn die Gießereien sub 2. das ausländische Roheisen zollfrei beziehen könnten. Das Verhältniß, in welchem sich beide Klassen von Gießereien entwickelt haben, gestattet hier abermals einen Schluß wie der Roheisenzoll von 10 Sgr. die unterste Grenze des für Erhaltung unserer inländischen Gießereien nothwendigen Schutzes gewährt. An der außerordentlichen Ausdehnung der Gußwaarenerzeugung hat nämlich die Produktion unmittelbar aus Erzen seit langer Zeit keinen Theil mehr genommen, sich im Gegentheil nur mühsam bei dem bisherigen Bestande behauptet, wonach also die ganze Zunahme lediglich auf die Gußwaaren durch Umschmelzung von Roheisen entfällt.

Die zweite Klasse von Gießereien, die ausländisches Roheisen verbrauchen, hat natürlich jenes Interesse am Roheisenzoll nicht. Für viele derselben wird es zwar, gerade wie bei den Puddlingwerken, von großem Vortheil sein, inländische Coakshochöfen in ihrer Nähe entstehen zu sehen. Andere dagegen, z. B. die in den nordöstlichen Provinzen belegenen Cupolöfen werden voraussichtlich in dem Bezug von Schottland, auch bei einer weiter fortgeschrittenen inländischen Hochofenproduktion, den größeren Vortheil finden. Daß aber für deren Bestehen und Entwicklung der Zoll von 10 Sgr., so lange er beibehalten werden muß, nicht störend wirkt, zeigt der thatsächliche Fortschritt, den sie gemacht, und der mit der Auflegung des Roheisenzolls im Jahr 1844 nicht etwa in's Stocken kam, sondern umgekehrt seitdem weit über das frühere Verhältniß hinausging.

Bei der Gußwaarenposition müssen wir schließlich noch der ganz ungerechtfertigten Maaßregel erwähnen, wodurch nämlich alle Maschinen und Maschinentheile aus Gußeisen aus dem Satz von 6 Thlrn. in die Position zu 1 Thlr. verwiesen und damit ¾ dieser Einfuhr der normalmäßigen Besteuerung entzogen worden sind. Der größte Theil der unter der Gußwaarenposition stattfindenden Einfuhr besteht aus Maschinentheilen. Für unbearbeitete grobe Maschinentheile mag der Satz von 1 Thlr. genügen, so wie überhaupt für bearbeitete guß- und schmiedeeiserne Theile statt des Satzes von 6 Thlrn. auch ein Mittelsatz von 3 oder 4 Thlrn. hinreichend wäre. Für bearbeitete Maschinentheile dagegen einen Satz von nur 1 Thlr. festzuhalten, der nur von 4 bis höchstens 10 Prozent des Werthes beträgt, ist gänzlich ungerechtfertigt und geben die Leistungen unserer Maschinenfabrikanten sicherlich der Gesetzgebung keine Veranlassung, die Einfuhr ausländischer Maschinen durch eine solche Ausnahmsmaaßregel zu erleichtern. Ohnedies sind einzelne Theile der Maschinenfabrikation durch die Gesetzgebung benachtheiligt, z. B. der Bau von Schiffsmaschinen und eisernen Schiffen durch die Bestimmung zollfreien Eingangs von Schiffen auf dem Rhein und anderen konventionellen Flüssen. Außerdem werden für Maschinen häufig Freipässe ertheilt, und ist dabei keineswegs gesorgt worden, durch Veröffentlichung der Zeichnungen und Beschreibungen die inländische Nachahmung solcher aus dem Ausland eingeführten neuen Maschinen zu erleichtern und dadurch die Einfuhr weiterer Exemplare überflüssig zu machen. Unsere Maschinenfabrikation ist hiernach in der That durch die Zollgesetzgebung und die Verwaltungspraxis sehr stiefmütterlich behandelt und darf erwarten, daß in ihrem Interesse baldmöglichst eine Reform der betreffenden Bestimmungen durchgeführt werde.

Wir kommen schließlich zur Bestimmung der groben und feinen Eisen- und Stahlwaaren. Diese Sätze mit 6 Thlrn. und 10 Thlrn. sind im Ganzen genügend; nur macht der unverhältnißmäßig hohe Werth einzelner Artikel theils eine Versetzung aus jener ersten in die zweite Klasse, theils eine Ausscheidung und höhere Besteuerung dringend wünschenswerth. Aus der

Klasse zu 6 Thlrn. in die zu 10 Thlrn. sollten namentlich alle Bohrer, Sägen, feinere Feilen und Raspeln, Sensen, Sicheln, Zirkel u. s. w. versetzt werden, während die Ahlen, Angelhaken, stählerne Fingerhüte, Feder- und Rasirmesser, Gewehre und Gewehrtheile, Grabstichel, Kratzen, Kunstgußarbeiten, Pack- und Stricknadeln, Uhrmacherwerkzeuge u. s. w., — lauter Gegenstände von 100 bis 200 Thlrn. pro Centner an Werth — mit 6 Thlrn. oder 10 Thlrn. ganz ungenügend besteuert sind und für sie eine besondere Position zu mindestens 20 Thlrn. gebildet werden müßte. Die Nähnadeln sind jetzt in der Klasse der kurzen Waaren mit 50 Thlrn. besteuert; Stahlfedern, Uhrfedern u. dgl. würden gleichfalls in dieser Kategorie ihre Stelle besser finden als unter den Eisen- und Stahlwaaren.

Blicken wir hiernach auf die geschehene Erörterung der Eisenzölle zurück, so müssen dieselben im Ganzen — die vollständige Beseitigung der Differentialzölle für belgisches Eisen vorausgesetzt — als genügend erscheinen, wenn auch der Roheisenzoll nur die untere Grenze des dringend Nothwendigen einhält, und wenn auch für Stahl, Maschinen und einige sonstige Eisenfabrikate Veränderungen wünschenswerth erscheinen. Wie der status quo der Eisenzölle aber einerseits für die Eisenindustrie genügt, so werden wir anderseits zeigen, daß die Interessen der Consumtion dabei nicht gefährdet werden, indem die temporären Opfer nur gering sind, die Entwicklung der inländischen Industrie aber auf dieser Basis in einer Weise fortschreitet, die schließlich den Verbrauchern weit größere Vortheile verheißt, als selbst der zollfreie Bezug aus England.

## Der Eisenzoll und die Eisenconsumenten.

### 1. Vertheuerung des eingehenden ausländischen Eisens.

§. 51. Nächst dem gelieferten Beweis, daß die Lage unsrer Eisenindustrie für die nächste Zeit eine Aufrechthaltung unsrer gegenwärtigen Zölle bedingt, wollen wir nun darthun, daß die Opfer, welche den Consumenten dadurch auferlegt werden, verhältnißmäßig sehr gering sind, während zuletzt zu beweisen bleibt, wie in Folge der Entwicklung der inländischen Produktion die Opfer allmählig aufhören, und sich für die Verbraucher selbst in dauernde Vortheile umwandeln werden.

Wir haben wesentlich zu unterscheiden zwischen der Vertheuerung des eingehenden ausländischen und des im Inland produzirten Eisens. Die Abgabe, welche der Consument von ersterem zu zahlen hat, fließt direkt in die Staatskasse. Es sind seit Bestehen des Zollvereins durch die Eingangsbesteuerung ausländischen Eisens folgende Beträge aufgekommen.

Zollertrag aus der Eingangsbesteuerung ausländischen Eisens.

| Jahr. | 1. Vom Roheisen. (pos. 6. a.) Thlr. | 2. Vom Stabeisen (pos. 6. b.) Thlr. | 3. Von d. übrigen Eisenfabrikaten (p.6.c. bis 6.f.3.) Thlr. | 4. Summa 1 — 3. Thlr |
|---|---|---|---|---|
| 1834 | — | 349,493 | 169,870 | 119,363 |
| 1835 | — | 195,367 | 181,739 | 377,106 |
| 1836 | — | 163,961 | 196,119 | 360,080 |
| 1837 | — | 146,759 | 240,139 | 616,318 |
| 1838 | — | 376,175 | 301,331 | 677,506 |
| 1839 | — | 338,868 | 344,104 | 682,972 |
| 1840 | — | 435,497 | 380,575 | 816,072 |
| 1841 | — | 552,166 | 362,753 | 914,919 |
| 1842 | — | 931,139 | 374,852 | 1,305,991 |
| 1843 | — | 980,822 | 502,411 | 1,483,233 |
| 1844 | 49,088 | 1,652,688 | 464,656 | 2,166,432 |
| 1845 | 101,076 | 1,442,244 | 591,777 | 2,135,097 |
| 1846 | 466,419 | 1,519,029 | 643,230 | 2,628,678 |
| 1847 | 602,003 | 1,537,363 | 782,428 | 2,921,794 |
| 1848 | 375,649 | 957,636 | 459,470 | 1,792,755 |
| 1849 | 205,456 | 241,185 | 298,597 | 745,238 |
| 1850 | 486,386 | 293,441 | 452,203 | 1,232,030 |

Auf die so bedeutende Vermehrung des Ertrages aus den Eisenzöllen, wirkte zuerst von 1840 an der Eisenbahnbau und überdieß von 1844 ab die vorgenommene Zollerhöhung ein. Schon diese sehr ansehnliche Zunahme thut dar, daß auch vom Finanzstandpunkt aus die Besteuerung des Eisens zur Erzielung einer möglichst hohen Einnahme ziemlich passend normirt sein muß, so wie überhaupt das außerordentliche Steigen der Einfuhr den thatsächlichen Beweis geliefert hat, daß unsre Eisenzölle sehr weit davon entfernt sind, prohibitiv zu wirken. Das bedeutende Fallen der Einnahme seit 1848 ist dagegen die natürliche Folge der bekannten Ereignisse. Nach den in §. 29. bei der Berechnung der Eisenkonsumtion festgehaltenen Perioden, stellt sich der jährliche Zollertrag im Durchschnitt folgendermaßen:

| | Jährlicher Zollertrag vom Eisen: | Auf den Kopf der Bevölkerung: |
|---|---|---|
| 18 34/35 . . . . | 348,234 Thlr. | 0,44 Sgr. |
| 18 36/38 . . . . | 551,301 „ | 0,63 „ |
| 18 39/41 . . . . | 804,654 „ | 0,89 „ |
| 18 42/44 . . . . | 1,651,885 „ | 1,74 „ |
| 18 45/47 . . . . | 2,561,856 „ | 2,61 „ |
| 18 48/50 . . . . | 1,256,674 „ | 1,26 „ |

Die Eisenzölle haben demnach für die Finanzen des Zollvereins eine sehr große Wichtigkeit. Sie ertrugen von der Brutto-Einnahme aus sämmtlichen Ein-, Aus- und Durchgangszöllen:

| | | | |
|---|---|---|---|
| 1834 . . . . | 2,2 pCt. | 1842 . . . . | 5,6 pCt. |
| 1835 . . . . | 2,3 „ | 1843 . . . . | 6,7 „ |
| 1836 . . . . | 2,0 „ | 1844 . . . . | 8,4 „ |
| 1837 . . . . | 3,5 „ | 1845 . . . . | 7,8 „ |
| 1838 . . . . | 3,4 „ | 1846 . . . . | 9,9 „ |
| 1839 . . . . | 3,4 „ | 1847 . . . . | 10,7 „ |
| 1840 . . . . | 3,8 „ | 1848 . . . . | 8,0 „ |
| 1841 . . . . | 4,1 „ | 1849 . . . . | 3,2 „ |
| | | 1850 . . . . | 5,4 pCt. |

Es liegt auf der Hand, daß diese Besteuerung keinen direkten Beitrag für die inländische Eisenindustrie bildet. *Die Erträge fließen in die Staatskasse und es wird dafür an direkten Steuern soviel weniger bezahlt.* Auch ist bei dem universellen Gebrauch des Eisens keine Steuer zu denken, die sich gleichmäßiger auf die Bevölkerung nach dem Maaßstab des Einkommens und Verzehrs vertheilte, als diese. Das Verhältniß in welchem sie von den Eisenhändlern, Stabeisen- oder Maschinenfabrikanten, Gießereibesitzern, Eisenbahnaktionären u. s. w. vorgelegt wird, ist allerdings sehr verschieden. Allein die Vorlage entscheidet nichts, indem sie, wie die ausgelegte Grundsteuer, Gewerbesteuer u. s. w., beim Verkauf der Erzeugnisse ratenweise wieder von der Gesammtheit der Consumenten eingezogen wird. Somit entscheidet der unmittelbare Eisenverbrauch keineswegs über den Grad der Besteuerung eines bestimmten Gewerbes durch die Eisenzölle. Allerdings liegt aber einiger Unterschied der Belastung in der geographischen Lage der Consumtionsorte zu den Produktionsgebieten, und es ist nicht in Abrede zu stellen, daß diejenigen Gegenden, welche so günstig für den Bezug vom Ausland, als ungünstig für den Bezug von inländischen Eisenrevieren gelegen sind, z. B. die Provinzen Ost- und Westpreußen, stärker zu dieser Steuer als andere Gegenden beitragen.

## 2. Vertheuerung des inländischen Eisens.

### a. Allgemeine Erörterung über den Einfluß der Zölle auf die inländischen Preise.

§. 52. Ehe wir an die spezielle Erörterung der Opfer gehen, welche die Eisenzölle dem Verbraucher zu Gunsten des Eisengewerbes auferlegen, gilt es die Falschheit des Prinzips aufzudecken, worauf unsre Gegner die Vertheuerungsberechnungen zu gründen pflegen. Hiernach soll nämlich der Zoll sowohl die Tendenz als die Wirkung haben, das inländische Fabrikat um seinen vollen Betrag zu vertheuern, gerade als wenn es vom Ausland einginge, und nur mit dem Unterschied, daß dort der Ertrag in die Staatskasse, hier in die Taschen der Eisengewerken fließe. Die Vertheuerungsberechnungen der meisten Freihandelsorgane geschehen nur nach der einfachen Formel: die Centnerzahl der inländischen Produktion mit dem Zollbetrag zu multipliziren. Wer dieses Dogma nicht fahren lassen, seine prinzipielle Unrichtigkeit nicht eingestehen will, auf den kann allerdings die folgende Beweisführung keinen Eindruck machen. Allein die große Mehrzahl der Unpartheiischen wird sicherlich einer auf Thatsachen gestützten Berechnung größere Geltung einräumen, als den Resultaten einer grundsatzlosen theoretischen Formel. Man kann vorerst keineswegs vom Zoll im

Allgemeinen sagen, daß seine Tendenz eine Vertheuerung um den Zollbetrag sei. In erster Ordnung soll vielmehr die Vertheuerung der ausländischen Waaren nebst den Finanzzwecken eine Sicherung des inländischen Marktes für die inländische Industrie bewirken, während erst in zweiter Ordnung eine vorübergehende Vertheuerung des inländischen Erzeugnisses, und zwar auch nur in solchen Ausnahmefällen bezweckt wird, wo die Anstrengungen der einzelnen Industriellen nicht ausreichen, das vorangeschrittene Ausland ohne Zeitverlust wieder einzuholen.

Dieß ist die Tendenz des Schutzzolls. Sie wäre freilich für die Praxis bedeutungslos, wenn dessen Wirkung eine andere wäre, wenn thatsächlich eine Vertheuerung des inländischen Produkts um den Zollbetrag, und wenn überhaupt auch eine Vertheuerung solcher Erzeugnisse stattfände, deren Selbstkosten im Inlande nicht höher wie im Auslande stehen. Allein man vergleiche die in- und ausländischen Waarenpreise, ob dieß dann auch der Fall ist. Wie eklatant hat nicht neuerdings die Londoner Industrieausstellung den Satz von der Vertheuerung um den Zollbetrag Lügen gestraft, namentlich auch in Bezug auf den Zollverein! Fast in allen couranten Waaren liefern wir gleich billig, ja theilweise billiger als irgend eine andere Nation, mögen unsre Zölle darin hoch oder niedrig stehen; ja unter den höchst besteuerten Artikeln gehören viele zu den allerbilligsten. Haben nicht die Kritiker aller Nationen gerade die außerordentliche Billigkeit aller couranten Waaren als den hervorspringendsten Zug der zollvereinsländischen Industrie bezeichnet? Das Eisen ist unter den wenigen Artikeln, worin der Zoll allerdings noch eine relative Vertheuerung bewirkt, und selbst hierbei haben sich bereits viele aus den besseren Eisensorten dargestellte Fabrikate, z. B. Waffen, Maschinen, Scheeren, Sägen, Werkzeuge u. s. w. zu vollkommener Conkurrenzfähigkeit auf dritten Märkten erhoben.

Allein auch abgesehen von den thatsächlichen Preis-Verhältnissen, auf die wir zurückkommen, kann das Dogma von der Vertheuerung und den vollen Zollbetrag auch der einfachsten theoretischen Erörterung nicht Stand halten. Diesseits wie jenseits der Zollschranken reguliren sich alle Waarenpreise durch die Konkurrenz, durch das Verhältniß von Nachfrage zum Angebot. Nun können die Zölle auf diese Konkurrenz unter Umständen sehr bedeutend, unter Umständen gar nicht einwirken. Man unterstelle, ein Artikel werde im Inland gar nicht, sondern bloß im Ausland angefertigt; in diesem Falle kann selbstredend von keiner Vertheuerung einer inländischen Produktion die Rede sein. Das Gleiche ist der Fall, wenn ein Artikel ausschließlich im Inland erzeugt wird; selbst die Prohibition kann dann keine Vertheuerung bewirken. Bei den Artikeln aber, die theils im Inland, theils im Ausland produzirt werden, ist natürlicherweise jeder Grad der Vertheuerung vom unbedeutensten Betrag an bis zur Höhe des vollen Zollsatzes möglich, je nach dem Grade der Konkurrenz und den subjektiven und objektiven Grundlagen der Gütererzeugung diesseits und jenseits der Zollschranken. Sind diese Grundlagen günstig und ist die innere Konkurrenz stark, so mag die Zollhöhe ganz bedeutungslos für den Waarenpreis sein, während im umgekehrten Falle allerdings die Möglichkeit einer Vertheuerung bis zum Niveau des durch den Zollbetrag vertheuerten Preises der ausländischen Waaren gegeben ist. Die Einwirkung des Zollsatzes auf den inländischen Waarenpreis ist also nicht bloß bei jedem Gewerbszweig, sondern auch zu jeder Zeit verschieden. So kann ein Zoll anfangs die Waare um den vollen Betrag vertheuert haben, während mit der Zeit gerade durch diese Vertheuerung die innere Konkurrenz stärker wird, als vorher die innere und äußere zusammengenommen, und somit der frühere Einfluß des Zollsatzes auf eine Vertheuerung gänzlich aufgewogen oder die Waare gar noch billiger wird, als sie zollfrei aus dem Ausland zu beziehen wäre. Facta loquuntur!

Es ist somit nicht bloß thatsächlich falsch, sondern auch ganz unwissenschaftlich, die etwanige Vertheuerung einer Waare aus dem Zollbetrag berechnen zu wollen, der nur die obere Grenze darstellt, bis zu der eine Preissteigerung möglich ist. Es ist gerade, als wenn man die Höhe eins Ufers mit dem Wasserstande identifiziren wollte. Es ist purer Unsinn, eine allgemeine gültige Formel auffinden zu wollen, um von dem Zollbetrag auf den Preis eines Fabrikats schließen zu können; nur die empirische Beobachtung des zu jeder Zeit thatsächlich stattfindenden in- und ausländischen Preisverhältnisses kann zu richtigen Resultaten führen.

Es folgt schon aus dieser Auseinandersetzung, wie bedeutungslos fast alle Angriffe auf die Eisenzölle sein müssen, die ein so total falsches Prinzip zur Grundlage ihrer Berechnungen nahmen.

### b. Der Einfluß der Zollerhöhung von 1844 auf die inländischen Eisenpreise.

§. 53. Gehen wir nun auf die Berechnung des thatsächlichen Einflusses unserer Zölle auf die Eisenpreise ein, so haben wir dabei zwei Anhaltpunkte:

1) den Einfluß der Zollerhöhung von 1844 und
2) das Verhältniß der ausländischen zu den inländischen Eisenpreisen.

Wir beginnen mit Erörterung des ersten Punktes. Was zunächst das Roheisen betrifft, so hatte die Zollauflegung von 1844 allerdings neben einer Sicherung des Absatzgebietes auch die Tendenz eine Steigerung des Preises zu bewirken, um die beiderseitige Konkurrenz ins Gleichgewicht zu bringen, wenn die ausländischen Preise auf die Selbstkosten herabgegangen sein würden. Dabei ist aber zu berücksichtigen, daß die Vertheuerung, wenigstens für das Roheisen zum Verfrischen, nicht über 5 Sgr. pro Centner, als den Betrag des belgischen Differentialzolles steigen konnte, indem dieser, wie §. 47. unwiderleglich nachweist, das eigentliche Konkurrenzverhältniß zum Auslande entschieden hat. Nun ist nicht in Abrede zu stellen, daß ohne jenen Zoll die inländischen Roheisenpreise vielfach noch niedriger stehen würden, als es gegenwärtig der Fall ist. Dennoch kann von einer stattgefundenen allgemeinen Steigerung unserer Roheisenpreise um 5 oder gar 10 Sgr. durchaus nicht die Rede sein. Wie dieß die thatsächlichen Preisverhältnisse beweisen, so läßt es sich auch ganz einfach erklären.

Das Roheisen (und noch mehr das Stabeisen), zerfallen nämlich in sehr viele Sorten von verschiedenen Qualitäten und Preisen. Wie nun z. B. bei den Baumwollenwaaren die ordinären Drucknessel im Preise steigen können, während dieß die Mousseline gar nicht berührt, oder wie die Surate Baumwolle ganz unabhängig von der Sea-Island steigen oder fallen mag, so hat auch jede Eisensorte einigermaßen ihre eigene Konjunktur. Nun geht wie früher nachgewiesen, die Konkurrenz des Auslandes gerade von den allerordinärsten und nicht von den unserem Holzkohleneisen in Qualität gleichstehenden Sorten Roh- und Stabeisens aus. Der Zoll mußte also zunächst auf Preissteigerung der ganz entsprechenden inländischen Sorten hinwirken, und steht unser Coaksroheisen auch durchschnittlich um fast 5 Sgr. höher im Preise, als ausländisches zollfrei zu beziehen wäre. Allein je weiter sich die Qualitäten von diesen Sorten entfernen, je mehr muß jene Einwirkung sich abschwächen. In der That ist bis jetzt bloß in Coaksroheisen eine schwache innere Konkurrenz, während beim Holzkohleneisen das Angebot eher den Bedarf übersteigt. So hat, trotz der Zollerhöhungen von 1844, die starke innere Konkurrenz der feineren Eisensorten thatsächlich gar keine Preissteigerung zugelassen. Es wird dieß durch die einfache Thatsache erwiesen, daß das Holzkohlenroheisen jetzt so niedrig, ja theilweise noch niedriger steht als 1843 ($13\frac{1}{2}$ bis $14\frac{1}{2}$ Thlr. pro 1000 Pfd.), während doch die schottischen Preise im Durchschnitt der letzten Jahre noch etwas höher ($18\frac{48}{50}$ 44 sh., 1843 nur 40 sh.), und die belgischen gleich hoch wie damals (auf Fr. $7\frac{1}{4}$ bis $7\frac{1}{2}$ pro 100 Kil.) stehen. Die seit dem 1. Sept. 1844 dazwischen getretene Vertheuerung des ausländischen Roheisens um 5 resp. 10 Sgr., hat also dieß Verhältniß gar nicht geändert. Von einer absoluten Vertheuerung des Roheisens seit 1844 kann demnach beim Holzkohlenroheisen gar keine Rede sein, wenn auch nicht abgesprochen werden soll, daß ohne den Roheisenzoll außer einer Beschränkung des Absatzes auch eine noch etwas weiter gehende Verminderung der Preisdifferenz zwischen guten und schlechten Qualitäten vor sich gegangen sein dürfte.

Da derartige Beweise durch das Eingehen in konkrete Verhältnisse am sichersten geführt werden, so wollen wir hier die Preisangaben folgen lassen, wozu in den sechs Jahren vor und nach der Zollauflegung in verschiedenen Theilen des Zollvereins das Holzkohlenroheisen loco Werk verkauft worden ist.*)

1. Ein oberschlesisches Hüttenwerk mit mehreren Hochöfen (Mittel-Qualität);

*) Diese Mittheilungen sind den Büchern der aufgeführten Werke entnommen und kann ihre Richtigkeit also verbürgt werden.

2. die Hainerhütte, als Mittelpunkt des siegenischen Eisendistriktes (feine Qualität);
3. das Fürstlich Fürstenbergische Hüttenwerk Amalienhütte in Baden (feinste Qualität).*)

a) Vor der Zollauflegung:

| | 1. Preuß. Ctr. | 2. Preuß. Ctr. | 3. Zoll-Ctr. |
|---|---|---|---|
| 1839: | Thlr. 1. 25. — Pf. | Thlr. 2. 5. 6 Pf. | Fl. 5. 7 Kr. |
| 1840: | „ 2. 10. — „ | „ 2. 5. 6 „ | „ 4. 44 „ |
| 1841: | „ 2. 5. — „ | „ 2. 5. 6 „ | „ 4. 47 „ |
| 1842: | „ 1. 20. — „ | „ 2. —. 8 „ | „ 4. 45 „ |
| 1843: | „ 1. 12. 6 „ | „ 1. 22. 2 „ | „ 4. 32 „ |
| 1844: | „ 1. 22. 6 „ | „ 1. 22. 2 „ | „ 4. 30 „ |
| Durchschn. | Thlr. 1. 25. 10 Pf. | Thlr. 2. —. 3 Pf. | Fl. 4. 44 Kr. |

Großer Durchschnitt: Thlr. 2. 5. 9 Pf.

b) Nach der Zollauflegung:

| | | | |
|---|---|---|---|
| 1845: | Thlr. 1. 25. — Pf. | Thlr. 2. 1. 10 Pf. | Fl. 4. 29 Kr. |
| 1846: | „ 2. 10. — „ | „ 2. 7. 11 „ | „ 4. 28 „ |
| 1847: | „ 2. 10. — „ | „ 1. 25. 9 „ | „ 4. 13 „ |
| 1848: | „ 1. 20. — „ | „ 1. 16. 1 „ | „ 4. 6 „ |
| 1849: | „ 1. 15. — „ | „ 1. 20. 11 „ | „ 3. 56 „ |
| 1850: | „ 1. 18. — „ | „ 1. 18. 6 „ | „ 3. 52 „ |
| Durchschn. | Thlr. 1. 26. 5 Pf. | Thlr. 1. 25. 2 Pf. | Fl. 4. 11 Kr. |

Großer Durchschnitt: Thlr. 2. 1. 1 Pf.

Hiernach hat also blos das schlesische Werk im Durchschnitt 18$\frac{45}{50}$ eine Preissteigerung um den geringen Betrag von 7 Pf. pro Centner gegen 18$\frac{39}{44}$ erzielt, während das siegenische Werk eine Preisverminderung von 5 Sgr. 1 Pf. und das badische sogar von 33 Kr. oder 9 Sgr. 5 Pf. erlitten hat. Im Durchschnitt hat die absolute Preisverminderung 4 Sgr. 8 Pf., unter Hinzurechnung des Jahres 1851 aber, wo die Preise noch nie-

*) Wie überhaupt in Süddeutschland sehr wenig Roheisenhandel stattfindet, so sind diese Preise nicht als eigentliche Verkaufspreise anzusehen, sondern ist das Roheisen zu diesen Sätzen den eigenen Hammerwerken berechnet worden. Da der Abschlag dieser Preise dem Sinken der Stabeisenpreise entspricht, so haben die Angaben gleichwohl ihre volle Bedeutung.

driger als 1850 standen, mehr als 6 Sgr. betragen. Es ergiebt sich überdieß aus jener Vergleichung noch zweierlei: erstens, daß der belgische Vertrag nachtheiliger auf den rheinisch-westphälischen und süddeutschen, als auf den schlesischen Hüttenbetrieb eingewirkt hat, und zweitens, daß gerade in den feinsten Qualitäten der Preisabschlag am größten, beziehungsweise die Einwirkung des Zolls auf Aufrechthaltung der Preise am geringsten gewesen ist.

Relativ aber (im Verhältniß zur ausländischen Konkurrenz) haben sich die Preise jener drei Werke gegen schottisches Steinkohlenroheisen folgendermaßen gestellt:

a) Vor der Zollauflegung im Durchschnitt von 18$\frac{39}{44}$.

Schottisches Roheisen in Glasgow 62 sh. pro Ton oder 32 Sgr. pro Centner.

Differenz gegen inländisches Holzkohlenroheisen:

| 1. | 2. | 3. |
|---|---|---|
| Thlr. —. 23. 10 Pf. | Thlr. —. 28. 3 Pf. | Thlr. 1. 19. 2 Pf. |

Durchschnitts-Differenz Thlr. 1. 3. 9 Pf.

b) Nach der Zollauflegung im Durchschnitt von 18$\frac{45}{50}$.

Schottisches Roheisen 58 sh. pro Ton oder 30 Sgr. pro Centner.

Differenz gegen inländisches Holzkohlenroheisen:

| 1. | 2. | 3. |
|---|---|---|
| Thlr. —. 26. 5 Pf. | Thlr. —. 25. 2 Pf. | Thlr. 1. 11. 9 Pf. |

Durchschnitts-Differenz Thlr. 1. 1. 1 Pf.

Relativ ist also die Differenz ebenfalls nur bei dem schlesischen Werk um eine Kleinigkeit, nämlich um 2$\frac{7}{12}$ Sgr. oder etwa $\frac{1}{4}$ des Roheisenzolls von 10 Sgr., größer geworden, kleiner dagegen bei dem siegenischen Werk um 3 Sgr. 1 Pf. und bei dem badischen um 7 Sgr. 5 Pf., so daß im Durchschnitt die Preise inländischen Holzkohleneisens nach der Zollauflegung von 1844 noch um 2 Sgr. 8 Pf. näher bei den Glasgower Preisen gestanden haben als vorher. Wenn nun auch die Krisen seit 1848 auf die relative wie absolute Preisverminderung mit eingewirkt haben, so stellt es sich doch als Thatsache heraus, daß die Einwirkung des Roheisenzolls auf die inländischen Preise sich stufenweise verliert, wie unsere Roheisensorten sich an Qualität von dem hauptsächlich konkurrirenden schottischen und belgischen Steinkohlen- und Coakseisen entfernen. Bei dem geringsten inländischen Coaksroheisen*) mag sich deshalb in den letzten Jahren der Preis ungefähr um den Satz von 5 Sgr. gegen belgisches Roheisen höher als bei Zollfreiheit gehalten haben, während das feinste Holzkohleneisen kaum die mindeste Einwirkung davon verspürt hat, ja nicht einmal das stufenweise Sinken der Preise aufgehalten worden ist. Dies sind keine leeren Behauptungen, sondern Thatsachen, und es ergiebt sich daraus, wie falsch und haltlos eine Berechnung ist, die das Opfer der inländischen Consumenten durch eine Multiplikation des vollen Zollbetrags mit dem Quantum der inländischen Produktion finden will.

Gehen wir vom Roheisen zum Stabeisen über, so liegt es auf der Hand, daß die Zollmaaßregeln von 1844 für alle Puddlingwerke, die ausländisches Roheisen verarbeiten, eine Steigerung der Selbstkosten um den (im Verhältniß des Abgangs potenzirten) Roheisenzoll bewirken mußte. Trotzdem hat selbst in diesen Stabeisensorten kein Steigen, sondern ein bedeutendes Fallen stattgefunden, in Folge der seit 1844 so sehr verstärkten innern Konkurrenz. Untersuchen wir demuach, welche Folgen die Erhöhung des Stabeisenzolls von 1844 auf die Preise des Stabeisens gehabt hat, so ergeben sich ganz ähnliche Resultate wie oben beim Roheisen, nämlich eine absolute wie relative Verminderung.

Die nachstehenden Verkaufspreise für den Centner Stabeisen in den sechs Jahren vor und nach der Zollerhöhung gelten für folgende Werke und Stabeisensorten:

1. Eins der größten Puddlingwerke am rechten Rheinufer; das Stabeisen besteht zu etwa $\frac{1}{2}$ aus ausländischem Coaksroheisen und $\frac{1}{2}$ rheinischem Holzkohleneisen; gute Qualität.
2. Puddlingwerk in Oberschlesien; das Stabeisen besteht zu $\frac{1}{4}$ aus inländischem Coaks- und $\frac{3}{4}$ Holzkohlenroheisen; gewöhnliche Qualität.

*) Wir können davon keine Vergleichung der Verkaufspreise geben, wie vorstehend beim Holzkohlenroheisen, weil uns keine zu Gebot stehn, auch vom inländischen Coaksroheisen nur unbedeutende Quantitäten in den Handel gelangen, das meiste vielmehr unmittelbar auf den mit den Hochofen-Anlagen verbundenen Gießereien oder Puddlingwerken weiter verarbeitet wird.

3. Frischerei in Oberschlesien; das Eisen bei Holzkohlen erblasen und gefrischt; feine Qualität.

4. Fürstlich Fürstenbergisches Werk Hammereisenbach in Baden; Eisen bei Holzkohlen erblasen und gefrischt; feinste Qualität.

a) Vor der Zollerhöhung.

| | 1. Preuß. Ctr. | 2. Preuß. Ctr. | 3. Preuß. Ctr. | 4. Zoll-Ctr. |
|---|---|---|---|---|
| 1839: | Th. 5. 11. - pf. | Th. 4. —. - pf. | Th. 4. 20. - pf. | Fl. 11. 8 Kr. |
| 1840: | „ 5. 11. - „ | „ 4. 12. 6 „ | „ 5. 5. - „ | „ 10. 23 „ |
| 1841: | „ 5. 5. 1 „ | „ 4. 15. - „ | „ 5. 15. - „ | „ 10. 10 „ |
| 1842: | „ 4. 28. 6 „ | „ 4. 2. 6 „ | „ 5. 5. - „ | „ 10. 5 „ |
| 1843: | „ 4. 25. 2 „ | „ 3. 17. 6 „ | „ 4. 15. - „ | „ 9. 59 „ |
| 1844: | „ 4. 12. - „ | „ 3. 12. 6 „ | „ 4. 10. - „ | „ 9. 41 „ |
| Durchsch. | Th. 5. —. 6 pf. | Th. 4. —. - pf. | Th. 4. 26. 8 pf. | Fl. 10. 14 Kr. |

Großer Durchschnitt: Thlr. 4. 28. 2 Pf.

b) Nach der Zollerhöhung.

| | 1. | 2. | 3. | 4. |
|---|---|---|---|---|
| 1845: | Th. 5. 1. 9 pf. | Th. 3. 25. - pf. | Th. 4. 15. - pf. | Fl. 9. 29 Kr. |
| 1846: | „ 5. 8. 5 „ | „ 4. 15. - „ | „ 5. —. - „ | „ 9. 30 „ |
| 1847: | „ 5. 11. - „ | „ 4. 20. - „ | „ 5. —. - „ | „ 9. 18 „ |
| 1848: | „ 4. 12. - „ | „ 4. —. - „ | „ 4. 15. - „ | „ 9. 4 „ |
| 1849: | „ 4. 8. 8 „ | „ 3. 12. 6 „ | „ 4. 15. - „ | „ 8. 35 „ |
| 1850: | „ 3. 22. 2 „ | „ 3. 10. - „ | „ 4. 10. - „ | „ 8. 30 „ |
| Durchsch. | Th. 4. 20. 8 pf. | Th. 3. 28. 9 pf. | Th. 4. 19. 2 pf. | Fl. 9. 4 Kr. |

Großer Durchschnitt: Thlr. 4. 18. 6 Pf.

Es hat demnach seit der Zollerhöhung von 1844 eine absolute Preisverminderung auf den Centner Stabeisen stattgefunden:

| | | | |
|---|---|---|---|
| bei Nr. 1. | um | Sgr. 9. | 10 Pf. |
| „ „ 2. | „ | „ 1. | 3 „ |
| „ „ 3. | „ | „ 7. | 6 „ |
| „ „ 4. | „ | „ 20. | — „ |
| Durchschnitt: | | Sgr. 9. | 8 Pf. |

Man sieht also auch beim Stabeisen, daß die innere Konkurrenz auf eine fortwährende gleichmäßige Herabdrückung der Preise hingewirkt hat, daß also auch ohne Hinzutreten einer direkten Konkurrenz entsprechender Sorten des Auslands, die Holzkohlenfrischerei mit raschen Schritten der Betriebseinschränkung entgegengeht.

Im Vergleich zu den oben mitgetheilten Preisen von Wales Stabeisen ergeben sich folgende Preisdifferenzen:

a) Vor der Zollerhöhung im Durchschnitt von $18\frac{39}{44}$.

Wales Stabeisen in Newport oder Cardiff £ 6. 10 sh. pro Ton oder Thlr. 2. 8 Sgr. pro Centner.

Differenz gegen inländisches Stabeisen:

| 1. | 2. | 3. | 4. |
|---|---|---|---|
| Th. 2. 22. 6 pf. | Th. 1. 22. — pf. | Th. 2. 18. 8 pf. | Th. 3. 17. 5 pf. |

Durchschnitts-Differenz: Thlr. 2. 20. 2 Pf.

b) Nach der Zollerhöhung im Durchschnitt von $18\frac{45}{50}$.

Wales Stabeisen £ 6. 13 sh. pro Ton oder Thlr. 2. 10 Sgr. pro Centner.

Differenz gegen inländisches Stabeisen:

| 1. | 2. | 3. | 4. |
|---|---|---|---|
| Th. 2. 10. 8 pf. | Th. 1. 18. 9 pf. | Th. 2. 9. 2 pf. | Th. 2. 25. 5 pf. |

Durchschnitts-Differenz: Thlr. 2. 8. 6 Pf.

Relativ haben sich also ebenfalls sämmtliche Preise, selbst bei Nr. 1. trotz des vom Roheisen entrichteten Zolles, bedeutend ermäßigt. Der Preisunterschied unsres guten Eisens gegen Wales Eisen hat sich demnach seit 1844 vermindert:

bei Nr. 1. um Sgr. 11. 10 Pf.
" " 2. " " 3. 3 "
" " 3. " " 9. 6 "
" " 4. " " 22. — "

oder im Durchschn. um Sgr. 11. 8 Pf. pro Centner.

Vergleicht man aber schließlich die Preise von 1851 mit denen von 1844, so kommen noch ganz andere Differenzen heraus; hiernach steht nämlich Roheisen gegen 14 Sgr. und Stabeisen $27\frac{1}{2}$ Sgr. pro Centner (oder $4\frac{1}{4}$ und $8\frac{1}{3}$ Thlr. pro 1000 Pfd.) niedriger als $18\frac{39}{44}$, was beziehungsweise 21 Prozent und 19 Prozent der damaligen Preise ausmacht. Daß aber die Reduktionen mit der Ermäßigung der Selbstkosten noch weiter fortschreiten werden, bezweifelt wohl Niemand ernstlich. Wir dächten, ein solcher Entwicklungsgang sollte jeden billigdenkenden Eisenverbraucher befriedigen und wegen der Zukunft beruhigen.

### c. Vergleichung der inländischen mit den britischen und belgischen Eisenpreisen.

§. 54. Aus dem vorstehenden Beweis, daß das Stabeisen nach 1844 absolut wie relativ niedriger gestanden hat als vorher, folgt allerdings noch nicht, daß der Stabeisenzoll überhaupt keine Opfer koste, denn vor 1844 bestand bereits der Satz von 1 Thlr. pro Centner. Um wieviel der Zoll also das inländische Fabrikat absolut vertheuert, läßt sich nicht auf gleiche Weise berechnen, wie die Einflüsse der Zollmaaßregeln von 1844; denn es liegen durchaus keine Daten vor, wie die inländischen Preisverhältnisse sich ohne den Zoll von 1 Thlr. gestalten. Worauf aber schon die Analogie der vorstehenden Rechnungen über die Roh- und Stabeisenpreise hin weist, daß nämlich die Vertheuerung des Fabrikats durch den Zoll nach den feineren Sorten hin abnimmt, und zuletzt ganz verschwindet, dieß wird die folgende Tabelle über die ausländischen Preise der verschiedenen Eisensorten und Qualitäten belegen und erklären. Sie wird zugleich den oberflächlichen Angriffen auf die Eisenzölle ein schlagendes Dementi geben, welche bei der Vergleichung der diesseitigen und ausländischen Preise die Qualitäten gar nicht berücksichtigen, und z. B. die Preise des Wales-Stabeisens, welches allerdings auf der Börse und bei den Eisenspekulanten die Hauptrolle spielt, für die Normalpreise britischen Eisens ausgeben oder dessen Preise direkt mit denen unseres Holzkohleneisens vergleichen, und die gefundene Differenz für das Maaß der stattfindenden Vertheuerung ausgeben.

Die nachfolgenden Preisnotizen sind, was England betrifft, dem im Frühjahr 1851 ausgegebenen Preisverzeichniß eines der ersten Londoner Häuser entnommen, und was Belgien betrifft, den durchweg sehr niedrig gehaltenen Angaben der Produzenten im belgischen Preiskatalog der Londoner Industrie-Ausstellung. Die englischen Preise sind frei an Bord des nächstgelegenen Verschiffungsplatzes, die belgischen frei auf die Waggons der nächstgelegenen Station verstanden.

Beim Roheisen ist noch zu bemerken, daß in Großbritannien im Wesentlichen nur Schottisches und Walesroheisen in den Handel gelangt, und dabei von Letzterem fast nur bessere Sorten; es wird dort zwar auch ein ebenso wohlfeiles und an Qualität eher noch niedriger stehendes Eisen erzeugt wie in Schottland, allein dieß gelangt fast ausschließlich am Erzeugungsort zum Verfrischen und wird daraus jene mehrerwähnte billigste Sorte von Stabeisen erzeugt. Dagegen konkurriren im Stabeisenhandel noch viele andere Distrikte Großbritanniens, außer Wales und Schottland.

Den britischen Stabeisenpreisen lassen wir die Preise russischen und schwedischen Eisens in London folgen.

Alle Eisensorten wobei nicht das Gegentheil besonders erwähnt ist, sind bei Steinkohlen oder Coaks dargestellt.

| Eisensorten. | Preise. | |
|---|---|---|
| **Roheisen.** | | |
| a) Britisches. | Pro Ton. | Pr. 1000 pr. Pfd. |
| 1. Schottland, Glasgow z. Verfrischen | £ 2. 4 sh. | Tlr. 6. 28 sgr. |
| 2. do. do. z. Vergießen | „ 2. 4½ „ | „ 7. — „ |
| 3. do. Gartsherrie do. | „ 2. 5¾ „ | „ 7. 6 „ |
| 4. do. Ostküste do. | „ 2. 6 „ | „ 7. 8 „ |
| 5. do. Feinmetall z. Verfrischen | „ 3. 2 „ | „ 9. 23 „ |
| 6. Wales, graues zum Vergießen . . . | „ 3. 5 „ | „ 10. 7 „ |
| 7. do. do. bei kaltem Wind erblasen | „ 3. 15 „ | „ 11. 25 „ |
| 8. do. weißes zum Verfrischen . . | „ 3. — „ | „ 9. 14 „ |
| 9. do. Anthracit-Roheisen . . . . . | „ 3. 10 „ | „ 11. 1 „ |
| 10. do. Feinmetall . . . . . . . . . | „ 4. — „ | „ 12. 18 „ |
| b) Belgisches. | | |
| α. Coaksroheisen. | Pro 100 Kil. | |
| 11. Fonte d'affinage . . . . . . . . . . . | Fr. 7. 25 Cts. | „ 9. 1 „ |
| 12. Feinmetall Nr. 1. . . . . . . . . . . . | „ 9. 50 „ | „ 11. 15 „ |
| 13. do. Nr. 2. . . . . . . . . . . . | „ 10. — „ | „ 12. 14 „ |
| 14. Fonte de moulage Nr. 4. . . . . . . | „ 9. — „ | „ 11. 6 „ |
| 15. do. Nr. 3. . . . . . . | „ 10. — „ | „ 12. 14 „ |
| 16. do. Nr. 2. . . . . . . | „ 11. — „ | „ 13. 21 „ |
| 17. do. Nr. 1. . . . . . . | „ 12. — „ | „ 14. 29 „ |
| β. Holzkohlenroheisen.*) | | |
| 18. Fonte d'affinage . . . . . . . . . . . | „ 14. — „ | „ 17. 13 „ |
| 19. do. de moulage Nr. 2. . . . . . . | „ 14. 50 „ | „ 18. 2 „ |
| 20. do. do. Nr. 1. . . . . . . | „ 15. — „ | „ 18. 21 „ |

*) Ordinäre Qualitäten von luxemburgischem Holzkohlenroheisen standen gegen 1 Thlr. pro 1000 Pfd. billiger.

| Eisensorten. | Preise. | |
|---|---|---|
| **Stabeisen.** (Gewöhnliche Dimensionen, etwa ½ bis 5 Quadrat-Zoll Querschnitt.) | | |
| a) Britisches. | Pro Ton. | Pr. 1000 pr. Pfd. |
| 1. Wales | £ 5. — sh. | Tlr. 15. 23 sgr. |
| 2. Nord-England | „ 5. 5 „ | „ 16. 17 „ |
| 3. do. feines | „ 6. 5 „ | „ 19. 21 „ |
| 4. Schottland | „ 5. 10 „ | „ 17. 10 „ |
| 6. Staffordshire | „ 7. — „ | „ 22. 2 „ |
| 7. do. Krone, Löwe u. andere gute Marken | „ 7. 5 „ | „ 22. 26 „ |
| 8. do. do. feines | „ 8. 15 „ | „ 27. 18 „ |
| 9. do. do. extrafein | „ 9. 5 „ | „ 29. 5 „ |
| 10. do. Holzkohleneisen | „ 14. 15 „ | „ 46. 15 „ |
| 11. Yorkshire, Low Moor | „ 14. — „ | „ 44. 4 „ |
| 12. do. LMM Marke | „ 17. — „ | „ 53. 18 „ |
| 13. do. LMB do. | „ 20. — „ | „ 63. 2 „ |
| b) Fremdes Eisen in London. (Holzkohleneisen.) | | |
| 14. Schweden *) | „ 11. 15 „ | „ 36. 22 „ |
| 15. Rußland, Archangel | „ 13. 10 „ | „ 42. 17 „ |
| 16. do. Gourieff | „ 14. 10 „ | „ 45. 21 „ |
| 17. do. PSI Marke | „ 15. — „ | „ 47. 9 „ |
| 18. do. CCND Marke | „ 18. — „ | „ 56. 23 „ |
| c) Belgisches. | Pro 100 Kil. | |
| 19. Lütticher Puddlingeisen Nr. 1. | Fr. 15. 50 Cts. | „ 19. 9 „ |
| 20. do. do. Nr. 2. | „ 17. 50 „ | „ 21. 24 „ |
| 21. do. do. Nr. 3. | „ 19. 50 „ | „ 24. 9 „ |
| 22. do. do. aus Holzkohlenroheisen | „ 24. 50 „ | „ 30. 16 „ |
| 23. Feines Holzkohlenschmiedeeisen | „ 35. — „ | „ 43. 18 „ |
| **Kesselbleche.** (Gewöhnliche Dimensionen, Gewicht unter 3 Ctr. die Platte.) | | |
| a) Britische. | Pro Ton. | |
| 1. Schottland | £ 8. 5 sh. | „ 26. — „ |
| 2. Nord-England | „ 8. 10 „ | „ 26. 24 „ |

*) Die feineren (Monopol-) Sorten schwedischen Eisens, welche ausschließlich zur Verwendung für Gußstahl nach Sheffield gehen, stehen noch um 50 bis 75 Prozent höher. Die erwähnte Sorte zu Thlr. 36. 22 Sgr. ist gewöhnliches schwedisches Eisen für Anker, Ketten, Draht u. s. w.

| Eisensorten. | Preise. | |
|---|---|---|
| | Pro Ton. | Pr.1000pr.Pfd. |
| 3. Staffordshire, ord. . . . . . . . . . . . | £ 8. 10 sh. | Tlr.26. 24 sgr. |
| 4. do. Kronen-Marke . . . . . . | „ 8. 15 „ | „ 27. 18 „ |
| 5. do. do. fein . . . . . . . | „ 9. 5 „ | „ 29. 5 „ |
| 6. do. do. extrafein . . . . . | „ 10. 5 „ | „ 32. 9 „ |
| 7. Yorkshire, Low Moor-Marke . . . . . | „ 18. — „ | „ 56. 23 „ |
| b) Belgische. | Pro 100 Kil. | |
| 8. Lütticher aus Coakseisen, Nr. 1. . . . | Fr. 28. — Cts. | „ 34. 26 „ |
| 9. do. do. Nr. 2. . . . | „ 31. — „ | „ 38. 14 „ |
| 10. do. do. Nr. 3. . . . | „ 36. — „ | „ 44. 26 „ |
| 11. do. aus Holzkohleneisen . . . . | „ 48. — „ | „ 59. 24 „ |
| **Eisendraht.** (Nr. 00 bis Nr. 6. englisch.) | | |
| a) Britischer. | Pro Bündel à 63 Pfd. | |
| 1. Gewöhnlicher englischer Eisendraht . | sh. 6. 6 d. | „ 35. 8 „ |
| 2. Feiner do. do. . . | „ 8. 6 „ | „ 46. 4 „ |
| 3. Feinster aus Holzkohleneisen do. . . | „ 10. 6 „ | „ 56. 28 „ |
| b) Belgischer. | Pro 100 Kil. | |
| 4. Gewöhnlicher für Drahtstifte . . . . . | Fr. 36. — Cts. | „ 44. 26 „ |
| 5. Feiner für Quincaillerien . . . . . . . | „ 44. — „ | „ 54. 25 „ |
| 6. Feinster aus Holzkohleneisen für Federn | „ 51. — „ | „ 63. 17 „ |

Die Durchschnittspreise der verschiedenen inländischen Eisensorten, die bei uns in den Handel kommen, waren dagegen in den gewöhnlichen Dimensionen für 1851 loco Werk folgende:

### Roheisen.

| | | Pro 1000 Pfd. |
|---|---|---|
| 1. Coaksroheisen zum Verfrischen von der Ruhr, Saar und Oberschlesien . . . . . . . . . . . . . . . . . | | Thlr. 12. $7\frac{1}{2}$ Sgr. |
| 2. Coaksroheisen zum Vergießen . . . . . . . . . . . . . | | „ 13. 10 „ |
| 3. Holzkohlenroheisen, schlesisches . . . . . . . . . . . | | „ 14. — „ |
| 4. do. siegenisches . . . . . . . . . . . | | „ 14. — „ |
| 5. do. luxemburgisches, fer tendre . . | | „ 13. 25 „ |
| 6. do. nassauisches . . . . . . . . . . | von | „ 14. 15 „ |
| | bis | „ 15. 15 „ |
| 7. do. süddeutsches*) . . . . . . . | von | „ 16. — „ |
| | bis | „ 18. — „ |

---

*) Der höhere Preis des süddeutschen Roh- und Stabeisens erklärt sich

## Stabeisen.

| | | Pro 1000 Pfd. | | |
|---|---|---|---|---|
| *α.* Bei Steinkohlen gefrischt: | | | | |
| 1. Ordin. Qualität, ganz aus ausländischem Coakseisen*) (rheinische und westphälische Puddlingwerke) | von | Thlr. | 25. — | Sgr. |
| | bis | „ | 27. — | „ |
| 2. Ordinäre Qualität aus inländischem Coaksroheisen (schlesische und rheinische Puddlingwerke) . . . | von | „ | 28. — | „ |
| | bis | „ | 30. — | „ |
| 3. Verschiedene Qualitäten aus Mischungen von Coaks- und Holzkohleneisen . . . . . . . . . . . . . . . | von | „ | 30. — | „ |
| | bis | „ | 32. — | „ |
| 4. Feine Qualität aus inländischem Holzkohleneisen | von | „ | 32. — | „ |
| | bis | „ | 34. — | „ |
| 5. Feinste Qualität aus siegenischem oder nassauischem Holzkohlenroheisen . . . . . . . . . . . . . . . | von | „ | 34. — | „ |
| | bis | „ | 38. — | „ |
| *β.* Bei Holzkohlen erblasen und gefrischt: | | | | |
| 6. Schlesisches Schmiedeeisen . . . . . . . . . . . . . . | | „ | 39. — | „ |
| 7. Westphälisches und nassauisches Schmiedeeisen . . . | | „ | 42. — | „ |
| 8. Süddeutsches Schmiedeeisen . . . . . . . . . . . . . | | „ | 44. — | „ |

## Kesselbleche.

| | | | |
|---|---|---|---|
| 1. Ordin. aus ausländischem Coakseisen . . . . . . . | „ | 45. — | „ |
| 2. Feinste Qualität aus Holzkohleneisen . . . . . . . . | „ | 54. — | „ |

## Draht.

(Nr. 00. bis 6. englisch).

| | | | |
|---|---|---|---|
| 1. Ordin. aus Puddlingeisen . . . . . . . . . . . . . . . | „ | 49. — | „ |
| 2. Mittel-Qualität aus Holzkohleneisen bei Steinkohlen gefrischt . . . . . . . . . . . . . . . . . . . . . . | „ | 55. — | „ |
| 3. Feinster Springfederdraht aus nassauischem Eisen bei Holzkohlen erblasen und gefrischt . . . . . . . . . . | „ | 63. — | „ |

Diese Zusammenstellung der in- und ausländischen Preise weist auf's Schlagendste nach, daß die feinsten Qualitäten inländischen Eisens nicht theurer, sondern eher wohlfeiler als die ausländischen sind, und daß eine Vertheuerung blos mit der Ab-

---

allerdings zum Theil aus dessen vorzüglicher Qualität; sonst aber aus der größeren Entfernung von den Konkurrenzländern. Die Preise sind überdies nur beim Absatz im Kleinen zu erzielen.

*) Solches Eisen, der Qualität der ordinären Wales bars entsprechend, wird bis jetzt nur sehr wenig im Inland angefertigt und verbraucht; meistens wird wenigstens etwas Feinmetall oder Holzkohleneisen zugesetzt.

nahme der Qualität eintritt, sonach die ordinärsten Eisensorten trifft. Das luxemburgische Roheisen sehen wir z. B. noch wohlfeiler als das belgische. Ja für das theuerste, deutsche Roheisen, das badische, bieten die Preise der anliegenden Schweiz — mit kaum nennenswerthen Zöllen — den Beleg, daß der Zoll zur Vertheuerung nichts beitrug; denn das schweizerische Eisen kostet loco Werk durchschnittlich eher mehr als weniger, wie das badische. — Dabei ist überdies zu berücksichtigen, daß unser gewöhnliches inländisches Coaksroheisen immer noch an Qualität die ordinären schottischen oder belgischen fontes d'affinage weit übertrifft und weit geringeren Verlust beim Verfrischen erleidet.

Unser absolut wohlfeilstes ist also relativ das theuerste Eisen. Bei der ganz aus ausländischem Roheisen dargestellten Stabeisensorte Nr. 1. steigt der Unterschied gegen Wales Stabeisen auf Thlr. 9. 5 Sgr. pro 1000 Pfund. An den Consumtionsorten stellt sich dagegen die Differenz höchstens auf 7 Thlr., da man auf den meisten Punkten des Vereinsgebiets die Fracht von den nächstgelegenen inländischen Stabeisenwerken um mehr als 2 Thlr. pro 1000 Pfund billiger hat, als vom Ausland. Und ferner kommt von diesen 7 Thlrn. in Abzug, wie viel Zoll von dem verwandten ausländischen Roheisen an die Staatskasse entrichtet worden war. Beim Bezug aus Schottland waren dies (von 1400 Pfund) Thlr. 4. 10 Sgr. und aus Belgien Thlr. 2. 5 Sgr. Als äußerste Grenze der Vertheuerung zu Gunsten des inländischen Eisengewerbes blieben also im ersten Fall Thlr. 2. 20 Sgr., im zweiten Thlr. 4. 25 Sgr. pro 1000 Pfd. (Sgr. 8. 10 Pf. resp. Sgr. 15. 11 Pf. pro Ctr.), von wo ab die Vertheuerung stufenweise abnimmt und bei den feinsten Qualitäten ganz verschwindet.

Bei den ordinären Kesselblechen ist der Mehrpreis sehr bedeutend; doch sind seit 4 Jahren die Preise in solchem Abnehmen begriffen, daß die Differenz immer kleiner wird.

Ueberhaupt sollen die noch bestehenden Differenzen keineswegs als unbedeutend dargestellt werden. Nur so viel stellt sich evident heraus, wie wenig die Zollhöhe mit einer Vertheuerung des inländischen Eisens gleichbedeutend ist und wie man sich folgerichtig zum Behuf der Erhaltung gewisser Verhältnisse für die Nothwendigkeit eines bestimmten Zollsatzes aussprechen kann, ohne damit eine entsprechende allgemeine Vertheuerung, geschweige denn eine dauernde, zu beabsichtigen. Für die besseren Qualitäten hat im Wesentlichen der Zoll nur die Folge gehabt, durch Vertheuerung der ordinären Sorten ihnen einen verhältnißmäßig größeren Absatz zu sichern; immer aber blieb die innere Konkurrenz stark genug, nicht blos jeder Preissteigerung zuvorzukommen, sondern sogar die Preise noch immer weiter herabzudrücken. Selbst ohne Zoll würden jetzt die Preise dieser Qualitäten nicht mehr wesentlich herabgehen können, wie die gleichstehenden ausländischen Preise darthun (von denen nur einzelne weit theurere Sorten schwedischen und russischen, so wie Yorkshire Eisens als besser wie unser bestes deutsches Eisen zu betrachten sind); wohl aber würde eine außerordentliche Betriebsbeschränkung plötzlich vor sich gehen, die wir im Wege der inneren Konkurrenz auf langsamere und für die betroffenen Gegenden und Besitzer weniger empfindliche Weise durchgeführt zu sehen wünschen. Die Zollmaaßregeln von 1844, indem sie nur die Preise der mit dem ordinärsten ausländischen Eisen direkt konkurrirenden Sorten höher hielten, als sie ohne diese Zollerhöhungen stehen würden, die Preise der feinsten Qualitäten inländischen Eisens aber unberührt ließen, haben sonach die Verminderung der Preisdifferenz zwischen guten und schlechten Qualitäten zur Folge gehabt. Die weitere Folge hiervon war, daß der Consument verhältnißmäßig mehr gutes Eisen verbrauchte, als bei größerer Preisdifferenz der Fall gewesen sein würde. Mancher wählt z. B. jetzt ein Holzkohleneisen, der Coakseisen vorzöge, wenn die Differenz statt 6 vielleicht 10 Thlr. pro 1000 Pfund betrüge. Da aber nun erfahrungsmäßig, wie bei den meisten Waaren so auch beim Eisen, die Werthdifferenz der guten Sorten) durch größere Festigkeit, geringere Abnutzung, längere Haltbarkeit u. s. w.) gewöhnlich größer ist, als die Preisdifferenz, so ist noch lange nicht immer gesagt, daß Jemand durch die Vertheuerung der unteren Qualitäten einen reellen Nachtheil erlitten habe, wenn er deshalb die beste, theuerste Sorte wählte, bei größerem Unterschied aber vielleicht die schlechtere, wohlfeile verbraucht haben würde. Bei den bisherigen Verbrauchsverhältnissen im Zollverein besteht nur der allerkleinste Theil aus solchen Sorten, wobei es auf die Qualität wenig oder gar nicht ankommt, während in England und

Belgien der stattfindende Mehrverbrauch gerade hauptsächlich auf solche Sorten entfällt.

Selbst bei den untersten Sorten aber finden wir die Vertheuerung durchschnittlich bei Weitem nicht so weit gehend, als der Zollbetrag. Nur beim Absatz nach bestimmten, für den inländischen Bezug besonders ungünstig, den ausländischen günstig gelegenen Punkten (z B. den nordöstlichen preußischen Provinzen) kann sich ausnahmsweise in einzelnen Perioden der Preis des inländischen Eisens bis zum Niveau des Zollbetrages erheben, und selbst da kommt immer noch eine Qualitätsdifferenz oder der Betrag des vom Roheisen entrichteten Zolls in Abzug.

Wir wollen, wie schon gesagt, weder die Vertheuerung noch die Verbrauchsverminderung der unteren Sorten gering schätzen. Allein der Zoll hemmt diese Entwicklung auch nicht; er läßt sie nur in solcher Weise fortschreiten, daß das Bestehende nicht plötzlich und gewaltsam zerstört, sondern der Bau der ganzen inländischen Eisenindustrie ohne zu starke Erschütterungen auf den neuen, technisch und ökonomischen umgestalteten Boden verpflanzt werde. Was jetzt als Hinderniß der Entwicklung, als temporärer Nachtheil erscheint, dies wird sich mit der Zeit im gegentheiligen Lichte darstellen, sobald die durch den Zoll hervorgerufenen neuen inländischen Werke anfangen, billiger zu produziren, als das Eisen zollfrei vom Ausland bezogen werden könnte. Wir kommen später hierauf zurück.

### d. Spezielle Vertheuerungsberechnungen.

§. 55. Nächst einer Erörterung des thatsächlichen Einflusses, welchen die Zollmaaßregeln von 1844 auf die diesseitigen Eisenpreise gehabt haben, so wie einer Vergleichung der in- und ausländischen Notirungen der verschiedenen Sorten und Qualitäten, wollen wir schließlich noch die Opfer, welche der Eisenzoll den Consumenten auflegt, durch ein näheres Eingehen in konkrete Verbrauchsverhältnisse zu erörtern suchen. Die Resultate werden die früheren Behauptungen rechtfertigen.

Nächst den Eisenbahnen ist der bedeutendste Eisenverbraucher im Zollverein die Landwirthschaft, und gerade hierbei haben unsre Gegner sich am stärksten bemüht, die nachtheiligen Folgen der Eisenzölle darzuthun. Wir wollen die Uebertreibungen, deren man sich hierbei schuldig gemacht hat, auf ihr richtiges Maaß zurückführen*).

Nach der in §. 29. gegebenen Berechnung entfallen auf die Landwirthschaft des preußischen Staates (von der uns allein die Angaben über die bewirthschaftete Bodenfläche zu Gebot stehen) etwa 900,000 Centner Roheisen jährlich. Nun besitzt Preußen nach v. Lengerke**) 47,753,000 Morgen Landes, die als Aecker oder Gärten bewirthschaftet werden. Hiernach kommen also auf den Morgen 2,07 Pfund Roheisen jährlich, welcher Verbrauch natürlich in den einzelnen Fällen, je nach dem Boden, Art der Bewirthschaftung u. s. w. sehr verschieden ist. Da das Roheisen nicht als solches, sondern als Stabeisen, Blech, überhaupt in verarbeitetem Zustande zur Anwendung gelangt, so mag das reine Gewicht dieser Geräthschaften zu 1,48 Pfund pro Morgen angenommen werden***).

Wollen wir nun den Zollbetrag — als die oberste Grenze der möglichen Vertheuerung — berechnen, so ist vorerst das Verbrauchsverhältniß festzustellen, in welchem die verschiedenen Eisenfabrikate bei der Landwirthschaft zur Verwendung kommen. Die folgenden Angaben enthalten das Durchschnittsresultat verschiedener Erhebungen.

Es kommen von dem Gesammteisenverbrauch der Landwirthschaft zur Verwendung†):

---

*) Die folgende Darstellung ist im Wesentlichen einer im Jahre 1850 vom Verf. d. veröffentlichten Denkschrift: Ueber den Einfluß der Eisenzölle auf die Landwirthschaft, Hamburg 1850', entnommen, die diesen Gegenstand ausführlicher behandelt.

**) A. v. Lengerke, Beiträge zur landwirthschaftlichen Statistik des preußischen Staates. Berlin 1847.

***) Direkte auf's sorgfältigste angestellte Ermittelungen bestätigen die annähernde Richtigkeit dieser Annahme. So hatte eine nassauische Ackerwirthschaft von 700 naff. (685 preuß.) Morgen im Durchschnitt der letzten 10 Jahre an verschiedenen Eisensorten und Waaren 946 Pfd. oder 1,38 Pfd. pro preuß. Morgen verbraucht. Ein rheinischer Gutsbesitzer rechnete auf einem Gut von 10,000 Morgen nur 1 Pfd. pro Morgen.

†) Es ist klar, daß z. B. bei Huf- und Radbeschlag und sonstigen örtlichen Verwendungen nur der Zoll des vom Hufschmidt verwandten Stabeisens

| | | | | | |
|---|---|---|---|---|---|
| 1) als Stabeisen, Stahl rc. . . | 45 pCt. | oder | 0,67 Pfd. | pro Morg. |
| 2) „ Kleineisen . . . . . . . | 10 „ | „ | 0,15 „ | „ |
| 3) „ Façoneisen, Achsen, Blech rc. | 15 „ | „ | 0,22 „ | „ |
| 4) „ Weißblech, Draht rc. . . | 5 „ | „ | 0,07 „ | „ |
| 5) „ grobe Gußwaaren . . . | 10 „ | „ | 0,15 „ | „ |
| 6) „ Eisen- und Stahlwaaren | 15 „ | „ | 0,22 „ | „ |
| | | Summa . . | 1,48 Pfd. | |

Werden diese Gegenstände vom Ausland bezogen, so müssen sie nach den gegenwärtigen Sätzen des Tarifs an Zoll entrichten:

| | | | | |
|---|---|---|---|---|
| von Nr. 1. | à Thlr. 1. 15 Sgr. | pro Ctr. | . . . 3,38 | Pfennige |
| „ „ 2. | „ 2. 15 „ | „ | . . . 1,26 | „ |
| „ „ 3. | „ 3. — „ | „ | . . . 2,22 | „ |
| „ „ 4. | „ 4. — „ | „ | . . . 0,94 | „ |
| „ „ 4. | „ 1. — „ | „ | . . 0,50 | „ |
| „ „ 6. | „ 6. — „ | „ | . . . 4,44 | „ |
| | | Summa | . . 12,74 | Pfennige. |

Dieser Betrag von 12,74 Pfgn. pro Morgen ist also die **oberste Grenze der Vertheuerung**, die überhaupt **möglich ist** und die nur dann statthaben kann, wenn man diese Gegenstände sämmtlich aus dem Auslande bezieht. Da aber erwiesenermaßen das inländische Eisen bei weitem nicht um den Zollbetrag vertheuert wird und gerade für die Landwirthschaft am wenigsten, weil sie fast ausschließlich der feinsten Eisensorten bedarf, die bei uns gleich billig sind als im Ausland, so kann die wirkliche Preiserhöhung durch den Zoll nur einen Bruchtheil von jenem Maximalsatz betragen haben. Dieser Theil wird natürlich um so größer sein, je ungünstiger eine Gegend für den Bezug von inländischem Eisen liegt; sie beträgt sonach z. B. für die Provinz Preußen bedeutend mehr als für Schlesien, Rheinland und Westphalen.

Mit Berücksichtigung dieser verschiedenen geographischen Lage einerseits und des Verbrauchsverhältnisses an inländischem und importirtem Eisen anderseits dürfte sich in Wirklichkeit die Bela-

---

maaßgebend sein kann, indem sie in keiner andern Form zu beziehen sind. Es ist lächerlich, den Zoll auf Eisenwaaren hierbei in Anschlag bringen zu wollen, wie unsere Gegner häufig thun.

stung der Landwirthschaft in den verschiedenen Provinzen Preußens folgendermaßen gestalten:

| Provinzen. | Acker= und Gartenland. Morgen. | Vertheurungs=Quote pro Morgen. Pfennige. | Summa d. Belastung. Thlr. |
|---|---|---|---|
| Preußen ..... | 9,360,000 | 9 | 240,667 |
| Pommern .... | 4,660,000 | 7 | 90,611 |
| Posen ...... | 4,750,000 | 6 | 79,167 |
| Brandenburg .. | 6,765,000 | 6 | 112,750 |
| Sachsen ..... | 5,430,000 | 6 | 90,500 |
| Schlesien .... | 8,030,000 | 4,5 | 100,375 |
| Westphalen ... | 8,425,000 | 4,5 | 55,312 |
| Rheinland .... | 4,333,000 | 4,5 | 54,162 |
| Königr. Preußen | 47,753,000 | 6,01 | 803,544 |

Von dieser Belastung von 6,01 Pfgn. pro Jahr und Morgen bleibt aber etwa nur die Hälfte als Beitrag zur Förderung der inländischen Eisenindustrie, indem das übrige von der stattgefundenen Einfuhr an die Zollkasse entrichtet, also an direkten Staatssteuern um so viel weniger bezahlt worden ist.

Selbst wenn die Erhaltung und Ausdehnung der inländischen Eisenindustrie nicht das mindeste Interesse für unsere Landwirthschaft hätte, wenn die Gestattung freier Eiseneinfuhr die Consumtionsfähigkeit der Hunderttausende, die in der Eisenindustrie beschäftigt sind, gar nicht oder doch nur temporär schwächte, so muß Jeder einsehen, daß es sich hier überhaupt nicht um Summen handelt, die von irgend einer Bedeutung für die Lage der Agrikulturbevölkerung sind. In der That haben auch die im Jahre 1848 angestellten Enquêten*) ergeben, daß sich die Landwirthe aus allen Theilen der Monarchie fast ohne Ausnahme mit den Eisenzöllen einverstanden erklärten und in jeder Beeinträchti=

*) Diese Gutachten der verschiedenen landwirthschaftlichen Vereine sind im Frühjahr 1851 durch Herrn Dr. Glaser in der „Constitutionellen Zeitung" mitgetheilt worden und haben wesentlich dazu beigetragen, das öffentliche Urtheil über diesen Gegenstand zu berichtigen.

gung der Existenz oder Entwicklung unsrer Eisenindustrie eine weit stärkere Gefährdung ihrer Interessen erblicken, als in der winzigen und vorübergehenden Besteuerung durch die bestehenden Zölle.

Stärker noch als der Verbrauch der Landwirthschaft ist in Preußen, wenigstens in den letzten Jahren, der Bedarf für Eisenbahnbauten gewesen. Hier ist auch das Opfer verhältnißmäßig größer, weil meistens ordinäre Eisensorten zur Verwendung kommen, die verhältnißmäßig stärker durch den Zoll vertheuert sind, als die besseren.

Nach den von Herrn v. Reden mitgetheilten und auf anderen Wegen gesammelten genauen Nachrichten über die Preise der Schienen der bis Ende 1846 im Zollverein erbauten Eisenbahnen ergiebt sich, daß die von England gelieferten, auf die Bahn gelegt, aber ohne Zoll, im Durchschnitt Thlr. 3. 10 Sgr. (die theuerste Lieferung Thlr. 5. 14 Sgr., die billigste Thlr. 2. 15 Sgr.) pro Centner gekostet haben und die belgischen Schienen Thlr. 3. 25 Sgr. Die im Zollverein selbst fabrizirten Schienen haben dagegen auf die Bahn gelegt im Durchschnitt Thlr. 4. 15 Sgr. gekostet (1851 nur noch Thlr. 3. 10 Sgr. loco Werk). Als Durchschnitt der Vertheuerung kann man, da von Belgien verhältnißmäßig wenig bezogen ward, 1 Thlr. pro Centner annehmen. Von dieser Summe ist indeß das Aequivalent der besseren Qualität abzuziehen. Denn wenn auch verhältnißmäßig wenige Schienen gänzlich aus inländischem Holzkohleneisen bestehen, so enthalten doch fast alle Kontrakte mit inländischen Werken die Bedingung, daß die obere Lage, theilweise auch die untere, aus dem besten Holzkohleneisen bestehen muß. Hierzu ist aber, wenn die Bedingung wirklich erfüllt wird, kein ausländisches Walzwerk ohne eine Erhöhung der gewöhnlichen Schienenpreise von mindestens 10 Sgr. im Stande. Weiterhin beruht ein Theil der Vertheuerung in dem Zoll, welcher von dem verwendeten ausländischen Roheisen in die Staatskasse gezahlt worden ist und den man für den Centner Schienen auf mindestens 7½ Sgr. veranschlagen kann, da sie durchschnittlich etwa zu ⅔ aus belgischem und britischem Roheisen hergestellt sind. Die wirkliche Vertheuerung der Schienen, zu Gunsten der inländischen Eisenindustrie, reduzirt sich somit auf höchstens 12½ Sgr. pro Centner. Das gleiche Verhältniß kann für den übrigen Eisenbedarf der Bahnbauten gelten, den die Maschinen, Wagen, Stühle, Nägel u. s. w. erfordern. Die eingeleisige Meile zu 12,000 Centner Eisenbedarf gerechnet, betrüge demnach die reine Vertheuerung zu Gunsten der inländischen Eisenindustrie 5000 Thlr. Da nun die bis Ende 1846 in Deutschland erbauten Bahnen im Durchschnitt 334,821 Thlr. pro Meile gekostet haben, so macht die Vertheuerung etwa $1\frac{1}{2}$ Prozent des Anlagekapitals aus. Nur die großartigste Uebertreibung kann somit die Eisenzölle als ein Hinderniß der Entwicklung oder der Rentabilität unsrer Eisenbahnen darstellen. In England kosten die Bahnen 1,094,800 Thlr., in Belgien 519,140 Thlr. pro preuß. Meile; die zollvereinsländischen kommen somit eben nur auf $\frac{3}{5}$ der letzteren und nur $\frac{1}{3}$ der ersteren. Die belgischen Schienen haben überdies nach offiziellen Berichten bis Ende 1847 auf die Bahn gelegt im Durchschnitt Fr. 31. 50 Cent. pro 100 Kil. oder Thlr. 4. $9\frac{1}{2}$ Sgr. pro Centner (die theuersten Thlr. 6. 2. 2 Pf., die billigsten Thlr. 2. 26. 9 Pf.) gekostet, also nur $5\frac{1}{2}$ Sgr. weniger als im Zollverein. Man sieht hieraus, wie wenig die Eisenzölle, ja die Gesammtkosten für Eisen, bei Bahnanlagen den Ausschlag geben.

Noch eklatanter zeigte dies das Beispiel der Vereinigten Staaten von Nord-Amerika. Die Schienen sind dort durchschnittlich mindestens noch 20 Prozent theurer gewesen als im Zollverein, und doch hat dieses Land sowohl relativ wie absolut eine weit größere Eisenbahnlänge ausgeführt und überhaupt einen weit stärkeren Eisenconsum als selbst Großbritannien. In der That ist von den vier Ländern, die mehr Eisen auf den Kopf verbrauchen als der Zollverein, nur eins — Großbritannien — das wesentlich niedrigere Eisenzölle hat, als der Zollverein. Belgien und Frankreich haben weit höhere Sätze, und der Zoll von 30 Proz. in den Vereinigten Staaten ist zwar bei einigen Eisensorten niedriger, bei andern aber auch so viel höher als der unsrige.

Wie im vorigen Paragraphen erörtert, haben solche spezielle Vertheuerungsberechnungen allerdings keine entscheidende Bedeutung, indem sich die wirkliche Belastung nach dem Maaße des Verzehrs und Einkommens auf die Individuen vertheilt. Allein sie gewähren dennoch einen Schluß auf das überhaupt stattfindende Vertheuerungsverhältniß und dessen Unverfänglichkeit für die verschiedenen Gewerbe, die gerade vorzugsweise viel Eisen verbrauchen.

Es läßt sich aber, außer durch solche direkte Ermittlungen, noch von anderer Seite her ein Schluß auf die geringe Vertheuerung der inländischen Eisen-Produktion machen. Es beweist dies die Konkurrenz-Fähigkeit eines so großen Theils unserer Eisen- und Stahlwaaren. Die Solinger und Remscheider Waaren konkurriren in aller Welt mit den Englischen, und sind fast durchgehends noch billiger als diese. Insofern solche Waaren aus ganz ordinärem Eisen dargestellt werden können, sind die Engländer allerdings noch im Vorzug, allein wo gutes Material erforderlich war, konkurriren wir vollständig, ein Beweis, daß unser gutes Eisen gar nicht oder doch nur unbedeutend theurer sein kann, als die entsprechende Qualität von englischem Eisen.

Der Eisenconsum des Zollvereins wird (s. §. 29.) seit 10 Jahren beinahe zur Hälfte durch die Zufuhren vom Auslande befriedigt. Wie aus §. 51. hervorgeht, hat die Belastung von dieser eingeführten Hälfte im Durchschnitt von 18$\frac{42}{50}$ 1,87 Sgr. pro Kopf der Bevölkerung betragen. Lassen wir nun auch der Phantasie unserer Gegner freien Spielraum, um wieviel die andere im Inland produzirte Hälfte vertheuert worden ist, ob weit weniger (wie dieß natürlicherweise unsere Ansicht ist) oder ob gleich viel, so mögen die Betheiligten urtheilen, ob sie sich in ihren Erwerbsinteressen empfindlich verletzt fühlen, wenn sie diesen, in starker Abnahme begriffenen, Beitrag zur Erhaltung und Weiterbildung unserer Eisenindustrie noch auf einige Jahre entrichten. Unmöglich kann auch der Eisenverbrauch stärker zurückgehalten sein, als sich für diese winzige Summe an Eisenfabrikaten einkaufen ließe.

Wie thöricht wäre es aber zu glauben, daß die Opfer zu Gunsten unserer Eisenindustrie reine Verluste seien, daß es nur der Abschaffung der Eisenzölle bedürfe, um sich davon zu befreien! So stände wohl die Frage, wenn noch gar keine inländische Eisenindustrie existirte, wenn man eine Rechnung anzustellen hätte, ob man sie um den Preis jener Vertheuerung einführen solle oder nicht. Allein wo einmal die Eisenindustrie wie seit Jahrhunderten in Deutschland einheimisch ist, da läßt sie sich nicht mehr aus dem wirthschaftlichen Leben der Nation herausreissen, oder auch nur gewaltsam erschüttern, ohne eine Mitleidenschaft aller andern Organe hervorzurufen. Was würde es dem Landmann nützen, das Eisen zollfrei etwas wohlfeiler zu beziehen, wenn er durch die schlimme Lage des Eisengewerbes, die verminderte Consumtionsfähigkeit von mehreren Hunderttausenden, sei es auch nur um einen Pfennig weniger für den Scheffel Getreide bekäme? So liegt aber die Sache; alle einseitigen Vertheuerungsberechnungen, die nicht gleichzeitig die Einwirkung auf die Einnahmen des Zahlenden außer Augen lassen, alle jene abstrakten Trennungen in Produzenten und Consumenten, wo doch beide Funktionen in jedem einzelnen Individuum sich vereinigen, sind ganz bedeutungslos und unwissenschaftlich. Wir behaupten nicht, daß unsere Eisenzölle dem Bauer, dem Handwerker einen absoluten Vortheil bringen, wir geben im Gegentheil den Nachtheil zu. Allein wir behaupten, daß er sich durch eine sofortige Aufhebung der Eisenzölle diesen Nachtheil nicht vom Halse schaffen kann, indem der Zustand, in welchen diese Aufhebung die inländische Eisenindustrie versetzen würde, ihm voraussichtlich einen noch weit größeren Schaden brächte. Ja geben wir auch zu, die Noth, die verminderte Consumtionsfähigkeit aller im Eisenfach beschäftigten Capitalisten, Unternehmer und Arbeiter werde nur vorübergehend sein; mit der Zeit würden sie andere Gewerbe anfangen und wieder gleiche Werthe produziren und consumiren, nun so bleibt doch immer die Frage: wird diese Uebergangsperiode die kürzere und die weniger nachtheilige für die Allgemeinheit sein oder steht nicht vielmehr zu erwarten, daß die Periode bis zur völligen Wiederherstellung der temporär verlornen Konkurrenz-Fähigkeit unserer Eisenindustrie rascher und bei geringeren Opfern der Consumenten verlaufen werde? So lange sich nicht die Industrien am grünen Tisch ausstreichen und durch andere ersetzen lassen, wird man aber in Fällen wie der vorliegende stets nur die Wahl zwischen diesen beiden Alternativen haben. Den Ausschlag wird in letzter Ordnung die Erwägung geben, ob eben diese Konkurrenz-Fähigkeit in der That wieder zu erlangen ist. Mit diesem Beweis werden wir dann auch die vorliegende Arbeit abschließen.

## Der Einfluß der Eisenzölle auf Ausdehnung und Ausbildung der Eisenindustrie.

§. 56. Wir haben nun noch den Eisenzoll gegen einige häufig aufgestellte Einwände zu vertheidigen, daß nämlich alle diese Opfer zu nichts führten, daß er die Ausdehnung der inländischen Produktion nicht fördere und dabei den technischen Fortschritt hemme.

Den einfachsten Beweis des Gegentheils liefert vorerst der Hinblick auf die Entwicklung der Eisenindustrie in anderen Staaten, die überall wo sie zu irgend einer Höhe und Bedeutung gelangt ist, unter dem Schutz von genügenden Zöllen stattfand. Freilich lassen sich hieraus nicht immer bestimmte Anhaltpunkte für unsern Beweis entwickeln, wenn nämlich die Zölle seit langen Zeiten existirten, so daß der primitive Einfluß ihrer Auflegung nicht mehr verfolgt werden kann. Auch hat man sich zu hüten, solchen Maaßregeln zu viel Gewicht in dem einen oder in dem andern Sinne beizulegen, indem in den objektiven und subjektiven Grundlagen, die das Gewerbe in jedem Lande vorfindet, die eigentlichen Bedingungen seiner Entwicklungsfähigkeit gegeben sind, so daß man namentlich da dem Zollschutz keine Wirkung zuschreiben soll, wo derselbe als überflüssig erscheinen mußte.

Will man sich nicht in Hypothesen verlieren, so muß man bei Beurtheilung dieser Frage sich auf die Beobachtung der Folgen stützen, welche bestimmte Veränderungen in den Zollmaaßregeln thatsächlich nach sich zogen. Im Ausland haben wir nun namentlich zwei Fälle, die in dieser Beziehung vorliegen. Der erste ist die allmählige Herabsetzung und Aufhebung der Eisenzölle in England, die so vielfach als Beweis für die Wirksamkeit des Freihandels auf Entfaltung der Industrie angeführt wird. Dieß Argument ist nichtig. Denn Huskisson hob zwar 1825 die Prohibition auf, aber nicht den Zoll; es blieb vielmehr noch 15 Jahre lang der Satz von 10 Sgr. pro Centner, oder 30 bis 40 Prozent der dortigen Erzeugungskosten bestehen, und dann erst folgte die allmählige Herabsetzung und 1846 die vollständige Aufhebung. Die ganze großartige Ausdehnung und Entwicklung der britischen Eisenindustrie hat also thatsächlich unter Zöllen stattgefunden, wie wir sie als die für unsere Verhältnisse passenden befürworten. Uebrigens sind wir weit entfernt jede gewerbliche Entwicklung, die unter der Herrschaft eines Zollsatzes stattfand, gerade dessen alleiniger Einwirkung zuschreiben zu wollen. Bei der günstigen natürlichen Grundlage, welche die Coakseisenerzeugung in Großbritannien hat, bei dem Unternehmungsgeist der Nation und ihrem großen Kapitalbesitz, dürfte auch wohl unter etwas veränderten Zollmaßregeln ziemlich dasselbe Resultat herausgekommen sein. Auch kann ein Zoll nur da wirken, wo er nothwendig ist, und dieß war bei der Lage der britischen zur kontinentalen Eisenindustrie schon vor der geschehenen Reduzirung der englischen Eisenzölle kaum mehr der Fall. Nur brauche man den Hinweis auf die Entwicklung der englischen Eisenindustrie nicht als Beweis gegen die Wirksamkeit von Zöllen, wie wir sie vertheidigen; denn eine solche Behauptung ist thatsächlich falsch. Der Prohibition aber reden auch wir das Wort nicht, bezeichneten sie vielmehr bei Oesterreich als eine der Hauptursachen der zurückgebliebenen Entwicklung des Eisengewerbes.

Die außerordentliche Entwicklung der belgischen Eisenindustrie ist man dagegen berechtigt zum größten Theil als direkte Folge der Zollerhöhungen von 1843 zu bezeichnen. Die Krisis hörte dort sofort auf, während sie für Deutschland noch bis Ende des nächsten Jahres dauerte, und als unmittelbarste Folge der Zollerhöhung bildete sich eine Aktiengesellschaft nach der andern und brachte so binnen wenigen Jahren die belgische Eisenindustrie auf ihre jetzige Höhe, wo sie sicherlich den Eisenconsumenten, der Gesammtheit, größeren Nutzen gewährt als den Eisenwerkbesitzern selbst. Dieß Faktum ist vernünftigerweise gar nicht in Abrede zu stellen.

Unter den deutschen Verhältnissen war nun gar nicht zu erwarten, daß die Entwicklung so rasch vor sich gehe, daß die Consumenten in so außerordentlich kurzer Zeit wie in Belgien jeden Beitrags zur Förderung der inländischen Eisenindustrie überhoben würden. Und dennoch kann die seit 1844 stattgefundene Entwicklung nur befriedigen, wenn man die hemmenden Einwirkungen mit in Anschlag bringt.

Wir haben seit jenem Zeitpunkte zwei Perioden zu unterscheiden. Die erste geht von Ende 1844 bis 1847, wo die Zollerhöhung zugleich mit den steigenden ausländischen Preisen eine äußerst günstige Conjunktur herbeiführte, und letztere Ursache namentlich die Einflüsse der zu geringen Besteuerung belgischen Eisens aufhob. Das stärkste Steigen der Fabrikation fand in Stabeisen und Schienen statt. Während in Preußen die Produktion des Jahres 1844 nur um 217,842 Centner höher war als die von 1841, überstieg die Produktion von 1847 die von 1844 um 1,325,747 Centner, also etwa das sechsfache Wachsthum. Im ganzen Zollverein war das Verhältniß natürlicherweise nicht so auffallend, indem der Fortschritt der Steinkohlenfrischerei anheimfiel, wofür Preußen die geeignetsten Grundlagen bietet. Allein dies spricht gerade wieder für den Schutzzoll, dem man den Vorwurf macht, den technischen Fortschritt zu hemmen, auf Beibehaltung alter Methoden hinzuwirken. Allerdings beabsichtigt gerade der Zoll und hat auch sicherlich diese Wirkung gehabt, ein langsameres Eingehen des alten Frischereibetriebes dieser ausgedehnten Jahrhunderte alten Industrie eintreten zu lassen, namentlich da in so vielen Fällen der Uebergang auf Steinkohlenfrischerei gar nicht von der Intelligenz, dem Unternehmungsgeist der Besitzer bedingt ist, sondern die Möglichkeit oder Unmöglichkeit einfach von der geographischen Lage abhängt. Die innere Konkurrenz der Steinkohlenfrischerei vollbringt diese Aufgabe etwas langsamer, aber auf die Dauer ebenso sicher. So hat die Zollerhöhung von 1844 thatsächlich die neuen Methoden, denen die Zukunft gehört, rascher eingeführt und ausgebreitet, als es ohne dies geschehen wäre, geschehen konnte, während er gleichzeitig die fortschreitende Einschränkung der alten Anlagen, die Entwerthung des damit verbundenen Besitzes in wohlthätiger Weise verzögert. Man sollte in der That denken, daß jedem billig Denkenden und namentlich jedem unpartheiischen Staatsmann dieser Umgestaltungsprozeß im Innern unsrer Eisenindustrie mit den tiefeingreifenden Aenderungen in Vermögens-, Verdienst- und Arbeitsverhältnisse schnell genug vor sich ginge, wie er bei uns vorwärts schreitet.

In der Roheisenproduktion konnte die Wirkung des Zolls aus ganz natürlichen Gründen nicht gleich rasch, wie bei der Stabeisenerzeugung, vor sich gehen, und dennoch ist hier der Fortschritt unverkennbar. So war in Preußen die Hochofenproduktion von 1841 bis 1844 um 181,212 Centner gefallen, während sie von 1844 bis 1847 um 756,765 Centner stieg. Im ganzen Zollverein (siehe §. 24.) fand ein ähnliches Vorwärtsschreiten statt. Auch hier kommt, wie bei der Stabeisenfabrikation, der Fortschritt fast ausschließlich auf die Coakseisenerzeugung. Zugleich spornte das zurückgekehrte Vertrauen in die Zukunft des Eisengewerbes zu technischen und ökonomischen Betriebsverbesserungen an, und alle die vielfachen Umbauten der Hochöfen, Anlagen verbesserter Gebläsemaschinen, Benutzung der Hochofengase für Erhitzung der Gebläseluft wie für den Maschinenbetrieb 2c. sind während der günstigen Periode der gemilderten Konkurrenz von 1845 bis 1847 entstanden. In der Krisis von 1841 bis 1844 stand dagegen — ein thatsächliches Dementi der Lehre von den Wirkungen der unbeschränktesten, intensivsten Konkurrenz — fast aller Fortschritt still. Fast auf allen Werken haben sich die Produktionskosten seit 1844 bedeutend erniedrigt, und dadurch war allein die Möglichkeit gegeben, die neue Krise seit 1848 noch in solcher Weise ertragen zu können, wie dies geschieht.

Uebrigens würde man die günstigen Einwirkungen der Zollmaaßregel von 1844 viel zu gering schätzen, wollte man sie einzig in der Centnerzahl der vermehrten Produktion suchen. Wo die Grundlagen der Coakshütterei noch so wenig untersucht waren, da konnte diese nicht mit einem Mal emporschießen. Aber gerade diese großartigen Vorarbeiten und Untersuchungen, welche in jener Periode eingeleitet wurden und denen wir namentlich den vollständigen Aufschluß des nassauischen Erzreichthums, der Kohleneisensteine im Ruhrrevier u. s. w. verdanken, sind unmittelbare Folgen jener handelspolitischen Maaßregel. Ohne die durch den Roheisenzoll eröffneten Aussichten dachte kein Mensch daran, jahrelange Arbeiten und immense Kosten auf solche Versuchsarbeiten zu verwenden. Als man aber eben im Begriff stand auf diesen Grundlagen fortzubauen, als namentlich im Ruhrrevier — diesem Hauptplatz für die künftige Entwicklung unserer Eisenindustrie — die ersten Coakshochöfen in Bau kamen und große Gesellschaften sich für Hüttenanlagen gebildet hatten, da trat zuerst gegen Ende 1847 die bekannte Geldkrisis ein, die Eisenpreise begannen rasch zu fallen und der Hinzutritt der Ereignisse von 1848 bildete den Nothstand vollständig aus. Es war natürlich, daß hierdurch alle jene Unternehmungen ins Stocken geriethen, während ohne diese Unterbrechung jetzt wahrscheinlich schon kein Roheisen mehr vom Ausland bezogen zu werden brauchte.

Die zweite Periode von 1848 bis heute war wiederum der Eisenindustrie so ungünstig, als die von 1845 bis 1847 ihr günstig war. Die Wirkungen des Zolles sind aber auch hier unverkennbar. Beim Stabeisen war die Produktion im Jahre 1847 bis zur vollkommenen Befriedigung des inneren Bedarfs gestiegen, und da nun die Wirkung eines Zolles nicht über den inneren Markt hinausgeht, so konnte der Schutzzoll nicht mehr daran hindern, daß mit dem verminderten Eisenverbrauch auch die inländische Eisenerzeugung zurückging, und zwar in Preußen im Jahre 1847 von 3,081,043 Ctr. auf 2,248,480 Ctr., also um fast ein volles Drittel des gewonnenen Umfangs. Im übrigen Deutschland war, wie seit 1844 das Steigen, so auch seit 1844 das Fallen der Stabeisenerzeugung verhältnißmäßig geringer (siehe §. 24.), indem namentlich der vermehrte resp. verminderte Consum der Eisenbahnbauten, der vorzugsweise von den preußischen Puddlingwerken befriedigt wurde, die Veranlassung zu dem Wechsel gegeben hatte.

Beim Roheisen dagegen war das Verhältniß zum Zoll ein anderes. Hier war die Produktion im Jahre 1847 noch keineswegs bis zur Befriedigung des inneren Bedarfs gestiegen. Trotz des stark gefallenen Eisenverbrauchs bedurften seit 1848 unsere Puddlingwerke und Gießereien noch eines Zuschusses von mehr als einer Million Centner über die höchste Produktion hinaus, die im Jahr 1847 stattgefunden hatte. Von einem Zoll, der die inländische Konkurrenz mit der ausländischen ins Gleichgewicht bringt, ließ sich unter diesen Umständen erwarten, daß er nicht blos die inländische Erzeugung auf ihrer gewonnenen Höhe von 1847 erhalten, sondern sogar ihr normalmäßiges Fortschreiten möglich machen werde. Dies ist aber nicht geschehen; in Preußen sank die Hochofenproduktion von 2,680,318 Centner im Jahre 1847 auf 2,486,533 im Jahr 1848 und ging 1849 noch weit mehr zurück. Beim Zollsatz von 10 Sgr. fand ein solcher Rückgang sicherlich nicht Statt. Es ist unverkennbar, daß gerade der Differentialzoll von 5 Sgr. auf belgisches Roheisen (obgleich immer noch günstiger wirkend als wenn gar kein Zoll existirte), dieses Resultat verschuldet. Wir haben nachgewiesen, daß jeder Theil des Zollvereins direkt oder indirekt von seiner Einwirkung berührt und also die Bedeutung des Normalsatzes von 10 Sgr. für den ganzen Umfang des Gebiets wesentlich beeinträchtigt worden ist; allein die intensivste Wirkung mußte sich doch in den zunächst angrenzenden Distrikten kund geben. Es dürften der rheinische Bergdistrikt, nebst Nassau und Luxemburg verhältnißmäßig am stärksten, Schlesien und Sachsen am geringsten von der Konkurrenz belgischen Roheisens berührt worden sein. Dies drückt sich auch bemerklich hier und dort in den Produktionsverhältnissen aus. So fiel z. B. die Hochofenproduktion von 1847 auf 1848 im rheinischen Bergdistrikt sofort von 1,376,616 Ctr. auf 1,207,717 Ctr. und in Luxemburg sogar von 12,172,000 Kil. auf 9,051,000 Kil., während sie in Schlesien von 1,011,508 Ctr. auf 1,017,005 Ctr. und im Königreich Sachsen von 131,064 Ctr. auf 141,172 Ctr. stieg. 1849 schritt im rheinischen Distrikt die Betriebseinschränkung bis auf 1,097,378 Ctr., und 1850 im luxemburgischen sogar auf 6,596,000 Kil. oder etwa die Hälfte der Produktion von 1847 vor, während in Schlesien 1849 gleichfalls ein Sinken eintrat, die Produktion von 1850 jedoch die von 1847 sogar wieder überstieg. In den Preisen hat sich das gleiche Verhältniß wie in der Erzeugung heraus gestellt; das rheinische, nassauische, luxemburgische und süddeutsche Eisen ist verhältnißmäßig stärker im Preis heruntergedrückt worden als das schlesische und sächsische, wie schon die Tabellen §. 52. ausweisen. Wir gelangen hiernach wiederum zu dem Schluß, daß bei gleichmäßiger Einführung des Roheisenzolls von 10 Sgr. die Konkurrenz des Auslandes selbst in kritischen Perioden erträglich wird, während ein niederer Satz die Zwecke eines Schutzzolls keineswegs erfüllt, auch durch Verlängerung der inneren Entwicklungsperiode die Opfer der Consumenten nur scheinbar verkleinert, ja in der That eher vergrößert. Hat man einmal das Ziel als richtig erkannt, so muß man auch die geeigneten Mittel wollen.

## Ueber die Mittel zur Verringerung der Selbstkosten des inländischen Eisens.

§. 57. Wie nun unsere Eisenindustrie seit 1844 thatsächlich auf dem richtigen Wege der Entwicklung ist und auch auf demselben, was Ausdehnung der Produktion und technische Entwicklung betrifft, so rasch fortgeschritten ist, als es bei den bekannten Hemmungen erwartet werden konnte, wie namentlich die Produktionskosten und Preise sich schon bedeutend vermindert haben, so bleibt nun schließlich der Beweis zu führen, daß dieser Weg auch weiterhin bis zur vollkommenen Konkurrenzfähigkeit führen könne und werde.

Man hat früher von gegnerischer Seite erst noch einen Vorbeweis verlangt, daß nämlich unser Reichthum an Eisenerzen und Kohlen genügend sei, um den inneren Bedarf nachhaltig zu decken. Es hieße indeß eine große Unkenntniß mit unseren geognostischen Verhältnissen und namentlich auch mit den seit 1844 gewonnenen Aufschlüssen voraussetzen, wenn man heutzutage noch eine derartige Erörterung für nöthig halten würde. So viel steht fest, daß der Zollverein an Eisenreichthum England und Belgien nichts nachgiebt, ja daß einzelne unsrer Eisenreviere, z. B. Nassau, Siegen, Schlesien, für sich allein hinreichen, den doppelten Eisenbedarf des ganzen Zollvereins auf Jahrhunderte hinaus zu decken.

Jener Einwand ist also nichtig, wird heutzutage auch nur selten mehr gehört. Desto mehr aber der übrigbleibende und in letzter Instanz entscheidende: daß wir nie durch den Schutzzoll zu einer Ermäßigung der Selbstkosten des Eisens gelangen würden, um mit dem Ausland frei konkurriren zu können.

Durch den Schutzzoll selbst werden wir allerdings nie dahin gelangen. Der Zoll ist nur ein Palliativmittel, während die Radikalkur unsrer kranken Eisenindustrie nur in der Wegräumung der Ursachen liegt, welche bis jetzt unser Eisen vertheuern. Der Zoll soll einestheils anreizen, vorhandene günstige Grundlagen zur Erweiterung der Industrie zu benutzen, andererseits den bestehenden

Anlagen die Frist gewähren, das zur Reduzirung ihrer Selbstkosten Nöthige vorzukehren.

Indem wir näher in dieses Thema eingehen, wird sich ergeben, daß die allgemeineren und Hauptursachen der bisherigen Vertheuerung des Eisens solcher Natur sind, daß weniger von den einzelnen Hüttenbesitzern, als vielmehr von den Associationen und vor Allem vom Staate die Mittel zu ihrer Reduzirung durchgeführt werden müssen.

## a. Reduzirung der Frachten.

§. 58. Den Hauptposten in den Selbstkosten unseres Eisens, der fast durchgängig einer bedeutenden Reduzirung fähig ist, bildet der Frachtbetrag von dem Transport der Rohmaterialien (Kohlen, Erze und Zuschläge) von den Fundorten nach den Hochöfen. Es existirt kein großer Industriezweig, dessen Konkurrenzfähigkeit in gleicher Weise von diesem Umstande abhängig wäre, wie die Eisenerzeugung. Während bei den Baumwollen-, Wollen-, Leinen-, Papier-, Leder- und sonstigen Manufakturen das Gewicht der erforderlichen Rohstoffe und Hülfsmaterialien vielleicht das $1\frac{1}{4}$- bis höchstens $1\frac{3}{4}$fache des Gewichts der fertigen Waare beträgt, steigert sich bei der Eisenindustrie dies Verhältniß auf's Vier- bis Siebenfache, und potenzirt sich also die Belastung des Fabrikats durch Frachtspeesen um das gleich Vielfache der einfachen Fracht von den Fundorten der Erze und Kohlen nach dem Hochofen. Hierin liegt auch die Begründung, daß jeder Nachtheil in der Lage eines Eisendistrikts gegen den andern sofort in Prozenten von dem Werthe des Produkts ausgedrückt, als sehr hoch erscheinen muß. Andrerseits folgt daraus, daß eine Verringerung dieser Frachtkosten eine verhältnißmäßig weit bedeutendere Verringerung der Selbstkosten des Fabrikats zur Folge haben muß, als bei irgend einem andern Gewerbe damit zu erzielen wäre.

In der That ist der Hauptsache nach unsre gegenwärtige Konkurrenzunfähigkeit in der Frachtfrage des Rohmaterials begründet. Der Umstand, daß Belgien, Schottland, Wales billiger wie wir produziren, liegt vornehmlich daran, daß Kohlen und Erze sich entweder dicht bei den Hüttenwerken finden, oder mittelst außerordentlich billiger Transportmittel zusammengeführt werden. Die Thatsache einer gewissen geographischen Entfernung zwischen Kohlen- und Erzlagern entscheidet an und für sich noch nichts gegen die Konkurrenzfähigkeit. Denn es ist klar, daß in besserer Qualität, größerer Reichhaltigkeit und Leichtschmelzbarkeit der Erze in der Brennkraft und Beschaffenheit der Kohlen und in sonstigen Umständen eine vollkommene Ausgleichung für einen Frachtbetrag liegen kann, den andere Gegenden, wo Kohlen und Erze dicht zusammen liegen, wo aber deren Beschaffenheit ungünstiger ist, ersparen. Die ausgezeichneteren Spath- und Rotheisensteine aus älteren Formationen finden sich z. B. nur selten in der Nähe von Steinkohlenlagern. Nimmt man nur an, daß ein Centner Roheisen aus solchen Erzen $2\frac{1}{2}$ Sgr. mehr werth und daß überdies $\frac{1}{4}$ weniger Brennmaterial erforderlich sei, als für die Erzeugung von 1 Centner Roheisen aus Sphärosideriten oder Thoneisensteinen des Kohlengebirges, so ist klar, wie beide gleich konkurrenzfähig sein können, selbst wenn im ersteren Falle 5 bis $7\frac{1}{2}$ Sgr. mehr für Fracht der Rohmaterialien zu tragen waren. So beziehen z. B. mehrere der größten und am billigsten produzirenden Hüttenwerke in der Nähe von Lüttich den größten Theil ihrer Eisensteine auf 10 bis 20 Meilen Entfernung von der oberen Sambre und Maas; auch in Wales und Schottland kommt es häufig vor, daß bei der Förderung von Kohlen und Erzen aus demselben Schacht der Abbau zur Gewinnung beider Mineralien so viel kostspieliger wird, daß andere Werke, wo beide meilenweit auseinander liegen, jedoch durch Kanäle oder Eisenbahnen verbunden sind, effektiv billiger produziren. Hiermit soll keineswegs gesagt werden, daß nicht das Vorkommen der Erze und Kohlen in möglichst geringen Entfernungen oder dicht bei einander durchschnittlich als die vortheilhafteste Grundlage einer Eisenindustrie zu betrachten sei; dies wird vielmehr in der Regel allerdings der Fall sein. Allein es soll der oberflächlichen Beurtheilung entgegengetreten werden, welche nichts als die Thatsache einer bestimmten geographischen Entfernung zwischen Erz- und Kohlenlagern in's Auge faßt, um sich berechtigt zu halten, das Anathem ewiger Konkurrenzunfähigkeit über eine darauf gegründete Eisenindustrie auszusprechen. Wir citiren nur als Beispiel der Borbecker Hochöfen im Ruhrkohlenrevier; schwerlich produzirt bis jetzt ein Hüttenwerk des Zollvereins billiger und schwerlich bezieht dabei eins seine sämmtlichen Erze aus einer größeren Entfernung, nämlich mehr als 30 Meilen weit aus dem Nassauischen.

Es ist also nicht die geographische Entfernung zwischen Erz- und Kohlenlagern an und für sich, welche hier entscheidet, wohl aber die Höhe der Frachten. Ein Eisendistrikt, wo die Frachten der Rohstoffe 15 Sgr. auf den Centner Roheisen ausmachen, mag ohne den Schutzzoll nicht bestehen können, während eine Reduzirung auf 5 Sgr. ihm die Konkurrenzfähigkeit wieder giebt.

Aus den in §. 46. gemachten Mittheilungen über die Selbstkosten des Roheisens geht bereits zur Genüge hervor, mit welchen Frachtbeträgen die verhütteten Erze und Kohlen belastet sind. In Schlesien nahmen wir als Durchschnitt 7 Sgr. Frachtkosten für Erze auf den Centner Roheisen an, welcher Betrag für viele Werke bis zu 15 Sgr. steigt. In dem Betrage für Brennmaterial ist weiterhin bei Coaks ein Frachtbetrag von $\frac{1}{2}$ bis 6 Sgr., und bei Holzkohlen von 4 bis 9 Sgr. enthalten. Von den Frachten der Zuschläge wollen wir dabei ganz abstrahiren. In den Selbstkosten von 1 Centner Coaksroheisen machen daher die Frachten des Rohmaterials mindestens 10 Sgr., beim Holzkohleneisen $13\frac{1}{2}$ Sgr. aus, was gegen 25 Prozent des Roheisenwerthes beträgt; bei einem großen Theil der Werke steigt dieses Verhältniß bis zu $33\frac{1}{3}$ Prozent.

Im rheinischen Hauptbergdistrikt kann nach oberbergamtlicher Schätzung die Erzfracht pro Centner Roheisen im Minimum auf 6 Sgr. angenommen werden; sie steigt aber in einzelnen Distrikten bis auf's Doppelte. In den Holzkohlen ist ein Frachtbetrag von 3 bis 12 Sgr. und noch mehr enthalten, so daß man auch hier mindestens 25 Prozent der Selbstkosten des Roheisens auf Erz- und Kohlenfrachten rechnen muß.

In Mittel- und Süddeutschland wird dies Verhältniß gewöhnlich noch überstiegen; wir sehen z. B. die nassauischen Eisensteine nach einzelnen Punkten von Rheinbaiern, Baden, Hessen u. s. w. auf Entfernungen bis zu 20, 30 Meilen verführen, wo der Betrag der Wasser- und Landfrachten auf den Centner Erz bis zu $7\frac{1}{2}$ Sgr. ausmacht, im Centner Roheisen demnach, wenn man sie ausschließlich verhütten wollte, etwa $17\frac{1}{2}$ Sgr. ausmachen würde.

Im großen Durchschnitt wird man bei den bestehenden Werken im Zollverein den Frachtbetrag der zu 1 Centner Holzkohlenroheisen erforderlichen Rohmaterialien auf 15 Sgr. oder 30 Prozent der Selbstkosten veranschlagen können; beim Coakseisen etwa auf 10 Sgr. oder 25 Prozent.

Berücksichtigt man nun, welche außerordentliche Differenzen in den Frachtsätzen je nach Art und Mittel des Transports belegen sind, so wird man erkennen, wie beinahe die ganze Frage von der Schutzbedürftigkeit unserer Eisenindustrie in die Frage von der Erniedrigung des Frachtkoëfficienten eingeschlossen ist.

Bei kurzen Entfernungen und schlechten Waldwegen kostet der Transport 1 Sgr. und darüber pro Centner und Meile. Ja die Kosten erhöhen sich vielfach noch ganz bedeutend, indem der Zustand der Wege (wie dies in Schlesien, Sachsen u. s. w. häufig ist) blos einige Monate im Jahr das Ab- und Anfahren der Erze und Kohlen gestattet, wo also auf den Hütten großartige Vorräthe aufgehäuft werden müssen, deren Zinsen die Produktion vertheuern.

Bei mittleren Entfernungen auf gewöhnlichen Chausseen können wir 9 Pf. pro Centner und Meile rechnen. In den Eisenbahnfrachttarifen sind für Erze und Kohlen Differenzen von 3 bis herab auf $1\frac{1}{2}$ Pf. pro Meile. Bei Wasserfrachten finden wir Sätze von 2 bis zu 1 Pf., ja bei der Thalfahrt auf weitere Strecken und als Rückladung kaum $\frac{2}{3}$ Pf. pro Centner und Meile.

Nehmen wir also 5 Centner Rohmaterialien auf 1 Centner Roheisen an, deren Transport auf gewöhnlichen Waldungen 15 Sgr. gekostet habe, so kann hier die Anlage von Chausseen eine Verminderung bis auf 10 Sgr. bewirken. Die Anlage einer Eisenbahn dagegen für ein Revier, das bisher blos Chausseen und Kommunalwege hatte, würde einen Frachtbetrag von 15 Sgr. auf etwa 4 Sgr. reduziren, eine Differenz, die den Normalzoll von 10 Sgr. noch übersteigt.

Die gewöhnliche Chausseefracht von 9 Pf. pro Centner und Meile wird sich als unterste Grenze der bisher von den Eisenwerken getragenen Transportkosten annehmen lassen. Denn die auf Waldwegen zu weit höheren Frachten beförderten Massen sind unverhältnißmäßig bedeutender, als diejenigen, wofür ein Wasserweg oder eine Eisenbahn zu Gebot stand.

Allerdings ist die Möglichkeit, eine solche Verringerung der Transportkosten herbeizuführen, durch den Umstand bedingt, daß die Bedeutung eines Eisendistriktes zu den Kosten der Wege- oder Eisenbahnanlagen in einem bestimmten Verhältniß stehe. Wo die Hüttenwerke einzeln zerstreut oder wo nur wenige zusammen liegen, da wird oft — falls keine anderen Gründe des allgemeinen Verkehrs hinzutreten — nicht einmal die Umwandlung gewöhnlicher Waldwege in Chausseen, geschweige denn die Ausführung von Eisenbahnen oder Kanälen, möglich sein. Wie nun früher geschildert, ist in der That ein großer Theil unserer Eisenindustrie in einzelnen Anlagen über das Vereinsgebiet zersplittert, wie denn überhaupt der frühere schlechte Zustand aller Transportmittel ebenso auf Vereinzelung hindrängte, als deren Verbesserung auf die Concentration in den günstigst gelegenen Distrikten wirken muß. Nichtsdestoweniger ist in fast allen Haupteisendistrikten allerdings die Möglichkeit gegeben, durch Verbesserung der Transportmittel, insbesondere durch Anlage von Eisenbahnen, die Frachtkosten der Rohmaterialien ganz bedeutend zu vermindern, was in mancher Beziehung günstig, mitunter freilich auch ungünstig auf die nicht berührten Eisenwerke zurückwirken muß.

Einer kurzen Erörterung der Transportfrage in den Haupteisendistrikten muß die Bemerkung vorausgeschickt werden, daß es nur die Erze und Steinkohlen (Coaks) und weniger die Holzkohlen sein können, auf deren Frachtreduktion hauptsächlich Rechnung zu machen ist. Der Bezug der letzteren geschieht erstens nicht aus großen Entfernungen; die Anfuhr findet aus den Waldungen von allen Richtungen her in verhältnißmäßig geringen Quantitäten statt, so daß selbst von einer den Distrikt durchziehenden Eisenbahn nur wenig Benutzung für Holzkohlen gemacht werden könnte. So kann eine Eisenbahn für einen Holzkohleneisendistrikt im Wesentlichen immer nur die Tendenz haben, den Uebergang auf den Coakshüttenbetrieb möglich zu machen, so wie überhaupt die ganze Aufgabe, welche vom Standpunkte des Transportwesens für die Eisenindustrie vorliegt, sich dahin zusammenfassen läßt: Verbindung der Eisenstein- und der Steinkohlenreviere. Dabei müssen die Lage der bereits bestehenden Werke, die Gewichtsverhältnisse der Erze und Kohlen, die Absatzrichtung des Fabrikats u. s. w. in jedem einzelnen Falle den Ausschlag geben, ob man besser die Kohlen zu den Erzen oder diese zu jenen führt; in der Regel wird Letzteres das Vortheilhaftere sein.

Betrachten wir hiernach die Eisendistrikte, wo der Umfang des Gewerbes einerseits und die geographische Lage anderseits die Anlagen von Eisenbahnen zwischen den Erz- und Kohlenlagern ausführbar erscheinen lassen, so muß dieß zuerst von Oberschlesien gelten. Die Coakshochöfen liegen hier in dem Steinkohlenrevier zwischen Gleiwitz und der polnischen Grenze ziemlich dicht zusammen; sie verhütten meist Tarnowitzer und Beuthener Brauneisensteine. Eine Verbindung der Hauptsteinkohlen- und Erzgruben mit den Hüttenwerken, und dieser mit der großen die Provinz durchziehenden Bahnlinie durch eine vielfach verzweigte Pferdeeisenbahn, war längst projektirt und wird jetzt in der That durch die oberschlesische Bahndirektion in Angriff genommen. Nimmt man im Durchschnitt an, daß bis jetzt die betreffenden Hüttenwerke eine Erzfracht von 7 Sgr. auf den Centner Roheisen zu tragen hatten, so wird diese durch die Eisenbahn auf etwa 2 Sgr. herabgebracht. Berücksichtigt man außerdem, daß den meisten Hüttenwerken durch die Bahn auch die Steinkohlen noch etwas billiger werden, und daß namentlich der Bezug der fetten bakenden Kohlen dadurch zunehmen muß, und faßt endlich die Frachtersparniß beim Versand des Produkts im Auge, so läßt sich behaupten, daß diese Eisenbahnanlage für sich allein die Produktionskosten der betreffenden Werke um einen, dem Roheisenzoll fast gleichkommenden Betrag reduziren wird.

Eine zweite Anlage, die gleich bringend nothwendig und durch die Bedeutung der vorhandenen Grundlagen gleich gerechtfertigt erscheint, ist die Eisenbahnverbindung zwischen dem Zwikkauer Kohlen- und dem Obererzgebirgischen Eisensteinrevier im Königreich Sachsen. Hier beträgt die Entfernung zwischen den großartigsten Lagerstätten beider Mineralien nur 4 bis 5 Meilen in einem höchst geeigneten Terrain, wodurch gleichzeitig die Verbindung mit der sächsisch-baierischen Eisenbahn hergestellt und also der Absatz der Eisenfabrikate nach allen Theilen des Zollgebiets außerordentlich erleichtert würde. Diese Bahn *)

*) Ueber die Nothwendigkeit dieser Bahnanlage zur Erhaltung der sächsischen Eisenindustrie handelt eine meisterhaft geschriebene Abhandlung des

liegt sowohl im Interesse der bisherigen Holzkohlenhütten, denen sie den Zusatz von Coaks und die Anwendung der Steinkohlen zum Frischereibetrieb nebst billigerer Abfuhr ihrer Fabrikate ermöglichen, als auch im Interesse der Coakseisenindustrie im Zwickauer Kohlenrevier, die sich sehr bald an diesem für den Absatz nach Süddeutschland so günstig gelegenen Punkte, in großartigsten Maaßstabe entwickeln würde.

Eine dritte Eisenbahn von höchster Wichtigkeit wäre die Verbindung des Ruhrkohlendistriktes mit den Eisenrevieren des Siegenschen und der Kreise Olpe, Altenkirchen, sowie des nördlichen Theils von Nassau und Oberhessen. Die Verwerthung der außerordentlichen Schätze jener Gegend an vorzüglichen und reichhaltigen Eisensteinen, war bisher durch das zu Gebot stehende Holzkohlenquantum beschränkt, und die Entfernung von 14 Meilen vom Steinkohlenrevier, hinderte den Uebergang zum Coakshüttenbetrieb. Die einzige Hütte, welche dieß versuchte, stellte nach einer kurzen Campagne den Betrieb wieder ein, wiewohl sich äußerst günstige Resultate in Bezug auf geringen Kohlenverbrauch ergeben hatten. Nur bei hohen Holzkohlenpreisen und ungewöhnlich niedrigen Steinkohlenfrachten, ließe sich bis jetzt im Siegenschen ausnahmsweise bei Coaks so billig als bei Holzkohlen hütten. Bei einer Eisenbahn würde sich dagegen das Verhältniß ganz anders gestalten. $1\frac{1}{2}$ Centner Coaks auf den Centner Roheisen, tragen bis jetzt an Fracht etwa 15 Sgr., auf der Eisenbahn dagegen, zu 2 Pf. pro Centner und Meile, würde sie von $1\frac{1}{2}$ Centner nur $3\frac{1}{2}$ Sgr. ausmachen. Die Differenz in den Produktionskosten betrüge also, von jeder wohlfeileren Anfuhr der Erze und Zuschläge, von den durch den vergrößerten Betrieb verminderten Verwaltungskosten und Zinsbelastungen u. s. w. ganz abgesehen, blos in den wohlfeileren Kohlen gegen $11\frac{1}{2}$ Sgr., also weit mehr als der Roheisenzoll beträgt.*)

---

Königlich Sächsischen Oberberghauptmanns F. C. Freiherrn von Beust: „Die Eisenbahnverbindung zwischen Zwickau und dem Obererzgebirge, als Mittel gegen den Verfall der dasigen Eisenindustrie. Freiberg 1852."

*) In dem mehrfach citirten Werk von Börner und Klein, Abth. II. S. 65. u. ff., würde nach Erbauung der in Rede stehenden Bahn das siegensche Roheisen nach den Puddlingwerken des Bergischen und Märkischen zu Thlr. 13. 13 Sgr. pro 1000 Pfd. geliefert werden können.

Die Bahn würde in gleichem Maaße für den Transport der reicheren Erze nach dem Steinkohlenrevier dienen. Das Gewicht der Erze zum $2\frac{1}{2}$ fachen des daraus erzielten Roheisens veranschlagt, so gleicht sich die Fracht davon vollkommen gegen die Fracht vom $1\frac{1}{2}$ fachen Gewichte des Coaks, zuzüglich des einfachen Gewichtes des Roheisens aus, wenn man annimmt, daß letzteres am vortheilhaftesten im Steinkohlendistrikt selbst weiter verarbeitet werde.

Außerdem würde die Eisenbahn hier wie in allen ähnlichen Fällen die Anwendung der Dampfkraft bei der Förderung und Wasserhaltung der Gruben möglich machen, während bis jetzt die hohen Kohlenpreise davon abhielten. Jeder Tiefbau war sonach undurchführbar; die reichsten Erzlagerstätten mußten unter der Stollensohle verlassen werden, während auch der Abbau der höher gelegenen durch die kostspieligen Grundstollen vertheuert ward. Eine bedeutend billigere Förderung der Erze und eine stärkere Concentrirung des Grubenbetriebs auf die hauptsächlichsten Gänge oder Lagerstätten der Erze, wird die Folge einer solchen Anwendung der Dampfmaschienen sein.

Die Sieg-Ruhr-Bahn ist seit fast zwei Decennien von den Betheiligten wie von der Preußischen Regierung als ein unumgänzliches Erforderniß anerkannt worden, die Erwerbsfähigkeit der betreffenden Gegenden aufrecht zu erhalten. Sie ward bereits vor längeren Jahren auf Staatskosten vermessen, und eben jetzt (Anfang 1852) findet die definitive Festlegung der zweckmäßigsten Linie und die genaue Veranschlagung statt. Dagegen sind die Kosten der Unternehmung zu bedeutend, als daß es den Betheiligten oder den beim Anschluß interessirten Eisenbahngesellschaften möglich wäre, ohne Beihülfe des Staates das Werk durchzuführen, auf welche Hülfe jene Gegenden mit Sehnsucht warten. Die Bahn würde von Hagen (Station der Bergisch-Märkischen Bahn und Anfangspunkt des Ruhrkohlendistriktes) nach Siegen führen, von wo eine Fortsetzung durch das nassauische Dillthal projektirt ist, dem sie bis nach Wetzlar ins Lahnthal folgen und dann bei Gießen in die Main-Weser-Bahn einmünden würde. Die Verbindung mit Oberhessen dürfte entweder durch eine Zweigbahn oder durch Ausführung der von Marburg nach Deutz (Cöln) projektirten Linie zu bewerkstelligen sein.

Auf dieser letzten Strecke (von Wetzlar bis Gießen) fällt diese Hagen-Siegen-Gießener Bahn mit einem weiteren Projekt zusammen, das ebenfalls für die deutsche Eisenindustrie von außerordentlicher Bedeutung ist, nämlich die Lahnbahn von Gießen nach Coblenz, welche die großartigen Lagerstätten von Roth- und Brauneisensteinen aufschließen würde, die längs dieses Flusses im Preußischen (Wetzlar und Braunfels) und im Nassauischen bis zur Rheinmündung hin vorkommen, und jedenfalls von der höchsten Bedeutung für die Zukunft der deutschen Eisenindustrie sind. Die Lahn selbst ist zwar einigermaßen schiffbar gemacht, allein nur wenige Monate des Jahres vermag sie einem so großartigen Verkehr zu dienen, wie ihn die an ihren Ufern aufgeschlossenen Erzlagerstätten bedingen, so daß die Ausführung einer Eisenbahn sich hier als dringendes Bedürfniß herausstellt. Sicherem Vernehmen nach ist auch bereits von der nassauischen Regierung eine Concession hierauf ertheilt worden, und darf man sich somit wohl der Hoffnung auf eine baldige Durchführung überlassen. Betrachtet man den jetzigen Absatzkreis der nassauischen Erze und die Frachtbeträge, mit denen sie bei ihrer Verhüttung belastet sind, so läßt sich ein sicherer Schluß ziehen, welcher Entwicklung sowohl als welcher Reduzirung der Selbstkosten eine hierauf gegründete Eisenindustrie noch fähig ist. Jene Erze werden versandt bis mitten ins Ruhrkohlenrevier, bis zur Saar, die Rheinpfalz, Elsaß, Odenwald, Spessart u. s. w., und während man den Haldenpreis auf $1\frac{1}{2}$ bis 3 Sgr. pro Centner ($3\frac{3}{4}$ bis $7\frac{1}{2}$ Sgr. pro Centner Roheisen) annehmen kann, verhüttet man sie noch wo die Frachten jenen Preis bis aufs Vier- und Sechsfache gesteigert haben. Man sieht, daß hier die Frachten solche bedeutende Posten der Selbstkosten darstellen, daß gegenwärtig der größte Theil der Hütten, welche Lahneisensteine verbrauchen, des Roheisenzolles dringend nöthig haben mag, während Ermäßigungen der Frachten, selbst um einen höheren als den Zollbetrag, und damit die vollkommene Konkurrenzfähigkeit gegen das Ausland sicherlich als erreichbar zu betrachten sind.

Die Lahnbahn bildet hiernach zwar keine direkte Verbindung eines Erzreviers mit dem Kohlendistrikt; wohl aber führt sie die Erze nach der großartigen Wasserstraße des Rheins, von wo sie nach allen Richtungen hin billig weiter befördert werden können.

Das Ruhrkohlenrevier wird sich sicherlich mit der Zeit zum Hauptabsatzgebiet der Lahnerze gestalten. Wenn übrigens die Verlängerung der Cöln-Mindener Bahn über Deutz nach Wiesbaden zu Stande kommt, so durchschneidet sie das nassauische Eisenrevier in der Mitte und werden die Frachten nicht allzuhoch (nicht über 1 Pf. pro Centner und Meile) gestellt, so kann sie später, neben der Sieg-Ruhrbahn und dem Wasserweg, ebenfalls zum Transport der Lahnerze nach den Ruhrkohlen dienen.

Eine fünfte Bahnanlage, die einem alten bedeutenden Eisendistrikt die Konkurrenzfähigkeit wieder geben und eine große Ausdehnung der Produktion zur Folge haben müßte, wäre die Verbindung des Schleidener Eisendistrikts mit dem Indekohlenrevier durch eine Zweigbahn der rheinischen Eisenbahn von Düren nach Wallenthal. Die Verhältnisse liegen dabei ähnlich wie im Siegenschen, und würde hier gleichfalls sowohl der Uebergang der Schleidener Holzkohlenhochöfen auf Coaksbetrieb, als der Transport der Erze nach dem Kohlenrevier durch die Bahn ermöglicht.

Im Luxemburgischen würde ebenso eine Eisenbahnverbindung mit dem Saarkohlenrevier der dortigen Eisenindustrie eine neue Basis geben, und sie großer Entwicklung entgegenführen.

Der Einfluß der Eisenbahnen auf Ermäßigung der Erz- oder Kohlenpreise wird sich durch den Anschluß von Chausseen und Communalwegen zur An- oder Abfuhr der Materialien vervollständigen.

Blos die Ausführung der erwähnten Eisenbahnen würde unmittelbar auf die Reduktion der Selbstkosten von etwa 2 Millionen Centner Roheisen, oder fast der Hälfte der gesammten Erzeugung des Zollvereins einwirken, und zwar zu einem Betrage, der durchschnittlich eher über als unter der jetzigen Vertheuerungsdifferenz steht. Es ist dabei keine sanguinische Unterstellung, sondern darf als vollkommen sicher betrachtet werden, daß schon in wenigen Jahren die Eisenerzeugung dieser Distrikte sich verdoppeln oder verdreifachen, daß also das Verhältniß der wohlfeiler gewordenen zu dem Theile der Produktion, dessen Selbstkosten sich wenig oder gar nicht ermäßigen lassen, ganz überwiegend, und damit ein allgemeiner Preisabschlag, soweit ihn die besseren Qualitäten nicht aufhalten, nothwendig eintreten würde.

Auch die Opfer, welche die Gesammtheit durch den Bau oder die Zinsgarantie solcher Anlagen bringt, und die anfangs einen Theil des Gewinns aus dem billiger gewordenen Eisen kompensiren, fallen mit der weiteren Ausdehnung und Entwicklung der Eisenindustrie von selbst weg, indem sie zugleich der künftigen Rentabilität dieser Eisenbahnen die allersicherste Grundlage geben.

Es bedarf der Erwähnung nicht, daß die Preise des Stabeisens und der sonstigen Eisenfabrikate der Reduktion des Roheisens in dem noch stärkeren Verhältniß folgen würden, welches durch den Abgang des Roheisens bei der Weiterverarbeitung bedingt ist. Ein Preisabschlag von 10 Sgr. beim Roheisen wird also einen solchen von 13 bis 14 Sgr. pro Centner beim Stabeisen zur Folge haben. Außerdem spielen aber häufig die Frachten auch bei der Umwandlung des Roheisens in Stabeisen noch eine bedeutende Rolle. Während allerdings viele Holzkohlen- wie Steinkohlenfrischereien dicht bei den Hochöfen liegen, also keine nennenswerthe Roheisenfracht zu tragen haben, tritt bei anderen eine mehr oder minder bedeutende Entfernung dazwischen. Die äußerste Grenze derselben stellen wohl die westphälischen Puddlingwerke dar, welche britisches Roheisen verfrischen und wobei das zu 1000 Pfd. Stabeisen erforderliche Roheisenquantum bis zu 5 Thlr. an bloßer Fracht zu tragen hat, — ein neuer Beleg der obigen Behauptung, daß die bisher auf ausländisches Roheisen gegründeten Werke blos durch die engste Verbindung mit inländischer Roheisenproduktion zur Konkurrenzfähigkeit, den ausländischen Puddlingwerken gegenüber, gelangen können.

Aus dieser ganzen Darstellung muß erhellen, wie entscheidend die Frachtfrage für die Conjunktur der Eisenindustrie eines Landes ist, und welche weitgehende Verminderung der Produktionskosten des deutschen Eisens durch eine Verbesserung unserer Communikationsmittel noch zu erzielen ist.

Wir haben bisher blos die Distrikte im Auge gehabt, deren Konkurrenzfähigkeit durch eine Erniedrigung der Frachten von Erzen oder Kohlen wieder hergestellt werden kann. Allein außerdem sind jetzt bereits Grundlagen der Entwicklung gewonnen, auf denen unmittelbar, und ohne erst die Herstellung großartiger Verbindungsmittel abzuwarten, eine große Ausdehnung der Eisenindustrie stattfinden kann. Dies gilt insbesondere von dem Steinkohlenrevier der Ruhr, wo man im Kohlengebirge selbst Eisenerze erschürft hat, während in unmittelbarer Nähe Braun- und Thoneisensteine vorkommen und Lahnerze auf dem Wasserwege bezogen werden können. Nach vorliegenden Produktionsberechnungen kann jetzt schon (also ehe die Lahneisenbahn, die Sieg-Ruhrbahn oder die Fortsetzung der Minden-Cölner Bahn durchs Nassauische ausgeführt sind) an günstig gelegenen Punkten des Reviers aus Lahnerzen das weiße Roheisen zum Verfrischen zu etwa 9 Thlr., und das graue zum Vergießen auf ungefähr 11 Thlr. pro 1000 Pfd. hergestellt werden.*) Die Selbstkosten der auf die Brauneisensteine am südlichen Rande des Kohlenreviers angelegten Hochöfen werden nicht höher stehen. Die im Entstehen begriffenen Hochofenanlagen bei Dortmund, Sprockhövel u. s. w., welche die Kohleneisensteine, die sich in den Kohlenflötzen selbst vorfinden, verhütten wollen, werden wahrscheinlich noch billigeres Eisen liefern, was gar keines weiteren Nachweises bedarf. Die Konkurrenz sorgt dann schon von selbst dafür, daß die Preise sich nicht auf lange Zeit ungebührlich hoch über den Produktionskosten halten; hieran ist wohl kein Zweifel.

Ueberhaupt mag die bloße Thatsache des Entstehens dieser Werke den Eisenconsumenten die Garantie geben, daß sie sehr

---

*) Nach einer uns vorliegenden genauen Rentabilitäts-Berechnung einer Hochofenanlage zu Duisburg oder Mülheim a. d. Ruhr auf Lahnerze stellen sich die durchschnittlich wohl noch zu hoch gegriffenen Selbstkosten folgendermaßen:

| | 1000 Pfd. Roheisen | | | | | | | | | |
|---|---|---|---|---|---|---|---|---|---|---|
| | zum Frischen: | | | | | zum Vergießen: | | | | |
| 1. Zinsen des Anlagekapitals | Thlr. | —. | 7. | 8 | Pf. | Thlr. | —. | 10. | 8 | Pf. |
| 2. do. Betriebskapitals | „ | —. | 8. | 9 | „ | „ | —. | 12. | 3 | „ |
| 3. Reparaturen und Betriebskosten | „ | —. | 13. | 7 | „ | „ | —. | 18. | 11 | „ |
| 4. Erze | „ | 4. | 5. | — | „ | „ | 4. | 17. | 10 | „ |
| 5. Coaks | „ | 2. | 23. | 2 | „ | „ | 3. | 25. | 2 | „ |
| 6. Kalksteine | „ | — | 17. | 1 | „ | „ | —. | 17. | 1 | „ |
| 7. Arbeitslöhne | „ | —. | 11. | 3 | „ | „ | —. | 15. | 9 | „ |
| 8. Verwaltungskosten | „ | —. | 5. | 10 | „ | „ | —. | 8. | 3 | „ |
| Summa | Thlr. | 9. | 2. | 4 | Pf. | Thlr. | 11. | 5. | 11 | Pf. |

bald im Stande sein werden, gleich billig ja noch billiger zu liefern, wie das Eisen zollfrei vom Ausland bezogen werden kann. Denn so wenig sie entstehen würden, stände der Schutzzoll nicht auf mehrere Jahre in Aussicht, so wenig rechnet ein Unternehmer heut zu Tage auf eine ewige Dauer der Eisenzölle.

Ja es steht nicht bloß zu erwarten, daß die inländische Produktion vollkommen so wohlfeil liefern wird als das Eisen zollfrei vom Ausland bezogen werden kann, sondern daß die Preise noch tiefer sinken. Denn wenn England und Belgien auch für die Versorgung der nördlichen und westlichen Grenzländer sehr günstig gelegen sind, so ist doch durchschnittlich die Fracht von den inländischen Eisenwerken nach den Verbrauchsorten weit geringer, als die Fracht von jenen Staaten aus. Sowie also Belgien theurer produzirt als Schottland, und doch der billigeren Frachten halber demselben für einen großen Theil des Vereinsgebietes in der Konkurrenz vollkommen gleichsteht, so mögen die durchschnittlichen Produktionskosten des inländischen Eisens immer etwas höher als die des ausländischen bleiben, während jenes doch dem Consumenten billiger zu stehen kommen wird als dieses. Würden z. B. die Selbstkosten des Coakseisens im Ruhrrevier nicht unter 9 Thlr. pro 1000 herabzubringen sein, (wiewohl auf der Hand liegt, daß dieß geschehen wird) so ständen sie allerdings noch 2 Thlr. höher als die des schottischen Roheisens, und doch würde letzteres, mit Hinzurechnung der Fracht von Glasgow, selbst bei zollfreiem Bezug in dem Absatzgebiet der Ruhrhütten um mehr als 1 Thlr. theurer kommen, als das inländische Roheisen. Wenn deshalb die Gegner der Eisenzölle die Interessen der Consumtion durch den freien Bezug ausländischen Eisens am besten gewahrt glauben, so mag dieß wohl für die nordöstlichen Küstenländer seine Richtigkeit behalten, im Allgemeinen aber sicherlich nicht. Gerade der verhältnißmäßig geringe Werth dieses gewichtigen Halbfabrikats weist jedes Land darauf hin, wo möglich das eigne Bedürfniß durch die eigne Erzeugung zu decken, während bei leichteren beziehungsweise theueren Erzeugnissen die Frachtfrage verhältnißmäßig an Bedeutung verliert. So mag z. B. die Iserlohner Broncewaaren-Fabrikation eine ganz gesunde Basis haben, obgleich ihr Kupfer meist aus Falun oder aus dem Ural herbeigeschafft wird, während für die Enneper-Straße, für

Solingen und Remscheid die Verbindung mit nahegelegenen inländischen Eisen- und Stahldistrikten die Cardinalfrage ihrer Konkurrenzfähigkeit bleibt. Das temporäre Opfer, welches die Schutzzölle auferlegen, wird also nicht blos aufhören, sowie die inländischen Werke den Consumenten das Eisen zu gleichen Preisen liefern, wie sie es vom Ausland beziehen könnten, sondern ein dauernder Ersatz tritt dafür ein, sobald die inländischen Preise — und sei es auch nur für einen Theil des Zollgebiets — noch unter diese Grenze fallen. Daß dieß aber geschehen wird, läßt sich nach allen Regeln des Gewerbelebens mit apodiktischer Gewißheit voraussagen Denn selbst wenn jene günstigsten Verhältnisse (einer billigeren Produktion als der zollfreie Bezug vom Ausland) nur an einem Punkt des Vereins, z. B. im Ruhrrevier oder in Schlesien vorkämen, so müßte hier die Erzeugung so wohlfeilen Eisens bald einen solchen Umfang gewinnen, daß der Vortheil davon, theils direkt in dem Bezug des dort produzirten Eisens, theils indirekt in dessen Einwirkung auf eine allgemeine Preisreduktion, dem größten Theile des Vereinsgebietes zu Gute käme. In der einfachen Thatsache, daß im Inland die Basis der Erzeugung eines gleich billigen oder noch billigeren Eisens gegeben ist, als es zollfrei aus dem Ausland zu beziehen wäre, liegt die letzte Rechtfertigung des Roheisenzolls. Wäre nun keine Rücksicht auf die bestehenden Werke zu nehmen, deren Konkurrenzfähigkeit erst allmählig und mit Opfern (z. B. Eisenbahnanlagen) wieder zu erlangen ist, nun so möchte man wohl den Versuch machen, ob es gelänge, diese neuen Anlagen auch ohne das Reizmittel des Schutzzolls hervorzurufen. Allein wer nur die belebenden und anregenden Einwirkungen der Zollmaaßregeln des Jahres 1844, wer ferner die depressiven Einwirkungen der belgischen Konkurrenz seit 1848, und wer überhaupt — und hierin allein läßt sich zu entscheidenden Anhaltspunkten gelangen — die Einflüsse beobachtet hat, die solche handelspolitische Vorgänge auf den Entschließungen des einzelnen Unternehmers und Kapitalisten thatsächlich ausüben, für den bedarf es einer solchen Probe nicht, da er die Wirkung im Voraus berechnen kann. Bei einem Volke, wo der Geist der Mitbewerbung so ausgebildet ist wie bei den Engländern, und wo dabei bedeutendere Geldmittel zu niedrigeren Zinsen zu Gebote stehen, möchte dies anders sein und der Zoll von 5 Sgr. Reiz genug gewähren. Allein weil eben die Menschen keine Automaten sind, weil je nach den verschiedenen subjektiven Grundlagen die Wirkungen derselben Maaßregel auch mit Nothwendigkeit verschieden sein müssen, deshalb kann es weder allgemeine Regeln noch Formeln geben, um für ein zu erzielendes Resultat ein allgemein gültiges Mittel aufzufinden. Wie in Belgien, so tritt es auch bei uns unzweifelhaft hervor, daß trotz der vorhandenen die künftige Konkurrenzfähigkeit ganz sicher stellenden Grundlagen, die deutsche Eisenindustrie nur unter Beihülfe des Schutzzolls ihren Entwicklungsgang durchmachen wird.

Betrachten wir nun das Loos, welches der Theil der bestehenden Werke zu erwarten hat, wo je nach der Lage oder der geringen Produktion eines Eisendistrikts von Eisenbahnanlagen u. dergl. keine Rede sein kann, wo also die in den Selbstkosten enthaltenen Frachtbeträge keine oder doch nur unbedeutende Verminderungen mehr zu erwarten haben, so werden diese durch das Fortschreiten der inneren Coakseisenerzeugung in zwiefacher Weise berührt. Die direkte Einwirkung der steigenden Produktion und der sinkenden Preise des inländischen Coakseisens kann nur nachtheilig auf ihre Preise und ihren Absatz einwirken, ganz analog der ausländischen Konkurrenz; ja die Einwirkung wird noch darüber hinausgehen, sobald (und dies steht schon in den nächsten Jahren zu erwarten) die inländische Mitbewerbung stärker als die ausländische geworden ist. Allein auf der andern Seite steht zu berücksichtigen, daß die inländische Coakseisenerzeugung nicht blos im Wege ganz neuer Anlagen vor sich geht, sondern zu einem großen Theil durch Umwandlung der bestehenden Holzkohlen-Hochöfen; die projektirten Eisenbahnanlagen zur Verbindung der Erz- und Kohlenreviere haben in erster Ordnung diese Tendenz. Nehmen wir das siegensche Revier nach Vollendung der Sieg-Ruhrbahn zum Beispiel, so wird hier allerdings das Coakseisen um 10 Sgr. vielleicht billiger erzeugt werden können, als früher das Holzkohleneisen. Allein hierdurch werden für die in weit geringerer Zahl fortbestehenden Holzkohlenhochöfen größere Quantitäten Brennmaterial zu den billigsten Preisen disponibel; indem man nun die kurzen Campagnen verlängert, und die jährliche Produktion eines Hochofens verdoppelt, sinken die

Selbstkosten des Holzkohleneisens mindestens um einen Theil der Ermäßigung, welche die Eisenbahn direkt für die Coakseisenerzeugung bewirkt hat. Aber noch einen andern Vortheil hat diese Umwandlung der Holzkohlen- in Coakshochöfen, indem sie nämlich den Umfang der Holzkohleneisenproduktion verkleinert, folglich die innere Konkurrenz dieser Eisensorte verringert und ihr um so leichter die Behauptung eines angemessenen Preises gestattet, so daß das Sinken des Coakseisens ein gleich starkes Sinken des Holzkohleneisens sicherlich nicht zur Folge haben wird. Der oben gelieferte Nachweis, daß in England und Belgien die feineren unserem Holzkohleneisen gleichstehenden Sorten so theuer sind als bei uns, beziehungsweise, daß die Preisdifferenz der ordinären und guten Qualitäten dort weit größer ist als im Zollverein, läßt mit ziemlicher Sicherheit auf die Entwicklung eines ähnlichen Verhältnisses hoffen. Die Eisenbahnen, die den sächsischen, schleidener, siegner, nassauer und luxemburger Holzkohlenhütten den Uebergang auf Coaks gestatten, kämen somit indirekt auch der süddeutschen Holzkohleneisenerzeugung zu Gute. Aus diesem Grunde verdienen sicherlich die Eisenbahnen, welche zu diesem Zwecke projektirt sind, die ganz besondere Aufmerksamkeit aller Regierungen. Nur hierdurch kann unter dem temporären Schirm des Schutzzolls die Holzkohleneisenindustrie ohne allzutraurige Krisis in eine bessere Lage hinübergeführt werden, während das bloße Aufkommen neuer Coakshütten in den Steinkohlendistrikten, wodurch also die Holzkohleneisenerzeugung nicht gleichzeitig vermindert wird, die volle zerstörende Wirkung der freien ausländischen Konkurrenz — wenn auch einige Jahre später — ausüben müßte. Dies gilt freilich nur im Allgemeinen; einzelne Werke, die besonders ungünstig gelegen sind oder deren Qualität (denn die Holzkohlenfeuerung bedingt ja die Qualität nicht allein) sich nicht zu sehr von der des Coakseisens unterscheidet, werden dem Untergang nicht zu entreissen sein; der Schutzzoll will und wird sie nicht am Leben erhalten, sondern ihnen höchstens den Uebergang auf andere Erwerbszweige erleichtern.

Der außerordentliche Einfluß, den die Frachtermäßigung der Rohstoffe auf Reduktion der Selbstkosten des Rohmaterials ausüben kann, vervollständigt sich noch für die wirklichen Consumenten durch die Herabbringung der Frachten für das fertige Fabrikat. Die neuen Anlagen, welche obigen Zwecken dienen, werden in der Regel auch hierauf günstig einwirken, umsomehr als die Versendung des Eisens, wenigstens so lange es als Halbfabrikat zu betrachten ist, fast ausschließlich nach den Kohlenrevieren hin stattfindet. So wird z. B. eine Eisenbahn von Hagen nach Siegen zuerst das Eisen um den Betrag der Frachtermäßigung der Coaks billiger machen, außerdem aber den Consumenten an der Lenne, Ruhr, Wupper u. s. w. noch um so viel wohlfeiler zuführen, als die Differenz der früheren Transportkosten gegen die Eisenbahnfracht beträgt. Auf 14 Meilen z. B. macht dies gegen 8 Sgr. pro Centner aus. Die Schutzbedürftigkeit eines Distriktes vermindert sich also nicht blos im Verhältniß der Reduktion der eigentlichen Selbstkosten, sondern auch um den Betrag den das Produkt den Consumenten billiger als bisher zugeführt werden kann.

Auf diesem Gebiet kann bereits bei den bestehenden Transportmitteln viel geschehen, Die Frachtsätze für so schwere, massige Gegenstände als Eisen, Kohlen u. dgl. sind auf den meisten Bahnen noch unverhältnißmäßig hoch und nur ausnahmsweise geht in letzterer Zeit eine oder die andere Bahngesellschaft (z. B. die Königl. Verwaltung der schlesischen Bahnen) mit Herabsetzung solcher Frachtsätze vor.

Auch abgesehen von den Eisenbahnen ist die Belastung des gewöhnlichen Landtransportes auf Chausseen häufig eine überhohe. So sind z. B. im Großherzogthum Hessen sehr viele schöne Wegeanlagen gemacht worden und zwar mit Vermeidung aller nur irgend beträchtlichen Steigungen. Hierdurch wurden aber allerdings in den gebirgigeren Gegenden mitunter bedeutende Umwege nothwendig, und da nun das Chausseegeld nach der durchfahrenen Wegestrecke erhoben wird, so kommen gegenwärtig die Frachten manchen Hütten noch ebenso hoch als früher der unbelastete Transport auf den schlechten aber weit kürzeren Landwegen. Wir hören, daß im Großherzogthum Hessen die landwirthschaftlichen Produkte einen bedeutenden Rabatt vom Chausseegeld genießen; warum nicht auch die Rohstoffe und Fabrikate der so schwer gedrückten Eisenindustrie?

Wir können diese Betrachtungen über den Einfluß der Frachten auf die Konkurrenzfähigkeit nicht ohne die dringende Mahnung schließen, daß die Regierungen wie die Bahndirektionen bei der Anlage neuer sowohl als bei der Ausbeutung bestehender Bahnen der inländischen Industrie eine systematische Beachtung zuwenden möchten. Bei unseren Bahnen hat die Rücksicht hierauf bisher nur eine sehr untergeordnete Rolle gespielt; man hat sie meistens mit Rücksicht auf den Zwischenhandel in der Richtung der sogenannten Haupthandelsstraßen angelegt, und bei dieser vorherrschenden Beachtung des reinen Handelsinteresses ist es dann gekommen, daß die Bahnen in höherem Grade den Bezug ausländischer wie den Bezug inländischer Waaren erleichtert haben, so daß die bis jetzt ausgeführten Anlagen die Schutzbedürftigkeit mancher inländischen Gewerbe vergrößert, statt vermindert haben. Eine Ergänzung des nationalen Transportnetzes, sowie eine Regulirung der Frachtsätze im Sinne der Hebung und Entwicklung der inländischen Eisenindustrie ist ein ganz unabweisbares Bedürfniß geworden, dessen Befriedigung anfangs den Regierungen und Aktionären einige Opfer kosten mag, ihnen aber sehr bald zu erhöhtem Vortheil verhelfen muß. Der verhältnißmäßig so außerordentlich geringe Frachtverkehr, und dadurch die geringe Rentabilität der meisten deutschen Eisenbahnen werden nur dadurch verschuldet, daß sie noch viel zu wenig in Verbindung mit der inländischen Industrie getreten sind. Auf der Vollkommenheit des inneren Transportsystems beruht Englands und Belgiens industrielle Größe; man erwarte nicht, daß der deutsche Boden gleiche Früchte zeitige, bis man ihm eine gleiche Grundlage gegeben hat.

### b. Reduktion der Bergwerksbesteuerung.

§. 59. Wenn auch zunächst in den Frachten die Möglichkeit einer bedeutenden Verminderung der Selbstkosten unseres Eisens gegeben ist, so bleiben doch auch noch anderweitige Vertheuerungsursachen. Hierher haben wir zunächst die Bergwerksbesteuerung und -Gesetzgebung zu rechnen. Es wird heut zu Tage keines besonderen Beweises mehr bedürfen, wie hemmend eine derartige Produktionssteuer auf die Entwicklung eines Gewerbes einwirkt; sie kann aber gar nicht ungerechtfertigter, nicht prinziploser auftreten, als wenn sie einer Industrie auferlegt wird, deren Erzeugniß nicht Gegenstand des Luxus, sondern des dringendsten Bedarfes ist, und die überdies mit einer intensiveren Konkurrenz des Auslands zu kämpfen hat, als irgend ein anderes inländisches Gewerbe. Den Rechtstitel des Staates auf Erhebung solcher Abgaben wollen wir nicht bestreiten; allein kann man dessen Aufrechterhaltung wollen, wenn er in solcher Weise die Entwicklung der wirthschaftlichen Kräfte beeinträchtigt und durch die Schwächung der allgemeinen Steuerkraft selbst der Staatskasse indirekt mehr schadet, als direkt nützt?

Nur einen Titel giebt es, unter dem sich eine Besteuerung der Bergwerksprodukte rechtfertigen läßt. Es ist dies die Entschädigung für die aus der Ausübung der Bergwerkspolizei entstehenden Kosten. Nicht blos die Besteuerung selbst, sondern auch das Aufsichtsrecht und die weitere Einmischung der Behörden in den privativen Bergwerksbetrieb reduzire man bis auf jenes Maaß, dann hat man unserem Bergwesen und insbesondere unserer Eisenindustrie den größten Dienst geleistet, und ihre Bedeutung als Quelle zur Vermehrung des Volksreichthums in ungleich höherem Grade gesteigert, als das bisherige reine Einkommen aus der Bergwerksbesteuerung für die Staatsfinanzen von Bedeutung war.

Das Anstößige und Schädliche der Bergwerksbesteuerung liegt erstens in der großen Ungleichheit der Belastung, die von völliger Befreiung bis zu einer Besteuerung von vielleicht 20 Prozent des Werths der Rohstoffe ansteigt, und zweitens in der durchnittlichen Höhe dieser Abgabe. Wir geben im Folgenden eine kurze Darstellung der Besteuerungspraxis im Zollverein. Die Angaben sind, soweit sie Preußen betreffen, dem schon mehrerwähnten vortrefflichen Werke des Geh. Bergrathes v. Carnall*) und was die übrigen Vereinsstaaten betrifft, den Angaben der Bergwerksbesitzer oder Behörden entnommen, welche auf die im Jahr 1848 ausgeschriebenen Fragen des volkswirthschaftlichen Ausschusses der frankfurter Nationalversammlung einliefen.

Vor dem neuen preußischen Bergwerksbesteuerungsgesetz vom vorigen Jahre herrschte in der Monarchie die höchste Ungleichheit in der Belastung des Eisensteinbergbaues, gerade weil man im

---

*) R. v. Carnall, die Bergwerke in Preußen und deren Besteuerung. Berlin 1850.

Allgemeinen die Verhältnisse der Eisenindustrie berücksichtigt und zu ihren Gunsten vielfache Ausnahmen von der bestehenden Gesetzgebung gemacht hatte. In Schlesien fanden gar keine landesherrlichen Abgaben statt; im Siegenschen waren die Zubußzechen vom Zehnt befreit, während ihn die in Ausbeute befindlichen voll zu tragen hatten; in den westphälischen Bezirken wurde statt des Zehnten nur ein geringer jährlicher Canon, und auch in den sächsischen Bezirken nirgends der volle Zehnte erhoben; auf der linken Rheinseite endlich gilt das französische Gesetz von 1810, wonach nur 5 Prozent des Reinertrags (nebst einer festen jährlichen Abgabe von Thlrn. 2. 20 Sgr. von 1 Quadrat Kilometer und Grundrechten von 3 bis 5 Pf. pro Hectare) zu entrichten sind. Die Grenzen dieser Belastung waren also auf der einen Seite die völlige Befreiung, auf der anderen (wo der volle Brutto-Zehnte nebst Quatember-, Fahr- und Receßgeldern u. s. w. entrichtet werden mußten) gegen $2\frac{1}{2}$ Sgr. vom Centner Roheisen.

Bei dem Coakshüttenbetrieb trat hier nun die Besteuerung des Steinkohlenbergbaues hinzu. In Schlesien konnte man dieselbe bei einem Kohlenverbrauch von 4 Centnern zu etwa $1\frac{1}{4}$ Sgr. auf den Centner Roheisen, und im Ruhrkohlenrevier bei einem Verbrauch von $2\frac{1}{2}$ Centner ungefähr ebenso hoch annehmen. An der Saar werden etwa 3 Centner Kohlen auf den Centner Roheisen gebraucht; die Belastung läßt sich hier nicht in gleicher Weise abschätzen, da die Kohlengruben, mit Ausnahme einer einzigen, landesherrlich sind; allein trotz der Preisermäßigung von etwa 22 Prozent, welche den zum Verhütten bestimmten Kohlen zu Theil wird, stehen die Mosel- und Saarhütten noch bedeutend nachtheiliger als die in Schlesien oder an der Ruhr. Der Staat verkauft durchschnittlich die Kohlen um den doppelten Betrag der Förderkosten; wären die Gruben in Händen verschiedener Privaten, so würde deren Konkurrenz den Preis sehr bald um die Hälfte bis $\frac{2}{3}$ des jetzigen enormen Gewinnes herabdrücken, was auf den Centner Coaksroheisen mindestens 3 Sgr., ja noch mehr, austrüge.*) Im Durchschnitt konnte man im Jahr 1847

*) Da die 1851 eingetretenen Ermäßigungen der Bergwerksbesteuerung das hier vorliegende Verhältniß direkt nicht berühren, so ist um so dringender zu wünschen, daß die Taxpreise auf den Königl. Gruben baldigst bedeu-

in Preußen die Besteuerung der zu einem Centner Coaksroheisen erforderlichen Steinkohlen und Erze auf den verhältnißmäßig bedeutenden Betrag von 2½ Sgr. oder 25 Prozent des Roheisenzolls von 10 Sgr. (50 Prozent des Differentialzolls gegen Belgien) annehmen. Welche Fessel dies der Entwicklung der Coakshütterei anlegen mußte, liegt auf der Hand.

Die Betheiligten werden es mit höchstem Dank anerkannt haben, daß das mit dem 12. Mai 1851 in Kraft getretene neue preußische Bergwerksbesteuerungsgesetz mindestens einen bedeutenden Schritt in der zu erstrebenden Richtung thut, indem der Brutto-Zehnte auf den Zwanzigsten herabgesetzt, auch die übrigen Abgaben ermäßigt wurden.*) Doch wird immer noch die durchschnittliche Belastung eines Centners Holzkohleneisen zu 9 Pf. und Coaksroheisen zu 1½ Sgr. (15 Prozent des Roheisenzolles von 10 Sgr.) anzunehmen sein. Die mit dem Bergwesen zusammenhängenden Verwaltungskosten des Staats (nach Abzug des auf den Betrieb der Königlichen Werke entfallenden Antheils) betragen in Preußen 250,000 Thlr.**) Nimmt man den Produktenwerth als Maaßstab an, so würden hierzu die Eisenerze (1850 im Werth von 801,122 Thlrn. von der Gesammtsumme der Bergwerksprodukte zu 11,618,961 Thlr.) nur 18,000 Thlr. oder nicht ganz 3 Pf. pro Centner Roheisen beizutragen haben, und auf die hierzu erforderlichen Steinkohlen kämen noch nicht voll 2¼ Pf. Man sieht hieraus, wie bedeutend, trotz der eingetretenen Erleichterung, die Belastung noch immer über die Entschädigung für Ausübung der Bergwerkspolizei und Oberaufsicht hinausgeht.

In Baiern rechts des Rheines wird der Regel nach noch der Brutto-Zehnte erhoben, doch finden auch Ausnahmen statt;

---

tend ermäßigt werden möchten. Dem Vernehmen nach liegt dies auch in der Absicht des Königl. Preußischen Handelsministeriums.

*) Bei dieser Gelegenheit können wir nicht umhin, darauf hinzuweisen, wie die bei Berathung des neuen Bergwerksbesteuerungsgesetzes in den preußischen Kammern von verschiedenen Seiten ausgesprochene Ansicht: „eine Reduktion der Besteuerung werde nur den Grubenbesitzern und nicht dem Publikum zu Gute kommen,“ ein schlagendes Dementi erhalten hat, indem sofort die Kohlenpreise um den vollen Betrag der Ermäßigung herabgingen.

**) Siehe das mehrerwähnte Werk von v. Carnall, S. 96.

in der Rheinpfalz gilt das französische Gesetz von 1810. Die durchschnittliche Besteuerung ist also ungefähr wie die preußische vor 1851.

In Würtemberg betreibt der Staat den Bergbau ausschließlich; wo er behufs auszuführender Erze Privaten gestattet wird, müssen diese den Brutto-Zehnten entrichten.

Sachsen hatte nach den Enquêten von 1848 im Ganzen die höchste Bergwerksbesteuerung. Nach den Angaben des obererzgebirgischen und voigtländischen eisenhüttenmännischen Vereins betrugen die Zehnten, Ladegelder, Bergamtsgebühren u. s. w. auf 10,000 Ctr. Roheisen nicht weniger als 700 Thlr. oder 2,1 Sgr. pro Centner. Nach anderen genauen Mittheilungen hat das Fuder Erz (25 Cubikfuß, 15 bis 22 Centner an Gewicht) an Zehnten 9,4 Sgr. und an sonstigen Bergamtsgebühren 2,9 Sgr. zu entrichten; nimmt man an, daß aus dem Fuder Erz 6 Centner Roheisen erblasen werden, so kommt diese Angabe mit der vorstehenden fast ganz genau überein. Da, wie in §. 46. dargethan, in Sachsen die Produktionskosten des Roheisens fast am höchsten im ganzen Zollverein stehen, so war hier die hohe Besteuerung am allerwenigsten gerechtfertigt. Mit Anfang 1852 ist denn auch eine Erleichterung ins Leben getreten, und zwar eine noch weitergehende, als das neue preußische Gesetz von 1851 anordnet. Es werden von jetzt an nur eine Grubenfeldsteuer von 3 Sgr. für die Maaßeinheit (1000 Quadratlachter) und überdies 5 Prozent vom Reinertrag und wiedererstatteten Verlag erhoben. — Der Steinkohlenbergbau ist in Sachsen von Seiten des Staates gar nicht belastet; doch müssen den Grundbesitzern schwere Abgaben, gewöhnlich der Zehnte, entrichtet werden.

In Churhessen kommen besondere Bergwerksabgaben nicht vor, da die Eisenindustrie fast ausschließlich in den Händen des Aerars ist; nur in dem Kreis Schmalkalden wird der Brutto-Zehnte erhoben, und finden daselbst auch noch anderweitige empfindliche Beschränkungen des privativen Bergbaues statt.

In Baden findet keine Besteuerung zu Gunsten des Aerars statt, sondern nur Entschädigungen an Private und Gemeinden, die aber oft höher sind als sie bei einer rationellen Bergwerksgesetzgebung getrieben werden könnten.

Im Großherzogthum Hessen ist die Praxis der Besteuerung

sehr verschieden; manche Gruben sind ganz frei, manche entrichten den Zehnten; der größte Theil baut 10 Jahre lang ganz frei und trägt von da ab den Brutto-Zwanzigsten.

Luxemburg hat nur Abgaben an den Grundeigenthümer, die durchschnittlich nicht allzu hoch sind.

In Nassau ist der Brutto-Zehnte bereits seit 1816 aufgehoben und werden die Bergwerke nach dem reinen Einkommmen besteuert, im Maximum zu 5 bis 10 Prozent des Reinertrags.

In den thüringischen Fürstenthümern wird der Bergbau theilweise vom Aerar betrieben. Der privative Bergbau ist meistens sehr hoch belastet, und außerdem zu Gunsten des Aerars vielfach im Betriebe gehemmt und beschränkt. Im Meiningenschen findet wohl die höchste Besteuerung des Erzes statt; sie beträgt nach genauen Mittheilungen mindestens 17 Prozent des Bruttowerthes der Erze, was gegen $3\frac{1}{4}$ Sgr. auf den Centner Roheisen trägt. Dies kommt $32\frac{1}{2}$ Prozent des Eingangszolls auf schottisches und 65 Prozent der bisherigen Besteuerung belgischen Eisens gleich.

Man sieht aus dieser gedrängten Darstellung der Bergwerksbesteuerung im Zollverein, daß sie noch immer einen nicht unbedeutenden Theil des Roheisenzolls in Anspruch nimmt, daß derselbe also keineswegs in seinem vollen Betrag die inländische Industrie schützt, sondern zu einem Theil nur als Aequivalent der inneren Besteuerung anzusehen ist. Beim Stabeisen und den sonstigen Eisenfabrikaten steigert sich natürlich dieser Einfluß noch um den Betrag des Abbrandes beim Frischen des Roheisens, sowie um die Belastung der Steinkohlen, die zum Verpuddeln und zur Weiterverarbeitung gebraucht werden.

Es ist übrigens nicht blos die unmittelbare Besteuerung, wodurch die Entwicklung der Eisenindustrie von Seiten des Staates vielfach gehemmt wird. Während in einzelnen Ländern und Distrikten die Einmischung der Verwaltung in die Betriebsleitung nicht weiter geht als es die Handhabung der Grubenpolizei erfordert, und als es das Interesse der Gewerken selbst wünschenswerth macht, wird in andere Gegenden diese Grenze vielfach überschritten, und der Bau und die Ausbeutung der Gruben bedeutend kostspieliger gemacht, als nöthig wäre. Dieser Einfluß läßt sich schwer in Zahlen fassen und noch weniger nach einem Durchschnitt auf die gesammte Eisenerzeugung ausschlagen; er ist indeß erwiesenermaßen in vielen einzelnen Fällen so bedeutend, daß er über die Ertragsfähigkeit ganzer Anlagen entscheidet. — Außerdem bestehen in manchen Gegenden, z. B. im Braunfelsschen, in einzelnen Distrikten Thüringens u. s. w., landes- oder standesherrliche Vorrechte, wonach der Bergmann, welcher glücklich fündig geworden ist, nur dann eine Belehnung erhält, wenn die Herrschaft es nicht vorzieht, gegen Rückerstattung der Kosten die Grube selbst zu übernehmen. — Vielfach ist die Erlangung von Concessionen äußerst kostspielig und zeitraubend, so namentlich auf dem linken Rheinufer. — In Thüringen wird zu Gunsten bestehender Gruben der Betrieb neuer vielfach erschwert oder in der Ausdehnung beschränkt. — Sodann werden, wie schon erwähnt, viele Gruben, insbesondere Kohlengruben, durch den Staat selbst ausgebeutet, der die Preise viel zu hoch festsetzt. — Auch die Festsetzung der Kohlenpreise gewerkschaftlicher Zechen durch die Bergbehörden, hemmt die Wirkung der inneren Konkurrenz.

Aus diesen Mittheilungen folgt, daß im Interesse unserer Eisenindustrie nicht blos die Besteuerung, sondern überhaupt die gesammte Bergwerkgesetzgebung des Zollvereins dringend der Reform bedarf. Bedenkt man, daß bisher blos in Preußen 14 verschiedene und zum Theil auf ganz abweichenden Principien fußende Berggesetze und Bergordnungen*) in Kraft waren, die theilweise schon vor 300 Jahren erlassen wurden, so begreift sich leicht, welch einen chaotischen Anblick die Legislatur des deutschen Bergwesens darbieten muß, während anderseits allerdings auch die

*) 1) Die revid. B.-O. für Schlesien und Glatz v. 5. Juni 1769; 2) die revid. B.-O. für Magdeburg u. s. w. v. 7. Decbr. 1772; 3) die chursächsische B.-O. v. 12. Juni 1589; 4) die chursächsische Stollen-Ordnung v. 12. Juni 1749; 5) die Eisleben-Mansfeldsche B.-O. v. 28. Octbr. 1673; 6) die hennebergische B.-O. v. 15. Decbr. 1566. 7) die revid. B.-O. für Cleve und die Mark v. 29. April 1766; 8) die churkölnische B.-O. v. 2. Jan. 1669; 9) die jülichsche B.-O. v. 21. März 1719; 10) die nassauische Bergfreiheit und B.-O. v. 1. Sept. 1559; 11) die nassauische kleine B.-O. v. 22. Mai 1592; 12) die homburg-wittgensteinsche B.-O. v. 25. Jan. 1570; 13) die churtriersche B.-O. v. 22. Juli 1564; 14) das französische Bergwerksgesetz v. 21. April 1810. (Vergl. v. Carnall, die Bergwerke rc. Einleitung S. IX.)

Schwierigkeit einleuchtet, so festgewurzelte Verhältnisse nach Einem leitenden Grundsatz umzugestalten.

### c. Reduktion der Betriebskosten.

§. 60. Während in den Frachten und sodann in den Bergwerksabgaben die zunächst liegenden Ursachen der höheren Produktionskosten des vereinsländischen Eisens im Verhältniß zu England und Belgien zu suchen sind, und nur der bei weitem kleinste Theil unsrer Eisenindustrie in der Verfassung ist, keine wesentlichen Ermäßigungen mehr in dieser Richtung erwarten zu können, ist die Möglichkeit weiterer Reduktionen auch noch in mancher andern Beziehung gegeben.

In der eigentlichen Technik des vereinsländischen Hüttenbetriebs ist für eine allgemeine Verringerung der Eisenpreise nicht viel Spielraum mehr. Es ist zwar keine Frage, daß gar manche Hütte in technischer Beziehung noch nicht genügend fortgeschritten ist. Allein dieß findet sich bei jeder Industrie in der Welt und die Betreffenden haben durch Verkürzung ihres Gewinnes darunter zu leiden. Im Allgemeinen ist die Eisenindustrie, soweit nicht objektive Hindernisse entgegenstanden, die der Einzelne nicht zu bewältigen im Stande war, eins unserer am meisten ausgebildeten Gewerbe. Namentlich haben aber, den Behauptungen der Theoretiker von den erschlaffenden Wirkungen des Schutzzolles ein thatsächliches Dementi gebend, gerade die Zollmaßregeln von 1844 den augenfälligsten Anstoß gegeben, überall mit den neuesten Einrichtungen und Methoden vorzugehen, wo man seither zurückgeblieben war, so daß in ökonomischer Beziehung, insbesondere durch den geringen Verbrauch von Schmelzmaterial mitunter Resultate erzielt worden sind, wie sie noch niemals erreicht sein mögen.

Oberflächlicherweise hat man häufig den Fortbestand unsres Holzkohlenhüttenbetriebs überhaupt mit einem unzeitgemäßen Festhalten am Veralteten identifiziren wollen. Dabei hat man nicht bedacht, daß dieser Betrieb in einem Gebiete, das wie der Zollverein etwa 40 Millionen Morgen Waldung besitzt, eine ganz andere Grundlage hat als z. B. in Großbritannien, mit nur $\frac{1}{40}$ dieser Waldfläche. Ueberhaupt ist ja die Frage: ob Coaks oder

Holzkohlen zu verwenden, keine Frage des eigentlichen technischen Fortschritts, sondern eine rein ökonomische; man verwendet ganz einfach das Brennmaterial, welches am wohlfeilsten ist. Käme es thatsächlich vor, daß die Hüttenbesitzer fortführen, mit Holzkohlen zu hütten, während ihnen billigere Coaks zu Gebote stehen, dann allerdings machten sie sich einer großen Nachlässigkeit schuldig und der Schutzzoll wäre gerichtet, ließen sich solche Resultate auf sein Conto bringen. Allein ist dieß etwa der Fall? Sicherlich nicht, oder doch nur in einzelnen Ausnahmefällen, wie sie unter jedem handelspolitischen System vorkommen. Wo heut zu Tage ein Holzkohlenhüttenbesitzer im Uebergang auf Coaks zögert, da ist blos schuld, daß sie noch theurer sind; kein Mensch kann ihm ein Zurückbleiben vorwerfen, wenn er wartet, bis Eisenbahnen oder sonstige Transportmittel die Coaks billiger gemacht haben oder wenn er — falls dieß nicht zu erwarten steht — sich am Holzkohlenbetrieb hält und für dessen Existenz kämpft, so lange es eben noch geht.

Einen andern Vorwurf hat man von technischem Standpunkte aus der verhältnißmäßig geringen Produktion unserer Hochöfen ableiten wollen. Allein es ist geradezu unvernünftig, zwischen der Produktion von Coaks- und Holzkohlenhochöfen eine derartige Parallelle ziehen zu wollen. Die Letzteren produzirten weder in England noch in Belgien oder Frankreich ansehnlich mehr als bei uns. Sie sind und waren überall durch das disponible Holzkohlenquantum beschränkt, und es mußte gerade aus ökonomischen Rücksichten sehr häufig vortheilhafter erscheinen, eine größere Zahl kleinerer Hochöfen an verschiedenen Punkten zu erbauen, oder kürzere Zeit zu hütten, als für große Oefen mit langer Hüttenzeit die Holzkohlen von soviel weiter herbei zu holen. Denn man vergesse nie den Unterschied, daß auf einem einzigen Punkte, aus einem Schacht, soviel Steinkohlen gefördert werden können, daß der Holzbestand von 20 und mehr Quadratmeilen nicht hinreichend wäre, ein gleiches Quantum Erze auf die Dauer zu verhütten. Hierin liegt die natürliche Erklärung, weshalb es erst durch den Coakshüttenbetrieb ökonomisch vortheilhaft geworden ist, möglichst große Hochöfen zu erbauen. Was aber unsere Coakshochöfen betrifft, so sind die schlesischen wegen der Beschaffenheit der dortigen Brauneisenerze und Kohlen nicht in sehr großen Dimensionen gebaut worden; die neuen Oefen an der Ruhr produziren aber gleichviel wie die größten schottischen und belgischen.

Im Allgemeinen darf übrigens aus der Steigerung der Produktion einzelner Werke allerdings noch eine erhebliche Verminderung ihrer Selbstkosten erwartet werden, wie dieß in Schottland und Belgien ebenfalls eine der Ursachen ihres Uebergewichtes ist. Ueberhaupt fällt jegliche Erweiterung des Betriebs oder jede Vermehrung der Zahl bestehender Anlagen nothwendig mit einer gewissen Erniedrigung der Selbstkosten oder der Preise zusammen, und alle Mittel — also auch der Schutzzoll — welche jenen Zweck erreichen, dienen auch diesem. Bei der Berechnung der Selbstkosten nahmen wir oben (§. 46.) außer den Kosten für Erze und Kohlen noch 10 Sgr. auf den Centner für Generalkosten an, welche zum größten Theil aus Zinsen des Anlage- und Betriebskapitals, Löhnen, Kosten der Verwaltung, Zustellung, Füllung u. s. w. bestehen. Bei größerer Produktion fällt hiervon natürlich ein geringerer Antheil auf den Centner; bei einem neuen Coakshochofen z. B. der 50,000 Pfd. täglich produzirt, werden diese Posten höchstens auf 6 Sgr. zu veranschlagen sein. Desgleichen haben solche Holzkohlenhütten eine Verminderung der Generalkosten zu erwarten, welche durch das Eingehen anderer Hütten, beziehungsweise durch deren Uebergang auf Coaks, mehr Holzkohlen disponibel erhalten und demnach längere Campagnen machen können; die Benutzung der Hochofengase zum Betrieb von Gebläsemaschinen, hat dies jetzt auch den Hütten möglich gemacht, die früher weniger des Kohlen- als des Wassermangels halber nur kurze Zeit hütteten. Das Siegerland ist namentlich eine der Gegenden, welche in dieser Beziehung von verstärktem Betrieb der einzelnen Werke eine ansehnlichere Verminderung der Selbstkosten erwarten können*); daß diese Betriebsausdehnung (welche durch die Ausführung der Sieg-Ruhr-Eisenbahn bedingt ist) nicht jetzt schon durchgeführt wird, kann aber Niemand den betreffenden Eisengewerken zur Last legen oder überhaupt als Vernachlässigung der technischen oder ökonomischen Betriebsleitung qualifiziren wollen.

*) In der mehr erwähnten Denkschrift von Börner und Klein (II. S. 93.), wird die Differenz der Generalkosten bei Campagnen zu 100 Tagen und zu 250 Tagen auf 3,82 Sgr. pro Centner Roheisen berechnet.

In der rein kaufmännischen Betriebsleitung ließen sich überdies an manchen Orten noch Einrichtungen treffen, wodurch die Selbstkosten reduzirt, beziehungsweise die Verhältnisse der Gewerbtreibenden verbessert würden. Vielfach bestehen noch in der Verwaltung der Hütten veraltete Einrichtungen, die bei den Rentabilitäts-Verhältnissen früherer Zeiten nicht blos durchführbar waren, sondern auch, indem sie dem weniger Bemittelten zu gewerblicher Selbstständigkeit verhalfen und den Gewinn unter Viele vertheilten, die erfreulichsten socialen Erscheinungen im Gefolge gehabt haben. Dahin gehört z. B. der gewerkschaftliche Hüttenbetrieb im Siegenschen, wo jeder Theilhaber seine bestimmten Tage hat, an denen er mit eigenen Erzen und Kohlen hüttet und das gewonnene Roheisen auf eigne Rechnung verkauft. Diese Betriebsweise unter den jetzigen Umständen, wo der Gewinn so außerordentlich reduzirt und die Konkurrenz so enorm gestiegen ist, noch festhalten wollen, hieße einen erfolglosen Kampf gegen übermächtige Verhältnisse unternehmen. Die Technik des Betriebs litt zwar hierunter nicht so sehr, wie vielfach angenommen zu werden pflegt; denn wenn auch neue Fortschritte gewöhnlich etwas später adoptirt wurden, wie bei Werken in Einer Hand, so wirkte doch andrerseits die Menge der speziell an den Betriebsresultaten der einzelnen Tage betheiligten Gewerken auf die Erzielung eines möglichst großen Produktionsquantums und eines möglichst ökonomischen Betriebs. Dagegen führte diese Zersplitterung andererseits zu einer immensen Verschwendung an Betriebskapital und Aufsichtskräften, zu einer höchst unvortheilhaften Ausbeutung der Bergwerke und zu einer ganz unnöthig verstärkten Konkurrenz beim Einkauf der Kohlen und beim Verkauf des Roheisens, die dort den Preis der Rohstoffe heraufschraubte, hier den des Fabrikats herabdrückte. Ein wirklich gemeinschaftlicher Betrieb mit einheitlicher Verwaltung der Hütten und Gruben, des Ein- und Verkaufs, würde nicht blos die allgemeine Rentabilität der Anlagen, also den Gewinn jedes Betheiligten erhöhen, sondern auch, da die Summe der bisher verwandten Aufsichtskräfte und Geschäftskapitale künftighin nur zum kleinsten Theil mehr erforderlich wäre, dem Einzelnen gestatten, seine Thätigkeit und sein Kapital noch in anderer Weise rentbar zu machen*).

*) Die Beibehaltung einer weiteren Bestimmung der siegenschen Hütten-

Allein auch über die Regelung des Betriebs der einzelnen Werke hinaus, läßt sich im Wege gemeinschaftlichen Zusammenwirkens der Betheiligten noch gar Vieles thun, insbesondere durch gemeinsame Stapel für den Einkauf der Rohstoffe und für den Verkauf der Fabrikate. Wir haben mit Letzteren keine sogenannten Verschwörungen der Produzenten gegen die Consumenten, behufs übermäßiger Preissteigerung der Fabrikate, im Auge, wie es denn überhaupt die allgemeinen Gesetze, die den Handel und Verkehr regeln, nur in Ausnahmefällen möglich machen, ein solches Attentat erfolgreich durchzuführen, falls es wirklich beabsichtigt ward. Wir meinen damit nur die Vereinigungen, wodurch der Einzelne an Zeit, Mühe und Betriebskapital spart, während die stets disponiblen Vorräthe die festen Preise und die Kontrole über die gute Qualität der zum Stapel gelieferten Erzeugnisse selbst dem Abnehmer solche Vereinigungen eher vortheilhaft als nachtheilig erscheinen lassen müssen. Als Muster solcher Vereinigungen kann u. A. das seit langen Jahren bestehende Krombacher Rohstahllager (Kreis Siegen) dienen.

In dieser Richtung noch weiter gehend, gelangen wir zu den Mängeln unserer Geld- und Kredit-Institute überhaupt. Verfolgen wir aber auch hier dies Thema nicht genauer, weil dieser Boden allen Gewerben gemeinschaftlich ist, so können wir doch nicht unterlassen, auf den sichtbaren Einfluß hin-

---

und Hammerordnung, welche die Zahl und die Hüttenzeit der Werke in bestimmter Weise beschränkt, ist ebenfalls jener Gegend vielfach zum Vorwurf gemacht worden. Erkennt man aber auch jenes Prinzip der Beschränkung unbedingt für ein falsches an, welches dem Siegerland selbst bedeutend mehr Schaden als Nutzen gebracht hat, so würde doch die Aufhebung heutzutage wenig mehr als eine leere Form sein, ohne Einfluß auf die gewerbliche Entwicklung jener Gegend. Denn über die disponibelen Holzkohlen könnte die Produktion doch nicht hinaus; dieses Quantum wird aber von den bestehenden Hütten so vollständig aufgebracht, daß viele noch nicht einmal die volle Zeit hütten, die ihnen nach der H. und H.-O. zusteht. — Die Eisenbahn nach der Ruhr ist die einzige Bedingung der gewerblichen Zukunft dieses Eisendistrikts. Wird sie ausgeführt, so stürzt der morsche Bau veralteter Formen von selbst; bleibt sie dagegen unausgeführt, nun so bricht mit der Form auch der Inhalt der dortigen Gewerbsthätigkeit zusammen. Eine weitere Alternative liegt dort nicht vor.

zuweisen, den das schottische Bankwesen auf die Entwicklung der schottischen Eisenindustrie gehabt hat und dringend zu einer näheren Untersuchung dieser Verhältnisse auffordern.

Bleibt demnach auch nicht allein in Frachten und Bergwerksabgaben, sondern auch in dem technischen, ökonomischen und kaufmännischen Theil des Eisengewerbes die Möglichkeit von Reduktionen der Selbstkosten gegeben, so ist deren Durchführung doch theils von der Zustimmung des Staates (z. B. Abschaffung der Bergwerkssteuer, Erlaß eines Berggesetzes, Verbesserung der Geld- und Kredit-Institute), theils von der Durchführung kostspieliger Anlagen unter Zusammenwirkung des Staats und der Privatassociationen (Erbauung von Eisenbahnen, Regelung der Frachttarife), theils von der Hinwegräumung von Einrichtungen und Usancen abhängig, die mit den socialen Verhältnissen einzelner Gegenden seit Jahrhunderten verwachsen waren. Darin eben, daß alle diese Veränderungen nicht mit einem Schlage geschehen können, daß sie Zeit zu ihrer Durchführung brauchen, darin liegt die Begründung der zeitlichen Nothwendigkeit des Schutzzolles, während seine prinzipielle Rechtfertigung wieder in dem Nachweis gelegen ist, daß das Schlußresultat der unter dem Schirm des Zolles stattfindenden Entwicklung die vollständigste Wiederherstellung der Konkurrenzfähigkeit, das Sinken der inländischen Preise selbst bis unter das Niveau des frei bezogenen ausländischen Eisens sein wird und muß. Es folgt aber eben hieraus, daß der Schutzzoll selbst die Wunden unserer Eisenindustrie nicht heilt, sondern daß er blos den Nothverband bildet, und es folgt ferner, daß die Abnahme der Schutzbedürftigkeit schneller oder langsamer vor sich gehen muß, je nachdem die Durchführung der zur Reduktion der inländischen Selbstkosten erforderlichen Maaßregeln schneller oder langsamer vorgenommen wird.

Daraus nun, daß einestheils die Hinwegräumung jener Hindernisse nicht systematisch oder nicht kräftig genug in Angriff genommen wird, und daß andrerseits die Ausdehnung der Industrie da keine rascheren Fortschritte macht, wo bereits die Grundlagen der Konkurrenzfähigkeit gegeben sind, daraus ließe sich allerdings ein Vorwurf herleiten, der aber die Regierungen ebensowohl trifft, als die einzelnen Kapitalisten und Industriellen.

Billigerweise muß man aber dabei berücksichtigen, daß der

vollständigere Aufschluß der Grundlagen zukünftiger Größe unsrer Eisenindustrie erst von neuerem Datum ist. Noch vor 6 Jahren hätte Niemand die Behauptung auszusprechen gewagt, der heutzutage Niemand mehr widerspricht, daß nämlich im Zollverein gleich günstige Grundlagen zur Entwicklung einer Coakseisenindustrie gegeben sind, wie in Belgien und Großbritannien. Und außerdem hat man den Einflüssen des Jahres 1848 Rechnung zu tragen, welche die erfreulichste Periode des Fortschrittes, die unsre Eisenindustrie jemals gehabt, plötzlich unterbrachen.

Bei der noch fortwährend so außerordentlich gedrückten Lage des Eisengeschäfts überhaupt, sowie bei der fortdauernden politischen Gährung im Auslande, bei der Ungewißheit über die Zukunft des Zollvereins u. s. w. konnte der Fortschritt noch nicht recht wieder in Zug kommen; die Ungewißheit, die zwei Jahre lang hinsichtlich des belgischen Vertrags obwaltete, trug auch ihr Theil dazu bei. Uebrigens kann es die Eisenindustriellen nicht speziell treffen, wenn überhaupt in Deutschland der gewerbliche Unternehmungsgeist noch nicht so ausgebildet erscheint, wie in Großbritannien oder Belgien.

Die Consumtion hat sich übrigens im vorliegenden Falle sicherlich nicht zu beklagen. Denn dieselbe Ursache, welche seit 1848 den Unternehmungsgeist lähmte, hat auch die Verkaufspreise des Eisens so herabgedrückt, wie es unter normalen Verhältnissen von der stärksten Weiterentwicklung der inneren Konkurrenz in so kurzer Frist kaum zu erwarten gewesen wäre. Ueberhaupt hat der größte Theil der bestehenden Eisenindustrie, bis sie wieder einen neuen Boden der Konkurrenzfähigkeit erlangt hat, noch so viele Opfer zu bringen, so viele innere Umgestaltungen, so viele Reduktionen der bisherigen Werth- und Ertragsverhältnisse zu erleiden, daß der Staatsmann ein etwas verzögertes Fortschreiten dieses Umgestaltungsprozesses sicherlich nicht so sehr bedauert, als es vom abstrakten Standpunkte der Nationalökonomie aus geschehen könnte.

Mögen aber von jetzt an, wo doch die Zukunft gesicherter vor uns liegt, Regierungen, Associationen und einzelne Industrielle um so kräftiger daran gehen, alle der Entwicklung der Eisenindustrie entgegenstehenden Hemmnisse schleunigst wegzuschaffen und die vorhandenen oder neu gewonnenen Grundlagen entsprechend auszubeuten. Man fasse den Kampf gegen die Eisenzölle als Kampf gegen die Ursachen, von denen sie bedingt werden, auf, dann ist der Streit darüber aus der Welt geschafft und das Interesse des Consumenten mit dem des Produzenten versöhnt.

## Das Interesse der vereinsländischen Eisenindustrie an den Fragen der auswärtigen Handelspolitik.

§. 61. Nicht bloß durch Maaßregeln der inneren Handelspolitik und Gesetzgebung vermag ein Staat seine Gewerbe zu schützen und zu heben, sondern in der Regelung der Verhältnisse zum Ausland liegt ebenfalls ein weites Gebiet für Entfaltung der segensreichsten Thätigkeit.

Bei der geschilderten Lage unsrer Eisenindustrie liegt es auf der Hand, daß für Roheisen, Stabeisen und gröbere Eisenfabrikate eine bedeutendere Ausfuhr nach neutralen Märkten, wo keine Bevorzugung vor Belgien und England in den Zöllen stattfindet, nicht eher zu erwarten steht, als bis der innere Entwicklungsgang weiter fortgeschritten ist, die Produktion sich ausgedehnt hat und die Selbstkosten noch weiter gefallen sind. Wenn wir erst auf diesem Punkte industrieller Selbstständigkeit angelangt sein werden, dann wird die besondere Fürsorge des Staates, Abzugskanäle nach dem Auslande zu eröffnen, entbehrlicher. Allein in dem gegenwärtigen Stadium gerade kann die auswärtige Handelspolitik die einflußreichste Rückwirkung auf Verbesserung der Lage unsrer Eisenindustrie, auf Beschleunigung ihres Entwicklungsganges und auf Verringerung der Opfer unsrer Consumenten ausüben, so daß derartige Maaßregeln gleichsam ein Complement der Akte innerer Gesetzgebung bilden, wodurch die äußere Konkurrenz abgehalten und die Selbstkosten des Fabrikats erniedrigt werden.

In der angedeuteten Richtung haben die Regierungen, abgesehen von der allgemeinen Fürsorge für Belebung des Ausfuhrhandels, zwei Aufgaben zu lösen, erstens: *differentielle Benachtheiligungen vereinsländischen Eisens bei der Einfuhr in andere Staaten abzuwenden*, und zweitens:

differentielle Bevorzugungen im Wege von Handels-Verträgen zu erstreben.

In ersterer Beziehung bieten die neueren Vorgänge in der Schweiz den Regierungen Gelegenheit dar, die Fürsorge für die Interessen unserer Eisenindustrie zu bethätigen. Während früher Eisen und Eisenfabrikate dort nur 4 und 8 Kreuz. Eingangszoll zahlten, wurden sie seit 1. Febr. 1850 durch den neuen schweizerischen Zolltarif auf weit höhere Sätze (siehe §. 41.) gebracht. Bleibt nun auch die Regelung des Tarifwesens eine innere Angelegenheit jedes Staates, so lag doch sicherlich in den bedeutenden differentiellen Begünstigungen, die der Zollverein seit 1834 einer großen Zahl schweizerischer Produkte ohne alle Gegenkonzessionen eingeräumt hatte, eine Verpflichtung für jenen Staat bei Aenderungen seines Zollsystems hierauf gebührende Rücksicht zu nehmen. Allein gerade umgekehrt, ordnete der neue Tarif differentielle Benachtheiligungen unseres Eisens an, indem er englisches Erzeugniß bedeutend bevorzugte. So zahlten englisches Stabeisen und Blech nur 8 und 20 Kr., während alles übrige 40 Kr. zu tragen hatte. Erfolgte nun auch auf die diesseitigen Vorstellungen hin die Erklärung, daß mit der Bezeichnung „englisch" nicht das Produktionsland, sondern nur gewisse Sorten gemeint seien, und ist auch demnächst jenes Wort aus dem Tarif entfernt worden, so hat dies doch den eigentlichen Stand der Sache nicht verrückt. Denn man hat jetzt eine bestimmte Preisgrenze gezogen, so daß billigeres Eisen den niedrigen, theureres den hohen Zollsatz zahlen muß. Da aber nun die Preise des diesseitigen Fabrikats — namentlich die feinen Qualitäten badischen Eisens, die bisher hauptsächlich eingingen — über diese Grenze fallen, so hat die vorgenommene Aenderung lediglich eine formelle Bedeutung, und unser Interesse bleibt nach wie vor in gleicher Weise verletzt. — Die vorgenommene Suspension aller früheren Begünstigungen, welche der Zollverein der Schweiz gewährte, zeugt von dem Ernste der Regierungen, unser Interesse in dieser Beziehung zu wahren. Hoffen wir, insbesondere für die hartbedrängte Eisenindustrie Badens und Sigmaringens, daß ein nicht blos formell, sondern auch thatsächlich zufriedenstellender Erfolg errungen werde.

Was die zweite Aufgabe unserer ausländischen Handelspolitik betrifft, nämlich im Wege von Handelsverträgen differentielle Bevorzugungen des diesseitigen Fabrikats in den Einfuhrzöllen anderer Länder zu erstreben, so kann hierbei die gegentheilige Tendenz, welche dem belgischen Vertrag vom 1. Sept. 1844 zu Grund lag, als Richtschnur dienen. Wie dieser Vertrag die Einfuhr ausländischen Eisens differentiell begünstigte, um andern diesseitigen Industrieerzeugnissen Vortheile — wie sich noch dazu herausgestellt hat, chimärischer Natur — bei der Einfuhr in Belgien zu verschaffen, bietet sich umgekehrt der weiteste Spielraum dar, dem inländischen Eisen solche Vortheile zuzuwenden. Wir sind dabei nicht der Ansicht, daß dieß auf Kosten anderer Industriezweige zu geschehen habe; hierzu liegt auch gar keine Nothwendigkeit vor, obgleich der größte Theil derselben in der Lage ist, die Konkurrenz des Auslandes wenig mehr zu scheuen. In den Zollsätzen auf Verzehrungsgegenstände, Fabrikmaterialien, Colonialwaaren u. s. w. ist hinreichender Stoff gegeben, Begünstigungen, die das Ausland unserem Eisen zuwenden will, zu erwiedern.

Mit Ausnahme von Großbritannien, Belgien und Schweden ist kaum ein Land, wo unsere Eisenindustrie keinen Vortheil aus derartigen Verträgen zu erwarten hätte, auch wenn sie auf direkter Gegenseitigkeit beruhten, d. h. dem jenseitigen Eisen die gleiche Bevorzugung bei uns einräumten. Bei Rußland wie den Vereinigten Staaten, bei Dänemark und Holland wie bei Brasilien, bei Spanien wie bei Italien, überall würde uns ein kleiner Vorzug in den Zöllen zu einer Erweiterung unserer Eisenausfuhr die Möglichkeit darbieten, sei es auch vor der Hand bei den entfernteren Ländern nur für feinere Eisenfabrikate.

Zunächst bleiben es indeß immer die Grenzländer, wo sich — namentlich bei so verhältnißmäßig wohlfeilen und schweren Waaren — die vortheilhaftesten Aussichten eröffnen. Treten wir nun in das konkrete Gebiet der schwebenden handelspolitischen Fragen ein, so sind es vornehmlich zwei derselben, welche sowohl vom Allgemeinen, als vom speziellen Standpunkt der Eisenindustrie aus, unser höchstes Interesse in Anspruch nehmen. Es sind dies die Fragen von dem Zollanschluß des Steuervereins und von dem Abschlusse eines engen Handelsvertrags mit Oesterreich.

### a. Der Zollanschluß des Steuervereins.

Während die Frage von der Gestaltung des künftigen Verhältnisses zu Oesterreich noch vollständig im Schweben ist, dürfen wir den Zollanschluß des Steuervereins mit dem 1. Januar 1854 als gesichert betrachten, da der Vertrag vom 7. Septbr. 1851 allseitig ratifizirt und sanktionirt worden ist. Mit diesem Vertrag ist dem großen Werke, welches Preußen im Jahre 1818 durch die Zolleinigung seiner bisher getrennten Provinzen begann und welches stufenweise zu der Zolleinigung mit den Enklaven, zu dem preußisch-hessischen Verein von 1828, zu dem Vertrag mit dem baierisch-würtembergischen Verein von 1829 und zu dem Zollverein von 1834 führte, der Schlußstein eingefügt und in dem Gewinn der Nordsee*) die handelspolitische Selbstständigkeit des zollgeeinten Gebietes errungen.

In Bezug auf die Eisenindustrie stipulirt der Vertrag (Anlage zu Separat-Artikel 11.), daß die Einführung der vereinsländischen Eisentarifirung mit dem 1. März 1853 ins Leben treten solle.**) Als Ausnahme wird ferner (Separat-Art. 5.) die zollfreie Einfuhr der zur Vollendung der hannöverschen Staatseisenbahnen noch erforderlichen Schienen von Seiten Preußens zugestanden.

Im Interesse der inländischen Schienenwalzwerke können wir letztere Stipulation natürlicherweise nur bedauern. Ueberdieß giebt die Bestimmung (Art. 13.), daß im Steuerverein keine Nach-

*) Eine engere Verbindung mit den großen Seestädten der Ostsee, Hamburg und Bremen, wird allerdings die Bedeutung der Zolleinigung mit dem Steuerverein erst vollständig hervortreten lassen. Allein es ist auch wohl nicht mehr zu zweifeln, daß es baldigst, wenn auch vor der Hand nicht zur vollständigen Zolleinigung, so doch zur Errichtung vereinsländischen Entrepots in den Hansestädten kommen wird.

**) Es verlautet allerdings mit Bestimmtheit, (Anfang 1852) daß Hannover auf der bevorstehenden Conferenz der Zollvereinsstaaten, abweichend von der durch Separat-Artikel 11. bereits eingegangenen Verbindlichkeit, die Abschaffung des Roheisenzolls und die Reduktion aller übrigen Eisenzölle beantragen werde. Es läge hierin, namentlich in dem ersteren Postulat, eine schwer zu begreifende Rücksichtlosigkeit gegen die dringenden Bedürfnisse und Wünsche der meisten Vereinsstaaten. Wir hegen übrigens die feste Erwartung, daß sich wenige oder gar keine der übrigen Vereinsglieder solchen Forderungen anschließen werden, wenn sie wirklich auftauchten.

steuer erhoben werden soll, zu großen Befürchtungen Anlaß, indem die Differenz der bisherigen und der künftigen Besteuerung (siehe §. 41.) namentlich beim Nageleisen, Schwarz- und Weißblech u. s. w. zu bedeutend ist, um nicht die Spekulation zur Aufhäufung großer Quantitäten Eisen in Hannover zu reizen., und so die Finanzen des Zollvereins zugleich mit der inländischen Industrie zu benachtheiligen. Die Erfahrungen beim Anschluß Braunschweigs, wo trotz der vereinbarten Nachbesteuerung so bedeutende Waarenvorräthe in den hiervon ausgenommenen Artikeln aufgehäuft worden waren, fordern in der That zur höchsten Vorsicht in dieser Beziehung auf. Hoffen wir, daß die hannöversche Regierung schon im eignen Interesse Veranstaltungen treffe, solchen Spekulationen zuvorzukommen.

Hiervon abgesehen ist der Anschluß von Hannover ein für die diesseitige Eisenindustrie äußerst erfreuliches Ereigniß. Wie schon im §. 30. erwähnt, deckt die dortige Eisenindustrie den Bedarf nur zum kleinsten Theil. Es wurden im Steuerverein eingeführt in hannöverschen Centnern à 100 Pfd.:

| | $18\frac{46}{47}$. | | $18\frac{47}{48}$. | |
|---|---|---|---|---|
| Roheisen . . . . . . . . . . | 65,000 | Ctr. | 60,000 | Ctr. |
| Stabeisen und Schienen . . | 291,929 | „ | 268,987 | „ |
| Stahl . . . . . . . . . . . | 5,875 | „ | 7,360 | „ |
| Schwarzblech . . . . . . . | 13,418 | „ | 13,844 | „ |
| Weißblech . . . . . . . . . | 4,643 | „ | 3,990 | „ |
| Draht . . . . . . . . . . . | 2,684 | „ | 2,412 | „ |
| Gußwaaren . . . . . . . . | 23,318 | „ | 19,878 | „ |
| Eisen- und Stahlwaaren . | 30,015 | „ | 18,756 | „ |
| Summa . . . | 436,882 | Ctr. | 395,227 | Ctr. |

Zu dieser Einfuhr lieferte der Zollverein nur:

| | $18\frac{46}{47}$ | | $18\frac{47}{48}$. | |
|---|---|---|---|---|
| Roheisen . . . . . . . . . . | 10,000 | Ctr. | 8,000 | Ctr. *) |
| Stabeisen . . . . . . . . . | 7,850 | „ | 8,347 | „ |
| Stahl . . . . . . . . . . . | 2,136 | „ | 2,731 | „ |
| Schwarzblech . . . . . . . | 340 | „ | 383 | „ |
| Weißblech . . . . . . . . . | 8 | „ | 28 | „ |
| Draht . . . . . . . . . . . | 365 | „ | 274 | „ |
| Gußwaaren . . . . . . . . | 15,539 | „ | 11,535 | „ |
| Eisen- und Stahlwaaren . | 2,970 | „ | 2,849 | „ |
| Summa . . . | 39,208 | Ctr. | 34,214 | Ctr. |

*) Diese Quanta werden von den ärarischen Werken in den angeschlossenen hannöverschen Gebietstheilen nach dem Mutterlande geführt.

Der Antheil des Zollvereins betrug also nur etwa $\frac{1}{12}$ der Gesammteinfuhr. Selbst dieser geringe Antheil wäre noch um $\frac{1}{3}$ kleiner geblieben, wenn nicht seit dem Vertrag vom 16. Oktober 1845 unsere Gußwaaren bereits zu dem erniedrigten Satz von $7\frac{1}{2}$ Sgr., statt 20 Sgr., eingingen. Hätten übrigens die Begünstigungen schwedischen Schmiedeeisens und des Nageleisens bei der Einfuhr in den nordwestlichen Theil des Steuervereins nicht stattgefunden, so würde unsere Ausfuhr bedeutender gewesen sein, da in Hannover die Preisunterschiede der besseren Eisensorten unter gleichen Verhältnissen nur wenig oder gar nicht zu unserem Nachtheil stehen.

Es ist zu erwarten, daß nach erfolgter Zolleinigung der Steuerverein $\frac{3}{4}$ seines Bedarfs, oder etwa 310,000 Centner Eisen und Eisenwaaren aus dem Zollverein beziehen wird, also bedeutend mehr, als wir bis dahin überhaupt nach dem gesammten Ausland exportirten. Die außerordentliche Wichtigkeit dieses Anschlusses leuchtet hiernach ein. Auch wird voraussichtlich eine so ausgedehnte Erweiterung des Absatzes nicht blos auf die Werke, denen die Versorgung des Steuervereins unmittelbar anheimfällt (namentlich die Werke an der Ruhr), sondern indirekt auch auf die gesammte Lage der diesseitigen Eisenindustrie den günstigsten Einfluß üben.

Was nun die hannöversche Eisenindustrie selbst anbetrifft, so bringt auch ihr diese Umgestaltung der Verhältnisse nur Vortheile. Denn erstens wird die gefährliche Konkurrenz Englands in stärkerem Maaße beseitigt, als die freie Konkurrenz des Zollvereins, dessen Eisenindustrie im Wesentlichen gleiche Verhältnisse hat, nachtheilig einwirken könnte, wie denn überhaupt die hannöverschen Hütten am Harz durchschnittlich billiger produziren als die braunschweigischen und preußischen. Zweitens aber eröffnet sich ihnen ein weit vortheilhafteres, nach allen Seiten offenes Absatzgebiet, während sie bisher theils vom Zollverein enklavirt, theils hart an der Grenze belegen, in ihrem Absatz, sowie in dem Verkehr der Eisenwerke unter einander aufs allerempfindlichste beschränkt waren. In diesem Umstand allein ist ein ganz neues Entwicklungsmoment für die hannöversche Eisenindustrie gegeben.

Vom Standpunkte der Consumtion aus hätte eine Erhöhung der Eisenzölle unter Beibehaltung des bisherigen Umfangs des

Steuervereins, allerdings ihr sehr Bedenkliches gehabt, wie denn überhaupt Schutzzölle für kleine Gebiete mehr nachtheilig als vortheilhaft wirken müssen. Allein mit der Erweiterung des Zollgebietes auf das Fünfzehnfache der früheren Ausdehnung zusammenfallend, müssen alle diese Bedenken verschwinden. Es liegt auf der Hand, daß in dem vollständigen Wegfall jeder bisherigen Belastung der Einfuhren aus dem Zollverein eine weit größere Erleichterung für die Consumenten gegeben wird, als der Unterschied zwischen den bisherigen und den künftigen Zöllen auf der Grenze gegen das Ausland austrägt.

## b. Der Handelsvertrag mit Oesterreich.

Wir halten die folgende Erörterung des Interesses unserer Eisenindustrie an der Ermäßigung und dem eventuellem gänzlichen Wegfall der österreichischen Eisenzölle ganz unabhängig von der schwebenden Streitfrage über die künftige Gestaltung des handelspolitischen Bündnisses zwischen dem Zollverein und jenem Staate.*)

*) Der Verfasser hat bereits vor einem Jahr seine Ansichten hierüber in einer Broschüre: „Der Fortbestand des Zollvereins und die Handelseinigung mit Oesterreich. Von W. Oechelhäuser. Frankfurt a. M. 1851," ausführlicher entwickelt. Er darf in Anspruch nehmen, der Erste gewesen zu sein, welcher vor der Oeffentlichkeit den Nachweis führte, daß der ökonomische Zweck der österreichischen Vorschläge — die Herstellung der inneren Verkehrsfreiheit zwischen beiden Zollgebieten — nicht blos im Wege einer wirklichen Zolleinigung, sondern auch im Wege eines bloßen Vertrags (also mit Ausschluß der einheitlichen Leitung, der Revenüengemeinschaft, der gemeinsamen Tarifgesetzgebung, einheitlicher Zoll- und Handelspolitik gegen das Ausland, kurz aller wesentlichen Attribute eines einheitlichen Zollvereins) vollständig erreichbar sei, und wie nur ein solches Verhältniß, sowohl für jetzt als für die Zukunft, den politischen, handelspolitischen und finanziellen Interessen Preußens und der übrigen Zollvereinsstaaten entsprechen könne. Als Grundlage einer solchen Verbindung des Zoll- und Steuervereins stellt diese Schrift den Vertrag vom 27. Mai 1829 hin, wodurch die Verkehrsfreiheit zwischen dem preußisch-hessischen und dem baierisch-würtembergischen Verein hergestellt wird, ohne im Mindesten die Gleichheit der Tarife, Revenüengemeinschaft, übereinstimmende Zollgesetzgebung und Gemeinsamkeit der Verhältnisse zum Ausland zu involviren. Und gegen diese Punkte allein, nicht aber gegen die ökonomische Seite der österreichischen Vorschläge, richten sich die diesseitigen Bedenken. Eine Vermittlung der seitherigen Differenzen liegt also vollständig im Bereiche der Möglichkeit und die Interessen beider Zollgebiete drängen darauf hin.

Vor der Hand ist überhaupt nur vom einem Handelsvertrage die Rede, wozu man von allen Seiten geneigt ist; wie sich das Verhältniß künftig zu gestalten hat, das findet sich im Laufe der Zeit von selbst.

Nach den stattgehabten Erörterungen über die Lage und das Entwicklungsstadium der diesseitigen Eisenindustrie im Verhältniß zur österreichischen bedarf es des besonderen Nachweises gar nicht mehr, daß wir die dortige Konkurrenz durchaus nicht zu scheuen haben, sondern im Gegentheil in Oesterreich ein weites Absatzgebiet für alle Sorten Eisen und Eisenfabrikate finden würden. Bedürfte dies noch eines Beweises, so läge er sicherlich in dem Umstand, daß die mit dem 1. Februar d. J. in Kraft getretene neue Besteuerung, trotz ihrer immer noch sehr hohen Sätze, doch schon den Abschluß ziemlich bedeutender Lieferungsverträge für Eisenbahnbedarf, sowie einen Absatz in verschiedenen Eisenwaaren nach Oesterreich zur Folge gehabt hat.

In den Enquêten des volkswirthschaftlichen Ausschusses der frankfurter Nationalversammlung war speziell an die diesseitigen Eisenproduzenten und Fabrikanten die Frage gerichtet worden, welchen Einfluß sie von der Herstellung der Verkehrsfreiheit mit Oesterreich erwarteten. Mit Ausnahme des Königlichen Bergrathes zu Stuttgart und verschiedener Eisen- und Eisenwaarenfabrikanten Würtembergs, der Oberpfalz und Rheinbaierns, sowie mehrerer Stahlproduzenten, versprachen sich alle Betheiligten einen weit überwiegenden Nutzen von einer solchen Maaßregel.

Sie würde aber offenbar für keine Gegend segensreicher wirken, als für die schlesischen und sächsischen Eisendistrikte. In Schlesien ist eine Grundlage für die Eisenindustrie, insbesondere für den Betrieb bei Steinkohlen gegeben, wie sie in Oesterreich (Mähren und Böhmen) auch vielleicht vorhanden, allein noch gar zu keiner Entwicklung gebracht ist. Die Schutzbedürftigkeit und das verhältnißmäßig geringfügige Wachsthum des schlesischen Eisengewerbes kommen zum größten Theil auf Rechnung des außerordentlich ungünstig gestalteten Absatzgebietes, und liefern damit den Beweis, wie sehr die Handelspolitik der Nachbarstaaten auf die Nothwendigkeit von Schutzzollmaaßregeln hindrängen kann. Am äußersten Ende der, zwischen zwei der Eisenindustrie hermetisch verschlossenen Zollgrenzen eingekeilten, Provinz belegen, ist der Absatz an Eisen nur nach nordwestlicher Richtung hin möglich, und das von Norden eindringende englische Eisen muß durch Besteuerung soweit zurückgehalten werden, um dem schlesischen Fabrikate ein eben hinreichendes Absatzgebiet offen zu lassen. Es ist klar, daß es der schlesischen Eisenindustrie gleichgültiger sein könnte das ausländische Produkt noch viel weiter vordringen zu sehen, wenn ihr dagegen ein Abfluß nach Süden gestattet würde. Namentlich gilt dies von Industrien, die so schwere und verhältnißmäßig billige Erzeugnisse liefern, wie Roh- und Stabeisen u. dergl., wo also die Frachten gleich einen so bedeutenden Prozentsatz des Werthes ausmachen. Man sieht hieraus, welche Wechselwirkung zwischen der geographischen Gestaltung eines Absatzgebietes und der Schutzbedürftigkeit der darin ansässigen Gewerbe stattfindet, und wie sehr Maaßregeln der auswärtigen Handelspolitik diesen Zustand zu verbessern und damit auch den Consumenten Erleichterungen zu verschaffen im Stande sind. Wenn Oberschlesien nach Oesterreich hin debouchiren kann, dann dürften keine wesentlichen Gründe mehr entgegenstehen, den Ostseeprovinzen, falls noch keine allgemeine Reduktion stattfinden kann, doch wenigstens eine differentielle Ermäßigung der Eisenzölle zu gewähren.

Der diesseits bestehende Ausgangszoll auf Roheisen von 7½ Sgr. pro Centner war bisher für Schlesien etwas ziemlich gleichgültiges. Seitdem aber die Möglichkeit einer Ausfuhr nach Oesterreich gegeben ist, darf es wohl als selbstredend betrachtet werden, daß die Aufhebung jener Maaßregel schleunigst erfolge.

Für die sächsische Holzkohlen- und Coaks-Eisenindustrie gilt ganz dasselbe was von Oberschlesien gesagt ist. Insbesondere würde das Zwickauer Kohlenrevier einer der günstigsten Punkte für die Entwicklung einer ausgedehnten Eisenindustrie werden, welche Deutschland aufzuweisen hätte. Uebrigens würde auch die rheinische und westphälische Eisenindustrie, namentlich mit Benutzung des Donau-Main-Canals, zum Absatz nach Oesterreich ihr Contingent beitragen können, wie überhaupt in direkter oder indirekter Weise die Einflüsse einer so außerordentlichen Erweiterung des Absatzgebietes bis nach den fernsten Eisendistrikten sich geltend machen müßten. Und wie schon in der Betriebserweiterung selbst ein Hauptmoment für Beschleunigung des inneren Entwicklungsprozesses und Reduzirung der Selbstkosten gegeben ist, so würden die diesseitigen Consumenten an den Vortheilen der Produzenten in gleichem Verhältniß partizipiren.

Stellen wir uns nun in dieser Frage auf den Standpunkt des rein österreichischen Interesses, so haben wir bereits oben (§. 31.) ausgesprochen, daß der dortige Conflikt zwischen Produktion und Consumtion viel weiter geht als im Zollverein, und daß dort in höherem Grade subjektive Ursachen im Spiele sind. Die nothwendige Vermittlung dieses Conflikts kann aber weit besser, als durch künftige Bemessung der Zollsätze gegen die übermächtige Industrie Englands und Belgiens, durch Zulassung der Konkurrenz eines Nachbarstaates bewirkt werden, wo die Grundlagen der Eisenindustrie nicht günstiger, sondern nur etwas weiter bereits entwickelt sind. Ein solcher gleichmäßiger und ganz erträglicher Druck durch die Konkurrenz des Zollvereins wird die Entwicklung der österreichischen Eisenindustrie nicht hemmen, sondern nur fördern. Ueberdieß läßt sich noch ein solches Steigen der Eisenconsumtion in Oesterreich voraussehen, — vermehrt sie sich um 5 Millionen Centner jährlich, so hat sie verhältnißmäßig noch nicht einmal die jetzige Höhe der Zollvereinsconsumtion erreicht — daß selbst der bedeutendste Absatz vereinsländischen Eisens, und sei es mehr als eine Million Centner jährlich, die quantitative Entwicklung der dortigen Industrie nicht beeinträchtigen wird.

Aber auch vom Standpunkt der österreichischen Produzenten aus, bietet sich sofort ein Aequivalent für die diesseitigen Vortheile des Absatzes in Eisen. Wenn nämlich bei den jetzigen Sätzen des Zollvereinstarifs (Thlr. 1. 15 Sgr. pro Centner) jährlich 16—20,000 Centner steirischen Schmelzstahls aus Oesterreich eingeführt werden konnten, so steht natürlicherweise eine außerordentliche Steigerung zu erwarten, wenn diese Belastung weggeräumt ist. In der That hatten die diesseitigen Stahlproduzenten zu den gegen die Verkehrsfreiheit mit Oesterreich geäußerten Bedenken ganz trifftige Gründe, während die meisten von ihnen allerdings einsahen, daß die allgemeinen Vortheile einer solchen Maaßregel den Nachtheil, den sie speziell zu erwarten hätten, mehr als ausgleichen müßte. Uebrigens steht, nach den neuesten Fortschritten, die Krupp in Essen, Huth und Comp. in Hagen und andere Fabrikanten jener Gegend in der

Fabrikation feiner Gußstahlsorten gemacht haben, wohl mit Grund zu erwarten, daß sich hierin ein nicht unbedeutender Absatz nach Oesterreich finden lassen werde. Auch der Puddlingstahl hat Aussichten dazu, so daß also selbst im Schooße der Stahlindustrie sich einige Ausgleichung für die Einfuhr steierischen Schmelzstahls ergeben möchte.

Aus dieser kurzen Darstellung wird man entnehmen, wie sehr auch auf dem Gebiete der auswärtigen Handelspolitik für die Interessen der vereinsländischen Eisenindustrie gearbeitet werden kann, wie sich auf solchen Wegen deren traurige Lage verbessern, die Schutzbedürftigkeit vermindern, die Entwicklungsperiode bis zur vollen Konkurrenzfähigkeit abkürzen und die Opfer der Consumenten verringern lassen.

# Schluß.

Es giebt zwei Wege eine Krankheit zu beseitigen: entweder man schlägt den Kranken todt, oder man kurirt ihn.

Den bestehenden Conflikt zwischen Eisenverbrauch und Eisengewerbe durch sofortige Wegschaffung oder wesentliche Herabsetzung der Eisenzölle lösen wollen, das heißt sich für erstere Alternative aussprechen.

Ihr Zeit zur Genesung gönnen, zur Kur die Hand mitanlegen, die Ursachen der Vertheuerungskrankheit wegschaffen, das ist die andere Lösung.

Daß aber der Kranke die Kurkosten werth, daß die Krankheit keine unheilbare und keine chronische, sondern nur akuter Natur, daß der Organismus selbst ein gesunder sei, dieß sollte der zweite Abschnitt dieser Schrift beweisen.

Dem Urtheil aber aller Unpartheiischen, und vornehmlich dem Urtheil der deutschen Staatsmänner, geben wir anheim, ob dieser Beweis geliefert worden ist oder nicht.

Gedruckt bei Julius Sittenfeld in Berlin.

FSC
www.fsc.org
MIX
Papier | Fördert
gute Waldnutzung
FSC® C083411

Kolibri 360 GmbH
Ferdinand-Jühlke-Straße 7
99095 Erfurt, Deutschland
produktsicherheit@kolibri360.de